The Selfish Gene

40th anniversary edition

Richard Dawkins

利己的な遺伝子

40周年記念版

リチャード・ドーキンス

日高敏隆　岸 由二　羽田節子　垂水雄二 訳

紀伊國屋書店

利己的な遺伝子

40周年記念版

Richard Dawkins

The Selfish Gene

40th Anniversary Edition

First published 1976
Second edition 1989
30th anniversary edition 2006
40th anniversary edition, as Oxford Landmark Science 2016

This book is published in Japan by arrangement with
Oxford University Press.

利己的な遺伝子　40周年記念版

目次

▼凡例

・本文中＊印の付された箇所には、著者自身による注釈が四六三頁以下の「補注」で付け加えられている。
・〔 〕は訳者による注を示す。ただし〔38〕など数学のみ記されている場合は、参考文献リスト上の番号を示す。

▼版次表記について、本書では左記【 】内のものに統一する。

【初版】*The Selfish Gene*, 1976
『生物＝生存機械論――利己主義と利他主義の生物学』（一九八〇年）
【第2版】*The Selfish Gene*, Second Edition, 1989
『利己的な遺伝子　増補改題『生物＝生存機械論』』（一九九一年）
【30周年記念版】*The Selfish Gene*, 30th Anniversary Edition, 2006
『利己的な遺伝子　増補新装版』（二〇〇六年）
【40周年記念版】*The Selfish Gene*, 40th Anniversary Edition, 2016
『利己的な遺伝子　40周年記念版』（二〇一八年）

※原書はすべてオックスフォード大学出版局が、邦訳はすべて紀伊國屋書店出版部が刊行している。
※30周年記念版と40周年記念版の違いは、原書においてはドーキンスによる「40周年記念版へのあとがき」（四四九～四六二頁）が付されたのみで、本文の改訂はない。邦訳においては、岸由二による「40周年記念版への訳者あとがき」（五五四～五五六頁）を付し、時代的に古くなった本文中の表現・表記を修正した。

30周年記念版に寄せて

良くも悪くも、自分が人生の半分近くを『利己的な遺伝子』とともに生きてきたことに気がつくといささか身が引き締まる。ここ数年、これに続く七冊の本が出るたびに、出版社は販売促進のために私を講演ツアーに送り出した。聴衆はどの本の場合でも、新しい本に対して心地良い熱狂をもって応え、丁重に褒めたたえ、気の利いた質問をしてくれた。そのあと列に並んで本を買い、私にサインをさせる……そう、『利己的な遺伝子』だ。ただこれはいくぶん誇張している。何人かは実際に新作を買ってくれるのであり、その他の人々について妻は、新しい著者を発見した読者がその著者の処女作に戻るという傾向は自然なことよと言って私を慰める。『利己的な遺伝子』を読み終わったら、彼らは（好きになった著者の）最新の、しかもお気に入りの赤ん坊の顔を拝みにきてくれるだろうか。

仮に『利己的な遺伝子』はどうしようもなく時代遅れで、無用なものになってしまったと言い切れるのなら、私はもっと深刻に悩むことだろう。残念ながら、（ある視点からすれば）そうは言い切れないのだ。細部では変わってしまったところもあり、具体的な実例がものすごい勢いで現れている。しかし、すぐこのあとで論じる一つの例外を除いて、大あわてで撤回したり謝罪したりするところは本書にはほとんどない。リヴァプール大学の元動物学教授で、六〇年代にオックスフォード大学で私に強い影響を与えた先生でもあるアーサー・ケインは一九七六年に、『利己的な遺伝子』を「若書きの本」

と評した。彼はわざわざ、A・J・エアの『言語・真理・論理』についてのある注釈家の言葉を引用していた。この比較に私は大喜びした。もっとも、私はエアがその処女作で書いた内容の大半を撤回したことを知っていたので、私もいずれしかるべきときがくれば同じことをするだろうという、ケインがそこに込めた辛辣な含みを見逃すことはありえなかった。

まずは、本のタイトルについての多少の再考から始めることにしよう。一九七五年に、友人のデズモンド・モリスによる仲介で、ロンドン出版界の長老トム・マシュラーに未完成本を見せ、ジョナサン・ケープ社の彼の部屋で議論をした。彼はその本を気に入ったが、タイトルは気に入らなかった。「利己的」というのは「鬱陶《ダウン》しい言葉」だ。なぜ『不滅《インモータル》の遺伝子』としないのか？と彼は言った。「不滅」は「明るい《アップ》言葉」で、遺伝情報の不滅性はこの本の中心的主題だったし、「不滅の遺伝子」は「利己的な遺伝子」とほとんど同じほど、好奇心を掻《か》き立てる響きがあった（そのときは私も彼も、オスカー・ワイルドの『わがままな大男（*The Selfish Giant*）』との共鳴には気づいていなかったようだ）。今となっては、マシュラーが正しかったのかもしれないと思う。多くの批判者、とりわけ哲学を専門とする声高な批判者たちは、タイトルだけで本を読みたがることを私は知ったからだ。このことは、『ベンジャミン・バニーのおはなし』〔ピーター・ラビット・シリーズの一冊〕やギボンの『ローマ帝国衰亡史』にもまったく同じようにあてはまるのは疑いないが、本そのものという膨大な脚注がなければ、『利己的な遺伝子』というタイトルは、その内容について不適切な印象を与えかねないことを、私は容易に理解できた。現在の米国の出版社なら、少なくとも副題を付けることを強く主張していたことだろう。

このタイトルを説明する最善の方法は、力点の置きかたを変えることだ。「利己的」に力点を置けば、本書は利己性についての本だと思われるだろう。ところが本書はどちらかといえば、利他行動に、より大きな関心を振り向けている。このタイトルで強調すべき言葉は「遺伝子」なのであり、その理由を説明したい。ダーウィニズム内の中心的な論争は、実際に淘汰される単位に関するものだ。すなわち、自然淘汰の結果として生き残ったり、あるいは生き残らなかったりするのはどういう種類の実体なのかという論争である。その単位は、定義からして多少とも「利己的」になる。利他主義はそれとは別のレベルでも十分に進化するだろう。自然淘汰の選択は種のあいだでなされるのか。もしそうなら、生物のそれぞれの個体が「種の利益のために」利他的に振る舞うと予想しなければならないはずだ。各個体は、個体数の過剰を避けるために、自らの出産率を制限したり、あるいは、その種にとっての将来の獲物の貯えを保護するために、自らの狩猟行動を制限したりするのではないか。もともとこの本を書こうと私を掻き立たせたのは、そういった広く流布《るふ》しているダーウィニズムについての誤解だった。

それとも自然淘汰は、私が主張するように、遺伝子のあいだで選択がなされるのだろうか。この場合、生物の個体が「遺伝子の利益のために」、たとえば、同じ遺伝子のコピーを持っている可能性が高い血縁者に給餌《きゅうじ》したり、保護したりするという形で、利他的に振る舞うことを見つけても驚くべきではないだろう。そのような血縁者利他主義は、遺伝子の利己主義を個体の利己主義に転換するための方法の一つにすぎない。本書は、ダーウィニズムにおけるもう一つの主要な利他主義の発生源である互恵的利他行動とあわせて、それがどのような仕組みで働くかを説明している。もし私が、ザハヴィ／グラフェンの「ハンディキャップ原理」（二七八〜二八〇頁参照）への遅れ馳せた転向者として本書

を書き直すとすれば、利他的な贈与は優位性を示す「ポトラッチ」形式の信号の可能性があるという
アモツ・ザハヴィの考えかたにも少々紙幅を割くべきかもしれない。つまり、私はあなたに贈り物をする余裕があるのだから、あなたよりどれだけ優れているかをわかりなさい！　というわけだ。

タイトルに「利己的」という言葉を使った論理的根拠をもう一度繰り返し、さらに敷衍《ふえん》してみよう。決定的な疑問は、生命の階層構造のどのレベルが、自然淘汰が作用する必然的に「利己的な」レベルとなるのかだ。利己的な種か？　利己的な集団（群）か？　利己的な個体か？　利己的な生態系なのか？　この大部分は主張としては成り立つし、ほとんどは、いずれかの著者によって無批判に仮定されてきたが、そのすべてが間違いだ。ダーウィニズムのメッセージが簡潔に、「利己的な何ものか」として要約されようとしていることを考えれば、その何ものかは、本書で論じられている強力な理由によって、遺伝子でなければならない。あなたがこの主張を最終的に受け入れるか否かはともかく、これが、本書のタイトルの説明だ。

私は、もっと深刻な誤解をしないよう注意していただくことを願っている。にもかかわらず、あとから振り返ってみると、私自身がまさにこの同じ問題についていくつか小さな誤りをおかしていたことに気づいた。とくに第1章に見られる、「私たちが利己的に生まれついている以上、私たちは寛大さと利他主義を教えることを試みようではないか」という一文がその典型だ。寛大さと利他主義を教えることについては何も間違ったところはないが、「利己的に生まれついている」というのは誤解を招くおそれがある。不完全な説明として、「乗り物《ヴィークル》」（通常は個体）と、そのなかにいてそれを運転する「自己複製子」（実際は遺伝子）のあいだの区別について、私が明確な考えを持ち始めたのは、ようやく

一九七八年になってからだという事情がある（この問題の全容は、第2版から付け加えた第13章で説明されている）。どうか、この逸脱した文章やそれと似たような文章を心のなかで消去し、この一節で述べたことに沿うような別の文章に置き換えていただきたい。

こういう形の誤りが起こる危険性を考えると、このタイトルがどれほど誤解されやすいかは容易に理解でき、そのことが、ひょっとしたら『不滅の遺伝子』を支持するべきだったかもしれないと思う理由だ。また別に、『利他的な乗り物《ヴィークル》』とする可能性もあった。これではあまりにも謎めいたタイトルかもしれないが、いずれにせよ、自然淘汰の単位として競合する遺伝子と個体のあいだの見かけ上の論争（故エルンスト・マイアを最後まで悩ませた論争）は解消されている。自然淘汰の単位には二種類があり、その二つのあいだに論争はない。遺伝子は自己複製子という意味での単位で、個体はヴィークルという意味での単位であり、いずれも重要だ。どちらも軽視すべきではない。それらは、二つの完全に異なる種類の単位であり、その区別を認識しないかぎり、私たちは、どうしようもなく混乱してしまうだろう。

本書のタイトルのもう一つの良い代案は、『協力的な遺伝子』だろうか。正反対のものに見えるかもしれないが、本書の中心的な部分は、利己主義的な遺伝子のあいだにおけるある種の協力を主張しているのだ。このことは、遺伝子のあるグループが自分たちの仲間を犠牲にして、あるいは他のグループを犠牲にして栄えることを意味するわけでは断じてない。そうではなく、各遺伝子は、遺伝子プール——一つの種内で、有性生殖によるシャッフルの候補となる遺伝子のセット——に含まれる他の遺伝子が作る背景のもとで、自己の利益という課題を追求していると見なされる。こうした他の遺伝子は、天候、捕食者や獲物、生命を支える植物や土壌細菌が環境の一部であることと同じ意味で、それぞれの遺伝子が生き残るための環境の一部だ。一つひとつの遺伝子の視点から見れば、「背景」遺伝子は、世代を超えて行く旅で同じ体を共有する道連れである。それは、短期的には、その個体のゲノムに含まれる他のメンバーを意味する。長期的には、その種の遺伝子プールに含まれる他の遺伝子を意味する。したがって自然淘汰は、相互に共存可能な（ほとんど協力し合っていると言える）遺伝子の徒党《ギャング》が、互いの存在のもとで有利になるように取り計らう。この「協力的な遺伝子」の進化が利己的な遺伝子という根本的原理を侵犯することはありえない。第5章はボート競技のクルーのたとえ《アナロジー》を使ってこの考えかたを展開し、第13章はそれをさらに突っ込んで論じている。

ところで、利己的な遺伝子に対する自然淘汰が協力に有利に働く傾向を持つとすれば、そういうことをいっさいせず、ゲノムの他の遺伝子の利益に反するように働く遺伝子もいくつかは存在することを認めなければならない。ある人はそれを無法遺伝子《アウトロー》と呼び、別の人は超利己的な遺伝子と、また別の人は単に「利己的な遺伝子」と呼んできた――利己主義的なカルテルで協力し合う遺伝子との微妙な違いを誤解している。超利己的な遺伝子の実例は、四〇〇頁に述べられているマイオティック・ドライヴ遺伝子と、最初に一〇一頁で提唱した寄生的なDNAと、それをのちにさまざまな著者が「利己的DNA」というキャッチフレーズでさらに展開したものなどだ。超利己的な遺伝子の新しい、さらに奇想天外な実例は、本書が最初に刊行されて以後の時代の一つの特徴にさえなっている。★

『利己的な遺伝子』は擬人主義的な人格化をしていると批判されてきているので、これもまた弁解ではないにしろ、説明が必要だろう。私は、遺伝子と個体という二つのレベルで擬人的表現を採用した。遺伝子の人格化は本当のところ問題になるようなものではない。なぜなら、まともな人間なら、DNA分子が意識的な人格を持つなどとは誰も考えないし、分別のある人間なら、そのような妄想を著者のせいにすることなどないだろう。かつて私は、偉大な分子生物学者ジャック・モノーが科学における創造性について話すのを聴くという光栄に浴した。正確な言葉は忘れてしまったが、彼が化学の問題について考えるときには、もし自分が電子だったらどうするかと自問する、というようなことを言っていた。ピーター・アトキンスは、その名著『創造再考（*Creation Revisited*）』において、速度を遅くさせる屈折率の大きな媒体に入っていく光線の屈折について考察するときに、同じような人格化を用いている。光線はまるで、目標地点までの移動時間を最短にするかのように振る舞う。アトキンスは、それを、溺れかけている海水浴客を救うために急行するビーチの監視員《ライフガード》としてイメージしている。彼は海水浴客目指してそのまままっすぐに泳いで行くべきなのか？　否《ノー》だ。なぜなら、泳ぐよりは走るほうが速いのだから、移動時間のうちの陸上部分を増やすのが賢いやりかただからだ。彼は泳ぐ時間を最短にするために、目標人物のちょうど正面の地点まで浜を走るべきだろうか？　そのほうがましだが、まだ最善とは言えない。計算をすれば（もしそれをするだけの余裕があればだが）、監視員にとって、速く走ったあと、それより遅くなるのは避けがたい泳ぎとの理想的な組み合わせになるよう

★オースティン・バートとロバート・トリヴァースの新しい著作 *Genes in Conflict: The Biology of Selfish Genetic Elements*（Harvard University Press）の刊行は、この30周年記念版の第一刷には間に合わなかった。この本は間違いなく、この重要な問題に関する決定的な参照文献になるだろう〔同書は二〇一〇年に以下邦訳が刊行された。『せめぎ合う遺伝子——利己的な遺伝因子の生物学』（藤原晴彦監訳、遠藤圭子訳、共立出版）〕。

な、両者の中間の最適な角度が明らかになるはずだ。アトキンスは次のように結論している。

これこそまさに、光が密度の大きな媒体に入るときの振る舞いである。しかし、光はどのようにして、明らかに前もって、どれが最短距離かを知るのか。そして、いずれにせよ、なぜそんなことに気を使うのだろうか。

彼は、こうした疑問を、量子理論から着想を得て、一つの見事な説明へと発展させる。

こういう類《たぐい》の人格化は、人に教えるための単なる古めかしい工夫というだけではない。それは本職の科学者が、誤りへの巧妙な誘惑に抗して正しい答えを得る助けにもなりうる。利他主義と利己主義、協力と恨《うら》みについてのダーウィニズム的な計算などがその例だ。間違った答えを得るのは非常にたやすい。遺伝子の人格化は、しかるべき配慮と注意を持ってするなら、しばしばそれが泥沼で溺れているダーウィニズムの理論家を救う最短のルートだとわかる。この注意を実践しようと努力しているとき、私は、本書で名を挙げた四人の英雄のうちの一人、W・D・ハミルトンの素晴らしい先例によって勇気づけられた。一九七二年（私が『利己的な遺伝子』の執筆を開始した年）の論文で、ハミルトンは次のように書いていた。

もし一つの遺伝子の複製の集合が遺伝子プール全体のなかでより高い割合を形成するようになれば、その遺伝子は自然淘汰において選択される。私たちは、持ち主の社会的行動に影響を与えると想定されるような遺伝子に関心を向けようとしている。そこで、一時的に、遺伝子に知性と一定の選択の自由を持たせることによって、この議論をより生き生きとしたものにするよう試みてみよう。ある遺伝子が、自分の複製の数を増やすという問題を考えていると想像してみてほしい。そして、それが何かを選択することができると想像してみてほしい。

これこそまさに、『利己的な遺伝子』を読むときの正しい精神である。

個体を人格化するのは、もっと厄介な問題になりかねない。というのは、個体は、遺伝子と違って脳を持つ。したがって、私たちが主観的感覚に認めるものと似たような、利己的あるいは利他的な動機を本当に持っているかもしれないからだ。『利己的なライオン』という表題の本は、『利己的な遺伝子』ではありえないような形で、実際に混乱を引き起こすだろう。想像上の光線の立場に自分を置いて、レンズとプリズムのカスケードを通り抜ける最適ルートを選べるのとまったく同じように、あるいは想像上の遺伝子が世代から世代へと渡っていく最適ルートを選べるのとまったく同じように、個体としての雌ライオンが、自らの遺伝子の長期的な未来での存続のために最適な行動戦略を計算していると仮定することができる。生物学に対するハミルトンの最初の贈り物は、ライオンのように真の意味でダーウィニズム的な個体が、自らの遺伝子の長期的な生存を最適化する計算の決断をするときに、実際に採用する必要がある厳密な数学だった。本書で私は、そのような計算に対応する数式によらない口語的な表現を用いた――二つのレベルで。

二三〇頁で、私たちは、一つのレベルからもう一つのレベルへ急速な転換をしている。

このような（育ちそこねた）子どもは死なせてしまったほうが、実際に母親にとって有利になる場合がある。いったいどんな条件のときにそうなるかは、先にも考察した。直観的に考えると、当の育ちそこねた子ども自身は最後まで努力し続けるはずだと見なす傾向が強いだろう。しかし、遺伝子の利己性理論からは、必ずしもこのような予測は出てこない。育ちそこねた子どもの余命が、小型化、衰弱化によって短くなり、親による保護投資が彼に与える利益が、同量の投資によって他の子どもたちが獲得できる潜在的利益の$1/2$より小さくなりそうであれば、彼は自ら名誉ある死を選ぶべきなのだ。そうすることによって彼は、自己の遺伝子に対して最も大きく貢献するからだ。

これはすべて、個体レベルでの内省である。ここで仮定されているのは、育ちそこねた子どもが自分に喜びを与えるものを選ぶ、あるいは心地良いものを選ぶということではない。そうではなく、ダーウィニズムの世界における個体は、あたかも自分の遺伝子にとって何が最善かを計算していると仮定されている。次の特別な一節はさらに続けて、遺伝子レベルの人格化に迅速に転換することによって、それをあからさまにする。

言い換えれば、「体よ、もし君が他の一腹子仲間よりはるかに小さかったなら、努力を放棄して死にたまえ」という指令を発する遺伝子が、遺伝子プール内で成功をおさめる可能性が高いというわけだ。彼の死によって救われる個々の兄弟姉妹の体には、彼の遺伝子が五〇%の確率で入っており、一方、育ちそこねた彼の体内でその遺伝子が生き残れる可能性のほうは、いずれにしろごくわずかだというのが、その理由である。

そして、この一節はただちに、スイッチを育ちそこねた内省的な子どもに再び切り換える。

育ちそこねた子どもの生涯には、回復不可能となる時点があるに違いない。この時点に達しないうちは、彼は努力を続けるべきだ。しかし、そこに達したら、彼はただちに努力を放棄しなければならない。そして自分の体を、一腹子仲間や親たちに食わせてしまったほうがましなはずだ。

この二つのレベルの人格化は、文脈を正しく読めば混同されるようなものではないと、私は本気で信じている。この二つのレベルの「であるかのような計算」は、正しく実行されれば正確に同じ結論に達する。それこそが、実際にその計算の正しさを判定するための規準だ。それゆえ人格化は、もし現在この本をもう一度書くとすれば抹消すべきものだとは私は考えていない。

本を書かないことと、本を読まないこととは、また別の問題だ。オーストラリアの一読者から寄せられた次のような意見を、私たちはどう捉えればよいのか。

とても魅力的だが、ときどき読まないでおけば良かったとも思う。(……)一つのレベルで私は、このような複雑な計算をきわめて明瞭に理解するドーキンスと畏敬の念《センス・オヴ・ワンダー》をともにすることができる。(……)しかし、同時に一〇年以上にわたって私を苦しめてきた一連の鬱状態について『利己的な遺伝子』を強く非難する。(……)精神的な人生観には常に確信が持てなかったが、何かより深いものを見つけようと試みて——信じようと試みたが、うまくできなかった——、私はこの本がまさに、そういった面で私がこれまで漠然と持っていたあらゆる考えを吹き飛ばし、そうした考えがこれ以上合体するのを妨げようとしていることに気づいた。このことが、数年前、私にきわめて深刻な危機をもたらしたのだ。

私は以前、読者からの同じような二件の反応について書いたことがある。

私の初めての著書を出版してくれた外国のある編集者は、あの本を読んだあと、そこから読み取れる冷酷で血も涙もないメッセージに悩まされて、三日眠れなかったと告白した。他の人々は、どうしたら毎朝、平気で目覚めることができるのかと尋ねてきた。遠い国のある教師は私に非難がましい手紙を寄越し、この本を読んだ一人の女生徒が、人生は空しく目的のないものだと思い込み、彼女のところに来て泣いたと言ってきた。この教師は、他の生徒が同じような虚無的な悲観論に染まることを怖れて、彼女に友達にはこの本を見せてはいけないと忠告したそうだ。(『虹の解体』序文)

もし何かが正しければ、どれほどの希望的観測を持ってしても、それをなかったことにはできない。真っ先に言うべきことはそれだが、次に言うべきこともほとんどそれに劣らず重要である。私は、さらに次のように続けている。

おそらく、宇宙の究極的な運命には目的など実際に存在しないだろうが、私たちのうちの誰であれ、人生の希望を宇宙の究極的な運命に託す人間など本当にいるだろうか。もちろん、正気ならそんなことはしない。私たちの生活を支配しているのは、もっと身近で、温かく、人間的な、ありとあらゆる種類の野心や知覚である。人生を生きるに値するものにしている温かさを、科学が奪い去ると言って非難するのは途方もなく馬鹿げた間違いで、私自身や大部分の現役の科学者の感覚とまるで正反対のものだ。私は、自分に対して誤ってかけられた嫌疑のあまりのひどさに、もう少しで絶望に駆り立てられるところだった。

真実そのものでなく、それを報せる者を殺してしまうという似たような傾向は、『利己的な遺伝子』に承服し難い社会的、政治的、経済的意味合いが含まれていると見なし、反対してきた他の批判者たちによっても示される。一九七九年にサッチャー女史が政権後初めての選挙に勝った直後、私の友人のスティーヴン・ローズは、『ニュー・サイエンティスト』誌に次のように書いた。

私はなにも、サッチャーの原稿を書くのに、サーチ・アンド・サーチ社〔英国の大手広告代理店〕

が社会生物学者のチームを雇ったなどと言うつもりはないし、オックスフォードやサセックスのある大学教授《ドン》たちが、自分たちが必死で広めようとしてきた利己的遺伝子学の単純な真理がこのような形で実践的に表明されたことを喜び始めているとさえ言うつもりはない。流行の理論と政治的な出来事の偶然の一致は、それよりも厄介だ。しかし私は、一九七〇年代末における右傾化の歴史について書かれる時がくれば、法と秩序から、マネタリズム〔通貨量の抑制政策〕へ、そして（より自己矛盾した）国家統制への攻撃へと続いたあと、進化理論における群淘汰モデルから血縁淘汰モデルへの転換だけでも、科学的流行の転換が、サッチャー主義や、一九世紀風の凝り固まっていて競争的で外国人嫌いな人間の本性を権力の座につかせることになった潮流の一部と見なされるようになるだろうと信じている。

「サセックスの大学教授」とは、スティーヴン・ローズからも私からも賞賛された故ジョン・メイナード＝スミスのことで、彼は『ニュー・サイエンティスト』誌に「その同一視を壊すために、私たちは何をすべきだったのか」と彼らしい流儀で反論の手紙を寄せた。『利己的な遺伝子』の支配的なメッセージの一つ（『悪魔に仕える牧師』の表題となったエッセイでより強い形で述べてある）は、私たちはマイナス記号を付けてでないかぎり、ダーウィニズムから価値観を引き出すべきではないということだ。私たちの脳は自らの利己的な遺伝子に叛《そむ》くことができる地点まで進化した。その事実は、避妊具の使用によって明らかになっている。同じ原理はより大きな尺度で作用できるし、そうすべきだ。

一九八九年の第2版と違って、この30周年記念版では、この序文と、三度にわたって私の本を担当してくれた編集者で、代弁者でもあるレイサ・メノンが選んだ書評からのいくつかの抜粋を除いて、新しい材料は何も付け加わっていない。レイサ以外の誰も、マイケル・ロジャースの代わりを務めることはできなかっただろう。K淘汰〔競争者の密度が極めて高い条件下での淘汰〕を生き残った、卓越した編集者ロジャースの本書に対する不屈の信念こそ、本書の初版を軌道に乗せたブースター・ロケットだった。

とはいえ、この版では——私にとって格別の喜びを与えてくれる報せだが——、初版にあったロバート・トリヴァースの序文を再録した。ビル・ハミルトンについて、本書の四人の知的英雄の一人だと述べたが、ボブ・トリヴァースはそのうちのもう一人だ。彼の考えは、第9章、第10章、および第12章の大部分、および第8章全体を支配している。彼の序文は本書に対する見事に工夫された紹介文になっているだけではない。異例としか言いようがないが、彼は本書を華麗な新しいアイディア、自己欺瞞《じこぎまん》の進化についての彼の理論を発表する媒体として選んでくれたのだ。この30周年記念版を飾るために、もとの序文の再録を許可してくれたことについて、彼に最大限の感謝を捧げる。

オックスフォードにて　二〇〇五年一〇月

リチャード・ドーキンス

第2版のまえがき

『利己的な遺伝子』が刊行されてから一〇年ほどのあいだに、この本の中心を成すメッセージは、教科書にも載るオーソドックスな見解となってしまった。これはいささか逆説的だが、なぜ逆説的なのかについては少々説明を要する。この本は、出版されたときは革命的とそしられながらその後次第に帰依者を得て、ついにはまったくオーソドックスなものとなってしまったので、今にしてみるといったいあの騒ぎは何だったんだと訝《いぶか》られる、という類の本ではない。まったくその反対だ。最初のころの書評は心地良いほどに好意的で、これが論争的な本だとは見られていなかった。何年かのうちにこれは大いに問題をはらんだ本だという評判が高くなっていって、今では過激な極論の著作だと広く見なされている。しかしこの本が極論だという評判が広まっていったその同じ年月のあいだに、この本の実際の内容は、次第に極端なものとは思われなくなり、徐々に当然なものとして通用するようになってしまった。

利己的遺伝子説はダーウィン派の説だ。それを、ダーウィン自身は実際に選ばなかった手法で表現したものだが、その妥当性をダーウィンはただちに認め、大喜びしただろうと私は思いたい。事実それは、オーソドックスなネオダーウィニズムの論理的な発展であって、ただ目新しいイメージで表現されているだけだ。個々の個体に焦点を合わせるのでなく、自然の遺伝子瞰図的見かた〔鳥瞰図が鳥の視点から見ることであるように、自然を遺伝子の視点から見ること」を採用しているのだ。『延長された表現型』〔47〕の冒頭の数ページで、私はこれをネッカー・キューブのたとえを使って説明した。

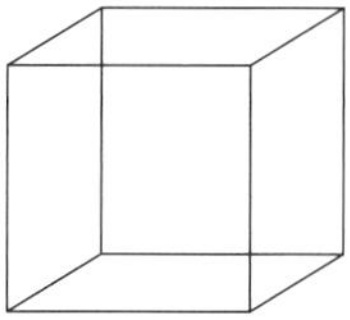

これは紙の上にインクで描かれた二次元のパターンだが、透明な三次元の立方体《キューブ》として知覚される。二、三秒間それを見つめていると、向きが変わるだろう。さらに見続けてほしい。突然、またもとのキューブに戻る。どちらのキューブも網膜の上の二次元のデータに等しく合致している。脳が両者を交替させて楽しんでいるのだ。そのどちらかがもう一方より正しいというわけではない。私が言いたかったのは、自然淘汰に二つの見かたがあるということだ。遺伝子からの見かたと、個体からの見かたと。正当に理解するなら、それらは等価である。一つの真実の二つの見かただ。その一つからもう一つへと切り替えてみることができる。それでもなお、それは一つのネオダーウィニズムだ。

今、私はこのたとえがあまりにも慎重過ぎたと思っている。科学者ができる最も重要な貢献は、新しい学説を提唱したり、新しい事実を発掘したりすることよりも、古い学説や事実に対して新しい見かたを発見することにある場合が多い。ネッカー・キューブのたとえは誤解を招く。なぜならそれは、二つの見かたが同じように妥当だと思わせるからだ。たしかにこのたとえは、部分的には正しい。「見かた」というものは、学説と同様、実験によって判断できるものではない。検証とか反証などという、よく知られた判断基準に訴えることはできない。けれど見かたの転換は、うまくいけば、学説よりずっと高遠なものを成し遂げることができる。それは思考全体のなかで先導的な役割を果たし、そこで多くの刺激的かつ検証可能な説が生まれ、それまで思ってもみなかった事実が明るみに出てくる。ネッカー・キューブのたとえは、このことを完全に見逃している。それは見かたの転換というアイディアは表現しているが、その価値を正当に評価することができていない。今ここで私たちが語っているのは、もう一つの等価な見かたへの転換ではなくて、極端に言うなら、一つの変容（trans-figuration）についてだ。

私は自分のささやかな貢献がそのように位置づけされることを、できるだけ早く放棄したいと思っている。とはいえ、この類の理由から、私は科学とその「普及」とを明確に分離しないほうが良いと思っている。これまで専門的な文献にしか出てこなかったアイディアを詳しく解説するのは、なかなか難しい。それには洞察に溢れた新しい言葉のひねりとか、啓示に富んだたとえを必要とする。もし、言葉やたとえの新奇さを十分に追求するならば、ついには新しい見かたに到達するだろう。そして、新しい見かたというものは、私が今さっき論じたように、それ自体として科学に対する独創的な貢献となるはずだ。アインシュタインはけっしてつまらない普及家ではなかった。彼の生き生きとしたたとえは、後世の人々を助けた以上のものだったのではないかと、私はしばしば思った。それらは彼の創造的な天才を燃え立たせもしたのではないか？

ダーウィニズムの遺伝子瞰図は、R・A・フィッシャーをはじめとする一九三〇年代初頭のネオダーウィニズムの大先輩たちの著作のなかで暗黙のうちに語られている。それを明白な形で述べたのが、一九六〇年代のハミルトンとウィリアムズだった。私にとって彼らの洞察は、予言的なものに見えた。しかし、それについての彼らの表現はあまりに簡素で、十分言い尽くされていないと私は思った。私はこれを敷衍し発展させたものを作れば、生物についてのすべてのことが、心においても脳においても、しかるべきところに収まるはずだと確信した。私は進化の遺伝子瞰図を讃《ほ》めたたえる本を書こうと思った。当時、一般向けダーウィニズムに浸透していた意識されない群淘汰《グループ・セレクション》説を矯正すべく、取り上げる例は社会行動にしぼるべきだと考えた。私はその本を一九七二年に書き始めた。それはちょうど、産業の不況による電力カットで、私の研究が中断された年だ。停電は、(一つの見かたからすれば)不幸にも、わずか二章書けたところで終わってしまい、私はこの計画を一九七五年にサバティカル休暇を得るまで棚上げにした。そのあいだに、とくにメイナード＝スミスによってこの学説は拡張された。今になってわかるのだが、それは新しいアイディアがいくつもそこらじゅうに漂っている神秘的な時代だった。私はこの『利己的な遺伝子』を、興奮の熱に浮かされたような状態で書き上げた。

オックスフォード大学出版局が第2版を書かないかと持ちかけてきたとき、ありきたりの、大幅な、ページごとの見直しは適当でないと同出版局は主張した。その構想からして次々と改訂すべく運命づけられていることの明らかな本もあるが、『利己的な遺伝子』はそうではない。初版はそれが書かれた時代の若々しさを取り込んでいる。そのころ、世界には革命の気配があり、ワーズワースの幸せな曙光が射していた。その時代の子を変えて新しい事実でそれを太らせ、あるいは複雑さや慎重さでそれをしわだらけにするのは惜しい。そこでもともとの本文はそのままにしておく、欠陥も性差別的代名詞もすべて。終わりに補注を付けて、訂正や応答やその後の展開をそこに含める。そして、それぞれその時代での新奇さが革命的な曙光の気分をさらに盛り上げるような事項について、まったく新しい章を付け加えるべきだと考え、第12章と第13章を書いた。この二章については、この何年かで私を最も興奮させ、私たちの未来に対してある種の希望を与えるような二冊の本――ロバート・アクセルロッドの『つきあい方の科学』〔12〕と、私の書いた『延長された表現型』――から着想を得た。後者はこの何年か私を支配し続けてきたものであり、かつまたそれが、本当かどうかは別として、おそらくは私の今後書くものも含めたなかで最も素晴らしい本だからだ。

「気のいい奴が一番になる（*Nice Guys Finish First*）」というタイトルは、私が一九八五年に出演したBBCのホライズン・テレビ・プログラムから借用した。これはジェレミー・テイラーがプロデュースした、協力の進化へのゲーム理論的アプローチについての、五〇分のドキュメンタリー番組だ。このフィルム、および同じプロデューサーによるもう一つの「盲目の時計職人（*The Blind Watchmaker*）」は、私に彼の職業への新たな尊敬の念を生じさせた。じつに素晴らしいことに、ホライズンのプロデューサーたち（彼らの番組のいくつかは、アメリカでも見られる。ただし、ノーヴァという名で放映されることが多い）は、そのときどきのテーマに関して高度の学究的エキスパートに変身してしまうのだ。第12章は、そのタイトルばかりでなく、ジェレミー・テイラーとホライズン・チームに密着して仕事した体験の賜物であり、私は深く感謝している。

最近、私は不愉快なことを知った。自分がその構成に何の役割も果たしていない出版物に、平気で自分の名前を連ねる癖のある高名な科学者がいるというのだ。どうやら、何人かの年長の科学者たちは、自分たちの貢献はせいぜい研究机のスペース、研究費、そして原稿を読んで手を入れただけにすぎないのに、論文の共著者にせよと要求するらしい。おそらく彼らの科学的名声は、すべて学生や同僚の仕事の上に築かれてきたのだ！　このような不正と闘うにはどうしたらいいのか、私にはわからない。雑誌の編集者は、著者のそれぞれがどのような貢献をしたかの署名入り証言を要求すべきだろう。とにかくこれはついでのことだ。私がこの問題をここで取り上げた理由は、話のコントラストを作りたかったからである。ヘレナ・クローニンは、一行一行、いや一語一語を改善するのにじつに多くの努力を費やしてくれた。もし彼女の断固たる辞退がなかったら、彼女は当然、この本の新しい部分すべての共著者とされるべきだった。私は彼女に深く感謝しており、これだけのお礼しか言えないのを残念に思っている。私はまた、特定の部分についてアドバイスと建設的な批判をしてくれたマーク・リドレー、マリアン・ドーキンス、そしてアラン・グラフェンにもお礼を言いたい。トーマス・ウェブスター、ヒラリー・マッグリンその他オックスフォード大学出版局の方々は、私のむら気と仕事の遅れに、機嫌も損ねず耐えてくれた。

一九八九年　リチャード・ドーキンス

初版に寄せられた序文

チンパンジーと人間とはその進化の歴史のほぼ九九・五％を共有している。にもかかわらず、大多数の人間の思想家たちは、チンパンジーをでき損ないで見当違いの化けものと見なし、一方自分たち人間は全能への踏み台だと思っている。進化論者から見れば、そのようなことはありえない。一つの種を他の種より上に見る客観的根拠などは存在しないのだ。チンパンジーと人間、トカゲとキノコ、私たちはすべておよそこの三〇億年をかけて、自然淘汰として知られる過程によって進化してきた。どの種のなかでも、ある個体は他の個体よりも長く生き残る子孫を残し、その結果、繁殖に成功したものの遺伝的因子（遺伝子）は、次の世代において、より数が多くなる。これが自然淘汰、つまり、遺伝子がランダムでなく、差をつけながら増殖していくことである。自然淘汰が私たちを創り上げた。だから、もし私たちが自分のアイデンティティを理解しようとするのなら、自然淘汰というものを理解する必要がある。

自然淘汰による進化というダーウィンの学説は、動物の社会行動の研究にとっては要《かなめ》と言えるほど重要なものだ（とくにそれがメンデル遺伝学と組み合わさった場合には）。にもかかわらず、ダーウィン説は大方から無視されてきた。産業はすべて、社会的、心理的世界のダーウィン以前、メンデル以前的理解を構築してきた社会科学のなかで育ってきた。生物学のなかにおいてさえ、ダーウィン説の無視と誤用は驚くべきものがあった。しかし、このように奇妙なことになってきた理由が何であれ、それはもう終わりに近づいている。ダーウィンとメンデルの偉業は、R・A・フィッシャー、W・D・ハミルトン、G・C・ウィリアムズ、J・メイナード＝スミスといった人々を先頭とする多くの研究者たちによって拡大されてきた。そして今初めて、自然淘汰に基礎をおいた社会学説のこの重要な体系が、リチャード・ドーキンスの手によってシンプルかつポピュラーな形で提出されたのだ。

ドーキンスは社会学説におけるこの新しい研究の主要なテーマを、一つずつ取り上げていく――利他的・利己的行動の概念、私利私欲の遺伝的定義、攻撃行動の進化、親子関係や、社会性昆虫の進化も含めた血縁淘汰説、性比についての学説、互恵的利他主義、いつわり、性差の自然淘汰など。基盤となる学説をマスターしていることからくる自信を持って、ドーキンスは新しい研究を驚嘆すべき明快さと見事な文体で繰り広げていく。広く生物学を身に付けた彼は、生物というものがいかに豊かで魅惑的なものかを読者に教えてくれる。既発表の研究と意見を異にする場合（彼が私の誤りを批判するときのように）、彼はほとんどいつも正確に的《まと》を射ている。ドーキンスはまた、彼の論議の論理を明確にすべく苦労している。それゆえに読者は、彼の与えてくれた論理を適用していくことによって、議論を広げていくことができる（そしてドーキンス自身を乗り越えてさえいける）。議論それ自体はさまざまな方向へ広がっていく。たとえば、もし嘘というものが、（ドーキンスが言うように）動物のコミュニケーションに基本的に備わったものであれば、必ずや嘘を見抜く方向への強い淘汰が働くに違いないし、またこのことが、嘘をついていることの自覚からくる微妙なサインによってそれを洩《も》らしてしまわないよう、事実や動機を意識しないようにさせるある程度の自己欺瞞をよしとする方向への淘汰を生むのだろう。したがって、自然淘汰は世界のより正確なイメージを創り出すような神経系に味方するというありきたりの見かたは、心的進化のあまりにもナイーヴな見かただと言わざるをえない。

最近における社会理論の進歩はたいへん本質的なものを含んでいるので、ちょっとした反革命的な反応を呼び起こした。たとえば、この最近の進歩は、社会の発展は遺伝的に不可能なように見せかける点で、実は、社会の発展を邪魔しようとする周期的な陰謀の一部だ、というようなことがまことしやかに囁《ささや》かれている。これに類した貧弱な思想がつながりあって、ダーウィニズム的社会理論は政治的意味では反動的だという印象を生み出してきた。だがこれは、真実からはおよそかけ離れている。両性が遺伝的に平等なものだということは、フィッシャーとハミルトンによって、初めて明確にされた。社会性昆虫から得られた理論と定量的データによって、親が子を（あるいは逆に子が親を）支配する本来的な傾向など存在しないことが示された。そして、親による投資とか、雌による選択という概念は、性差をどう見るかというときの客観的で、偏見のない基盤を提供してくれる。これは、女性の力と権利の根源を生物学的同一性という泥沼のなかに求めようとするいま流行《はや》りの努力に比べれば格段の前進である。要するにダーウィニズム的社会学説は、社会関係の底にある対称性と論理とを垣間見させてくれるのだ。もし私たち自身がそれをより深く理解するならば、それは私たちの政治の理解に再び生気を与え、生物学でありかつ医学でもある心理学に知的な支持を与えてくれるはずである。そしてそこに至る過程のなかで、私たちの悩みの多くの根をより深く理解させてもくれるはずだ。

一九七六年七月　ハーヴァード大学　ロバート・L・トリヴァース

初版のまえがき

この本はほぼサイエンス・フィクションのように読んでもらいたい。イマジネーションに訴えるように書いたからだ。しかしこの本はサイエンス・フィクションではない。科学《サイエンス》だ。いささか陳腐かもしれないが、「小説よりも奇なり」という言葉は、真実に対する私の感覚を的確に表現している。私たちは、遺伝子という名の利己的な分子をやみくもに保存するべくプログラムされたロボットの乗り物――生存機械なのだ。この真実に私は今なお、ただ驚き続けている。何年も前からこのことを知っていたが、到底それに完全に慣れてしまえそうにない。私の願いの一つは、他の人たちをなんとかして驚かせてみることだ。

この本を書いているとき、想像上の読者が三人、私の肩ごしにのぞき込んでいた。いま私は、この人々に本書を捧げたい。三人のうちの一人目は、一般的な読者、つまり門外漢だ。私は彼のために、専門用語をほとんど使わないようにした。どうしても専門的な言葉を使う必要がある場合は、きちんと定義してからにした。なぜ学術雑誌からも多くの専門用語を追放しないのか、不思議である。私は、門外漢は専門知識を持っていないものとは見なしたが、愚か者とは見なさなかった。思い切った単純化をしさえすれば、誰でも科学を大衆化できる。私はいくつかの微妙で複雑な考えを、数学的な言葉を使わないで、しかもその本質を見失うことなく大衆化しようと努めた。どこまでこれに成功したかはわからないし、また、この本をその主題にふさわしく魅力的なものにしようという私のもう一つの野心が実を結んだかどうかもわからない。生物学はミステリー小説と同じくらい刺激的なものであるべきだと、私は前々から思っていた。生物学はまさにミステリー小説だからだ。とはいえ、この主題が提供するはずの刺激のごくわずかな部分以上のものを伝え得たとまでは、期待していない。

二人目の読者は専門家だ。彼は手厳しい批判者であって、私の持ち出すアナロジーや比喩に、鋭く息をのむ。彼のお気に入りの言葉は、「(……)という例外がある」「しかし一方では(……)」、それに軽蔑の意を込めた「へえー」である。私は彼の言うことに注意深く耳を傾け、彼の意見に従ってまる一章を書き直したことさえある。けれど最終的には、自分の思うとおりに語っていくしかなかった。専門家が私の語り口に完全に満足することはないだろう。けれど私は、その彼すらもこの本のなかに何か新しいことを見出してくれるのではないかと期待している。ありふれた考え方の新しい見かたができるとか、あるいはさらに、彼自身の新しい着想を刺激するとか……。もしこれが思い上がりに過ぎるならば、せめて車中で彼を楽しませられる本であることとぐらい期待してもよいだろうか?

念頭に置いていた三人目の読者は、門外漢から専門家へ移行中の学生である。もし彼がどの分野の専門家になるかをまだ決めていないのなら、私の専攻の動物学にほんのちょっとだけでも目を向けてくれるよう勧めたい。動物学を勉強する理由は、それがいずれは「有用」になるはずだとか、一般に動物がかわいらしいとかいう以外にももっとある。それは、私たち動物が既知の宇宙における最も複雑で最も完璧にデザインされた機械だからだ。このように言ったら、もう動物学以外のことを勉強するなんてとても理解できない! すでに動物学に足を踏み入れている学生に対しては、私の本が何らかの教育的価値を持ってほしいものだと願っている。彼は私の論法の基礎となった原論文や原著を学んでいかなければならない。もしそれら原著がわかりにくかったら、私の非数学的説明は導入や補助となるだろう。

異なる三種類の読者すべてにアピールしようとすることは、明らかに危険である。私に言えるのは、私自身この危険を重々承知していることと、それでもこの試みによる利益は、その危険をはるかに上まわるだろうということだけだ。

私は動物行動学者《エソロジスト》であり、これは動物の行動についての本である。自分がトレーニングを受けてきた動物行動学《エソロジー》の伝統に負うところが多い。とくにニコ・ティンバーゲンは、オックスフォードの彼のもとで研究していた一二年間に、どれほどの影響を私に与えたか、おそらく彼はわかっていない。「生存機械」という言葉も、実際には彼の造語ではないにせよ、それに近い。けれどエソロジーは最近、常識的にはエソロジーに関わりがあるとは見なされていないところからきた新鮮なアイディアの侵入によって活力を与えられてきた。この本は全面的にこのような新しいアイディアを基盤としてできあがっている。その発想者たちは、本文のしかるべき場所で名を挙げてあるが、とくに記すべき人々はG・C・ウィリアムズ、J・メイナード＝スミス、W・D・ハミルトン、そしてR・L・トリヴァースである。

いろいろな人々がこの本のタイトルについて意見を提案して下さった。そして私はそれを各章のタイトルにありがたく使わせていただいた。「不滅のコイル」はジョン・クレブス、「遺伝子機械」はデズモンド・モリス、「遺伝子道」はティム・クラットン＝ブロックとジーン・ドーキンスの示唆によるものだ。スティーヴン・ポッターには申し訳なかった。

想像上の読者たちは見込みのない期待と願望の目標とはなってくれるかもしれないが、現実の読者や批評家ほど実際の役には立たない。私にはどうも改訂癖があって、マリアン・ドーキンスが毎ページ、毎ページの数限りない書き直しを読まされる羽目になった。彼女の、生物学の文献に関する厖大な知識、理論的な論争についての理解、そして絶えざる激励と精神的支持は、私にとってこの上なく大切なものだった。ジョン・クレブスも原稿段階でこの本全体に目を通してくれた。彼はこの主題については私以上によく知っており、助言や示唆を惜しまなかった。グレニス・トムスンとウォルター・ボドマーは、遺伝学的な問題の扱いかたを親切かつ手厳しく批判してくれた。私の施した改訂に彼らはまだ完全には満足しないのではないかと恐れているが、いくぶんかは改善されたと認めてくれることを願っている。彼らが大切な時間を割いてくれたことと、彼らの辛抱づよさに心から感謝している。ジョン・ドーキンスは誤解を受けやすい言いまわしを的確にチェックし、数々の建設的な言い換えの示唆を与えてくれた。また、マクスウェル・スタンプ以上に親切な「知的門外漢」など、二度とお目にかかれないだろう。彼は第一稿の文章のなかから重大な一般的欠陥を鋭く見つけ出してくれたが、それは最終稿の作成に大いに役立った。この他にも、ジョン・メイナード゠スミス、デズモンド・モリス、トム・マシュラー、ニック・ブラートン゠ジョウンズ、サラ・ケトルウェル、ニコラス・ハンフリー、ティム・クラットン゠ブロック、ルイーズ・ジョンソン、クリストファー・グレアム、ジョフ・パーカー、そしてロバート・トリヴァースは、いくつかの章を建設的に批判してくれたり、あるいは専門的な助言を与えたりしてくれた。パット・サールとステファニー・ヴァーホーヴェンは原稿を見事にタイプしてくれたばかりか、とても楽しそうに仕事してくれたので、大いに勇気づけられた。最後に、原稿を批判的に読んで助けてくれたうえに、職務の範疇をはるかに超えてこの本を作るすべての段階に立ち会ってくれた、オックスフォード大学出版局のマイケル・ロジャースにお礼を申し上げたい。

一九七六年　リチャード・ドーキンス

第1章 人はなぜいるのか

Why are people?

ある惑星で知的な生物が成熟したと言えるのは、その生物が自己の存在理由を初めて見出したときだ。もし宇宙の知的に優れた生物が地球を訪れたとしたら、彼らが私たち人間の文明度を測ろうとしてまず問うのは、私たちが「進化というものをすでに発見しているかどうか」だろう。地球の生物は、三〇億年ものあいだ、自分たちがなぜ存在するのかを知ることもなく生き続けてきたが、ついにそのなかの一人が真実を理解し始めるに至った。その人の名はチャールズ・ダーウィンだ。正確に言うなら、真実にうすうす気づいていた人は他にもいたのだが、私たちの存在理由について筋が通り、かつ理にかなった説明をまとめたのが、ダーウィンその人だった。ダーウィンは、この章の表題のような質問をする好奇心の強い子どもに対して私たち大人が提示できるような、理屈の通った分別ある答えを用意してくれたのだ。生命には意味があるのか？　私たちは何のためにいるのか？　人間とは何か？　といった深遠な問題に出くわしても、もう迷信に頼る必要はない。著名な動物学者G・G・シンプソンはこの最後の疑問を提起したあとで、こう述べている。「私が強調したいのは、一八五九年以前には、この疑問に答えようとする試みはすべて無価値だったことと、回答せずに黙っているほうがましだったということである」[*1]

今日進化論は、地球が太陽の周囲をまわっているという説と同じくらい疑いないものだが、ダーウィン革命の意味するものすべてが、さらに広く理解されなければならない。動物学はいまだ少数派の研究分野であり、大学で動物学を選ぶ人でさえ、その深い哲学的意味を評価したうえでそう決めるのではない場合が多い。哲学と、「人文学」と称する分野では、今なお、ダーウィンなど存在したことがないかのような教育がなされている。こうしたことがいずれ変わるであろうことは疑いない。どのみちこの本の意図は、ダーウィニズムの一般的な擁護にあるのではなく、ある論点における進化論の重要性の追求にある。私の目的は、利己主義(selfishness)と利他主義(altruism)の生物学の研究だ。

学問上の興味を別にしても、この問題が人間にとって重要なことは明らかである。私たちの社会生活のあらゆる面、たとえば愛と憎しみ、戦いと協力、施しと盗み、貪欲と寛大さにかかわる。ローレンツの『攻撃』〔114〕、アードリーの『社会契約』〔11〕、アイブル゠アイベスフェルトの『愛と憎しみ』〔65〕もこのような問題を論じていると言えようが、これらの本の難点は、その著者たちが全面的にかつ完全に間違っていることだ。彼らは、進化の働きかたを誤解したために間違ってしまったのだ。彼らは、進化において重要なのは、個体(ないし遺伝子)の利益ではなくて、種(ないし集団)の利益だという誤った仮定をしている。皮肉なことに、アシュリー・モンタギューはローレンツを批判して、「一九世紀の〈歯も爪も血まみれの自然〉派の思想家の直系の子孫だ」と述べている。進化に関するローレンツの見解を私が見たところでは、彼は、テニスンのこの有名な一句の意味するものを退ける点では、モンタギューとまったく同じだ。彼ら二人とは違って、私は〈歯も爪も血まみれの自然〉というこの表現は、自然淘汰に対する私たちの現代的理解を見事に要約していると思う。

私の論旨そのものに入る前に、それがどういう種類の議論であって、どういう議論でないかを手短に説明しておきたい。もし、ある男がシカゴのギャング界で長年順調な生活を送ってきたと聞いたら、その男がどういう種類の人間か、おおよその見当がつこう。おそらく彼は、タフな早撃ちの名手で、義理堅い友人を魅きつける才のある人間なのだ。これは絶対確実な推論ではないかもしれないが、ある人が生き延びて成功してきた条件について何かわかれば、その人の性格について何らかの推測をくだすことができる。この本の主張するところは、私たち、およびその他のあらゆる動物は、遺伝子によって創り出された機械にほかならないというものだ。成功したシカゴのギャングと同様に、私たちの遺伝子は競争の激しい世界を場合によっては何百万年も生き抜いてきた。このことは、私たちの遺伝子に何らかの特質があることを物語っている。私がこれから述べるのは、成功した遺伝子に期待される特質のうちで最も重要なのは非情な利己主義である、ということだ。この遺伝子の利己主義(gene selfishness)は通常、個体の行動における利己主義を生み出す。しかし、いずれ述べるように、遺伝子が個体レベルにおけるある限られた形の利他主義を助長することによって、自分自身の利己的な目標を最も達成できるような特別な状況も存在する。この文の「限られた(limited)」と「特別な(special)」という語は重要な言葉だ。そうでないと信じたいのはやまやまだが、普遍的な愛とか種全体の繁栄などというものは、進化的には意味をなさない概念にすぎない。

そこでまず私は、この本が何でないかを主張しておきたい。私は進化に基づいた道徳を主張するつもりではない。[*2] 単に、物事がどう進化してきたかを述べるだけだ。私たち人間が、道徳的にはいかに振る舞うべきかを述べようとしているわけではない。私がこれを強調するのは、どうあるべきかという主張と、どうであるという言明とを区別できない人々、しかも非常に多くのこうした人々の誤解を受けるおそれがあるからだ。私自身の感覚では、単に、常に非情な利己主義という遺伝子の法則に基づいた人間社会というのは、生きていくうえでたいへんいやなものだ。しかし残念ながら、私たちがどれほど嘆こうと、それが真実であることに変わりはない。この本は主として、面白く読めることを狙ったのだが、この本から道徳を引き出そうとする方々は、これを警告として読んでほしい。もしあなたが、私と同様に、個人個人が共通の利益に向かって寛大に非利己的に協力し合うような社会を築きたいと考えるのであれば、生物学的本性はほとんど頼りにならないと警告しておこう。私たちが利己的に生まれついている以上、私たちは寛大さと利他主義を教えることを試みようではないか。私たち自身の利己的な遺伝子が何をしようとしているかを理解しようではないか。そうすれば、少なくとも私たちは、遺伝子の意図をくつがえすチャンスを、すなわち他の種がけっして望んだことのないものをつかめるかもしれないのだから。

教育についてこうした意見を述べるのは、遺伝的に受け継がれる特性が、その定義からして変更のきかない固定されたものと考えるのが誤りだからだ（ついでに言うと、この誤りはごく一般に見られる）。私たちの遺伝子は、私たちに利己的であるよう指図するが、私たちは必ずしも一生涯遺伝子に従うよう強制されているわけではない。たしかに、利他主義を学ぶことは、遺伝的に利他主義であるようプログラムされている場合よりはずっと難しいだろう。あらゆる動物のなかでただ一つ、人間は文化によって、すなわち学習され、伝承された影響によって支配されている。ある人々に言わせると、文化こそ重要なのであって、遺伝子が利己的であろうとなかろうと、人間の本性を理解するうえでは事実上関係がないという。一方、そうではないと言う人々もいる。これはすべて、人間の属性の決定因が「氏《うじ》か育ちか」という議論においてどちらの立場を取るかによる。ここで私は、この本が何々でないという第二の事項を述べなければならない。すなわち、この本は「氏か育ちか」論争における何らかの立場を主張するものではない。もちろん、私はこれについての意見を持っているが、それを表明しようとは思わない。ただし、文化について第11章で述べる見解に含まれるものは、このかぎりではない。たとえ遺伝子が現代人の行動の決定にはまったく無関係であることがわかったとしても、すなわち、私たちが実際この点において動物界でユニークな存在だということがわかったとしても、ごく最近人間が例外となったその規則について知ることは、少なくともまだ興味深いことだ。そして、もし私たちの種が、私たちが考えたがるほど例外的でないのであれば、その規則を学ぶことはいっそう重要である。

この本が何々でないという第三の事項は、人間の行動やその他の動物の行動の詳細を記載したものではない、というものだ。細かい事実は説明の例として用いるにとどめる。私は、「ヒヒの行動を見れば、その行動が利己的なのがわかるだろう、だから人間の行動も利己的だと思われる」と言おうとしているのではない。私の「シカゴ・ギャング」論の論理はまったく違う。それはこうだ。人間もヒヒも自然淘汰によって進化してきた。自然淘汰の働きかたを見れば、自然淘汰によって進化してきたものは、何であれ利己的なはずだということになる。それゆえ私たちは、ヒヒ、人間、その他あらゆる生きものの行動を見れば、その行動が利己的なのがわかる、と考えなければならない。もしこの予想が誤りだと判明したら、つまり、人間の行動が真に利他的であることが観察されたなら、そのとき私たちは、困惑させられる事態、説明を要する事態にぶつかるだろう。

先に進む前に、定義が必要だ。ある実在（たとえば一頭のヒヒ）が自分を犠牲にして別の同様な実在の幸福を増すように振る舞ったとすれば、その実在は利他的だと言われる。利己的行動にはこれとは正反対の効果がある。「幸福」は「生存の機会」と定義される。たとえ、実際の生存の見込みに対する効果がごくわずかで、無視できそうに見えたとしても。ダーウィニズム理論の現代的説明の驚くべき結果の一つは、生存の見込みに対する些細な作用が、進化に多大な力を及ぼしうることだ。これは、こうした作用が影響を及ぼすのに使える時間がたっぷりあるからである。

重要なのは、利他主義と利己主義の前述の定義が行動上のものであって、主観的なものではないと理解しておくことだ。私はここで動機の心理学にかかわるつもりはない。利他的に行動する人々が「ほんとうに」隠れた、あるいは無意識の利己的な動機でそれを実行しているのか否かという議論をしようとは思わない。彼らがそうであろうとなかろうと、私たちがそれを知ることができなかろうと、この本の関知するところではない。当の行為が結果として利他行為者と見られる者の生存の見込みを低め、同時に受益者と見られるものの生存の見込みを高めさえするならば、私はそれを利他行為と定義する。

長期にわたる生存の見込みに対する行動の効果を示すのは、非常に難しい。実際問題として、実際の行動に定義をあてはめるときには、「のように見える」という言葉を補う必要がある。利他的に見える行為とは、表面上、あたかも利他主義者の死ぬ可能性を（たとえどれほどわずかであれ）高め、同時に、受益者の生き延びる可能性を高めると思わせる行為である。よく調べてみると、利他的に見える行為はじつは姿を変えた利己主義であることが多い。繰り返すが、私は、根元にある動機がじつは利己的なものだと言っているのではない。生存の見込みに対する行為の効果が、最初に考えられたものとは逆だと言っているのだ。

利己的に見える行動と利他的に見える行動の例をいくつか挙げてみよう。私たちは、自分の種を扱うとどうしても主観的に考えてしまうので、他種の動物の例を参照しよう。まず、個体による利己的行動のさまざまな例を見る。

ユリカモメは大きなコロニーを造って営巣《えいそう》するが、巣と巣はわずか数十センチしか離れていない。孵《かえ》りたての雛は小さくて無防備であり、捕食者にとってはたいへん呑み込みやすい。あるカモメは、隣のカモメが魚を獲りに出かけるなどで巣を離れるのを待って、そのカモメの雛に襲いかかり、丸呑みにしてしまうことがよくある。こうして、そのカモメは魚を取りに行く手間を省き、自分の巣を無防備な状態にさらさないで栄養豊かな食物を手に入れる。

さらによく知られている例に、雌のカマキリの恐ろしい共食いがある。カマキリは大型の肉食性の昆虫である。彼らは通常ハエのような小型の昆虫を食べるが、動くものならほとんど何でも攻撃する。交尾の際には、雄は注意深く雌に忍び寄り、上に乗って交尾する。雌はチャンスとあらば雄を食べようとする。雄が近づいていくときか、上に乗った直後か、離れたあとかに、まず頭を咬み切って食べ始める。雌は交尾が終わってから雄を食べ始めたほうが良いのではと考える向きもあるかと思うが、頭がないことは、雄の体の残りの部分の性行為の進行を止めることにはならないようだ。実際、昆虫の頭は抑制中枢神経の座なので、雌は雄の頭を食べることによって、雄の性行為を活発化する。*3 もしそうであれば、これは利点を増やす。もちろん第一の利点は、雌が上等な食物を手に入れることだ。

「利己的」という言葉は、共食いのような極端な場合に使うには控え過ぎるかもしれないが、こうした例は私たちの定義にはよく合っている。南極の皇帝ペンギンで報告されている卑怯な行動についてなら、おそらく誰でもただちに同意する。このペンギンたちは、アザラシに食べられる危険があるため、水際に立って飛び込むのをためらっているのがよく見られる。彼らのうち一羽が飛び込みさえすれば、残りのペンギンたちはアザラシがいるかどうかを知ることができる。当然誰も自分が実験台にはなりたくないので、全員がただひたすら待っている。そしてときどき互いに押し合って、誰かを水中に突き落とそうとさえする。

一般的に言う利己的な行動とは、単に食物やテリトリーや交尾の相手といった、価値のある資源を分け合うのを拒否することだ。次に、利他的に見える行動の例をいくつか挙げてみよう。

働きバチの針を刺す行動は、蜜泥棒に対するきわめて効果的な防御である。しかし刺すハチたちは神風特攻隊だ。刺すという行為によって生命の維持に必要な内臓が体外にもぎ取られるため、通常まもなく死ぬ。そのハチの自殺的行為がコロニーの生存に必要な食物の貯えを守ったかもしれないが、そのハチ自身はその利益にはありつけない。私たちの定義では、これは利他的行動である。意識的な動機について述べているのではないことを思い出してほしい。この場合にも、また利己主義の例でも、意識的な動機はあることもあろうし、ないこともあろうが、それは私たちの定義には無関係だ。

ある個体が、友のために生命を捨てることが利他的であることは明らかだが、友のためにわずかな危険を冒すこともやはり利他的だ。多くの小鳥はタカのような捕食者が飛んでいるのを見ると、特徴的な「警戒声《けいかいせい》」を発し、それによって群れ全体が適当な逃避行動を取る。警戒声を上げる鳥は捕食者の注意を自分に引きつけるので、ことさら身を危険にさらしているという間接的な証拠がある。それは仲間より多少危険が増す程度にすぎないが、やはりこれは、少なくとも一見したかぎりでは私たちの定義による利他的行為に含められるように見える。

動物の利他的行動のなかで最も顕著に見られるのが、親、とくに母親の子に対する行動である。彼らは巣のなかか自分の体内で卵を孵し、多大な犠牲を払って子に食物を与え、大きな危険に身をさらして捕食者から子を守る。一例を挙げると、多くの地上営巣性の鳥はキツネのような捕食者が近づいてきたときに、いわゆる「擬傷《ぎしょう》」を誇示《ディスプレイ》する。親鳥は、片方の翼が折れているかのようなしぐさで巣から離れる。すると捕食者は捕えやすそうな獲物に気づいて、おびきよせられ、雛のいる巣から離れる。最後に親鳥はこの芝居をやめ、空中に舞い上がってキツネから逃がれる。この親鳥はおそらく自分の雛の生命を救えたが、そのために自分自身をかなりの危険にさらしている。

私は物語を語ることによって、自説を主張しようとしているのではない。適当に選び出した例でもって、まともな一般論の証拠とすることはできないからだ。これらの話は単に、個体レベルの利他的行動と利己的行動とはどういう意味かを説明するために挙げたにすぎない。この本で私は、遺伝子の利己性と私が呼んでいる基本法則によって、個体の利己主義と個体の利他主義がいかに説明されるかを示そうと思う。しかしその前にまず、利他主義についての誤った説明を取り上げなければならない。というのは、そうした説明が一般に知れわたっており、学校で広く教えられてさえいるからだ。

この説明は、すでに述べたような誤解に基づいている。つまり、生きものは「種の利益のために」、「集団の利益のために」物事をするよう進化する、という誤解である。生物学でこの考えかたがどれほど優勢かは、容易に見て取れる。動物の生活は大方が繁殖に捧げられており、自然界に見られる利他的自己犠牲の行為のほとんどが親の子に対するものだ。「種の存続」とはよく使われる繁殖の婉曲な言いまわしである。たしかに、それが繁殖の結果なのは間違いない。繁殖の「機能」が種を存続させる「こと」だと推論するには、論理をわずかに飛躍させるだけでよい。このことから、動物が一般に種の存続に役立つように振る舞うと結論づけるには、さらに短い誤った一歩があれば済む。その次にはおそらく、自種の仲間に対する利他主義という話になる。

この考えかたはなんとなくダーウィニズム的な言葉に翻訳できる。進化は自然淘汰によって進み、自然淘汰は「最適者」の生存に加担する。ところで、ここで言う「最適者」とは最適個体のことなのか、それとも最適品種、あるいは最適種のことだろうか？　いったい何を指しているのか？　目的によってはさして問題ではないが、利他主義について述べるときには、これは非常に大事なことだ。ダーウィンが生存競争と呼んだものにおいて競い合っているのが種《しゅ》だとすれば、個体はチェスのポーン〔将棋の「歩《ふ》」に相当〕と見なせる。種全体の利益のために必要とあれば、犠牲になるのだ。もう少し上品な言いかたをすれば、各個体がその集団の幸福のために犠牲を払うようにできている種ないし種内個体群のような集団は、各個体が自分自身の利己的利益を第一に追求している別のライバル集団よりも、おそらくは絶滅の危険が少ない。したがって、世界は、自己犠牲を払う個体から成る集団によって大方を占められるようになる。これが「群淘汰《グループ・セレクション》」説だ。この説は、V・C・ウィン＝エドワーズが有名な著書のなかで世に公表し、アードリーが『社会契約』で普及させた、進化説の詳細を知らない生物学者たちに長年真実だと考えられてきた説である。昔から支持されてきたもう一つの説は、一般的には「個体淘汰《インディビジュアル・セレクション》」と呼ばれているものだ。私としては「遺伝子淘汰《ジーン・セレクション》」と呼ぶほうが好きなのだが……。

この群淘汰説に対する個体淘汰論者の答えは、簡単に言えば以下のようになるだろう。利他主義者の集団のなかにも、いっさいの犠牲を拒否する意見の違う少数派が、ほぼ必ずいるものである。他の利他主義者を利用しようとする利己的な反逆者が一個体でもいれば、定義によると、その個体はおそらく他の個体より生き残るチャンスも、子を作るチャンスも多いはずだ。そしてその子どもたちはそれぞれ利己的な性質を受け継ぐ傾向があるだろう。何代かの自然淘汰を経ると、この「利他的集団」には利己的な個体がはびこり、この集団は利己的な集団と区別がつかなくなるはずだ。ありそうもないことだが、最初に反逆者のまったくいない純粋な利他的集団がたまたまあったと仮定しても、利己的な個体が隣の利己的集団から移住してくることや、利己的個体との交配によって、利他的集団の純血が汚《けが》されることを食い止めるものは何なのかを知るのはたいへん難しい。

個体淘汰論者は、集団が実際に滅びるものであること、ある集団が滅びるか否かはその集団の個体の行動いかんにかかっていることを認めるはずだ。また、ある集団の個体に先見の明がありさえすれば、彼らはいずれ、利己的な欲望を抑制して集団全体の崩壊を防ぐことが自分たちの最大の利益につながることに気づくはずだ、ということを認めさえするだろう。このようなことが、近年イギリスの労働者について何度言われてきたことか？　ともあれ、集団の絶滅は、個体間の苛烈な競争に比べればゆっくりとした過程である。集団がゆっくりと確実に衰退していくあいだにすら、利己的な個体は利他主義者を犠牲にして短期間に成功する。イギリスの市民が先見の明に恵まれているにせよいないにせよ、進化は未来のことなどおかまいなしだ。

群淘汰説は、いまや進化を理解している専門の生物学者のあいだではあまり支持されていないが、この説は直観的に訴えるところがある。動物学の代々の学徒は、学校を出てから、これがオーソドックスな見解でないことを知って驚く。だからといって彼らを責めるのは酷だ。なぜなら、イギリスのレベルの高い生物学の教師のために書かれた『ナフィールド生物学教師指導書』には、こう書かれている。「高等動物では、種の生存確保のために、個体の自殺という行動形態を取ることがある」。この指導書の無名の著者は、幸せなことに、論争の的の話題を述べていることに気づいていない。この点では彼はノーベル賞受賞者の仲間に入る。ローレンツは『攻撃』で、攻撃行動の「種の保存」機能の一つは、最適個体のみが繁殖を許されるよう保証することだと述べている。これは堂々めぐりの議論の最たるものだが、ここで私が言いたいのは、ナフィールド指導書の著者と同様、明らかに、ローレンツも自分の言っていることがオーソドックスなダーウィニズムに反していることに気づかなかったほど、群淘汰説は深く根をおろしている、ということだ。

このあいだ私は、オーストラリア産のクモに関するBBCテレビの番組(他の点では優れた番組だった)で、同じような面白い例を聞いた。番組の「専門家」はクモの子の大部分が他種の餌食になるのを観察し、続いてこう言った。「おそらくこれが彼らの真の存在理由なのです。種の維持のためにはほんの少数が生き残ればそれで済むのですから！」

アードリーは『社会契約』で、一般的な社会秩序全般を説明する際に群淘汰説を用いた。明らかに、彼は人間を動物の正しい道から外れた種だと見なしている。これでアードリーは少なくとも宿題を済ませた。オーソドックスな説に異議を唱えようとする彼の決意は、明らかに意識的なものだった。そして彼は、そのことを評価されてしかるべきである。

群淘汰説が非常に好評を博したのは、一つにはそれが、おそらく、私たちの大部分が持っている倫理的理想や政治的理想と調和しているからだ。私たちは個人としてはしばしば利己的に振る舞うが、理想上は他人の幸福を第一にする人々を尊敬し賞賛する。しかし、私たちが「他人」という言葉をどこまで広く解釈しようとするかについては、多少混乱がある。集団内の利他主義は、集団間の利己主義を伴うことが多い。これが労働組合主義の基本原理である。別のレベルでは、国家は利他的自己犠牲の主要な受益者であり、若者たちは自国全体の栄光をさらに高めるために個人の命を捧げるよう期待される。そのうえ彼らは、他国の人間だということ以外に、まったく知らない他人を殺すことを奨励される（不思議なことに、個人個人に対して、自分たちの生活水準を向上させる速度を少し犠牲にせよという平時の呼びかけは、個人に自分の生命を捨てよという戦時の呼びかけほど効果的ではないようだ）。

最近、民族主義や愛国心に反対して、仲間意識の対象を人間の種全体に置き替えようとする傾向が出てきた。利他主義の対象のこの人道主義的な拡大は興味深い帰結を生む。つまり、それはやはり進化における「種の利益」論を支持しているように見えるのだ。政治的に自由主義《リベラル》の人々は、通常は種の倫理を最も強く信じている人であり、したがって今や彼らは、利他主義の枠をさらに広げて他種をも含めようとする人々に対して、最も強い軽蔑の念を抱いていることが多い。もし私が、人々の住宅事情を改善することより、大型クジラ類の殺戮を防ぐことのほうに関心があると言ったとしたら、一部の友人はショックを受けるだろう。

自種のメンバーが他種のメンバーに比べて、倫理上特別な配慮を受けてしかるべきだとする感覚は、古く根強い。戦争以外で人を殺すことは、通常の犯罪のなかでは最も厳しく考えられている。私たちの文化でこれより強く禁じられている唯一のことは、人を食べることだ（たとえその人が死んでいても）。しかし私たちは他種のメンバーを嬉々として食べる。私たちの多くは凶悪犯に対してですら死刑の執行を尻込みするが、一方、たいした害獣でもない動物を裁判にもかけずに撃ち殺す。それどころか、多くの無害な動物をレクリエーションや遊びのために殺している。アメーバほどにも人間的感情を持たない人間の胎児は、おとなのチンパンジーの場合をはるかに超えた敬意と法的保護を受けている。だが、最近の実験的証拠によれば、チンパンジーは豊かな感情を持ち、ものを考え、ある種の人間の言葉を覚えることすらできる。胎児は私たちの種に属するがゆえに、もろもろの権利・特権を即与えられる。リチャード・ライダーの言う「種差別」の倫理が、「人種差別」の倫理よりいくらかでも確実な論理的立場に立てるのかどうか、私にはわからない。私にわかるのは、それには進化生物学的に厳密な根拠がないということだ。

どのレベルでの利他主義が望ましいのか——家族か、国家か、人種か、種か、それとも全生物か——という問題についての人間の倫理における混乱は、どのレベルでの利他主義が進化論的に見て妥当なのかという問題についての生物学における同様な混乱を反映している。群淘汰主義者ですら、敵対集団のメンバーどうしが忌み嫌いあっているのを見ても驚かないだろう。つまり彼らは、労働組合主義者や兵士と同じく、限られた資源をめぐる争いでは自分の集団に味方していると言うのだ。しかしこの場合、群淘汰主義者がどのレベルが重要かをどう決めているかについては問う価値がある。もし淘汰が同種内の集団間や異種間で起こるのであれば、もっと大きな集団間で起こらないのはなぜなのか。種は属で集団を成し、属は目《もく》としてまとまり、目は綱《こう》に属する。ライオンとアンテロープは、どちらも私たちと同様に哺乳綱のメンバーである。では、「哺乳類の利益のために」アンテロープを殺すのをやめるよう、ライオンに要求するべきなのか。たしかに、綱の絶滅を防ぐためには、ライオンはアンテロープの代わりに鳥か爬虫類を狩るべきだ。だがそれでは、脊椎動物門全体を存続させるにはどうすればよいのか？

背理法で論じ、群淘汰説の難点を指摘するのはこのくらいにして、個体の利他主義の見かけ上の存在を説明しなければならない。アードリーはトムソンガゼルの「ストッティング」のような行動を説明できるのは群淘汰だけだというところまでいってしまった。捕食者の前で演じられる、この人目を引く迫力ある跳躍行動は、鳥の警戒声に相当するものだ。この行動は、危険にさらされている仲間に警告を発しつつ、一方ではストッティングをしている個体自身に捕食者の注意を引きつける。私たちには、トムソンガゼルのストッティングやその他の同様な現象すべてを説明する責任がある。そしてこれは、私が以下の章で立ち向かおうとしている問題なのである。

その前に、進化を眺める最良の方法は最も低いレベルに起こる淘汰の点から見ることだ、という私の信念について述べておく必要がある。この信念について、私はG・C・ウィリアムズの名著『適応と自然淘汰』〔181〕から大きな影響を受けた。私が本書で活用する中心的なアイディアは、今世紀の初頭、遺伝子以前の時代に、A・ヴァイスマンが「生殖質連続説」という学説で予示していた。私は、淘汰の、したがって自己利益の基本単位が、種でも、集団でも、厳密には個体でもないことを論じるつもりだ。それは遺伝の単位、遺伝子である。[*4] 一部の生物学者には、これは最初、極端な見解のように聞こえるだろう。しかし、私がどういう意味でそう言っているのかがわかれば、彼らは、たとえそれが見慣れぬ方法で表現されてはいても、実際にそれが正統だと同意してくれると思う。この議論を展開するには時間がかかる。そして私たちはまず、生命そのものの真の起源から始めなければならない。

第2章 自己複製子

The replicators

はじめは単純だった。その単純な世界ですら、どのように始まったかを十分に説明するのは難しい。ましてや、複雑な秩序——生命ないしは生命を生み出すことのできるもの——の突然の発生をあますところなく説明することがどれほど困難かは、言わずもがなである。自然淘汰による進化というダーウィンの学説に納得がいくのは、単純なものが複雑なものに変わりうる方法を、すなわち、無秩序な原子が自ら集まっていっそう複雑なパターンを成し、ついには人間を作り上げた方法を示してくれるからだ。ダーウィンは私たちの存在についての深遠な問題にある解釈を与えてくれる。それは、これまでに示唆されたもののなかでは、可能性のある唯一の解釈である。私は、従来のものよりもっと一般的な方法で、この偉大な学説について、進化自体が始まる以前の時期から説明することを試みる。

ダーウィンの「最適者生存（survival of the fittest）」は、じつは安定なものの生存というさらに一般的な法則の特殊な例だ。世界は安定したもので占められている。安定したものは、名付けられるくらいに永続的か、あるいは一般的な原子集団だ。それは、たとえばマッターホルン〔スイスとイタリアの国境に聳《そび》えるアルプス山脈の高峰〕のように、名付けるに値する巨大でユニークな原子集団だったり、雨の滴《しずく》のように、その一つひとつは短命であっても、集合的な名を付けるべきなくらい高い頻度で生じる一団の存在だったりする。私たちのまわりに見えるもの、説明を要すると思われるもの——岩や銀河、あるいは海の波——はすべて、多かれ少なかれ原子の安定したパターンである。気体の詰まった薄い膜にとっては球が安定する形のため、石鹼の泡は球状になる性質がある。宇宙船内では、水もやはり小球体で安定だが、地球上には重力があるため、静止している水の安定な表面は平たく水平になる。塩の結晶は立方体を成す傾向があるが、それがナトリウムイオンと塩素イオンをいっしょに詰め込む際の安定した形だからだ。太陽では、すべての原子のなかで最も単純な水素原子が融合してヘリウム原子を作っている。太陽での条件のもとでは、ヘリウムの形のほうが安定しているからだ。その他のさらに複雑な原子は宇宙じゅうの星で作られており、また、広く信じられている説によると、宇宙を生み出したビッグバンでも創られた。これが、私たちの世界にある元素の由来である。

ときには原子どうしが出会い、化学反応を起こして結合し、多かれ少なかれ安定な分子を形成する。このような分子は非常に大きいことがある。ダイヤモンドのような結晶は単一の分子、この場合には周知のとおり安定な分子だと考えられるが、その内部の原子構造が無限の繰り返しなので、ごく単純な分子でもある。現在の生物にはきわめて複雑な大きな分子があるが、その複雑さにはいくつかの段階がある。私たちの血液中のヘモグロビンは典型的なタンパク質分子である。それはアミノ酸というもっと小さな分子の鎖でできており、各アミノ酸には正確なパターンで並んだ数十の原子が含まれる。ヘモグロビン分子には五七四のアミノ酸が含まれている。これらのアミノ酸が四本の鎖状に並び、この鎖がからみあって、とてつもなく複雑な球状の三次元構造を成す。ヘモグロビン分子の模型を見ると、まるで鬱蒼としたイバラの茂みのように見える。けれど、それは本物のイバラの茂みとは違って、でたらめなおおよそのパターンではなく、一定不変の構造である。それが、人間の体内には、どの小枝もぴったり同じ形のヘモグロビン分子が、平均六×一〇の二一乗個も存在する。アミノ酸配列の等しいタンパク質を二本取り出すと、ちょうど二本のバネのように、いずれも屈曲してまったく同一の三次元構造を示して安定する。ヘモグロビンのようなタンパク質分子のイバラの形が細部に至るまで一定しているのはこのためだ。私たちの体内では、ヘモグロビンのイバラの茂みが、毎秒四〇〇兆個の割合でその「選ばれた」形に作られ、別のヘモグロビンが同じ割合で崩壊している。

ヘモグロビンは今日見られる分子だが、原子が安定なパターンに落ち着く傾向があるという原則を説明するために、これを例に取り上げた。ここで重要なのは、地球上に生物が生まれる以前に、分子の初歩的な進化が物理や化学の普通のプロセスによって起こった点である。設計とか目的とか指示を考える必要はない。エネルギーのあるところで一群の原子が安定なパターンになれば、それらはそのままとどまろうとするだろう。最初の型の自然淘汰は、単に安定したものを選択し、不安定なものを排除することだった。これについては何の不思議もない。それは定義どおりに起こるべくして起こったのだ。

だからといって、人間のような複雑な存在をまったく同じ原理だけで説明できることにはもちろんならない。正しい数の原子を取り出して、いくらかの外部エネルギーとともにかき混ぜ、それらが正しいパターンになるのを待っていてもだめだ。それではアダムは生まれない！　数十個の原子できた分子ならまだ創れるかもしれないが、人間は一〇の二七乗個以上の原子からできている。人間を創ろうと思ったら、宇宙の全時代が一瞬に思えるほど長い期間、生化学のカクテル・シェイカーを振らなければなるまいが、それでも成功しないだろう。これは、ダーウィンの学説が、その最も一般的な形で、救いの手を差しのべてくれる部分だ。ゆっくりとした分子形成の物語が終わる時点から、ダーウィンの学説が始まる。

これから述べる生命の起源の話は、どうしても推論に頼らざるをえない。定義からして、ことの起こりを見た者はいないのだから。対立する学説は数々あるが、それらにはすべてある共通したところがある。これから述べる単純化した話は、真実からそれほどかけ離れてはいないだろう。*1

生命の誕生以前の地球上にはどのような化学原料が豊富にあったのか確かなことはわからないが、可能性が高いのは、水、二酸化炭素、メタン、アンモニアなど、太陽系の少なくともいくつかの惑星上にあることがわかっている単純な化合物だ。化学者たちは昔の地球の化学的状態を再現してみようと試みた。これらの単純な物質をフラスコに入れ、紫外線や電気火花（原始時代の稲妻を人工的に模倣したもの）などのエネルギー源を与えた。二、三週間経つと、通常はフラスコのなかに興味深いものが見られる。はじめに入れておいた分子より複雑な分子をたくさん含んだ薄茶色の液体ができる。特筆すべきことに、そのなかにアミノ酸が見つかった。これは、生物体を構成する二つの代表的な物質の一つ、タンパク質の構成要素だ。こうした実験が行なわれる前は、自然に現れるアミノ酸は生命が存在している証拠だと考えられていた。たとえば火星にアミノ酸が見つかれば、その惑星に生物がいることはほぼ間違いないと思われていた。しかし今では、たとえアミノ酸の存在が示されたとしても、空気中に単純な気体がいくつかあることと、火山か日光か雷があることがわかるだけだ。さらに最近では、生命誕生以前の地球の化学的状態を真似た室内実験で、プリンとかピリミジンといった有機物が作られている。これらは遺伝物質、DNA自体の構成要素である。

生物学者や化学者が、三、四〇億年前に海洋を構成していたと考えている「原始のスープ」にも、これと似たような過程が起こったはずだ。これらの有機物は、おそらくは海岸付近の乾いた浮き泡や浮かんだ小滴のなかで、局部的に濃縮されていった。それらはさらに太陽からの紫外線のようなエネルギーの影響を受けて化合し、いっそう大きな分子になっていった。今日では、大型有機分子が人に気づかれるほど長いあいだ存在し続けることはない。作られるそばからバクテリアその他の生物に吸収され分解されてしまうからだ。しかし、当時、バクテリアその他のあらゆる生物はまだ生まれていなかった。大型有機分子は濃いスープのなかを何ものにも妨げられることなく漂っていた。

あるとき偶然に、とびきりきわだった分子が生じた。それを「自己複製子」と呼ぶことにしよう。それは必ずしも最も大きな分子でも、最も複雑な分子でもなかっただろうが、自らの複製を作れるという驚くべき特性を備えていた。これはおよそ起こりそうもない出来事のようだ。たしかにそうだった。それはとうてい起こりそうもないことだった。人間の生涯では、こうした起こりそうもないことは、実際上不可能なこととして扱われる。それが、フットボールの賭けでけっして大当たりを取れない理由だ。しかし、起こりそうなことと起こりそうもないことを判断する場合、私たちは数億年という歳月を扱うことに慣れていない。もし、数億年間毎週フットボールに賭けるのであれば、必ず何度も大当たりを取れるだろう。

実際のところ、自らの複製《レプリカ》を作る分子というのは、一見感じられるほど想像し難いものではない。しかもそれはたった一回生じさえすれば良かったのだ。鋳型としての自己複製子《レプリケーター》を考えてみることにしよう。それは、さまざまな種類の構成要素分子の複雑な鎖から成る、一つの大きな分子だとする。この自己複製子を取り巻くスープのなかには、これら小さな構成要素がふんだんに漂っている。今、各構成要素は自分と同じ種類のものに対して親和性があると考えてみよう。そうすると、スープ内のある構成要素は、この自己複製子の一部で自分が親和性を持っている部分に出くわしたら、必ずそこにくっつこうとするだろう。このようにしてくっついた構成要素は、必然的に自己複製子自体の順序にならって並ぶ。このときそれらは、最初自己複製子ができたときと同様に、次々と結合して安定な鎖を作ると考えられる。この過程は順を追って一段一段と続いていく。これは、結晶ができる方法でもある。一方、二本の鎖が縦に裂けることもあろう。すると、二つの自己複製子ができることになり、その各々がさらに複製を作り続ける。

さらに複雑に考えるならば、各構成要素が自分の種類に対してではなく、ある特定の他の種類と相互に親和性を持っているという可能性もある。その場合には、自己複製子は同一の複製《コピー》の鋳型ではなくて、一種の「ネガ」の鋳型の働きをする。そして次にその「ネガ」がもとのポジの正確な複製を作る。原初の自己複製子の現代版たるDNA分子がポジ－ネガ型の複製をすることは要注目だが、最初の複製過程がポジ－ネガ型だったかポジ－ポジ型だったかは、この際問題ではない。重要なのは、新しい「安定性」が突然この世に生じたことだ。あらかじめスープのなかに、特定の種類の複雑な分子がたくさんあったとは考えられない。なぜなら、そうした分子はそれぞれ、たまたま運良く特定の安定した形になっている構成要素に頼っていたのだから。自己複製子は生まれるとまもなく、そのコピーを海洋じゅうに急速に広げたのだろう。このため小型の構成要素の分子は貯えが減り、他の大型分子もその形成量が次第に減っていった。

　このようにして、同じもののコピーがたくさんできたと考えられる。しかしここで、どんな複製過程にもつきまとう重要な特性について述べておかなければならない。それは、この過程が完全ではないということだ。誤りが発生することはある。私はこの本に誤植がないことを願うが、注意深く探せば、二つや三つは見つかるものだ。だがそれらは、文章の意味をそれほどひどくは損なわないだろう。というのは、それらが「第一代目の」誤りだからだ。しかし印刷技術の発明以前、福音書などの書物が手書きで写本されていた時代を考えてみよう。筆写者たちはみな注意深かったはずだが、必ずやいくつかの誤りがあったはずだし、なかには、故意に少しばかりの「改良」を加えてはばからぬ者もいただろう。彼らがみな一つの原本から写したのであれば内容がひどく曲解されることはなかったかもしれないが、写本からコピーし、そのコピーからコピーするというプロセスを繰り返すならば、誤りは累積し始め、深刻な事態に陥る。私たちは誤った複写を悪と捉えがちだ。たしかに、人間の文書の場合には、誤りが改善につながるという例は考えにくい。ギリシャ語訳旧約聖書を作った学者たちが「若い女」というヘブライ語を「処女」というギリシャ語に誤訳し、「見よ、処女ははらみ男児を産まん」[*2]という預言を付け加えたとき、彼らはあるたいへんなことをスタートさせたと言えよう。いずれにせよ、のちに述べるように、生物学的な自己複製子に見られる誤ったコピーは、真の意味で改良を引き起こすことになり、ある誤りが生じることは、生命の前進的進化にとって欠かせないことだった。最初の自己複製子が、実際どのように自己のコピーを作ったのかはわからない。それらの現代の子孫であるＤＮＡ分子は、人間の最も忠実度の高い複写技術に比べても驚くほど忠実ではあるが、そのＤＮＡ分子でさえもときに誤りをおかす。そして、進化を可能にするのは結局これらの誤りなのだ。おそらく最初の自己複製子はもっとずっと誤りが多かったが、どのみち誤りは発生したはずだし、それらの誤りが累積してきたことも確かだろう。

誤ったコピーがなされてそれが広まっていくと、原始のスープは、すべてが同じコピーの個体群ではなくて、「祖先」は同じだが、タイプを異にしたいくつかの変種自己複製分子で占められるようになった。タイプによって数に違いがあっただろうか？　おそらくあったはずだ。あるタイプは本来的に他の種類より安定だったに違いない。ある分子はいったん作られると、他のものより分解されにくかっただろう。このようなタイプのものは、スープのなかに比較的多くなっていったはずだ。それは「長生き」の直接の結果であるばかりでなく、それらの分子が長期間にわたって自らのコピーを作ることができたためだろう。したがって、長生きの自己複製子はさらに数を増す傾向があったのだ。そして、他の条件が同じだとすれば、分子の個体群にはいっそう長生きになる「進化傾向」があったはずだ。

だが、おそらく他の条件は同じではなかった。ある自己複製子には、個体群内に広がっていくうえでさらに重要だったに違いないもう一つの特性があった。それは複製の速度、すなわち「多産性」だ。もしＡ型の自己複製分子が平均週一回の割合で自己のコピーを作り、一方Ｂ型の自己複製分子が一時間に一回の割合で作るとすれば、Ａ型分子がＢ型分子よりはるかに「長生き」だとしても、Ａ型分子はほどなく数のうえではるかに追いこされてしまうだろう。したがって、スープのなかの分子にはおそらく、いっそう高い「多産性」へ向かう「進化傾向」が存在していたはずだ。選ばれてきた自己複製分子の第三の特徴は、コピーの正確さである。たとえば、X型分子とY型分子が同一時間存続し、同じ速度でコピーを作る場合、X型分子が平均一〇回に一回の割合で誤ったコピーを作るのに対して、Y型分子が一〇〇回に一回しか誤りをおかさないとすれば、明らかにY型分子の数のほうが多くなる。この個体群内のX型分子団は、正しい「子ども」そのものを失うばかりでなく、現実の子孫、あるいは可能性として見込む子孫を、すべて失うことになるからだ。

私たちが進化について多少なりとも知っていれば、この最後の点が少々逆説的なことに気づくだろう。複数の誤りが進化に必要不可欠だという説と、自然淘汰が忠実な複製に有利に働くという説は果たして両立するのか？　私たちは自分が進化の産物であるがために、進化を漠然と「良いもの」と考えがちだが、実際に進化したいと「望む」ものはないというのがその答えだ。進化とは、自己複製子（そして今日では遺伝子）がその防止にあらゆる努力を傾けているにもかかわらず、いやおうなしに起こってしまう類のものだ。ジャック・モノーはハーバート・スペンサー講演でこの点を見事に指摘したが、その前に皮肉たっぷりにこう言った。「進化論のもう一つの不思議な点は、誰もがそれを理解していると思っていることです！」

原始のスープに話を戻そう。スープはさまざまな安定した分子、すなわち、個々の分子が長時間存続するか、複製が速いか、あるいは複製が正確か、いずれかの点で安定した分子によって占められるようになったに違いない。これら三種類の安定性へ向かう進化傾向があるというのは、次のような意味だ。つまり、時期をずらして二度スープからサンプルを採ると、二度めのサンプルには、寿命、多産性、複製の正確さという三点において優れた分子の含有率が、より高くなっているだろう。これは本質的には、生物学者が生物について進化と呼んでいる過程と変わらない。そのメカニズムも同じであって、すなわち自然淘汰なのである。

それならこの最初の自己複製分子は「生きている」と言うべきなのか。そんなことはどうだっていい。私は「かつて存在した最も偉大な人物はダーウィンだ」と言い、あなたは「いや、ニュートンだ」と言うかもしれないが、そんな議論は不毛だ。重要なのは、私たちの議論にどう決着がつこうと、本質的結果には影響がないということだ。私たちがニュートンやダーウィンを「偉大」だと言おうと言うまいと、彼らの生涯と業績の事実には何の変わりもない。同様に、自己複製分子を「生きている」と言おうと言うまいと、それらの分子の辿った道は、おそらく、私が述べているのと多かれ少なかれ似たものだったはずだ。言葉というものは私たちが自由に使う道具にすぎず、またたとえ「生きている」というような言葉が辞書にあるからといって、その言葉が現実世界における何か明確なものを指しているとは限らない。人間の苦難は、こういったことを理解していない人があまりに多いために生じているのだ。初期の自己複製子を生きていると言おうが言うまいが、それらは生命の祖であり、私たちの基礎となる祖先だった。

この議論における次の重要な要素は、ダーウィン自身が強調した競争である（もっとも彼は動植物について述べているのであって、分子については言及していないのだが）。原始のスープにとって、無限の数の自己複製分子を維持していくことは不可能だった。それは一つには地球の大きさが限られているためでもあったが、他にも重要な限定要因が存在していたはずだ。私たちの想像では、鋳型として働く自己複製子は、複製を作るのに必要な構成要素の小分子をたくさん含んだスープのなかに浸《つ》かっていたと考えられる。しかし自己複製子が増えてくると、構成要素の分子はかなりの速度で使い果たされていき、数少ない、貴重な資源になってきたに違いない。そしてその資源をめぐって、自己複製子のいろいろな変種ないし系統が、競争を繰り広げたことだろう。有利な種類の自己複製子の数を増やすのに役立った要因については、すでに検討したとおりである。事実、あまり有利でない種類は競争によって数が減っていき、ついにはその系統の多くのものが死滅したはずだ。自己複製子の変種間には生存競争があった。それらの自己複製子は自ら闘っていることなど知らなかったし、それで悩むことはなかった。この闘いはどんな悪感情も伴わずに、というより何の感情も差し挟まずに行なわれた。だが、彼らは明らかに闘っていた。それは新たな、より高いレベルの安定性をもたらすミスコピーや、競争相手の安定性を減じるような新しい手口は、すべて自動的に保存され増加したという意味においてのことだ。改良の過程は累積的だった。安定性を増大させ、競争相手の安定性を減じる方法は、ますます巧妙に効果的になっていった。なかには、ライバル変種の分子を化学的に破壊する方法を「発見」し、それによって放出された構成要素を自己のコピーの製造に利用するものさえ現れただろう。これらの原始肉食者は食物を手に入れると同時に、競争相手を排除してしまうことができた。おそらくある自己複製子は、化学的手段を講じるか、あるいは身のまわりにタンパク質の物理的な壁を設けるかして、身を守る術《すべ》を編み出した。こうして最初の生きた細胞が出現したのではなかろうか。自己複製子は存在を始めただけでなく、自らの容れ物、つまり存在し続けるための場所をも造り始めたのだ。生き残った自己複製子は、自分が住む生存機械（survival machine）を築いた者たちだった。最初の生存機械は、おそらく保護用の外被の域を出なかっただろう。しかし、新しいライバルがいっそう優れて効果的な生存機械を身にまとって現れてくるにつれて、生きていくことはどんどん難しくなっていった。生存機械はいっそう大きく、手の込んだものになっていき、しかもこの過程は累積的、かつ前進的なものであった。

自己複製子がこの世で自らを維持していくのに用いた技術や策略の漸進的改良に、いつか終わりが訪れることになったのだろうか？　改良のための時間は十分あったはずだ。長い長い歳月は、いったいどのような自己保存の機関を生み出したのか？　四〇億年が過ぎ去った今、古代の自己複製子の運命はどうなったのか？　彼らは死に絶えはしなかった。なにしろ彼らは過去における生存技術の達人だったのだから。とはいえ、海中を気ままに漂う彼らを探そうとしても無駄である。彼らはとうの昔にあの騎士のような自由を放棄してしまった。いまや彼らは、外界から遮断された巨大で無様《ぶざま》なロボットのなかに巨大な集団となって群がり[*3]、曲がりくねった間接的な道を通じて外界と連絡を取り、リモートコントロールによって外界を操っている。彼らはあなたのなかにも私のなかにもいる。彼らは私たちを、体と心を生み出した。そして彼らの維持こそ、私たちの存在の最終的な論拠だ。彼らは自己複製子として長い道のりを歩んできた。いまや彼らは遺伝子という名で呼ばれており、私たちは彼らの生存機械なのである。

第3章 不滅のコイル

Immortal coils

私たちは生存機械だ。しかし、ここで言う「私たち」とは人間だけを指しているのではない。あらゆる動植物、バクテリア、ウイルスが含まれている。地球上の生存機械の総数を数え上げることはとうてい不可能だ。種の総数ですらわかっていないのが現状である。昆虫だけを取ってみても、現生の種数は約三〇〇万と推定され、その個体数にいたっては、一〇の一八乗にものぼると思われる。

生存機械は、種類によってその外形も体内器官もきわめて多様である。タコはネズミとは似ても似つかないし、この両者はカシノキとはまったく違う。だが基本的な化学組成の点では、それらはかなり画一的だ。とくに、それらが持っている自己複製子、すなわち遺伝子は、バクテリアからゾウに至る私たちすべてにおいて基本的に同一種類の分子である。私たちはすべて、同一種類の自己複製子、すなわちDNAと呼ばれる分子のための生存機械だが、世界には種々さまざまな生活のしかたがあり、自己複製子は多種多様な機械を構築して、それらを利用している。サルは樹上で遺伝子を維持する機械であり、魚は水中で遺伝子を維持する機械である。そしてドイツのビール・コースターのなかで遺伝子を維持している小さな虫けらまでいる。DNAの営みは摩訶不思議だ。

私は話を簡単にするために、DNAから成る現代の遺伝子が、原始のスープのなかの最初の自己複製子とまったく同じであるかのような印象を与えてきた。これは議論のうえではなんら支障はないが、実際は正しくないかもしれない。最初の自己複製子はDNAに類縁の近い分子だったかもしれないし、まったく異なるものだったのかもしれない。もし異なるものだったとすれば、彼らの生存機械は、後代になってからDNAによって乗っ取られたのではないかと思われる。もしそうであれば、最初の自己複製子は完全に破壊されてしまっているはずだ。現代の生存機械には、それらは跡かたもないのだから。これらのことを踏まえて、A・G・ケアンズ＝スミスは、私たちの祖先たる最初の自己複製子が有機分子ではまったくなく、ミネラルや粘土の小片などのような無機分子ではなかったかという興味深い推測をしている。強奪者か否かはさておき、DNAが生存機械を牛耳っているのは今日明らかだ。私が第11章で試みに示唆するように、現在新たな権力奪取が始まっているのでなければの話だが……。

DNA分子は、ヌクレオチドという小型分子を構成単位とする長い鎖である。タンパク質分子がアミノ酸の鎖であるのと同じように、DNA分子はヌクレオチドの鎖なのだ。DNA分子は小さくて目に見えないが、その正確な形は間接的な方法で見事に突きとめられている。それは、美しいらせん形にからみあった一対のヌクレオチドの鎖で、「二重らせん」や「不滅のコイル」などと呼ばれている。ヌクレオチドを構成する単位は、たった四種類しかない。その名は省略してA、T、C、およびGとしよう。これらはあらゆる動植物で同一である。違うのはそれらがつながる順序だ。人間のG構成単位はあらゆる点で巻貝のG構成単位と等しい。だが、一人の人間におけるこれら構成単位の配列は巻貝のそれと違うばかりではない。それは他のすべての人のそれとも（それほど大きくではないが）違っている（一卵性双生児という特殊な場合はこのかぎりではない）。

私たちのDNAは私たちの体内に住んでいる。それは体の一ヶ所に集まっているのではなくて、各細胞に分布している。一人の人間の体を構成している細胞は平均約一〇の一五乗個ある〔近年では三七〜六〇兆個とされる〕。無視できる程度の例外はあるが、それらの細胞のすべてに、その体のDNAの完全なコピーが含まれている。このDNAは、ヌクレオチドのA、T、C、Gというアルファベットで書かれた、体の作りかたに関する一組の指令だと考えていい。それはまるで、巨大なビルの全室に、そのビル全体の設計図を収めた「書棚」があるかのようだ。細胞内のこの書棚を「核」と呼ぶ。設計図は人間では四六巻にのぼる（この数は種によって異なる）。各「巻」は染色体と呼ばれる。染色体は顕微鏡で見ると長い糸のように見える。遺伝子はその上にきちんと並んでいる。ある遺伝子がどこで終わり、次の遺伝子がどこから始まるのかを判断するのは容易ではなく、実際意味のあることですらないかもしれない。幸い、この章で述べるように、このことは私たちの目的にあまり関係がない。

以後、実物を示す用語と比喩とを適当に混ぜながら、建築家の設計のたとえを用いて述べていくことにしよう。「巻」と染色体という言葉は、同じものを指すと考えてほしい。また、遺伝子間の境界は本のページ間の境界ほどはっきりしないが、仮に「ページ」を、遺伝子と同じ意味に使うこととする。この比喩はかなり先まで使えるだろう。これがついに破綻をきたしたら、また別の比喩を用いることにする。ついでながら、もちろん「建築家」は存在しない。DNAの指令は自然淘汰によって組み立てられてきた。

DNA分子は二つの重要なことを行なっている。その一つは複製である。つまりDNA分子は自らのコピーを作る。この営みは生命の誕生以来休みなく続けられてきたし、DNA分子は現在も実際にこの点できわめて優秀だ。人間は、おとなではは一〇の一五乗個の細胞からできているが、初めて胎内に宿ったときには、設計図のマスター・コピー一つを受け取った、たった一個の細胞だ。この細胞は二つに分裂し、その二つの細胞はそれぞれもとの細胞の設計図のコピーを受け取った。さらに分裂が続き、細胞数は、四、八、一六、三二……と増えていき、数十億になった。分裂のたびにDNAの設計図は、ほとんど間違いなく忠実に複製されてきた。

これがDNAの複製という第一の話である。だが、もしDNAが実際に体を作るための一組の設計図だとしたら、その設計図はどのようにして実行に移されるのか？　どのようにして体の構造に翻訳されるのか？　ここでDNAの行なっている第二の重要な話に移る。DNAは別の種類の分子であるタンパク質の製造を間接的に支配している。前章で述べたヘモグロビンは、膨大な種類のタンパク質分子の一例にすぎない。四文字のヌクレオチド・アルファベットで書かれた、暗号化されたDNAのメッセージは、単純で機械的な方法によって別のアルファベットに翻訳される。それは、タンパク質分子を綴《つづ》っているアミノ酸のアルファベットだ。

タンパク質を作ることとは、体を作ることとはかけ離れているように思われるかもしれないが、その方向への小さな第一歩だ。タンパク質は体の物理的構造を構成しているばかりでなく、細胞内の化学的プロセス全般を細やかに制御し、正確な時間、正確な場所で、化学的プロセスのスイッチを入れたり切ったりと選択する。たしかに、これが最終的に赤ん坊の発育にどうつながるかという問題は、発生学者が解決するのに何十年、いや何百年もかかるだろう。しかし、それが起こっていることは事実だ。遺伝子は人体を作り上げていくのを間接的に支配しており、そしてその影響は厳密に一方通行である。すなわち獲得形質は遺伝しない。生涯にどれほど多くの知識や知恵を得ようとも、遺伝的な手立てによってはその一つたりとも子どもたちに伝わらない。新しい世代はそれぞれ無から始めなければならない。体は、遺伝子を不変のまま維持するために遺伝子が利用する手段だからだ。

　遺伝子が胚発生を制御しているという事実が、進化のうえで持つ重要性は、次のことにある。つまりそれは、遺伝子が少なくとも部分的には将来の自己の存在に責任があることを意味するからである。なぜなら、遺伝子の存在は、彼らがそのなかに住み、彼らがその構築を助けた体の効率に依存しているためだ。昔、自然淘汰は、原始のスープのなかを自由に漂っていた自己複製子の生き残りかたの差によって成り立っていた。今では、自然淘汰は生存機械の製造に長《た》けた自己複製子に、つまり、胚発生を制御する術に長けた遺伝子に有利に働く。しかしこの点に関して、自己複製子はかつてと同様、相変わらず意識的でも意図的でもない。寿命の長さ、多産性、複製の忠実度によるライバル分子間の自動的淘汰という同じく古いプロセスは、今なお遠い昔と同様、やみくもに避けがたく続いている。遺伝子は前途の見通しを持たない。彼らは前もって計画を立てることなどない。遺伝子はただいるだけだ。ある遺伝子は他のものよりたくさんいる。単にそれだけのことだ。しかし遺伝子の寿命の長さと多産性を決定する能力は昔ほど単純ではない。はるかに複雑だ。

　近年——ここ六億年くらいのあいだ——、自己複製子は、筋肉、心臓、眼（幾度か独立に進化している）といった生存機械技術の注目すべき成功をものにした。それ以前に、彼らは自己複製子としての生活様式の根本的特性を徹底的に変革した。これについては、引き続き議論を進めていくなかで、おのずと理解できてくるだろう。

現代の自己複製子についてまず理解しなければならないことは、非常に群居性が強いという点である。一つの生存機械は、たった一個のではなく何千もの遺伝子を含んだ一つの乗り物《ヴィークル》だ。体を構築するということは、個々の遺伝子の分担を区別するのがほとんど不可能なほど入り組んだ協同事業である。[*1] 一つの遺伝子が、体のさまざまな部分に対してそれぞれ異なる効果を及ぼしうる。また、体のある部分が多数の遺伝子の影響を受ける場合もあれば、ある遺伝子が他の多数の遺伝子との相互作用によって効果を表すこともある。また、なかには、他の遺伝子群の働きを制御する親遺伝子の働きをするものもある。たとえて言えば、設計図のそれぞれのページには建物のそれぞれ異なる部分についての指示が書かれており、各ページは他の無数のページと前後参照してはじめて意味を成す。

遺伝子にこれほど複雑な相互依存があるのなら、いったいなぜ「遺伝子」という言葉を使うのかと訝るむきもあろう。なぜ「遺伝子複合体」というような集合名詞を使わないのだろう？　なるほどそれは、多くの目的からいって名案だ。しかし、別の見かたをするならば、この遺伝子複合体なるものが不連続な自己複製子、すなわち遺伝子に分けられていると考えるには、それなりの意味がある。それというのは、性という現象のためだ。有性生殖には遺伝子を混ぜ合わせる働きがある。これは、個々の体がいずれも遺伝子の短命な組み合わせのための仮の媒体にすぎないことを意味している。一つひとつの個体に宿っている遺伝子の組み合わせは短命だが、遺伝子自体は非常に長生きする。彼らの歩む道はたえず出会ったり離れたりしながら、世代から世代へ続いていく。一個の遺伝子は、何世代もの個体の体を通って生き続ける単位と考えてよいだろう。これが、この章で論じる中心課題である。そしてこれは、私のたいへん尊敬する幾人かの同僚が断固として同意を拒んでいる点でもあるので、私の説明は多少くど過ぎると思われるだろうが、許していただきたい。まず、性の実態を簡単に説明しなければならない。

私は、人間の体を作るための設計図は46巻のなかにはっきり描かれている、と言った。じつはこれは単純化し過ぎだった。事実はかなり奇妙である。46本の染色体は23対《つい》の染色体から成り立っている。つまり、全細胞の核内に整理されているのは、23巻の設計図2組だと言ってよいだろう。これらを第1a巻と第1b巻、第2a巻と第2b巻（……）第23a巻と第23b巻としよう。もちろん、どの巻やどのページにどの番号をあてるかは、まったく随意だ。

私たちは、両親からそれぞれ一揃いずつの染色体を受け取っている。それは両親の精巣または卵巣内で組みになったものだ。たとえば、第1a巻、第2a巻、第3a巻……は父親由来のもので、第1b巻、第2b巻、第3b巻……は母親から受け取ったものだ。実際には非常に難しいことだが、理論上は、ある細胞の46本の染色体を顕微鏡で見て、父親に由来する23本と母親に由来する23本を見分けることができる。

対になっている染色体は、物理的にくっついて全生涯を過ごすわけではないし、近くで過ごすわけでもない。ではどういう意味で「対」なのか？　それは、父親起源の各巻が母親起源の特定の巻とページを入れ替えることが可能だという意味で「対」を成しているのだ。たとえば、第13a巻の6ページと第13b巻の6ページはどちらも眼の色に関するものとする。片方には「青」と書かれ、他方には

「茶」と書かれているかもしれない。

ときには、二つの取り替え可能なページに同じことが書かれている場合もあるが、眼の色の例のように異なることもある。それらが矛盾する「勧告」を発した場合、体はどうするのだろう？　答えはさまざまだ。ある場合には片方の表示が他方の表示に打ち勝つ。眼の色がその例だ。実際に茶色の眼を持った人の場合、青い眼を作るための指令が無視されている（しかし、青色の眼を作る指令が子孫に伝わらなくなったわけではない）。このように無視される遺伝子を「潜性（劣性）遺伝子」という。潜性遺伝子の反対は「顕性（優性）遺伝子」だ。茶色の眼を作る遺伝子は青い眼を作る遺伝子に対して顕性である。対応するページの二つのコピーが一致して青い眼を勧告している場合にのみ、青い眼ができる。より一般的には、対になる遺伝子が同一ではない場合、その結果はある種の妥協になる。つまり、体は中間のデザインになるか、あるいはどちらともぜんぜん違ったものになる。

茶色の眼の遺伝子と青い眼の遺伝子のように、二つの遺伝子が染色体上の同一位置に関するライバルの場合、それらを互いの「対立遺伝子（アレル）」と呼ぶ。私たちの話のなかでは、対立遺伝子という言葉はライバルと同義である。建築家の設計図の巻をルーズリーフ・バインダーに見立て、そのページを分離交換できるものと考えてみよう。すべての第13巻には第6ページがあるが、5ページと7ページのあいだに入る可能性のある第6ページが数種類ある。あるものは「青い眼」を表示しており、あるものは「茶色の眼」を表している。また、個体群全体には、緑色など他の色を表すものもあるかもしれない。おそらく、個体群全体にちらばっている第13染色体上の6ページめに位置する対立遺伝子は、5、6個あるだろう。どの人も第13巻の染色体は2つしか持っていない。したがって、1人の人が第6ページの部位に持てる対立遺伝子は最大2個だ。つまり、青い眼の人の場合のように、同じ対立遺伝子のコピーを2個持っているか、あるいは、個体群全体に利用されている5、6個のなかから選ばれたいずれか2個の対立遺伝子を持っていることになる。

もちろん、個体群全体として利用できる遺伝子プールのなかへ文字通り自分で出かけて行って遺伝子を選んでくることはできない。どの時点でも、すべての遺伝子は個々の生存機械のなかに包み込まれている。遺伝子は受精時に私たちに分け与えられるもので、これについては私たちはどうすることもできない。けれども、長い目で見れば、個体群の遺伝子は一般に「遺伝子プール」と考えられる性格のものである。この言葉はじつは遺伝学者の使う学術用語だ。有性生殖は注意深く組織立てられた方法によってではあるが遺伝子を混ぜ合わせるので、遺伝子プールというのはうまい概念だ。とくに、ページやページの束をルーズリーフ・バインダーから外したり入れ替えたりするようなことは、実際に行なわれている。これについてはまもなく述べる。

前に述べたように、1個の細胞が2個に分かれる正常な細胞分裂では、その各々が46個すべての染色体のコピーを全部受け取る。この正常な細胞分裂のことを「体細胞分裂」と呼ぶが、この他に「減数分裂」と呼ばれる別の型の細胞分裂がある。これは生殖細胞、すなわち、卵子と精子を作るときにだけ起こる細胞分裂である。卵子と精子は、染色体を46個ではなく23個しか持っていないという点で、私たちの細胞のなかでユニークな存在だ。もちろんこの数は、46個のきっかり半数であって、それらが受精によって合体して新個体を作るのに都合が良い数なのだ！　減数分裂は精巣と卵巣でしか起こらない特殊な型の細胞分裂である。そこでは、2組46個の染色体を持つ1細胞が分裂して、1組

23個の染色体を持つ生殖細胞になる（説明には人間の場合の数を使うことにする）。

23個の染色体を持つ精子は、精巣内の46個の染色体を持つ普通の細胞が減数分裂して作られる。ある精細胞に入るのはどの23個だろうか。明らかに重要なのは、46個のなかからどれでもいい、とにかく23個受け取るのではないことである。つまり、第13巻のコピーが2つあって第17巻のコピーが1つもないという状態になってはならないのだ。理論上は、ある個体がその精子の1つに、たとえば母親起源の染色体ばかりを、つまり第1b巻、第2b巻、第3b巻……、第23b巻を授けることが可能だ。この起こりそうもないことが起こった場合には、子どもはその遺伝子の半分を父方の祖母から受け継ぎ、父方の祖父からは何も受け継がないことになる。しかし実際には、このような全染色体のまとまった配分は起こらない。事実はもっと複雑である。巻（染色体）はルーズリーフ・バインダーと考えられると言ったことを思い出してほしい。どうなるかというと、精子の製造中に1ページないし数ページが外され、対になる巻のそれにあたるページと交換されるのだ。だから、ある精子は、第1a巻の最初の65ページと第1b巻の66ページからおしまいまでを取って、第1巻を作ることがある。この精細胞の他の22巻も同じように作られる。したがって、たとえ、ある個体のすべての精細胞が同じ組の46本の染色体の小片から23本の染色体を取り集めたとしても、それらの精細胞はすべてユニークなものだ。卵子は卵巣内で同じようにして作られ、やはりいずれもユニークである。

この混合のメカニズムはかなりよくわかっている。精子（あるいは卵子）の製造中に、各父方の染色体の一部が物理的に離れて、母方の染色体のちょうどそれにあたる部分と入れ換わる（前に述べたように、ここで父方、母方と言っているのは、その精子を作る個体の両親に由来する染色体のこと、つまり、その精子が受精して作る子どもの祖父母に由来する染色体のことである）。染色体の一部を交換するこの過程を「交叉」と呼ぶ。これは、この本の議論全般にわたって非常に重要である。交叉が起こる以上、あなたが顕微鏡を持ち出して自分の精子（あなたが女なら卵子）の染色体を見たとしても、あなたの父親からきた染色体と母親からきた染色体を見分けようとするのは時間の無駄にすぎないだろう（これは普通の体細胞の場合とは著しい対照を成している〔七三頁参照〕）。一個の精子内の染色体は、おそらくはいずれも母方の遺伝子と父方の遺伝子のモザイク、つまりつぎはぎなのだ。

　ページと遺伝子の比喩はここで崩壊し始める。ルーズリーフ・バインダーでは、1ページ全体が挿入されたり、外されたり、交換されたりするが、1ページの一部分が外されたり交換されたりすることはない。けれど、遺伝子複合体はヌクレオチドの文字を連ねた長い糸であって、別々のページにはっきり分かれていない。たしかに、「タンパク質連鎖メッセージの終止」と「タンパク質連鎖メッセージの開始」には、タンパク質メッセージと同じ四文字のアルファベットで書かれた特別なシンボルがある。これら二つの区切りのマークのあいだに、一個のタンパク質を作るための暗号化された指令がある。望むなら、単一の遺伝子とは、開始と終止のシンボルのあいだにあって一個のタンパク質連鎖を暗号で表している一連のヌクレオチド文字である、と定義することもできる。「シストロン」という語は、このように定義される単位として使われており、一部の人々は遺伝子という言葉とシストロンという言葉を同じものとして使っている。しかし、交叉はシストロン間のしきりを守らない。シストロン間と同様にシストロン内でも裂けることがある。それは、あたかも設計図が別々のページに描かれているのではなく、46巻のテープに描かれているようなものだ。シストロンは長さが決まっていない。あるシストロンはどこで終わって、次のシストロンがどこで始まっているかを知る唯一の方法は、テープ上のシンボルを読んで、「メッセージの終わり」と「メッセージの始め」のシンボルを探すことだ。交叉は、相当する母方のテープと父方のテープを取り上げ、それらに書かれていることとは無関係に、対応する部分を切り取って交換することにあたる。

この本の題名に使った「遺伝子」という言葉は、単一のシストロンを指すのではなくて、もっと微妙な何かを指している。私の定義は万人向きではないかもしれないが、遺伝子について万人の賛意を得られる定義はない。たとえあったとしても、神聖で犯し難い定義というものはない。ある言葉をはっきりと疑いの余地なく定義するのであれば、自分の目的に合わせて好きなように定義できる。私が使いたいのは、G・C・ウィリアムズの定義だ。[*2] 彼によれば遺伝子とは、自然淘汰の単位として機能するに十分な期間にわたって維持される可能性がある、染色体の任意の部分と定義される。前章で用いた言葉で表現するなら、遺伝子は複製忠実度の優れた自己複製子だ。複製忠実度というのは、コピーの形での寿命を表す別の言いかたである。私はこれを単に寿命と呼ぼう。この定義はかなり正当化できるはずだ。

どの定義においても、遺伝子が染色体の一部であることは間違いない。問題は、どのくらいの大きさの一部なのか、つまりテープのどれだけの部分なのかだ。テープ上の隣り合った暗号文字の連続を考えてみよう。この暗号の連なりを「遺伝単位」と呼ぶことにする。それは、1シストロン内のわずか10文字の連続かもしれないし、8個のシストロンの連続かもしれない。あるいは、シストロンのなかほどで始まったり終わったりしていることもあるだろう。それは他の遺伝単位と重複することもあるかもしれない。小さな単位をいくつも含むこともあるだろうし、大きな単位の一部を成すこともあるだろう。現在の議論には、長さがどうであろうとかまわない。これが、私たちが遺伝単位と呼んでいるものだ。それは染色体上の単なる一定の区間のことであって、物理的には残りの染色体と何ら違いがない。

ここで重要なことに気づく。遺伝単位は短ければ短いほど何世代にもわたって長生きするらしいのだ。とくに、交叉によって断ち切られることが少ないと思われる。減数分裂によって精子や卵子が作られるたびに1染色体について平均1回交叉が起こり、しかもその交叉が染色体のどこででも起こりうると考えてみよう。染色体の長さの半分にも及ぶような非常に大きな遺伝単位を考えると、その単位が1回の減数分裂で断ち切られる確率は50％である。私たちの考えている遺伝単位が、染色体の長さの1％しかなければ、1回の減数分裂で断ち切られる確率が1％しかないと仮定できる。これは、その単位が個体の子孫のなかで幾世代にもわたって生き長らえられることを意味する。1個のシストロンは染色体の長さの1％よりずっと小さいようだ。隣り合ったいくつかのシストロンの集団でさえ、交叉によって解体されるまでに何世代にもわたって生き続けると考えられる。

遺伝単位の平均寿命は、好都合なことに世代数で表すことができ、さらにそれを年数に換算できる。もし1個の染色体全体を遺伝単位と仮定すれば、その生活史は1世代しか続かない。あなたが父親から受け継いだ8ａ番の染色体の場合を考えてみよう。それは、あなたが受胎される直前にあなたの父親の精巣のなかで作られたもので、世界の全歴史を通じてそれ以前にはまったく存在しなかった。それは、減数分裂の混合プロセスによって生じた。つまり、あなたの父方の祖父母からきた染色片がいっしょになってできあがったのだ。それはある特定の精子内に配置されており、ユニークな存在だった。その精子は、厖大な数にのぼる微小な船の大船団のなかの１艘で、それらの船はいっせいにあなたの母親のなかへ漕ぎ出して行った。この特別な精子は、（あなたが二卵性双生児でなければ）あなたの母親の卵の１つに辿りついた、船団唯一の精子だった――これがあなたの存在する理由である。私たちが考察している遺伝単位、つまりあなたの８ａ番の染色体は、残りすべての遺伝物質といっしょに自らの複製に取り掛かったのだ。いまやそれは対を成した形であなたの体中に存在する。しかし、あなたが子どもを作る番になると、この染色体は、あなたが卵子を（あるいは精子を）作るときに破壊される。その一部はあなたの母方の染色体８ｂ番の一部と交換されるだろう。どの生殖細胞でも新しい８番の染色体が作られる。それは古い染色体より「良い」かもしれないし、「悪い」かもしれないが、とても起こりそうもない偶然の一致がないかぎり、まったく異なる、まったくユニークなものだ。１個の染色体の寿命は１世代である。

もっと小さな遺伝単位、たとえばあなたの染色体８ａ番の$\frac{1}{100}$の長さの遺伝単位の寿命はどうだろうか。この単位もやはりあなたの父親から来たものだが、それはあなたの父親のなかで初めてかき集められたものではあるまい。前述の推論によれば、あなたの父親がその両親の１人からそれをまるごとそっくり受け取った確率は、99％に達するからだ。それが彼の母、つまりあなたの父方の祖母から来たものとしよう。彼女がその両親の１人からその単位をまるごと受け継いだ確率も、やはり99％である。小さな遺伝単位の祖先をどこまでもさかのぼって辿っていけば、ついにはその最初の創造者に出会えるのだろう。それはある段階で、あなたの祖先の１人の精巣または卵巣内で初めて作られたにちがいないのだ。

私は「作られる」という言葉を、かなり特殊な意味で使っていることを繰り返しておこう。私たちが考えている遺伝単位を構成している、さらに小さな亜単位は、ずっと以前から存在していたかもしれない。私たちの遺伝単位が、ある時点で作り出されたというのは、亜単位の配置（これによって単位が規定される）が、それ以前に存在しなかったにすぎない。作られた時期は、たとえばあなたの祖父母の代くらいのごく最近だったかもしれない。しかし、ごく小さな単位を考えれば、それは最初もっとずっと遠い祖先のなかにできあがっていたかもしれない。さらに、あなたのなかの小さな遺伝単位は、遠い未来まで生き続け、遠い子孫にそっくり受け渡されるかもしれない。

ある個体の子孫は、一つの系統を成すのではなくて、枝分かれすることを思い出してほしい。あなたの８ａ番の染色体のその短い一部分を「作り出した」のがあなたのどの祖先であっても、その人にはあなたの他にたくさんの子孫がいるだろう。あなたの遺伝単位の１つはあなたのまたいとこにもあるかもしれない。それは私に、首相に、あるいはあなたの飼いイヌにあるかもしれない。十分昔にさかのぼれば、私たちはみな同じ祖先に辿り着くのだから。また、同一の小さな単位が、偶然独立に何回かかき集められることもあろう。つまり、単位が小さければ、一致することもありえないことではない。しかし、いかに近い親類でも染色体一個全部があなたと同じだという人はいないはずだ。遺伝単位が小さければ小さいほど、それが別の個体に存在する可能性が高い、つまりコピーの形でこの世に何度も現れる確率が高いということだ。

以前から存在する亜単位が交叉によって集まるというのは、新しい遺伝単位が作られる一般的な方法である。もう一つの方法――数は少ないが進化のうえできわめて重要――を「点突然変異」と呼ぶ。点突然変異は、ある本のなかの一文字の誤植による変異だ。それは数は少ないが、明らかに、遺伝単位が長ければ、その長さのどこかが突然変異によって変わる可能性が大きい。

長期的結果が重要なもう一つの数少ない種類の過ち、ないし突然変異は、「逆位」と呼ばれる。染色体の一部が両端で切れて逆さまになり、逆の位置で再びくっつくことをいう。前の比喩で言うと、この場合ページの数え直しが必要になってくる。ときには、染色体の一部が単に逆になっているだけではなくて、染色体のまったく別の部分にくっつくこともあるし、まったく別の染色体にくっつくことさえある。これは、ある巻から別の巻へページの束を移すことにあたる。通常は有害なこの種の過ちが重要なのは、ときに、たまたまいっしょに働く遺伝物質片に緊密な連鎖を引き起こすことがあるからだ。両方が存在するときにのみ有効に働く二つのシストロン（これらはある点で補い合っている）は、おそらく逆位によって互いに近づけられる。このとき自然淘汰は、こうして作られた新しい「遺伝単位」に有利に働く傾向があるかもしれない。その場合、その遺伝単位は未来の個体群内に広がるだろう。遺伝子複合体は、年月が経つうちにこうして大幅に組み換えられ、「編集され」てきたのだと思われる。

その最も見事な例の一つは、「擬態」として知られる現象に関するものである。ある種のチョウはいやな味がする。彼らは鮮やかで目立つ色をしており、鳥はその「警告色」を覚えて彼らを避ける。ところがいやな味のしない他種のチョウは食べられて死ぬ。彼らはいやな味のチョウを真似る。つまり、いやな味のチョウに似た色と形（味は似ない）を持って生まれるのだ。ナチュラリストたちはしばしば彼らに騙されるが、鳥たちもやはり騙される。ほんとうにいやな味のするチョウを一度味わったことのある鳥は、同じように見えるチョウをすべて避ける傾向がある。そのなかには擬態者も含まれている。このため擬態の遺伝子は自然淘汰のうえで有利になる。これが擬態の発達する理由である。「いやな味のする」チョウにはいろいろな種があり、それらはすべてが似ているわけではない。擬態者は彼ら全部に似るわけにはいかない。ある特定のいやな味の種に自らをゆだねなければならない。一般に、擬態種は、それぞれ特定の味の悪い種を真似る専門家である。しかしなかには非常に妙なことをする擬態種がある。その擬態種の一部個体はある味の悪い種に擬態し、他の個体は別の味の悪い種に擬態しているのだ。中間の個体や、両方に擬態しようとする個体はすぐに食べられてしまうだろうが、じつはこのような中間型は生まれない。ある個体が雄か雌かのどちらかなのと同様に、ある個体はある味の悪い種に擬態するか、別の味の悪い種に擬態するかどちらかだ。あるチョウはA種に擬態し、その兄弟のチョウはB種に擬態する。

　それは、あたかも一個の遺伝子がA種に似るかB種に似るかを決定しているかに見える。しかし、たった一個の遺伝子が擬態の多種多様な面——色、形、模様から飛びかたまで——すべてを決定することなど、どうしてできよう。おそらく一シストロンの意味での遺伝子には、それはとてもできまい。だがじつは、逆位その他の偶然の再配列によって遺伝物質に無意識で自動的な「編集」がほどこされた結果、以前にはばらばらだった多数の遺伝子が、染色体上の一ヶ所に集まって緊密な連鎖集団を成した。この一群《クラスター》全体は一個の遺伝子のように行動し——実際、私たちの定義では、これはもう単一の遺伝子である——、別の一群の「対立遺伝子」を持っている。ある一群にはA種への擬態に関するシストロンが含まれており、他方の一群にはB種への擬態に関するシストロンが含まれている。各群が交叉によって裂けることとはめったにないので、自然界では中間型のチョウは見られないが、大量のチョウを実験室で飼育すれば、ごくたまに現れるはずだ。

私は遺伝子という言葉を、何世代にもわたって続き、多くのコピーという形で配分されるくらいに小さい遺伝単位という意味で使っている。これは、全か無かという厳密な定義ではなく、「大きい」とか「古い」などという定義のように、いわば輪郭が次第にぼやけていく定義だ。染色体のある長さの一節が交叉によって裂けたり、さまざまな種類の突然変異によって変わったりしやすいほど、私が言う意味での遺伝子と呼ばれる資格がなくなる。シストロンにはその資格があると思われるが、それより大きな遺伝単位にもやはりその資格がある。十数個のシストロンが互いに染色体上のごく近くに見られることがあり、この場合私たちの目的では、それらは単一の長命な遺伝単位を構成すると言える。チョウの擬態の一群は良い例だ。シストロンはある体を離れて次の体に入るとき、すなわち次の世代へ旅するために精子や卵子に乗り込むとき、前の航海で隣り合わせた者たち、すなわち遠い祖先の体からの長い放浪の旅をともにしてきた古い旅仲間と同じ小舟に乗り合わせることが多いだろう。同じ染色体上の隣り合ったどうしのシストロンは、しっかり団結した旅仲間を成しており、減数分裂のときがめぐってきても、同じ船に乗り損なうことはめったにない。

厳密に言うなら、この本には、『利己的なシストロン』でも『利己的な染色体』でもなく、『いくぶん利己的な染色体の大きな小片とさらに利己的な染色体の小さな小片』という題名を付けるべきだった。しかしどう見てもこれは魅力的な題名ではない。そこで私は、遺伝子を何代も続く可能性のある染色体の小さな小片と定義して、この本に『利己的な遺伝子』というタイトルを付けたのである。

ここで、第1章の章末に残した問題に立ち返ってきたわけだ。第1章では、自然淘汰の基本単位という肩書きに値するあらゆる単位が、利己的だと考えられることを見た。また、人によって、種を自然淘汰の単位と考える人、種内の個体群ないし集団を単位と考える人、あるいは個体を単位と考える人もいることを見た。私は自然淘汰の基本単位として、したがって利己主義の基本単位として、遺伝子を考えたほうがよいと述べた。私が今行なったのは、私の主張が必ず正しくなるように遺伝子を定義することである。

最も一般的な形で言えば、自然淘汰とは各単位の生存に差があるということだ。生き残るものもあれば死ぬものもあるのだが、この選択的な死が世界に何らかの影響を及ぼすには、さらに条件が必要だ。各単位は無数のコピーの形で存在していなければならない。そしてその単位の少なくとも一部のものは、進化のうえで意味のある期間（コピーの形で）生き残ることのできる能力がなければならない。小さな遺伝単位はこれらの特性を備えている。個体、グループ、種にはそれがない。遺伝単位を実際に不可分の独立した微粒子として扱うことが可能なことを示したのは、グレゴール・メンデルの偉大な業績だった。今日では、これはいくぶん単純に過ぎると見られている。シストロンですら、ときには分割されることがあるし、同一染色体上の二つの遺伝子はいずれも完全に独立してはいない。私が行なったのは、不可分の微粒子という理想に極度に近づく単位として遺伝子を定義することだ。遺伝子は不可分ではないが、めったに分割しない。それはどんな個体の体内にも明らかに存在するか、明らかに不在かのどちらかだ。遺伝子は、祖父母から孫まで、他の遺伝子と合体したりすることなくまるごとそっくり、中間の世代をまっすぐに通過して旅をする。遺伝子がたえず混ざり合ってしまうのであれば、私たちが現在理解している自然淘汰は不可能である。ちなみに、これはダーウィンの時代に証明されたことだ。当時は遺伝が混ぜ合わせのプロセスだと考えられていたので、それはダーウィンをたいへん悩ませた。メンデルの発見はすでに発表されていたので、それがダーウィンを救うこともできたはずだが、残念ながら彼はそれを知らなかった。人々がそれを読んだのは、ダーウィンとメンデルの死後数年経ってからだったらしい。メンデルは自分の発見の意義に気づかなかったのだろう。さもなければ、彼はダーウィンに手紙を出していたはずだ。

遺伝子の粒子性のもう一つの側面は、それが老衰しないことだ。遺伝子は一〇〇万歳になっても、一〇〇歳のときより死にやすくなるわけではない。それは、自分の目的に合わせて自分のやりかたで次から次へと体を操り、死ぬべき運命にある体が老衰や死に見舞われないうちに相次いでそれらの体を捨て、世代を経ながら体から体へ乗り移っていく。

遺伝子は不滅である。いや、不滅と言えるに近い遺伝単位として定義される。私たち、世界の個々の生存機械は数十年生きると予測される。ところが世界の遺伝子の予想寿命は、一〇年単位ではなくて一万年ないし一〇〇万年単位で測定する必要がある。

有性生殖をする種では、個体は、自然淘汰の重要な単位としての資格を得るにはあまりに大き過ぎ、はかな過ぎる遺伝単位である。[*3] 個体の集団はいっそう大きな単位だ。遺伝学的に言うなら、個体や集団は空の雲や砂漠のような、一時的な集合ないし連合であり、進化的な時間の尺度から見れば安定していない。個体群は長期間続くが、他の個体群とたえず混ざり合っており、それがためにそれ自体のアイデンティティを失っていく。個体群はまた内部からも進化的変化を受ける。それは自然淘汰の単位となるほど独立した存在ではない。つまり、別の個体群よりも好ましいものとして「選ばれる」ほど安定ではないし、単一でもない。

個体の体は、それが続いているかぎりは十分独立しているように見えるが、それがいったいどれだけ続くのだろうか？　各個体はユニークだ。しかし、実体のコピーが一個ずつしかないときに、それらの実体間に淘汰が働いて進化が起こることはありえない！　有性生殖は複製ではない。個体群が他の個体群によって汚染されるのと同様に、ある個体の子孫は性的パートナーの子孫によって汚染される。あなたの子どもは半分のあなたでしかないし、あなたの孫は四分の一のあなたでしかない。数世代を経たときに、あなたが望めるのはせいぜい、あなたのわずかな部分を持った、つまり数個の遺伝子を持った多数の子孫を持つこと――たとえそのうちの幾人かがあなたと同じ苗字を名乗っているにしても――である。

個体は安定したものではない。儚《はかな》い存在だ。染色体もまた、配られてまもないトランプの手のように、まもなく混ぜられて忘れ去られる。しかし、カード自体は混ぜられても生き残る。このカードが遺伝子だ。遺伝子は交叉によっても破壊されない。ただパートナーを変えて進むだけだ。もちろん彼らは進み続ける。それが彼らの務めだ。彼らは自己複製子であり、私たちは彼らの生存機械なのである。私たちは目的を果たしたあと、捨てられる。だが、遺伝子は地質学的時間を生きる居住者だ。遺伝子は永遠なのだ。

遺伝子はダイヤモンドのように永遠だが、ダイヤモンドとまったく同じようにではない。原子の不変のパターンとして持続するのが、個々のダイヤモンドの結晶である。ＤＮＡは、そのような永久性を持ち合わせていない。自然のＤＮＡ分子はいずれもその生命がごく短い——明らかに一生より長いことはなく、おそらく数ヶ月だろう。しかしＤＮＡ分子は、論理的には自らのコピーの形で一億年でも生き続けることが可能だ。さらに、原始のスープのなかの古代の自己複製子とまったく同じように、特定の遺伝子のコピーが世界中にばらまかれることもありうる。違うのは、現代の分子が生存機械たる体のなかにほぼ完全に包み込まれている点である。

　私が強調しようとしているのは、遺伝子がその定義上、コピーの形でほぼ不滅であるということだ。遺伝子を単一のシストロンと定義することは、ある目的には適切だが、進化論を論じるにはそれを拡大する必要がある。拡大の程度は定義の目的によって決まる。私たちは自然淘汰の実際の単位を見つけたい。そのために、自然淘汰に成功する単位が持つべき特性を確認することから始めよう。前章の言葉で言えば、それは長生き、多産性、複製の正確さだ。そこで私たちは単に「遺伝子」を、少なくとも潜在的にこれらの特性を持っている最大の単位と定義する。遺伝子は多くのコピーの形で存在する長生きな自己複製子だが、永遠の命ではない。ダイヤモンドですら文字どおりに永遠ではないし、シストロンとて交叉によって二つに切れることがある。遺伝子は十分に存続可能なほどには短く、自然淘汰の意味のある単位として働くことができるほど十分に長い染色体の一片として定義される。

「十分に長い」というのは正確にはどのくらいの長さなのか。それは厳密には答えられないのだが、自然淘汰「圧」がどのくらい強いかによる。つまり、「劣っている」と思われる遺伝単位が「優れた」

対立遺伝子よりどれだけ多く消滅するかによる。これは量の問題であって、それは個々の場合によって異なる。実際の自然淘汰の単位として最大のものである遺伝子は、普通はシストロンと染色体との中間のどこかに位置する大きさだということがわかるだろう。

遺伝子が自然淘汰の基本単位の第一候補になりうるのは、遺伝子が潜在的に持っている不滅性のためだ。しかし今やこの「潜在的」という言葉を強調すべき時がきた。ある遺伝子は一〇〇万年生きることができるが、多くの新しい遺伝子は最初の世代すらまっとうしない。少数の遺伝子が成功を収めるのは、一つには運が良かったためなのだが、通常は、その遺伝子が必要とされるものを持っていたからだ。つまり、それらの遺伝子が生存機械を作るうえで優れていたことを意味している。それらの遺伝子は、自分が住みついているそれぞれの体の胚発生に影響を及ぼし、その体がライバルの遺伝子、すなわち対立遺伝子の影響下にあるときより少しだけよけいに長生きし、よけいに繁殖するようにする。たとえば、「優れた」遺伝子は自分の住みついている体に長い肢を与えて、その体が捕食者から逃げやすくすることによって、自分の生存を確実にするだろう。これは個別的な例であって、普遍的な例ではない。つまり、長い肢は必ずしも利点だとは限らない。モグラにとっては長い肢はハンディキャップとなるはずだ。個々の細部にとらわれずに、あらゆる優れた（つまり長命の）遺伝子に共通する何らかの普遍的な特性を考えることは可能なのか？　反対に、ある遺伝子を「劣った」短命の遺伝子だと簡単に区別できる特性は何か？　こうした普遍的な特性はいくつかあるかもしれないが、この本にとくに関係の深い特性がある。すなわち遺伝子レベルでは、利他主義は悪であり、利己主義が善である。利己主義と利他主義についての私たちの定義からしてこうなることは避けられない。遺伝子は生存中その対立遺伝子と直接競い合っている。遺伝子プール内の対立遺伝子は、未来の世代の染色体上の位置に関するライバルだからだ。対立遺伝子の犠牲の上に、遺伝子プール内で自己の生存のチャンスを増やすように振る舞う遺伝子は、どれもその定義からして、生き延びる傾向がある。遺伝子は利己主義の基本単位だ。

この章で主に言いたいことはここまでに述べた。だが私は、いくつかの複雑な点と隠れた仮定をごまかして説明してきた。複雑な点の第一はすでに簡単に述べたものである。独立した自由な遺伝子が世代から世代へ旅をするのだが、それらは胚発生の制御においてはあまり自由な因子でも独立した因子でもない。それらはとてつもなく込み入った方法で、お互いと、また外部環境と協力し、相互作用を行なっている。「長い肢の遺伝子」「利他的行動の遺伝子」などというような表現はわかりやすくするための比喩で、重要なのはそれが意味するものを理解することだ。長いにせよ短いにせよ肢を自力で作る遺伝子はない。肢の構築は、複数の遺伝子の協同事業である。外部環境の影響も不可欠である。つまり、肢は実際に食物から作られるのだ！　しかし、他の条件が同じであれば、他の対立遺伝子の影響下にあるよりは肢を長くする傾向を持つ、単一の遺伝子があるかもしれない。

これに似た例として、コムギの成長をうながす肥料、いわゆる硝酸塩化学肥料の影響を考えてみよう。コムギが、硝酸塩化学肥料のあるところでは、ないところよりも大きくなることはよく知られている。しかし、硝酸塩だけでコムギを作れると主張する愚か者はいない。種子、土、太陽、水、種々の無機質もすべて必要なことは明らかである。けれど、これら他の要因が同じならば、いやある範囲内で多少違っていたとしても、硝酸塩肥料の施肥《せひ》によってコムギはさらに大きくなるだろう。同様に、胚発生における個々の遺伝子についても同じことが言える。胚発生は非常に複雑にからみあった仕組みによって制御されているため、私たちはそのことをあまりまじめに考えないほうが得策だった。遺伝因子であれ環境因子であれ、赤ん坊のいずれかの部分の単一の「原因」と考えられるものはない。赤ん坊のあらゆる部分には、ほぼ無限の先行する原因がある。しかし、ある赤ん坊と別の赤ん坊のあいだのある一つの差異、たとえば肢の長さの差異には、環境か遺伝子かどちらかに、一つないし二、三の単純な先行する原因が容易に見つかるかもしれない。とにかく、生き残るために競い合う闘いにかかわりのあるのは個体間に見られる差異であり、進化にかかわるのは、遺伝的に支配された差異である。

ある遺伝子に関して言えば、その対立遺伝子の命にかかわる競争相手だが、他の遺伝子は、気温や食物、捕食者、仲間と並んで、環境の一部にすぎない。ある遺伝子の作用はその環境に左右されるが、この環境なるものには他の遺伝子も含まれている。遺伝子は他の特定の遺伝子が存在するとある作用を及ぼすし、別の仲間の遺伝子が存在するとまったく別の作用を及ぼすことがある。体内の遺伝子セット全体は、一種の遺伝的風土ないし背景を成しており、個々の遺伝子の作用を変更したり、それに影響を与えたりしているのだ。

だがここで私たちは逆説に陥る。赤ん坊を作ることがこれほど入り組んだ協同事業ならば、そして、あらゆる遺伝子がその仕事を達成するのに数千の仲間の遺伝子を必要とするのならば、世代を通じて体から体へと不死身のシャモア〔南欧で見られるカモシカの一種〕のように跳躍していく不可分の遺伝子、つまり、自由で拘束されない、自己追求的な生命の因子という私の図式とこのこととが、どう両立できるのか？　それはすべてたわごとだったのか？　いやそうではない。飾った文句で酔わせた部分もあったかもしれないが、けっしてたわごとを語ったわけではなく、実際矛盾はない。これは別のたとえで説明できる。

一人のボート選手は、自分だけでオックスフォード対ケンブリッジのレースに勝つことはできない。彼には八人の同僚が必要だ。それぞれの選手は常にボートの特定部分に座る専門家だ――つまり、前オールか整調手かコックスか何かである。ボートを漕ぐことは協同作業だが、にもかかわらずなかには他の者より腕の良い者がいる。コーチは、前オール専門の選手陣、コックス専門の選手陣など一群の候補者のなかから自分の理想とするクルーを選ばなければならない。彼は次のように選んだとしよう。毎日各ポジションの候補者を無作為に組み合わせて、新たに三組の試験クルーを組み、その三組のクルーを競争させる。これを数週間続けると、勝ったボートにはしばしば同一人物が乗っている傾向が見出せる。これらの人物は優れた選手としてマークされる。また、なかにはいつも遅いクルーのなかに顔を出す選手もいるだろう。そうした者たちは結局は除かれる。しかし、きわだって腕の良い選手でも、ときには遅いクルーに入っていることがある。他のメンバーの腕が悪かったせいか、運が悪かった――たとえば強い向かい風だった――ためである。一番優れた選手たちが勝ったボートにいる傾向があるというのは、単に平均してのことだ。

この選手たちにあたるのが遺伝子である。ボートの各位置に関するライバルは、染色体上の同一点を占める可能性のある対立遺伝子だ。速く漕ぐことは、生存に成功する体を作ることに相当する。風は外部環境にあたる。交替要員の集団が遺伝子プールである。一つの体に関して言えば、その体の遺伝子全部が同じボートに乗っていることになる。良い遺伝子が悪い仲間に入り、致死遺伝子と一つの体のなかに同居することもよくある。この場合、致死遺伝子がその体を子どものうちに殺してしまい、良い遺伝子は他の遺伝子といっしょに滅ぼされる。しかし、これが唯一の体ではない。同じ良い遺伝子が致死遺伝子を持たない他の体のなかで生き続けている。良い遺伝子のコピーは、たまたまちの悪い遺伝子と一つの体に同居したためにそれらに引きずられて滅びることもあるし、また宿った体が雷に打たれるなどの不運に見舞われて死ぬこともよくある。ともあれ、定義によれば、運、不運はランダムに起こるものだ。だから、一貫して負けの側にある遺伝子は不運なのではない。だめな遺伝子なのである。

優れたボート選手の資質の一つは、チームワーク、つまりクルーの残りのメンバーと協調できる能力だ。これは強靱な筋肉と同じくらい重要である。チョウの例で述べたように、自然淘汰は、逆位その他、染色体の一部の大規模な移動によって、無意識に一つの遺伝子複合体を「編集」し、よく協調する遺伝子を集めて、緊密に結びついた集団にしてしまう。しかし、物理的にはまったく結びつきようのない遺伝子どうしが、互いに両立可能なだけで選ばれる場合もある。行く先々の体のなかで出会う大方の遺伝子、すなわち遺伝子プールの残り全部の遺伝子の大方とうまく協調できる遺伝子は、有利になる傾向があるだろう。

たとえば、有能な肉食獣の体には数々の特性が必要である。そのなかには肉を切り裂く歯、肉の消化に適した消化管、その他さまざまな特性が含まれる。一方、有能な草食獣は草をすりつぶすための平たい歯と、別の型の消化機構を持ったずっと長い腸を必要とする。草食獣の遺伝子プールのなかでは、肉食用の鋭い歯をその持ち主に授ける新しい遺伝子はまず成功しないはずだ。それは、一般に肉食という着想が悪いためではない。適した消化管その他、肉食生活に必要なあらゆる特性をも備えていなければ、肉を効率良く食べられないためだ。肉食用の鋭い歯に関する遺伝子が、本来的に劣った遺伝子なのではない。それは、草食性に向いた遺伝子が優勢な遺伝子プール内では劣った遺伝子だというのにすぎない。

これは微妙で複雑な話だ。ある遺伝子の「環境」が大方他の遺伝子から成っており、他の遺伝子のそれぞれが、さらに別の遺伝子という環境と協力し合える能力によって淘汰されていくため、複雑なのだ。この微妙な点を説明するのにふさわしいアナロジーがあるが、これは日常経験するようなものではない。それは「ゲーム理論」とのアナロジーだ。ゲーム理論については、個体間の攻撃的なコンテストに関連して第5章で紹介する予定である。そこで、この点に関する議論は第5章の章末にゆずることにして、この章の中心課題に話を戻そう。つまり、自然淘汰の基本単位と考えるのに最もふさわしいのは、種ではなく、個体群でもなく、個体ですらなくて、遺伝物質のやや小さな単位（これを遺伝子と呼ぶと便利だ）であるということだ。この議論の基礎となるのは、前にも述べたように、遺伝子が潜在的に不滅であるのに対し、体やその他、その上の単位はすべて一過性のものだという仮定だった。この仮定は二つの事実、すなわち、有性生殖と交叉という事実と、個体は死ぬものだという事実に基づいている。これらのことはまぎれもない事実だ。しかし、だからといって私たちは、それらがなぜ真実なのかと問うことをためらいはしない。私たちをはじめ大部分の生存機械は、なぜ有性生殖をするのか？　染色体はなぜ交叉するのか？　そして、私たちはなぜ、永遠に生き続けないのか？

私たちがなぜ老いて死ぬのかという疑問は複雑な問題で、その詳細はこの本の範囲を超えている。個別的な理由に加えて、より一般的な理由がいくつか考えられている。たとえば老衰は、個体の生涯のあいだに起こるコピーの有害な誤りや、その他の遺伝子の損傷が蓄積したものだという説がある。また、ピーター・メダワー卿の提唱するもう一つの説は、遺伝子淘汰による進化思想の良い例だ。[*4] メダワーはまず、「年老いた個体は、その種の残りの個体に対する利他的行為として死ぬ。なぜなら、繁殖できないほどよぼよぼなのに生きていたのでは、無駄に世界を混乱に落とし入れるからだ」とする従来の説を捨てた。メダワーが指摘しているように、これはいわば堂々めぐりの議論であって、証明しようとすることを、つまり、老いた個体がよぼよぼで繁殖できないということをはじめから仮定しているわけだ。その部分はもっと体裁良く言い換えることができるが、これはやはり単純な群淘汰、ないし種淘汰の類の説明である。メダワー自身の説は見事な論理だ。それは次のように組み立てることができる。

「優れた」遺伝子の最も一般的な特性が何かという問題については、すでに述べた。そして「利己性」がその一つであることを確認した。しかし、成功した遺伝子が持つもう一つの一般的特性は、自分の生存機械の死を少なくとも繁殖後まで引き延ばす傾向である。確かなことは、あなたのいとこや大伯父のなかに子どものうちに死んだ者がいたとしても、あなたの祖先はただの一人も子どものうちに死ななかったということだ。若くして死なない者こそ祖先である！

持ち主を死なせる遺伝子を「致死遺伝子」と呼ぶ。半致死遺伝子はある程度衰弱させる効果を持っており、他の原因による死をいっそう確実にする。どんな遺伝子も、生涯のある特定の段階で体に最大の効果を及ぼすが、この点で致死遺伝子も半致死遺伝子も例外ではない。大部分の遺伝子は胎児期にその影響を及ぼすが、ある遺伝子は幼児期に、ある遺伝子は青年期に、そしてあるものは中年期に、さらにあるものは老年期に影響を及ぼす（一匹の幼虫とそれが変態したチョウは、まったく同じ遺伝子セットを持っていることを思い出してほしい）。明らかに、致死遺伝子は遺伝子プールから除かれていく傾向がある。しかし、後期になってから働きだす致死遺伝子が、初期に働く致死遺伝子に比べて、遺伝子プール内でより安定を保つこともまた確かである。年老いた体で致死的に働く遺伝子は、体が少なくとも多少繁殖するまでその致死効果を現さずにいれば、遺伝子プール内で今なお栄えているだろう。たとえば、年取った体にガンを発達させる遺伝子は、ガンの発現前に個体が繁殖するので、多数の子孫に伝えられる。一方、若いおとなにガンを発達させる遺伝子はあまり多くの子孫に伝えられないし、幼い子どもに致死的なガンを発達させる遺伝子は、子孫にはまったく伝わらないだろう。それゆえこの説によると、老衰は、後期に働く致死遺伝子と半致死遺伝子が遺伝子プールに蓄積するという現象の副産物にすぎない。これらの致死および半致死遺伝子は単に後期に働くという理由だけで、自然淘汰の網の目をくぐりぬけることを許されてきたのである。

メダワー自身が強調している点は、淘汰が他の致死遺伝子の作用を遅らせる効果を持った遺伝子に有利に働き、良い遺伝子の効果を速める効果を持った遺伝子にも有利に働くということだ。多くの進化は、遺伝子活動の開始時期に、遺伝的に制御された変化が生じたことによるのかもしれない。

この説では、繁殖がある年齢のときにのみ起こることを前提とする必要がないという点に注意してほしい。あらゆる個体がどの年齢でも同じように子どもを作るということを第一仮定と考えても、メダワー説は、後期に働く有害な遺伝子が遺伝子プール内に蓄積することをただちに予言するだろう。そしてその二次的結果として老年になると繁殖しにくくなる傾向が生じるに違いない。

話は変わるが、この説の良い点の一つは、この説からなかなか面白い推察を進められることだ。たとえば、人間の寿命を延ばしたいのであれば、そのための可能な方法が二つある。その一つは、ある年齢、たとえば四〇歳以前の繁殖を禁止することだ。その数百年後には、最低年齢限度を五〇歳に引き上げ、その後も少しずつ引き上げていく。この方法で人間の寿命は数百歳まで延ばすことができると考えられる。誰も本気でこんな方針を採用したがるとは思えないが。

二つめは、遺伝子を「騙して」、宿っている体が実際の年齢より若いと思い込ませることだ。実際にこれをやるには、年を取っていくあいだに生じる、体のなかの化学環境の変化を明らかにしなければならない。これらの変化のどれかが、後期に働く致死遺伝子の「スイッチを入れる」「きっかけ」かもしれない。そうだとすれば、若い体の表面的な化学特性を真似することによって、後期に働く有害な遺伝子の「スイッチ・オン」を防げるのではないだろうか。面白いことに、老化の化学信号は、通常のいかなる意味でもそれ自体が有害である必要はない。たとえば、物質Sは、若い個体より老いた個体の体に多く溜まっているという事実があるとしよう。Sはそれ自体まったく無害で、食物に含まれていたものが、年を経るうちに次第に体に溜まったのかもしれない。しかし、たまたまSの存在下では有害な効果を及ぼすが、そうでなければ良い効果を及ぼす遺伝子が、遺伝子プール内で自動的に確実に淘汰されて残っており、それが事実上老衰死の遺伝子ということになっているのかもしれない。この場合、その療法は体からSを取り除くことだ。

この考えの革命的な点は、S自体が老齢の「指標」にすぎないということである。Sの大量蓄積が死につながる傾向があることに気づいた医者は、おそらくSを一種の毒と考え、Sと体の機能不全とのあいだに直接の因果関係を見つけようと苦心するはずだ。だが、今述べた仮説のようになっているのなら、彼は時間を浪費するだけだ！

老いた体より若い体に多く貯まっているという意味で若さの「指標」である物質Yも存在しているかもしれない。やはり、Yの存在下では良い効果があるが、Yがないときには有害になる遺伝子が淘汰されるかもしれない。SやY——こういう物質はたくさんありうる——が何かがわからなくても、単に、年老いた体で若い体の特性を（それらの特性がどれほど表面的なものに見えようと）真似ることができればそれだけ、老いた体は長く生きられる、という一般的な予言が可能だ。

これはメダワー説に基づく、まったくの推測にほかならないことを強調しておく必要がある。メダワー説は論理的にある真実を含んではいるが、だからといって、必ずしもそれが老衰のある実例に対する正しい説明なわけではない。当面重要なのは、遺伝子淘汰進化説が、個体が老いて死ぬという傾向を容易に説明できるということだ。本章の議論の中心である、個体は死ぬべきものだという仮定は、この説の体系内で正当に説明できる。

私が述べたその他の仮定、有性生殖や交叉の存在という仮定は証明するのがいっそう難しい。交叉は必ずしも起こらなくていい。雄のショウジョウバエでは交叉は起こらない。雌にも交叉を抑制する働きを持つ遺伝子がある。もし、この遺伝子が広く行き渡っているハエの個体群を飼育しようとするなら、遺伝子プールならぬ「染色体プール」内の染色体が、自然淘汰の最小基本単位になるはずだ。

事実、私たちの定義の論理的結論に従えば、一本の染色体全体を一つの「遺伝子」と考えなければなるまい。

一方、有性生殖に代わるものも存在する。アブラムシの雌は父親のない生きた雌の子を産むことができる。この各々は母親の遺伝子をそっくり受け継いでいる（ときには、母親の「子宮」内の胚がその子宮内にさらに小さな胚を宿していることがある。この場合アブラムシの雌は娘と孫娘を一度に産むことになり、娘と孫娘はどちらも母親の一卵性双生児に相当する）。多くの植物は吸着根を伸ばして無性的に繁殖する。このような場合には、繁殖というより成長と言いたくなるが、考えてみれば、成長も無性生殖も単なる体細胞分裂によって起こるのだから、いずれにせよこの両者のあいだにはほとんど違いがない。ときによると、無性生殖によって繁殖した植物が「親」から離れることがある。またある場合には、たとえばニレの木では、吸着根がそのまま残ってつながっている。実際、ニレの森全体を一個体と考えることもできるのである。

そこで、疑問が生じる。アブラムシやニレはそんなことをしないのに、私たちはなぜ子どもを作る際に、自分の遺伝子と他の誰かの遺伝子とを混ぜ合わせるような厄介なことをする必要があるのか？こんな方法が生じるのは奇妙なことのように思われる。単純明快な無性生殖の代わりに、性というかにも奇妙でひねくれた様式が採用されたのはそもそもなぜなのか？　性の長所はいったい何なのだろうか？[*5]

これは、進化論者が答えようとするとたいへん難しい問題である。この疑問にまじめに答えようとする試みには、たいてい複雑な数学的議論が含まれている。しかし私ははばからずにそれを避け、あることについて述べるにとどめる。それは、理論家が性の進化を説明しようとしてぶつかる困難の少なくとも一部は、彼らが慣習的に、個体とは生き残る遺伝子数を最大にしようと努めるものだと考えることに起因する、ということだ。こういう考えかたでは、性は逆説的なものに思われる。なぜなら、それは、個体が自分の遺伝子を増やすためには「非能率的な」方法だからだ。つまり、各々の子どもには、個体の遺伝子のたった五〇%しか与えられず、他の五〇%はセックスの相手から供給されるからだ。もし、アブラムシのように、単に無性生殖によって自分の正確なコピーの子どもを作るのであれば、すべての子どもの体で次世代に自分の遺伝子を一〇〇%伝えることができるはずだ。この明らかな矛盾から、一部の理論家たちは群淘汰説へ走った。性に対する群レベルの利点は比較的考えやすいからだ。W・F・ボドマーが簡潔に指摘したように、性は、「異なる個体に別々に起こった有利な突然変異を個体に集めるのに役立つ」と彼らは言う。

　しかし、この逆説は、この本の議論に従って、個体を、長命な遺伝子の束の間の連合によって作られた生存機械だと考えれば、それほど逆説的なものではなくなる。この場合、個体全体という観点からの「効率」というのは見当違いだろう。有性生殖対無性生殖は、青い眼対茶色の眼とまったく同様に、単一の遺伝子の制御下にある特性と考えられよう。有性生殖のための遺伝子は、他の遺伝子すべてを自分の利己的な目的のために操作する。交叉の遺伝子もやはりそうする。他の遺伝子の写し間違いの率を操作する遺伝子（突然変異遺伝子《ミューテーター》）まである。定義によれば、この写し間違いは、写し間違えられた遺伝子が不利になるようにする。しかし、もしこのことが、それを誘発した利己的な突然変異遺伝子を利するようになれば、その突然変異遺伝子は遺伝子プールじゅうに分布を広げることができる。同様に、交叉が交叉の遺伝子を利するならば、それによって交叉の存在は十分に説明できる。無性生殖に対立するものとしての有性生殖が、有性生殖の遺伝子を有利にするのであれば、これによって有性生殖の存在は十分に説明できる。その遺伝子が個体の残りの遺伝子すべてに役立つか否かは、あまり関係ない。遺伝子の利己性という観点から見れば、結局のところ性はそれほど奇怪なものではないのだ。

これでは議論が堂々めぐりになるおそれがある。性の存在は、遺伝子を淘汰の単位と考える一連の論議の前提条件だからだ。この堂々めぐりを避ける方法はあると思うが、この本はこの問題を追究する場ではない。性は存在する。これは事実だ。小さな遺伝単位、つまり遺伝子を、進化の基本的な独立した因子に最も近いものと考えることができるのは、性と交叉があるからである。

遺伝子の利己性という観点から考え始めたとたんに逆説が解けてくるのは、性ばかりではない。たとえば、生物体のDNA量は、その生物体を作るのに確実に必要な量よりはるかに多いらしい。DNAのかなりの部分はタンパク質にはけっして翻訳されない。個々の生物体の観点で考えると、これは逆説的に思われる。もしDNAの「目的」が体の構築を指揮することであれば、そのようなことをしないDNAが大量に見つかるのは不思議なことだ。生物学者たちは、この余分と思われるDNAがどんな有益な仕事をしているのかを考えようと頭を使っている。しかし、遺伝子の利己性という観点で捉えれば矛盾はない。DNAの真の「目的」は生き延びることであり、それ以上でも以下でもない。余分なDNAを最も単純に説明するには、それを寄生者、あるいはせいぜい、他のDNAが作った生存機械に乗せてもらっている、無害だが役に立たない旅人だと考えればよい。[*6]

ある人々は、極端に遺伝子中心の進化観と思われるものに反対する。彼らに言わせると、結局、実際に生きたり死んだりするのは、遺伝子全部を含んだ個体そのものである。この点に意見の相違がないことは、この章で十分述べたつもりだ。レースに勝ったり負けたりするのがボートそのものなのと同様に、生きたり死んだりするのは個体であり、自然淘汰が直接表れるのはほとんどいつでも個体レベルだ。しかし、個体の死と繁殖の成功がでたらめに起こるのではないため、長いあいだには遺伝子プール内の遺伝子頻度が変わるという結果を招く。条件付きではあるが、遺伝子プールは、原始のスープが昔の自己複製子に対して果たしていたのと同じ役割を、現代の自己複製子に対して果たしていると言える。性と染色体の交叉には、現代版原始のスープの流動性を守るという効果がある。性と交叉によって遺伝子プールはよくかき混ぜられ、遺伝子は部分的に混ぜられる。進化は、遺伝子プール内で、ある遺伝子が数を増し、ある遺伝子が数を減らす過程である。利他的行動などのようなある形質の進化を説明しようとするときにはいつでも、端的に次のように問題を提起するくせをつけておくとよい。「この形質は遺伝子プール内で遺伝子の頻度にどんな影響を与えるのか？」ときには遺伝子用語が少々冗長なことがあるので、簡潔に生き生きと表現するために、比喩を用いることにする。だが、比喩に対しては常に疑いの目を持ち続け、必要とあれば、それを遺伝子用語に訳し戻すつもりである。

遺伝子の側から見れば、遺伝子プールは新しい型のスープ、つまり生計を立てていく場だ。昔と変わったことは、今日、遺伝子は、死ぬべき運命にある生存機械を次々に作っていくために、遺伝子プールから相次いで引き出されてくる仲間の集団と協力して、生計を立てていることである。次章では生存機械自体に注目し、遺伝子がどのような意味でその行動を制御すると言えるのか、その点に目を向けてみよう。

第4章 遺伝子機械

The gene machine

生存機械は遺伝子の受動的な避難所として生まれたもので、最初は、ライバルとの化学的戦いや偶然の分子衝撃の被害から身を守る壁を遺伝子に提供していたにすぎなかった。当初彼らはスープのなかで自由に利用できる有機分子を食物にしていた。この気楽な生活が終わりを告げたのは、何世紀もの年月にわたる日光の活発な影響のもとでスープのなかに育まれた有機性食物が、すっかり使い果たされたときだった。今日植物と呼ばれている生存機械の主要な枝は、生存機械自らが直接日光を使って単純な分子から複雑な分子を作り始め、原始スープの合成過程をいっそう高速度で再演した。動物と呼ばれるもう一つの枝は、植物を食べるか他の動物を食べるかして、植物の化学的仕事を横取りする方法を「発見」した。生存機械の二つの枝は、さまざまな生活方法で自己の効率を高めるべくさらに巧妙なからくりを発達させ、たえず新たな生活方法を開発していった。この二つの枝からは小枝やそのまた小枝が生じて、特殊化した生活様式を進化させた。それらは、海で、地上で、空中で、地中で、樹上で、はては他の生物の体内で、それぞれ暮らしを営むことに長けていた。この枝分かれが、今日私たちを感動させる動植物の多様性を生み出したのである。

動植物は多細胞体に進化し、あらゆる細胞に全遺伝子の完全なコピーが配分された。いつ、なぜ、各々について何度、このようなことが起こったのかはわからない。ある人々は、体を細胞のコロニーとたとえる。私は体を遺伝子のコロニー、細胞を遺伝子の化学工場として都合の良い作用単位、と考えたい。

体は、たとえ遺伝子のコロニーだとしても、行動上はまぎれもなくそれ自体の個体性を獲得している。一頭の動物は統制の取れた全体として、つまり一つの単位として行動する。主観的には、私は自分を一つのコロニーではなく一つの単位だと感じている。これは当然のことだ。淘汰は他の遺伝子と協調する遺伝子に有利に働いた。少ない資源をめぐる峻烈な争いや、他の生存機械を食うためと食われるのを避けるための情け容赦ない闘いにおいては、共同体的な体の内部が無統制なものより中枢によって統合されているもののほうが有利だったであろう。今日では、遺伝子間の複雑な相互的共進化が進んできており、個々の生存機械が実はそういった協同性の産物であることなど、ほとんど識別できないありさまになっている。たしかにそれを見抜けない生物学者は多く、したがって彼らは、私とは意見を異にすることになる。

幸い、この本の残りの部分のうちジャーナリストたちが「信憑性」を要求するであろう点については、意見の相違は大部分アカデミックなものだ。自動車の性能を論じるときに量子や素粒子について語ってもしかたがないのと同様に、生存機械の行動を論じるときに、遺伝子の話を持ち込むのは冗長かつ不必要なことが多い。実際には、第一近似として「個体というものはその全遺伝子を、のちの世代により多く伝えようとするものだ」と見なしておくのが、多くの場合に便利である。以後私はこの便法にしたがって話を進めることにする。したがってとくに断らない場合、「利他的行動」と「利己的行動」は、動物のある個体による、別の個体に対する行動を指す。

この章では行動――つまり、動物という生存機械が大いに利用してきた、すばやく動く芸当――について述べる。動物は敏捷で活発な、遺伝子の乗り物、すなわち遺伝子機械になった。生物学者が使う意味での行動の特徴は、動きが速いことだ。植物も動くことは動くが、その動きは非常にゆっくりしている。超早送り映像で見れば、蔓《つる》植物は活動的な動物のように見える。しかし大部分の植物の運動は、事実上不可逆的な成長である。一方、動物はそれより何十万倍も速く動く方法を発達させている。そのうえ、動物の運動は可逆的であり、何度でも繰り返すことができる。

動物がすばやい運動を実現させるために進化させたからくりは、筋肉だった。筋肉は、蒸気機関や内燃機関と同様に、化学燃料に貯えられたエネルギーを使って機械的運動を生み出すエンジンである。筋肉の直接の機械的な力は緊張の形で生み出されるが、蒸気機関や内燃機関の場合は気体の圧力で生み出される点が異なる。しかし筋肉は、しばしばベルトや蝶番《ちょうつがい》付きのてこに力を加える点でエンジンと似ている。私たちの体では、てこは骨、ベルトは腱《けん》、そして蝶番は関節だ。筋肉の働きの厳密な分子的側面については非常に多くのことがわかっているが、私は筋収縮の時間的調節の問題に、より興味を惹かれる。

あなたはかなり複雑な人工機械、たとえばミシンとか編み機や織機、自動瓶詰め機、干草束ね機などを見たことがあるだろうか。動力はどこかから、たとえば電動機とかトラクターから供給される。しかしもっと不思議なのは、操作のタイミングの複雑さだ。正しい順序でバルブが開いて閉じ、鋼鉄の指が器用に干草を束ね、そのすぐあとにナイフが出てきて綱《つな》を切る。たいていの人工機械では、カムという素晴らしい発明品によって時間的調節がなされている。これは、偏心輪あるいは特殊な形の車輪によって、単純な回転運動を複雑でリズミカルなパターンの操作に変えるものだ。オルゴールでも同じような原理が使われている。その他スチームオルガンやピアノラのような機械では、あるパターンの穴を開けたカードや巻いた紙が使われる。最近では、こうした単純な機械的タイマーが電子タイマーに取り替えられていく傾向がある。コンピュータは、複雑な時間的調節のなされた運動パターンを生み出すのに使われる多才な大型電子装置の例であり、そのような近代的電子機器の基本的構成要素は半導体である。そのなかの馴染み深いものにトランジスタがある。

生存機械はカムとパンチカードなどというものをまったく無視してしまっているように見える。彼らが行動の時間的調節に使っている装置は、コンピュータとの共通点が多いとはいえ、基本的な操作がまったく違う。生物コンピュータの基本単位である神経細胞、すなわちニューロンは、その内部作用がトランジスタとは少しも似ていない。たしかに、ニューロンからニューロンへ伝えられる信号はディジタルなコンピュータのパルス信号といくぶん似ているように思われる。だが、個々のニューロンはトランジスタに比べてはるかに手の込んだデータ処理単位だ。一個のニューロンには、他の成分《コンポーネント》との連結部がわずか三つではなく、数万も付いている。ニューロンはトランジスタよりも情報処理のスピードは遅いが、過去二〇年間エレクトロニクス業界が追求してきた小型化という点では、はるかに進んでいる。これは、人間の脳には数百億のニューロンがあるが、一個の頭骨にはわずか数百個のトランジスタしか詰め込めないことを考えればよくわかる。

植物は動きまわらずに生活できるため、ニューロンを必要としないが、大部分の動物集団にはニューロンが見られる。それは動物の進化の早い時期に「発見」され、あらゆる集団に受け継がれたか、あるいは独立に何回か再発見されたものなのだろう。

ニューロンは基本的にはまさに細胞であり、他の細胞と同様に核と染色体を備えている。だが、その細胞膜は細長く伸びて針金状の突起になっている。たいていの場合、一個のニューロンには、軸索というとくに長い「針金」が一本ある。軸索の幅は顕微鏡的なものだが、長さは数メートルに及ぶことがある。たとえば、一本でキリンの頸の全長にわたる軸索がある。軸索は、数々の線維が束になった太いケーブルで、この線維が神経である。神経は体のある部分から他の部分へ、ちょうど電話ケーブルの幹線のようにメッセージを運ぶ。あるニューロンは軸索が短く、神経節、あるいはもっと大きな場合には脳と呼ばれる、密集した神経組織の集まりのなかに収められている。脳は機能上コンピュータに似たものと考えられる。[*1] どちらも複雑な入力パターンを分析し、貯えられている情報と照合して、複雑な出力パターンを生み出すという点で似かよっている。

脳が生存機械の成功に実際に貢献する方法として重要なものに、筋収縮の制御と調整がある。脳がこれを実行するには筋肉に通じるケーブルが必要で、それが運動神経である。しかし、筋収縮の制御・調整が遺伝子の効果的な保存につながるのは、筋収縮のタイミングが外界の出来事のタイミングと何らかの関係があるときだけだ。嚙むに値するものが口に入っているときにだけ顎の筋肉を収縮させ、走って追いかけるべき対象か、走って逃げるべき対象が存在するときにだけ肢の筋肉を走行時のパターンで収縮させることが重要なのだ。このため自然淘汰は、感覚器、つまり外界の物理的事象のパターンをニューロンのパルス信号に変える装置を備えるようになった動物に有利に働いた。脳は感覚神経という神経索によって感覚器——眼、耳、味蕾《みらい》など——につながっている。感覚システムの働きにはとりわけ当惑させられる。というのは、それらは非常に高価な最良の人工機械よりも、はるかに複雑なパターン認識ができるからだ。もしそうでなければ、タイピストは全員いらなくなって、音声を識別する機械や手書きの文字を読み取る機械に取って代わられているはずだ。人間のタイピストはまだこの先何十年かは必要とされるだろう。

進化の途上では、感覚器官が多少とも直接に筋肉と連絡していた時期があった。イソギンチャクは現在でもこの状態からあまり隔たっていない。その生活様式にとってはそれが効果的だからだ。しかし、外界の事象のタイミングと筋収縮のタイミングとのあいだに、もっと複雑で間接的な関係を成り立たせるためには、媒介物としてある種の脳が必要だった。目覚ましい進歩は、記憶という進化的「発明」だ。この工夫によって、筋収縮のタイミングは、直前の過去の出来事だけでなく、遠い過去の出来事の影響も受けられるようになった。コンピュータでも、記憶、すなわちメモリーがその本質的な主要部分である。コンピュータの記憶は人間の記憶より正確だが、その容量は小さいし、情報修正の技術ははるかに劣る。

生存機械の行動の最も著しい特性の一つは、そのまぎれもない合目的性である。とはいえ、それが動物の遺伝子の生存に役立つようにうまく計算されているようだと単に言いたいわけではない。もちろんそうには違いないのだが、私が言いたいのは、人間の意図的な行動によく似ているということだ。動物が食物を「探し」たり、配偶者を探したり、いなくなった子どもを捜したりしているのを見ると、私たちが何かを探しているときに経験するある種の主観的感情をその動物が持っていると思わずにはいられない。こうした感情には、あるものに対する「望み」、望みのものを「頭に描いた像」、あるいは「目的」ないし「目論見」が含まれている。私たちは誰でも、自分自身を内省してみればわかるように、少なくとも現代の生存機械では、この合目的性が「意識」という特性を発達させたことを知っている。私は、これが何を意味するかを論じられるほど哲学的思考に長けているわけではないが、幸いにして、目的によって動機づけられているかのように振る舞う生存機械のことを語るのはやさしいし、生存機械が実際に意識しているかどうかという問題を未解決のまま残すこともできるので、私たちの現在の目的には何ら差し支えない。これらの生存機械は基本的にはごく単純で、無意識の合目的行動の原理は、工学のなかにはどこにでもころがっている。その古典的な例はワットの蒸気調速機である。

これに含まれる基本原理は負のフィードバックというもので、さまざまな形態があるが、一般的には以下のように説明される。「目的機械」、つまり意識的目的を持っているかのように振る舞う機械ないしものは、物事の現在の状態と「望みの」状態との食い違いを測る一種の測定装置を備えている。それは、この食い違いが大きいほど、機械がけんめいに働くように造られている。こうして、機械は自動的に食い違いを減らそうとする。これが負のフィードバックと呼ばれるゆえんである。そして「望みの」状態に達すると、機械は止まる。ワットの調速機は、蒸気機関の力でまわっている一対のボールから成り立っている。ボールはそれぞれ蝶番付きのアームの先端に付いている。ボールが速く飛びまわるほど、遠心力が強く働いて、アームを水平位に向かって押し上げるのだが、これに抗して重力も働いている。このアームはエンジンに蒸気を送るバルブにつながっており、アームが水平位置に近づくと、蒸気の供給が減るようになっている。このため、エンジンが速くなり過ぎると、供給される蒸気の量が減り、エンジンは遅くなってくる。エンジンが遅くなり過ぎると、バルブによってより多量の蒸気が自動的にエンジンに送られ、エンジンは再び速度を取り戻す。このような目的機械は、振れ過ぎや時間的ずれによってしばしば振動を引き起こす。この振動を抑える付属装置を組み込むことが、技術者の腕の見せどころだ。

ワットの調速機の「望ましい」状態は、ある一定の回転速度である。この機械が意識的にそれを望んでいるのではないのは明らかだ。機械の「目標」とは、機械がそこへ戻ろうとするその状態だ、と単純に定義できる。現代の目的機械は、いっそう複雑な「生きているかのような」行動を達成するために、負のフィードバックのような基本原理を拡大して利用している。たとえば、誘導ミサイルは一見積極的に目標を探しているかのように見える。そして射程内に標的を見つけると、標的が逃げようとしてジグザグに進んだり、方向を変えたりするのを勘定に入れて、ときにはそれを「予測」すらして追いかけるように見える。これがいかになされるかの詳細にここで立ち入る必要はあるまい。それには、さまざまな種類の負のフィードバック、「正のフィードバック」、および、技術者にはよく理解されており現在では生体の活動に広く含まれていることがわかっているその他の原理が含まれている。わずかなりとも意識に類するものを仮定する必要はまったくない。たとえ、ある一般の人が、ミサイルの慎重かつ意図的であるかのような動きを見て、人間のパイロットによって直接制御されていないことを信じられないとしても、である。

誘導ミサイルのような機械はもともと意識のある人間の手で設計され、造られたのだから、まさに意識ある人間に直接制御されている、と考えるのはよくある誤りだ。この種の誤解のもう一つの例は、「コンピュータは技師が命じたことしかできないのだから、本当の意味でチェスをプレイしているわけではない」というものである。これがなぜ誤解なのかを理解しておく必要がある。遺伝子が行動を「制御」していると言える意味を理解するうえで重要だからだ。この点を説明するのにたいへん良い例なので、簡単に触れておくこととしよう。

コンピュータはまだ名人とわたり合えるほどチェスがうまくはないが、うまいアマチュアの域には達している。より厳密には、うまいアマチュアの水準に達しているのはプログラムのほうだと言うべきだろう。というのは、チェスをするプログラムは、その技を演じるのにどのコンピュータを使おうとかまわないからだ。では、プログラム作成者の役割は何なのか？　第一に彼は明らかに、糸を引っぱるあやつり人形師のようにたえずコンピュータを操作しているわけではない。それだったらコンピュータがチェスをしていることにはならない。彼はプログラムを書き、コンピュータに入れる。するとそのときからコンピュータは独立する。つまり、自分の手をコンピュータに打ち込む対戦者を除けば、もはや人間の介入はいらない。プログラム作成者は、可能性のある駒の位置をすべて予測し、万一起こるかもしれないそれぞれの駒の位置に対するうまい手を、長いリストにしてコンピュータにあてがうのだろうか？　そうでないことはほぼ間違いない。チェスでは可能性のある駒の位置はやたらと多く、それを全部書き出し切れないうちにこの世に終わりがくるほどだからだ。同じ理由から、必勝の作戦が見つかるまで、可能性のあるあらゆる手と可能性のあるあらゆる読みを「頭のなかで」試すようにコンピュータのプログラムを組むことはできない。可能なチェスの手は銀河系の原子の数より多い。コンピュータにチェスをさせるプログラムを組むことに関する未解決問題の詳細にこれ以上深入りするのはやめよう。じつは、これはたいへん難しい問題で、最も良くできたプログラムでさえいまだ名人の域に達しないのもいたしかたない。

プログラム作成者の役割は、むしろ、息子にチェスを教える父親の役どころに近い。彼はコンピュータに、可能性のあるあらゆる出発位置について、個別にではなく、より簡素に表した規則によってゲームの基本的な手を教える。彼は文字どおりにわかりやすく「ビショップは対角線上を動く」とは言わずに、同じことを数学的にこんなふうに（ただしもっと簡単に）言う。「ビショップの新たな座標は、もとのX座標ともとのY座標の両方に同一定数（ただし符号は必ずしも同じでなくていい）を加えることによって得られる」。それから彼は、同じ種類の数学的ないし論理的な言葉で書かれたある種の「忠告」をプログラムに組み込む。わかりやすく言えば「王を無防備のままにしておくな」といったヒントや、ナイトによる「両取り」のような有効な策略がそれにあたる。この詳細は興味をそそるが、あまり立ち入ると横道にそれ過ぎてしまう。重要なのはつまり、コンピュータが実際に勝負をするときには、それはもはや独立しており、先生の手助けはいらない。プログラム作成者にできることは、あらかじめ、特殊な知識のリストと戦略や技術のヒントをバランス良く打ち込んで、コンピュータの態勢をできるだけ良い状態にしておくことだ。

遺伝子もまた、直接自らの指であやつり人形の糸を操るのではなく、コンピュータのプログラム作成者のように間接的に自らの生存機械の行動を制御している。彼らにできるのは、あらかじめ生存機械の態勢を組み立てることだ。その後は、生存機械が独立して歩き始め、遺伝子はそのなかでただおとなしくしているることができる。彼らはなぜそんなにおとなしくしているのか？ なぜたえず手綱を握って次々に指示を与えないのか？ ひとつには、時間的ずれという問題がある。このことは、SFから引いた別のたとえを使うとよくわかる。フレッド・ホイルとジョン・エリオットの著書『アンドロメダのA』〔96〕は心ときめく物語だ。そして、優れたSFはいずれもそうだが、その背景には興味深い科学的な問題点がいくつか含まれている。妙なことに、この本は、これら基礎となる問題の最も重要な点について、はっきりした叙述を欠いているように見える。それは、読者の想像にまかされている。私がここでそれをはっきり書いても、著者たちにはどうか気を悪くしないでいただきたい。

二〇〇光年の彼方《かなた》のアンドロメダ座に、ある文明が存在する。*2 彼らは自分たちの文化を遠い世界にまで広げたいと考えている。それにはどうすれば最も良いのか？ 直接旅するなど論外だ。光速は、宇宙のある場所から別の場所へ移動できる速さに理論的な限界を設けている。しかも物理的問題を考えると、事実上の限界はさらに低い。そのうえ、すべての世界が行くに値するわけではない。どの方向に進むべきかをどうやって知ればいいのか？ 無線は宇宙の他の場所と交信する良い手段である。というのは、一方向に信号をビームで送るのでなくあらゆる方向に信号をばらまける力があれば、非常に多数の世界（その数は信号が進む距離の二乗に比例して増える）に到達できるからだ。しかし、無線の電波は光速で進む。すなわちその信号は、アンドロメダから地球まで二〇〇年かかることになる。このような距離で困るのは、会話がまったく成り立たないことだ。地球から送られるメッセージが、それぞれ一二世代を隔てた人々によって伝えられるという事実を割り引いて考えても、このような距離において話を交わそうとする試みは、明らかに無駄だ。

この問題は近々現実のものとなるだろう。無線電波が地球と火星のあいだを進むのに約四分かかる。そうなると、宇宙飛行士が短い文章で交互に話を交わすという習慣を捨て、会話というより手紙に近い、長い独りごとを用いなければならなくなる。もう一つ例を挙げるなら、ロジャー・ペインが指摘しているように、海はある独特な音響特性を備えている。つまり、一部のクジラ類がある一定の深さのところを泳いでいるときには、クジラたちのとてつもなく大声の「歌」は理論上世界中あらゆるところで聞こえるはずだ。彼らが実際に非常に遠くにいる仲間と交信しているのかどうかはわからないが、もしそうだとすれば彼らは、火星にいる宇宙飛行士と同じ困難に直面しているに違いない。水中の音速からすると、その歌が大西洋を横断して応えが返ってくるのにほぼ二時間かかる。私は、一部のクジラが、応答し合ったりしないまま、まる八分間も続けてひとりごとを言うのは、このためではないかと思う。そのあと彼らは、また歌の最初に戻って全部を繰り返す。毎回約八分続くサイクルを何度も繰り返すのだ。

くだんの物語のアンドロメダ星人も同じことをした。応えを待っていてもしかたがないので、言いたいことをすべて集めて、延々と続く大メッセージにし、数ヶ月一サイクルで何度も繰り返し、宇宙に向けて放送した。しかし彼らのメッセージはクジラのそれとはまったく違っていた。それは、巨大なコンピュータの建設とプログラム作成に関する暗号化された指令だった。もちろんその暗号は人間の言語で表されてはいないが、熟練した暗号解読者の手にかかると、ほとんどどんな暗号でも解読されてしまう。暗号作成者がわざと簡単に解けるように作った場合にはとりわけそうなる。ジョドレル・バンク電波望遠鏡に拾われたこのメッセージは、実際に解読され、コンピュータが組み立てられ、プログラムが流された。結果は、危うく人類の破滅を招くところだった。アンドロメダ星人の意図はまったくもって利他的なものではなかったからだ。このコンピュータは世界の独裁権を握りかけたが、ついに英雄が現れ、一本の斧でコンピュータを叩き壊したのだった。

私たちの観点から興味深いのは、アンドロメダ星人が地球上の出来事を操っていると言えるのはどういう意味でか、という問題である。彼らは、コンピュータが次々に実行することを直接制御したわけではない。実際に彼らは、コンピュータが作られたのを知ることすらできなかったのだ。なぜなら、その情報が彼らのもとに届くには二〇〇年かかるのだから。コンピュータは主人に一般方針の指示をあおぐことさえできなかった。破ることのできない二〇〇年という壁のために、その指令はすべて前もって組み込まれていなければならなかった。原則的には、それは、チェスをするコンピュータの場合とそっくりにプログラムされていたのだろうが、局地的情報の吸収に関する能力と融通性はずっと高かったはずだ。これは、そのプログラムが地球上だけでなく、進んだ技術を持っていればどんな世界でも、つまり、アンドロメダ星人が詳しい状態を知る由《よし》もなかった一連の世界のいずれにでも通用するように設計されている必要があったからだ。

アンドロメダ星人が、自分たちに有利なように日々の決定を下すためには地球上にコンピュータを持たなければならなかったのと同じように、私たちの遺伝子は脳を築く必要があった。しかし遺伝子は、暗号化した指令を送ったアンドロメダ星人に相当するばかりではない。彼らはその指令そのものでもあるのだ。遺伝子が私たちあやつり人形の糸を直接操ることができない理由は、まさに同じこと、つまり時間のずれにある。遺伝子はタンパク質合成を制御することによって働く。これは、世界を操る強力な方法なのだが、その速度はきわめて遅い。胚を作るには、何ヶ月もかけて忍耐強くタンパク質合成の糸を操らなければならない。一方、行動の特徴は速いことである。それは数ヶ月という時間単位ではなくて、数秒あるいは数分の一秒という時間単位で働く。この世に何かが起こり、フクロウが頭上をサッと飛び去り、丈《たけ》の高い草むらがカサカサと音をさせて獲物の居どころを知らせ、一〇〇〇分の一秒単位で神経系がピリリと興奮し、筋肉が跳ね躍り、その結果誰かの命が助かったり、失われたりする。遺伝子はこのような反応時間を持ち合わせていない。遺伝子にできるのは、アンドロメダ星人と同様に、自らの利益のためにコンピュータを組み立て、「予測」できるかぎりの不慮の出来事に対処するための規則と「忠告」を前もってプログラムして、あらかじめ最善の策を講じておくことだけだ。しかし、チェスのゲームがそうであるように、生物はあまりに多くのさまざまな出来事に遭遇する可能性があり、そのすべてを予測することはとうていできない。チェスのプログラム製作者の場合と同様に、遺伝子は自らの生存機械に、生存術の各論ではなく、生きるための一般戦略や一般的方便を「教え」込まなければならない。[*3]

J・Z・ヤングが指摘しているように、遺伝子は予言に似た作業をする必要がある。生存機械の胚が作られているとき、その胚の生命の危険や問題は未来にある。どんな猛獣がどんな物陰に潜んでいるか、どんな足の速い獲物が目の前に飛び出し駆け抜けるか、誰に言えよう。人間の予言者にも、どんな遺伝子にもそれは言えない。だが、ある程度の予測はつく。ホッキョクグマの遺伝子は、やがて生まれてくる生存機械の未来の環境が寒い土地であることを間違いなく予測できる。その遺伝子は考えて予言しているのではない。まったく考えてなどいない。彼らはただ黙々とぶ厚い毛皮を作る。これは、彼らが以前の体で常にやってきたことであり、彼らがまだ遺伝子プール内に存在する理由だからだ。彼らはまた、地面に雪が積もることを予言し、その予言は毛皮を白くカムフラージュするという形を取る。北極の気候が急に変わり、赤ん坊グマが熱帯の砂漠のど真ん中に生まれたりしたら、その予言は外れ、彼らは罰を受けるだろう。仔グマは死に、そのなかの遺伝子も滅びるのだ。

複雑な世界を予言することはリスクを伴う仕事であり、生存機械が下す決定はすべて賭けだ。そして、平均してうまくいく決定を下すように脳をあらかじめプログラムしておくのが、遺伝子の仕事だ。進化のカジノで使われる通貨は生存である。厳密に言うなら遺伝子の生存なのだが、いろいろな点から見て、個体の生存をその妥当な近似としてよい。もし、水を飲みに水場に降りていくなら、水場に近づく獲物を待ち伏せて生計を立てている捕食者に食べられる危険が高くなる。水場に降りて行かなければ、ついには渇《かわ》いて死ぬだろう。どちらを取るにせよ危険はあるが、自分の遺伝子が生き残る機会を長い目で見て最大にするような決定を下す必要がある。おそらく最善の策は、喉が渇ききってがまんできなくなるまで飲みに行くのを遅らせ、それから降りて行って、長時間持ちこたえられるようにたっぷりと飲むことだ。こうすれば、水場へ行く回数を減らすことができる。だがこの場合には、最終的に水を飲むときに、長時間頭を下げていなければならない。これに替わる最も良い賭けは、少しずつ飲むことかもしれない。水場のそばを駆け抜けぎわに、大急ぎでガブガブッとやるのだ。賭けの作戦としてどれが最良なのかは、さまざまに複雑な事情によって変わる。たとえば、捕食者の狩猟習性などがそれだが、これは、それぞれの捕食者の立場から最大の効果を上げるように進化している。賭けの見込みについては何らかの評価を下さなければならない。とはいえ、もちろん動物が意識的に計算すると考える必要はない。なるべく正しい賭けのできるような脳を遺伝子が作ってくれた個体が、その直接の結果としてより多く生き残り、したがってその同じ遺伝子を増やしていくだろうと考えればよい。

ギャンブルの比喩をもう少し使うことにしよう。ギャンブラーは主として、賭け金と勝算と賞金という三つの量を考慮する必要がある。賞金が大きければ、喜んで大金を賭けるだろう。一攫千金を狙うギャンブラーは大儲けするかもしれないし、大損するかもしれない。しかし平均すると、大金を賭けるギャンブラーは、少ない賭け金で少ない賞金を狙う勝負師と比べて、稼ぎは良くも悪くもない。同じことは、株式市場での投機的な投資家と堅実な投資家との場合にも言える。ある点では、株式市場の例はカジノの例よりいっそうよく似ていると言えよう。なぜなら、カジノは胴元に有利になるように設計されているからだ（ということは、厳密に言えば、賭け金の多い勝負師は賭け金の少ない勝負師より割が悪いし、賭け金の少ない人もまったく賭けない人より分が悪いことになる。だが、これはある理由から私たちの論議にはあまり関係がない）。これを無視すれば、賭け金の大きい賭博も少ない賭博もどちらも理にかなっているように思われる。動物にも、大きな賭け金を積むギャンブラーや、もっと控えめなゲームをするものがいるだろうか？　第9章で述べるように、雄は賭け金が高く危険も大きいギャンブラー、雌は堅実な投資家と見立てられる。とくに、雄どうしが雌をめぐって争う一夫多妻型の種ではそうなる。この本を読んでいるナチュラリストには、賭け金が大きく危険も大きい勝負師と見なせる種や、もっと控えめな勝負をする種が思いあたるだろう。さてここで、遺伝子がどのように未来を「予言」

するかという、より一般的なテーマに話を戻す。

いささか予言不能な環境を予言するという問題を解決するために遺伝子が取る方法の一つは、学習能力を組み込むことだ。この場合、プログラムは、生存機械に次のような指令をするだろう。「ここに報酬となる事物のリストがある――甘い味、オルガスム、穏やかな気候、ほほえんでいる子ども。そしていやな事物のリストがある――さまざまな苦痛、吐き気、空腹、泣いている子ども。もし何かをして、そのあとにいやなことが起こったら、再びそれをしてはならない。だが良いことが起こったら、それを繰り返す」。このようなプログラムの利点は、最初のプログラムに組み込まなければならない細かい規則の数を大幅に減らせることと、詳しく予測できない環境の変化に対処できることだ。だが一方、予言されずじまいになっていることがある。今挙げた例では、遺伝子は、砂糖の摂取や交尾が遺伝子の生存に都合が良いという意味で、口のなかの甘い味やオルガスムは「良いこと」のはずだ、と予言している。この例では、サッカリンやマスターベーションの可能性は予測されていないし、砂糖が不自然に多過ぎる今日の環境下での砂糖の摂り過ぎも予測されていない。

チェスをするコンピュータのプログラムにも学習戦略を使用しているものがある。このようなプログラムは、人間や他のコンピュータを相手に勝負するにつれて実際にチェスがうまくなってくる。それらは規則や戦術のレパートリーを備えているが、その決定の手順には多少ランダムな傾向も組み込まれている。このようなコンピュータは過去の決定を記録しており、勝負に勝つたびに、勝利につながった戦術にいくぶん多くウェイトが置かれるようになるため、次回その戦術をまた選ぶ率が少し高くなる。

未来を予言する方法のうち最も興味深いものの一つは、シミュレーションである。ある将校が、どの作戦計画が優れているのかを知りたいとき、それを予言するのは難しい。天気にも、自分の部隊の士気にも、敵の作戦にも未知の要素がある。それが良い計画かどうか知る方法の一つは試してみることだが、「お国のために」死ぬ覚悟の若者がどれだけいようと限度があるわけで、可能な作戦は山ほどあることを考えてみれば、さまざまな計画を思いつくままますべて試すのは望ましくない。命賭けの試行より、模擬的に種々の作戦計画を試してみるほうがいい。これは、空の弾薬を使って「北」と「南」が戦う大演習になることもあろうが、これでも時間と資材の面で不経済だ。さらに無駄を省くには、大きな地図の上でブリキの兵隊とおもちゃのタンクを動かして戦争ごっこをすればよい。

最近では、軍事戦略ばかりでなく、経済、生態学、社会学その他、未来の予言を必要とするあらゆる分野で、コンピュータが大部分のシミュレーションを引き受けている。その技術は次のように働いている。世界のある側面をコンピュータにセットする。といってもこれは、コンピュータの裏蓋を外せば、なかに、シミュレートされたものと同じ形の小さな模型が見られるということではない。チェスをするコンピュータの記憶装置のなかに、ナイトやポーンの載ったチェス盤と見なせる「想像図」があるわけでもない。チェス盤と駒の現在位置は電子的に記号化された数値の表で示されている。私たちにとっての地図とは、世界の一部を二次元に圧縮した縮尺模型である。コンピュータにとっての地図はおそらく、町やその他の地点をそれぞれ緯度と経度という二つの数値で表したものだ。ともあれ、コンピュータが頭のなかで世界の模型をどのように把握しているかは重要でない。それを操作でき、処理でき、それを使って実験できる形で把握しているならば、そして人間のオペレータが理解できるように報告を返してくれるならば、それでいいのだ。シミュレーション技術のなかで、モデル戦争は勝つこともあれば負けることもあるし、シミュレートされた航空機は飛ぶこともあれば墜落することもある。経済政策は繁栄を導くことも破滅に帰着することもある。いずれの場合も、コンピュータでは、全過程にかかる時間は実生活でかかる時間の何分の一かで済む。もちろん優れた世界モデルもあれば、できの悪いモデルもあるし、優れたモデルでさえ単なる近似にすぎない。シミュレーションの結果、実際に起こることを必ずしも正確に予言できるとは限らないが、やみくもな試行錯誤よりはずっとましだ。シミュレーションは、代理試行錯誤と名付けることができよう。残念ながらこれは、ずっと以前にネズミ心理学者たちに使われていた言葉ではあるが。

シミュレーションがそんなに良いアイディアなのであれば、生存機械はとっくの昔にそれを見つけていたはずだ。いずれにせよ生存機械は、いま人間の用いているさまざまな工学的技術を、私たちが登場するずっと以前に発明している。焦点レンズ、放物面鏡、音波の周波数分析、サーボ機構〔位置や速度を制御するための自動制御系〕、ソナー、入力情報の緩衝記憶装置、その他長い名の付いた無数の技術〔詳細は重要でない〕がそれにあたる。シミュレーションについてはどうか？　あなた自身が未来の未知数を見積もるという難しい決断を迫られたとき、おそらくシミュレーションという形を取るだろう。あなたは、現実的な選択肢のそれぞれを取ったときにどうなるかを想像する。頭に描くのは、世界のあらゆるもののモデルではなく、関係があると思われる限られた一連のもののモデルだ。それらを生き生きと心に描いたり、それらの型どおりの抽象概念を思い浮かべたりするだろう。いずれにせよ、あなたの脳のなかのある場所が、想像している出来事の実際の空間モデルであることはないはずだ。しかし、コンピュータの場合と同様に、脳がどのように世界のモデルを表すかという細かなことよりも、脳がそのモデルを使って、ある出来事の可能性を予測できるという事実のほうが重要だ。未来をシミュレーションできる生存機械は、生身による試行錯誤に基づいてしか学習できない生存機械より一歩進んでいる。生身による試行の難点は時間とエネルギーがかかることで、生身による錯誤の難点は命にかかわる事態が多いことだ。これに対して、シミュレーションはより安全かつ迅速である。

シミュレーション能力の進化は、主観的意識で頂点に達する。なぜそのようなものが生じなければならなかったかは、現代生物学の前に立ちはだかる最も深い謎だと私には思われる。コンピュータがシミュレーションを実行するときに意識があると考える理由はないが、彼らが将来そうなる可能性は認めなければならない。おそらく、意識が生じるのは、脳による世界のシミュレーションが完全になって、それ自体のモデルを含めなければならないほどになったときだろう。*4 明らかに、生存機械の四肢と体は、そのシミュレーションされている世界の重要な部分を成しているはずだ。同じような理由から、シミュレーションそのものがシミュレートされるべき世界の一部と考えられる。これを言い換えれば、「自己を知っていること」になるだろうが、私はこれによって意識の進化を十分に説明できるとは思わない。これは一つには、無限の遡及が含まれているからだ――モデルのモデルがあるのならば、なぜモデルのモデルのモデルがないと言えよう……？

意識によってどのような哲学的問題が生じようと、この本の論旨で言うならば、意識とは、実行上の決定権を持つ生存機械が、究極的な主人である遺伝子から解放されるという進化傾向の極致だと考えることができる。脳は生存機械の日々の営みに携わっているばかりでなく、未来を予言し、それに従って行為する能力を手に入れている。脳は遺伝子の独裁に叛く力さえ備えている。たとえば、できるだけたくさん子どもを作るのを拒むことなどがその例だ。しかし、のちに述べるように、この点では人間は非常に特殊なケースである。

　これは利他主義や利己主義といったいどういう関係があるのか？　私は、利他的にせよ利己的にせよ、動物の行動が、単に間接的だというだけでじつは非常に強力な意味における遺伝子の制御下にあるという見解を確立しようとしている。生存機械と神経系を組み立てる方法を指令することによって、遺伝子は行動に基本的な力をふるっている。しかし、次に何をするかを一瞬一瞬に決定していくのは神経系だ。遺伝子は方針の決定者で、脳は実行者である。だが、脳はさらに高度に発達するにつれて、次第に実際の方針決定をも引き受けるようになり、その際、学習やシミュレーションのような策略を用いるようになった。どの種でもまだそこまではいっていないが、この傾向が進めば、論理的には結局、遺伝子が生存機械にたった一つの総合的な方針を指令するようになるだろう。つまり、私たちを生かしておくのに最も良いと思うことを何でもやれ、という命令を下すようになるのだ。

　コンピュータとのアナロジー、人間の意志決定とのアナロジーは、どちらもたいへん結構なことだ。だが私たちはここで現実問題に戻り、進化は実際には、遺伝子プールの遺伝子の生存に差があることを通じて、一歩一歩起こるということを思い出さなければならない。したがって、行動パターン――利他的なものにせよ利己的なものにせよ――が進化するためには、その行動のための遺伝子が別の行動のためのライバル遺伝子、すなわち対立遺伝子よりも遺伝子プール内でうまく生き延びることが必要である。利他的行動のための遺伝子[*5]とは、神経系の発達に影響を与えて、神経系を利他的に振る舞いやすくする遺伝子をいう。ところで、利他的行動の遺伝について何か実験的証拠はあるのだろうか――残念ながらそれはないのだが、驚くにはあたらない。どんな行動についても遺伝の研究はほとんどなされていないのだから。その代わり、あいにく完全に利他的なものとは言えないが、たいへん複雑で興味深い行動パターンの研究について語りたい。この話は、利他的行動がどのように遺伝していくかを示すモデルとして役立つだろう。

ミツバチは腐蛆病《ふそびょう》という細菌性の伝染病にかかる。これは巣室内の幼虫を侵す病気である。養蜂家に飼われているミツバチでは、ある系統が他の系統よりこの病気にかかりやすい。そして、系統間のこの違いは、少なくともいくつかの例では、行動の違いによることがわかっている。いわゆる衛生的な系統は、病気にかかっている幼虫を見つけて、巣室から引っ張り出して外に放り出し、手早く病気を撲滅してしまう。一方、感染しやすい系統は、この「幼児殺し」をしないがために病気にかかりやすい。この衛生法は実際にはきわめて複雑な行動から成っている。働きバチは病気にかかったそれぞれの幼虫の巣室を見つけ、その巣室のろうの蓋《ふた》を外して、幼虫を引っ張り出したあと巣の出入口から引きずり出して、ごみ捨て場に捨てなければならない。

ミツバチを使った遺伝の実験は、さまざまな理由から非常に厄介な仕事だ。働きバチ自身は繁殖しないので、ある系統の女王バチと他の系統の雄バチとをかけ合わせて、それから生まれた働きバチの行動を見る必要がある。これを行なったのは、W・C・ローゼンブーラーだ。彼は、雑種第一代のミツバチがすべて衛生的でないことを見出した。つまり、衛生的な親の行動は失われてしまったように見えた。しかしやがてわかったのだが、衛生的形質の遺伝子は、人間の青い眼の遺伝子と同様にちゃんと存在していた。だが、潜性だった。ローゼンブーラーが、雑種第一代と衛生的形質の系統とを「戻し交配」してみた（もちろん女王バチと雄バチを使って）ところ、たいへん見事な結果が得られた。生まれたミツバチは三つのグループに分かれた。一つのグループは完全な衛生的行動を示した。第二のグループはまったく衛生的行動を取らなかった。第三のグループは中途半端な行動を示した。この最後のグループは、病気の幼虫のいる巣室のろうの蓋を外したが、最後までやり遂げて幼虫を捨てるまでには及ばなかった。ローゼンブーラーは、蓋を取ることに関するのと、幼虫を捨てることに関するのと二種類の遺伝子があるのだと考えた。正常な衛生的系統はその両方の遺伝子を持っており、感染しやすい系統はその二つの遺伝子の対立遺伝子を持っている。途中までしか行なわない雑種はおそらく、蓋を取る遺伝子を（二倍数で）持っているが、捨てるほうの遺伝子を持っていないのだ。ローゼンブーラーは、まったく非衛生的に見えるミツバチのグループのなかに、幼虫を放り出すための遺伝子は持っているのだが蓋を取るほうの遺伝子を失ったために、その能力が表れないグループが隠されているのではないかと考えた。そこで彼は自分で蓋を外してやり、この推測の正しさを見事に証明した。非衛生的に見えるミツバチの半数は、このときまったく正常な幼虫捨て行動を示したのだ。*6

この話は、前章で出てきた数々の重要な問題点を例証している。この話から、たとえ遺伝子から行動に至る、胚発生上の原因の化学的な連鎖がどのようなものかをまったく知らなかったとしても、「何々行動のための遺伝子」という言いかたをして、いっこうにかまわないと言える。原因の連鎖には学習が含まれていることさえわかるかもしれない。たとえば、蓋を取るための遺伝子は、ミツバチが病気に感染したろうの味を好むようにすることによってその効果を発揮するのかもしれない。つまり、彼らにとっては病気の犠牲者を覆っているろうの蓋を食べることが報酬になり、そのためにそれを繰り返すようになる、ということだ。たとえ遺伝子の働きかたがこうだったとしても、他の条件が同じときに、その遺伝子を持っているハチは蓋を取り、持っていないハチは蓋を取らないのであれば、それはまさに「蓋を取るための」遺伝子だと言っていい。

　第二に、それは、遺伝子たちがその共有の生存機械の行動に「協力し合って」作用を及ぼすという事実を示している。幼虫を捨てる遺伝子は、蓋を取る遺伝子がなければ役に立たないし、その逆も言える。しかし遺伝実験からはっきりわかるように、この二つの遺伝子は世代を下る旅では原則としてまったく別々に行動する。その働きを見るかぎり、それらは単一の協同単位と考えられるが、複製の際には二つの自由な独立した因子だ。

　議論を進めるために、あらゆる種類のありそうもない事柄を行なうための遺伝子について考えてみる必要がありそうだ。けれど、私がたとえば仮に「溺れかけている仲間を救うための」遺伝子について述べ、あなたがそのような概念は信じがたいと思ったら、衛生的なミツバチの話を思い起こしてほしい。複雑な筋収縮や感覚統合、さらには意識的な決断に至るまで、溺れかけているものを助けることに含まれるあらゆることの唯一の原因が遺伝子だと言っているのではないことに注意してほしい。学習や経験、あるいは環境の影響が行動の発達にかかわるかどうかという問題については何も言っていない。認めなければならないのは、他の条件が同じであり、かつ他の数々の重要な遺伝子や環境要因が存在しているならば、ある単一の遺伝子が対立遺伝子に比べて、溺れかけている者を助けようとする体を作る傾向があることだ。二つの遺伝子間の違いが、じつはある単純な量的変数のわずかな差にすぎないことがわかる場合もあるだろう。胚発生の詳細な過程は、興味深いものではあるけれども、進化的な考察には関係がない。コンラート・ローレンツはこの点を見事に指摘している。

遺伝子はマスター・プログラマーであり、自分の生命のためにプログラムを組む。遺伝子は、自分の生存機械が生涯に出遭うあらゆる危険を処理するに際しての、そのプログラムの成否によって裁かれる。裁くのは、生存という法廷の情け容赦ない判事である。遺伝子の生存が、一見利他的行動のように見えるものによってうながされうるという点についてはのちほど触れる。ともあれ、生存機械と、生存機械のための決断を行なう脳にとって最も重要なのは、個体の生存と繁殖である。この「コロニー」内の全遺伝子は、一致してこの二つのことに優先権を認めている。だから動物たちは、食物を見つけてつかまえるために、自分がつかまって食べられないために、病気や事故を避けるために、不都合な気候条件から身を守るために、異性を見つけて交尾に誘うために、自分たちが享受しているのと同じようなことを子どもたちに授けるために、いかなる労をもいとわない。あえて例を挙げるまでもあるまい――例をお望みなら、今度出会った野生動物をとくと観察するのがよいだろう。けれど私はある類の行動についてはちょっと述べておきたい。のちに利他主義と利己主義の話をするときに、またこの問題に言及する必要があるはずだからだ。それは、広く言って「コミュニケーション」と名付けられる行動である。*7

ある生存機械が別の生存機械の行動ないし神経系の状態に影響を及ぼすとき、その生存機械はその相手とコミュニケーションしたと言えよう。これは末永く主張したいほどの定義でもないが、当面の目的には十分だ。影響というのは、直接の因果的影響を指す。コミュニケーションの例は無数にある。鳥やカエルやコオロギの鳴き声、イヌの尾を振る動作や毛を逆立てる行動、チンパンジーの歯をむき出すしぐさ、人間の身ぶりや言葉など。生存機械の数々の動作は、他の生存機械の行動に影響を及ぼすことによって間接的に自分の遺伝子の繁栄をうながす。動物たちはこのコミュニケーションを効果的にするために骨身を惜しまない。小鳥の歌は昔から人々の心を魅了してきた。すでに触れたザトウクジラのたいへん凝った神秘的な歌は、その音域がとてつもなく広い。つまりその周波数範囲は可聴域以下のゴロゴロ音から超音波のキーキー音まで、人間の聴力の全域をはるかに超えている。ケラは丹念に昔の蓄音機のホーンのような形の穴を掘り、その穴の底で鳴いて、自分の鳴き声を大きな音に増幅する。ミツバチは食物の方向と距離について他のハチに正確な情報を伝えるために暗闇のなかでダンスをする。そのコミュニケーションの巧妙さは人間の言葉にも匹敵する。

エソロジストの伝統的な説によれば、コミュニケーションの信号は、送信者と受信者の両方が互いに利益を受けるように進化するという。たとえば、ヒヨコは迷子《まいご》になったり寒かったりするとピーピーとかん高い鋭い声を発して、母親の行動に影響を与える。この声は通常、母鳥を呼びよせるという直接の効果を持っており、母鳥はその雛を雛の群れに連れ戻す。この行動は、自然淘汰が、迷子になって鳴いた雛とその鳴き声に適切に反応する母鳥とに有利に働いたという意味で、相互の利益のために進化したと言えよう。

望むならば（ほんとうは必要ないのだが）、この鳴き声をある意味を持ったもの、つまり情報（この場合には「迷子になったよ」という情報）を伝えるものと考えられる。第1章で述べた小鳥の警戒声は、「タカがいるぞ」という情報を伝えるものだと言える。この情報を受け取り、それに従って行動する動物は利益を受ける。したがって、この情報は真実だと言える。だが動物たちは誤った情報を伝えないものだろうか、彼らは嘘をつかないのか？

動物たちが嘘をつくという概念は誤解を招きやすいので、前もってことわっておく必要がある。私は、ビアトリスとアレン・ガードナーの講義に出席して、彼らの有名な「話をする」チンパンジー、ワショー（このチンパンジーはアメリカ式手話法を使う。その見事な出来ばえは言語学者たちに大きな関心を呼び起こした）の話を聴いたときのことを思い出す。聴衆のなかには何人かの哲学者がいた。講義のあとの討論の場で彼らは、ワショーが嘘をつくかどうかという問題で大いに議論を闘わせた。私は、ガードナー夫妻は、論じるならもっと面白いことがあるだろうにと考えているのではないかと思っていたのだが、私も同様に考えていた。この本では、あの哲学者たちよりずっと率直に「騙す」とか「嘘をつく」という言葉を使っている。彼らは騙そうとする意識的な意図に関心を示した。私は単に騙すのと機能的に等しい効果を持つということについて述べている。たとえば、ある小鳥がタカのいないときに「タカがいるぞ」という信号を使い、それによって仲間を怖がらせて追い払い、食物を独占した場合、この鳥は嘘をついたと言っていい。この鳥が故意に、意識的に騙そうと意図したと言うつもりはない。意味しているのは、嘘つきの鳥が他の鳥の犠牲によって食物を獲得したということと、他の鳥が逃げたのは、ほんとうにタカがいる場合に適した方法で嘘つき鳥の叫び声に反応したためだということだけである。

食べても毒にならない多くの昆虫は、前章で述べたチョウのように、他の味の悪い昆虫や刺す昆虫の姿に擬態することによって身を守っている。私たち自身、うっかりして黄と黒の縞のあるヒラタアブをハチだと思い込むことがよくある。ミツバチに擬態したいくつかのアブは、その騙しかたがさらに完璧だ。捕食者もまた嘘をつく。カエルアンコウは海底で背景にとけ込んで、辛抱強く待つ。唯一の人目を引く部分は、頭のてっぺんから伸びている長い「釣竿」の先でミミズのようにのたうつ肉片である。小さな肉食魚が近づいてくると、カエルアンコウはその小魚の前でこのミミズのような餌をおどらせ、隠れた自分の口のあたりにおびきよせる。それからカエルアンコウはいきなり口を開け、小魚は吸い込まれて食べられてしまう。カエルアンコウは、のたうつミミズのようなものに近づくという小魚の性質を利用して嘘をつく。カエルアンコウは「ここにミミズがいるよ」と言い、その嘘を「信じた」小魚はみなただちに食べられてしまうのだ。

ある種の生存機械は、他の生存機械の性的欲望を利用する。ハナバチランは、ハナバチを自分の花と交尾させる。というのは、その花が雌のハナバチにそっくりだからだ。このランがハナバチを騙して手に入れるものは受粉である。二株のランに騙されたハナバチは、心ならずも花から花へ花粉を運んでしまっているからだ。ホタルは光を点滅させて交尾相手を惹きつける。それぞれの種は自種に特有の点滅パターンを持っていて、それによって種間の混乱とその結果起こる有害な雑交を防いでいる。特定の灯台の点滅パターンを捜す船員のように、ホタルも自種の信号になっている点滅パターンを捜すのである。フォトゥリス属（*Photuris*）の雌は、フォティヌス属（*Photinus*）の雌の点滅信号を真似れば、フォティヌス属の雄をおびきよせられることを「発見」した。フォトゥリスの雌はこれを実行している。そしてフォティヌスの雄がこの嘘に騙されて近づいていくと、彼はたちどころにフォトウォリスの雌に食べられてしまう。セイレーンやローレライの話がすぐに頭に浮かぶが、コーンウォール地方の人々ならむしろ、ちょうちんを使って船を岩場におびきよせ、難破船から放り出された積荷を略奪したという昔の海賊のほうを思い出すだろう。

コミュニケーションのシステムが進化するときには、あるものがそのシステムを自分だけの目的に利用しようとする危険が常に存在する。私たちは「種にとっての善」という進化観で教育されてきたので、ともすれば嘘つきや詐欺師は捕食者や獲物、寄生者などと同じように、別の種に属するものと考えがちだ。しかし、異なる個体の遺伝子の利害が多様化していけば、常に、嘘や騙しや、コミュニケーションの利己的な利用が起こるだろうと考えなければならない。これは同一種の個体間にも言える。のちに述べるように、子どもが親を騙したり、夫が妻を欺いたり、兄弟どうしが嘘をついたりすることすら考慮しておく必要がある。

動物のコミュニケーション信号はもともと互いの利益を育むために進化したのであって、その後意地の悪い連中に悪用されるようになったのだと信じるのも、やはり単純にすぎる。動物のあらゆるコミュニケーションには、そもそも最初から騙すという要素が含まれているのではなかろうか。なぜなら、動物のすべての相互作用には少なくとも何らかの利害の衝突が含まれているからだ。次章では、進化の観点から見た利害の衝突に関する有力な考えかたを紹介しよう。

第5章 攻撃 安定性と利己的機械

Aggression: Stability and the selfish machine

この章ではその大半を、誤解の多い攻撃の話題にあてる。引き続き、個体を、自分の遺伝子全体にとって都合の良いことなら何でも見境なく実行するようプログラムされた、利己的な機械と見なすことにする。これは便宜上の言葉なのだが、この章の終わりには、再び個々の遺伝子の言葉に戻るとしよう。

ある生存機械にとってみれば、(自分の子どもあるいは近縁個体でない)他の生存機械は、岩や川や一塊の食物などとともに、環境の一部である。それは邪魔なものかもしれないし、利用できるものかもしれない。それは、一つの重要な点で岩や川と異なっている。つまり、えてして反撃してくる可能性があることだ。これは、それらの生存機械もまた、未来のために自分の不滅の遺伝子を維持し、やはり遺伝子を守るためには何事もためらわない機械だからだ。自然淘汰によって選ばれるのは、環境を最も有効に利用するように自分の生存機械を制御していく遺伝子である。これには、異種、同種を問わず他の生存機械を最もうまく利用することも含まれている。

ある場合には、生存機械は互いの生活にあまり影響を及ぼし合っていないように見える。たとえば、モグラとクロウタドリは食ったり食われたりすることもないし、交尾をすることもないし、生活場所をめぐって争うこともない。それでも、彼らをまったく独立した存在と見なしてはならない。彼らは何かをめぐって、おそらくミミズをめぐって争っている。こう言ったとはいえ、モグラとクロウタドリがミミズで綱引きしている姿が見られるわけではない。実際、クロウタドリは生涯モグラを目にすることがないかもしれない。しかし、仮にモグラの個体群を根絶やしにしたら、クロウタドリは劇的な影響を受けるはずだ。その詳細がどうであって、どのような紆余曲折を経て影響が及ぶのかというところまであてずっぽうを言うことは、私にはできないのだが。

　異なる種の生存機械どうしは、さまざまな立場で影響を及ぼし合っている。捕食者だったり獲物だったり、寄生者なのか寄主か、あるいは乏しい資源をめぐる競争相手だったりする。また、ミツバチが花粉運搬者として花に利用される場合のように、特殊な形で利用し合うこともある。

　同種の生存機械どうしはもっと直接的な形で互いの生活に影響を及ぼし合う。これにはいろいろ理由がある。一つには、自種の個体群の半数はつがいの相手になりうる個体であり、子どもたちが搾取できる勤勉な親になりうる個体だからだ。もう一つの理由は、同種のメンバーが、互いによく似ており、同じような場所で同じような生活手段を用いて遺伝子を守っている機械であるため、生活に必要なあらゆる資源をめぐる直接の競争相手になるということだ。一羽のクロウタドリにとって、モグラは競争相手ではあるが、別のクロウタドリほど重大な競争相手ではない。モグラとクロウタドリはミミズをめぐって争うが、クロウタドリどうしはミミズおよびその他あらゆるものをめぐって争っている。彼らが同性であれば、交尾相手をめぐっても争うことになるだろう。のちに述べる理由から、普通は雄が、雌をめぐって争う。これは、ある雄が競争相手の雄にとって有害なことをすれば、自分の遺伝子を有利に導けることを意味する。

そうであれば、生存機械にとって論理的に正しい方針は、自分のライバルを殺し、できれば食べてしまうことだと思われるかもしれない。しかし、同種殺しや共食いは自然界で見られないことはないが、遺伝子の利己性理論の素朴な解釈から予測されるほど一般的ではない。現にコンラート・ローレンツは著書『攻撃』で、動物の闘いが抑制のきいた紳士的なものであることを強調している。彼は、動物の闘いが、ボクシングやフェンシングのようなルールに従って行なわれる、形式的な試合だという点に注目している。動物たちはグローブをはめたこぶしや先を丸くした剣で闘う。威嚇やこけおどしが、命を賭けた真剣勝負に取って代わっているのだ。勝者は降伏のしぐさを認め、なぐり殺したり咬み殺したりなどという、私たちの素朴な考えから予見されそうな行動を差し控える。

動物の攻撃は抑制のきいた形式的なものだとするこの解釈には反論の余地がある。とくに、あわれなホモ・サピエンスだけが自種を殺す唯一の種であり、カインの刻印ないし同様のメロドラマ的な罪を背負った種だと非難するのは明らかに間違っている。ナチュラリストが動物の攻撃の狂暴さを強調するか、抑制を強調するかは、一つにはその人が観察してきた動物の種類によって、一つにはその人の進化論上の先入観によって決まる。ローレンツは要するに「種にとっての善」主義者なのだ。動物の闘いはグローブをはめたこぶしによるものだとする見かたは、誇張され過ぎたとはいえ、少なくともある程度の真実はあるように思われる。表面的には、これは一種の利他主義のように見える。遺伝子の利己性理論は、これを説明するという難しい仕事に立ち向かわなければならない。動物たちがあらゆる機会を捉えて自種のライバルを殺すことに尽力するというわけではないのは、なぜなのか？

この問いに対する一般的な答えは、徹底したけんか好きには利益（利得）と同時に損失（コスト）もあり、しかもそれが、時間とエネルギーの損失ばかりではない、というものだ。たとえば、BとCは二人とも私のライバルであって、私がたまたまBに出会ったとする。利己的な個体である私が彼を殺そうとするのは、あたり前だと思われよう。だがちょっと待て。Cもまた私のライバルであり、同時にCはBのライバルでもある。私がBを殺せば、親切にもCのライバルを一人取り除いてやることになるではないか。Bを生かしておいたほうがよい。そうすれば、彼はCと争ったり闘ったりするだろうから、私には間接的に利益になるはずだ。この単純な仮定の例から導かれる教訓は、ただやたらにライバルを殺そうとすることにははっきりした利点がない、ということだ。大きく複雑な競争システムのなかでは、目の前のライバルを一個体取り除いても、必ずしも都合の良い結果にはならない。そのライバルの死によって、当人よりも他のライバルたちのほうが得をするかもしれないからだ。これは、害虫防除の関係者たちによって学ばれた苦い教訓でもある。農作物がひどい虫害を受けたとき、良い根絶法を発見し、喜び勇んでその方法を施す。その結果はただ、その害虫の絶滅によって作物よりも別の害虫が勢いを得てしまい、前よりひどい状態に陥るだけだ。

一方、ある特定のライバルをはっきり見きわめて殺すか、少なくともそれと闘うことは、良い方法のように思われる。もしBが雌のたくさんいる大きなハーレムを持ったゾウアザラシであり、別のゾウアザラシである私が彼を殺すことによってそのハーレムを手に入れることができるというのであれば、私はそうしてみたくなるだろう。しかし、たとえ相手を選んで闘いを挑んだところで、損失と危険はつきまとう。Bが反撃に出て価値ある財産を守ることは、彼の利益につながるのだ。もし闘いを始めたら、私の死ぬ確率は彼のと同じである。いや、私の死ぬ確率のほうが高いかもしれない。彼は価値ある資源を持っており、それが、私に闘いを挑ませる原因だ。では、彼はなぜそれを持っているのか？　おそらく彼は闘って勝ち取ったのだ。私より前に挑戦した他の個体を何頭も撃退してきたのだろう。彼は強い戦士に違いない。たとえ闘いに勝ってハーレムを手に入れたとしても、私はこの闘いで傷だらけになり、報酬を楽しむどころではないかもしれない。しかも闘いは時間とエネルギーを使い果たす。この時間とエネルギーは、当面は蓄えておいたほうが良いのではなかろうか。ある期間食べることに専念し、もめごとに加わらないよう気をつければ、やがて大きく強くなるはずだ。いずれはハーレムをめぐって彼と闘うことになるだろうが、今あわててやるより少し待ったほうが、結局は勝つ確率が高くなりそうだ。

このひとりごとの例は、理論的に言えば、闘うべきか否かの決断に先だって、無意識にかもしれないが複雑な「損得計算」がなされていることを示している。たしかに闘って得をする場合もあるが、いつでも闘いに見合うだけの利益があるとは限らない。同様に、闘いのあいだ、その闘いをエスカレートさせるか鎮めるかという戦術的決断には、それぞれ損得があり、それは原則的には分析可能なものだろう。このことは長いあいだエソロジストたちに漠然とは認識されていたが、この発想を自信を持ってはっきりと表現するに至ったのには、一般にはエソロジストと見なされていないJ・メイナード＝スミスの力が必要だった。彼は、G・R・プライスとG・A・パーカーとの共同研究で、ゲーム理論という数学の一分野を利用した。彼らの見事な理論は、数学記号を使わずに言葉で表現することができる。ただし厳密さの点でいくぶん犠牲を払わなければならないが。

メイナード＝スミスが提唱している重要な概念は、「進化的に安定な戦略（ＥＳＳ｜Evolutionarily Stable Strategy）」と呼ばれるもので、もとを辿ればＷ・Ｄ・ハミルトンとＲ・Ｈ・マッカーサーの着想に基いている。「戦略」というのは、あらかじめプログラムされている行動方針だ。戦略の一例としては、「相手を攻撃しろ、彼が逃げたら追いかけろ、応酬してきたら逃げるのだ！」などというものがある。理解してもらいたいのは、この戦略を個体が意識的に用いていると考えているわけではないということだ。私たちは動物を、筋肉の制御についてあらかじめプログラムされたコンピュータを持つロボット生存機械だ、と考えてきたことを思い出してほしい。この戦略を一組の単純な命令として言葉で表すことは、これについて考えていくうえでは便利な方法である。あるはっきりとわからないメカニズムによって、動物はあたかもこれらの命令に従っているかのように振る舞うのだ。

進化的に安定な戦略、すなわちＥＳＳは、個体群の大部分のメンバーがそれを採用すると、別の代替戦略に取って代わられることのない戦略だと定義できる。[*1] これは微妙かつ重要な概念である。別の言いかたをすれば、個体にとって最善の戦略は、個体群の大部分が行なっていることによって決まる、ということになる。個体群の残りの部分は、それぞれ自分の成功の最大化を目指す個体で成り立っているので、残っていくのは、いったん進化したらどんな異常個体によっても改善できないような戦略だけだ。環境に何か大きな変化が起こると、短いながら進化的に不安定な期間が生じ、おそらく個体群内に変動が見られることさえある。しかし、いったんＥＳＳに到達すれば、それがそのまま残る。淘汰はこの戦略から外れたものを罰するだろう。

この概念を攻撃にあてはめるために、メイナード＝スミスの一番単純な仮定的例の一つを考察してみよう。ある種のある個体群には、「タカ派」型と「ハト派」型という二種類の戦略しかないものとする（この名は世間の慣例的用法に従っただけで、この名を提供している鳥の習性とは何の関係もない。じつは、ハトはかなり攻撃的な鳥だ）。私たちの仮定的個体群の個体は、すべてタカ派かハト派のどちらかに属するものとする。タカ派の個体は常にできるかぎり激しく際限なく闘い、ひどく傷ついたときしか引き下がらない。ハト派の個体はただ、もったいぶった、規定どおりのやりかたでおどしをかけるだけで、誰をも傷付けない。タカ派の個体とハト派の個体が闘うと、ハト派は一目散に逃げるので、けがをすることはない。タカ派の個体どうしが闘うと、彼らは、片方が大けがをするか、あるいは死ぬまで闘い続ける。ハト派とハト派が出会った場合は、どちらもけがをすることはない。彼らは長いあいだ互いにポーズを取り続け、ついにはどちらかが飽きるか、これ以上気にするのはよそうと決心するかして、やめる。当面のところ、ある個体は特定のライバルがタカ派かハト派かを前もって知る手立てはないものと仮定しておこう。彼はライバルと闘ってみて初めてそれを知るだけで、手がかりとなるような、特定の個体との過去の闘いは覚えていないものとする。

さて、まったく任意の約束事として、闘う両者に「得点」を付けることにする。たとえば、勝者には五〇点、敗者には〇点、重傷者にはマイナス一〇〇点、長い闘いによる時間の浪費にはマイナス一〇点としよう。これらの得点は、遺伝子の生存という通貨に直接換算できるものと考えていい。高い得点を得ている個体、つまり高い平均「得点（pay-off）」を受けている個体は、遺伝子プール内に多数の遺伝子を残す個体である。この実際の数値はかなり広い範囲内でどのようにとっても分析に差し支えない性質のものだが、私たちがこの問題を考えるうえでは役に立つ。

重要なのは、タカ派がハト派と闘ったときにハト派に勝つかどうかが問題なのではないという点だ。その答えはすでにわかっている。いつでもタカ派が勝つに決まっている。私たちが知りたいのは、タカ派型とハト派型のどちらが進化的に安定な戦略（ＥＳＳ）なのかだ。もし片方がＥＳＳで他方がそうでないのであれば、ＥＳＳの戦略のほうが進化すると考えなければならない。二つのＥＳＳが共存することも理論的にはありうる。もし、個体群の大勢を占める戦略がたまたまタカ派型だろうとハト派型だろうと、ある個体にとって最善の戦略は先例にならうというものだったら、このことが言える。この場合、個体群は二つの安定状態のどちらでもいいから、たまたま先に到達したほうに固執することになるだろう。しかし、次に述べるように、じつは、タカ派型とハト派型という二つの戦略はどちらもそれ自体では、進化的に安定ではない。したがって、どちらかが進化すると期待するわけにはいかない。このことを示すには、平均得点を計算する必要がある。

全員ハト派から成る個体群があるとしよう。彼らは闘っても、誰も傷付かない。おそらくその争いは長い儀式的な試合、あるいはにらみ合いであって、どちらかが引き下がった時点で決着がつく。このとき勝者は、闘って資源を手に入れたので五〇点を得るが、にらみ合いに長い時間かけたのでマイナス一〇点の罰金を払うため、結局四〇点になる。敗者もやはり時間を浪費したので一〇点引かれる。平均すると、ハト派の個体はいずれも争いの半数に勝ち、半数に負けるものと考えられる。したがって、一戦あたりの彼の得点はプラス四〇とマイナス一〇の平均、プラス一五点となる。というわけで、ハト派の個体群中のハト派個体はすべてたいへんうまくやっているように思われる。

ところが今、この個体群にタカ派型の突然変異個体が現れたとしよう。彼はここでは唯一のタカ派なので、闘う相手はすべてハト派だ。タカ派は必ずハト派に勝つので、彼はすべての闘いでプラス五〇点を獲得し、これが彼の平均得点となる。彼は、正味一五点しかないハト派に比べて莫大な利益を享受する。その結果、タカ派の遺伝子は、その個体群内で急速に広まるだろう。しかし、そうなるとタカ派の各個体は、もはや出会ったライバルがすべてハト派であることを期待するわけにはいかなくなる。極端な例を挙げるなら、タカ派の遺伝子が首尾良く広まって、個体群全体がタカ派になった場合、今度はすべての闘いがタカ派どうしの闘いになるはずだ。今や、事情は一変する。タカ派の個体どうしが出会うと、片方がけがをするのでマイナス一〇〇点となり、勝者はプラス五〇点を取る。タカ派個体群の各個体は闘いの半数に勝ち、半数に負けると考えられる。したがって、一戦あたりの平均得点は、プラス五〇とマイナス一〇〇の平均、すなわちマイナス二五点となる。ここで、タカ派の個体群内にハト派が一個体いるとしてみよう。たしかに彼はすべての闘いに負けるが、その一方でけっしてけがをすることはない。タカ派個体群内のタカ派個体の平均得点がマイナス二五点になるのに対して、彼の平均得点は、タカ派個体群内ではゼロだ。したがって、ハト派の遺伝子はその個体群内に広まる傾向がある。

この話の語り口からすると、あたかも個体群内にたえず振動があるように思われるかもしれない。タカ派の遺伝子は圧勝して優勢を占める。すると大半がタカ派になる結果、ハト派の遺伝子が有利になり数を増やしていく。やがてハト派が多くなると、またタカ派の遺伝子が栄え始める、という具合に。しかし、このような振動の起こる必要はない。どこかに、タカ派とハト派の安定した比率が存在するのだ。私たちが用いている任意の得点システムから計算してみると、安定した比率は、ハト派が一二分の五、タカ派が一二分の七となることがわかる。この安定した比率に達すると、タカ派の平均得点とハト派の平均得点がちょうど等しくなる。このため、淘汰が一方より他方に有利に働くことはなくなる。もし個体群内のタカ派の数が次第に上り始め、その比が一二分の七以上になると、ハト派が余分の利益を受け始め、その比率がもとに戻って、安定状態になる。安定した性比が五〇対五〇であるのと同様に、この仮定的例では、タカ派対ハト派の比が七対五だ。どちらの場合も、安定点付近で振動があったとしても、それは非常に大きなものになることはない〔訳者補注1参照〕。

表面的には、これは群淘汰説《グループ・セレクション》にいくぶん似ているように思われるかもしれないが、実際にはまったく違う。群淘汰説に似ているように見えるのは、この説明が、個体群には安定な平衡状態というものがあって、それを乱すと、またその点まで戻ろうとする傾向があると考えることを可能にするからだ。だが、ESSは群淘汰よりはるかに微妙な概念である。それは、ある集団が他の集団より成功するかどうかには関係がない。このことは、私たちの仮説的例の任意得点システムを使うとうまく説明できる。タカ派一二分の七、ハト派一二分の五から成る安定した個体群内のある個体の平均得点は、六・二五となることがわかる。これは、その個体がタカ派でもハト派でもそうだ。ところで、この六・二五というのはハト派個体群内のハト派個体の平均得点（一五）よりずっと低い。全員がハト派になることに同意しさえすれば、どの個体も有利になるはずだ。単純な群淘汰説によれば、全員がハト派になることに同意した集団はいずれも、ESS比にとどまっているライバル集団より成功するはずだ（じつは、全員ハト派になろうという申し合わせをした集団は、成功する可能性が最も高い集団ではない。タカ派六分の一とハト派六分の五から成る集団では、一戦あたりの平均得点が一六・六六である。これが考えられるもののなかで最もうまくいく申し合わせだが、当面の目的からすれば無視できる。全員ハト派で、各個体が一五点の平均得点を持つ集団は、すべての個体にとって、ESS集団よりはるかに良い)。したがって、群淘汰説は、全員ハト派の申し合わせに向かって進化する、と予言することだろう。なぜなら、タカ派が一二分の七の割合で含まれている群れは、それよりうまくいかないはずだからだ。しかし、申し合わせにつきものの難点は、長期にわたって全員の利益をはかるという申し合わせでさえ、裏切りを免《まぬが》れないことである。たしかにどの個体も、ESS集団にいるより、全員ハト派の集団にいるほうが有利だ。しかし残念ながら、ハト派の申し合わせをした集団に生まれた一個体のタカ派はあまりにもめぐまれているために、タカ派の進化を食い止めることができない。こういうわけで、この申し合わせ集団は裏切りによって内部から崩壊していく運命に縛られている。それにひきかえ、ESSは安定している。なぜならESSが、それに加わっている個体にとってとくに有利だからではなくて、単に内部からの裏切りを食い止める力を持っているからである。

人間では、各個人の利益をはかる申し合わせをしたり協定を結んだりすることは、たとえそれがESSという意味で安定していなくても可能だ。だがこれができるのは、個人全員が意識的に将来の見通しを立て、その協定の規約に従うことが自分の長期的利益につながることを見抜けるからにほかならない。人間の協定ですら、その協定を破れば短期間に大儲けできるため、そうしたいという誘惑が常に優勢になる危険をはらんでいる。この最も良い例は価格協定だろう。ガソリンの価格を人為的に高値に決めれば、ガソリン業者は全員が長期間利益をむさぼれる。長期にわたる高い利益を意識的に見込んで結託した価格協定集団は、相当長い期間生き延びるはずだ。ところが、遅かれ早かれ、自分だけ値下げをして早く大儲けをしたいという誘惑に負ける者が現れる。するとたちまち、その近隣の業者が真似をし、値下げの波が国じゅうに広がる。すると、ガソリン業者以外の私たちには残念なことだが、彼らの将来への意識的な配慮が再び頭をもたげ、新たな価格協定が結ばれる。このように、意識的に見通しを立てる才能にめぐまれた種である人間においてさえ、長期的利益に基づく協定ないし申し合わせは、内部からの崩壊の瀬戸際でたえず動揺を続けている。まして、せめぎ合う遺伝子によって支配されている野生動物では、集団の利益や申し合わせの戦略が進化するとはとても思えない。したがって、進化的に安定な戦略という方式がいたるところに見られると考えなければならないだろう。

　私たちの仮説的例では、ある一つの個体は、タカ派かハト派のどちらかだという単純な仮定をした。そして結局、タカ派とハト派の進化的に安定な比率に収束した。実際にはこれは、タカ派の遺伝子とハト派の遺伝子の安定した比率が遺伝子プール内に確立されるということだ。遺伝学用語ではこの状態を安定多型（stable polymorphism）と呼ぶ。けれど数学的には、多型を考えなくても、次のようにしてまったく等しいESSが達成されうる。どの個体もがそれぞれの争いにおいてタカ派のようにもハト派のようにも振る舞えるのであれば、全個体が同じ確率で、つまり私たちの例で言えば一二分の七の割合でタカ派のように振る舞うようなESSが達成される。実際にはこれは、各個体が、そのときにタカ派のように振る舞うべきか、ハト派のように振る舞うべきかを（ランダムにではあるが、七対五の割でタカ派のほうに多く）決断して、それぞれの争いを始めるということだ。ここできわめて重要なのは、この決断がタカ派のほうに傾いているとはいえ、どの争いの際にもライバルには自分の相手がどう振る舞おうとしているかを推定する手立てがないという意味でランダムでなければならない、という点である。たとえば、続けて七回の争いにタカ派を演じ、次に続けて五回ハト派を演じ、以下同様というのはだめだ。どの個体かがこのような単純な順序を取ったとしたら、そのライバルはすぐさまこの順序を飲み込んで利用するだろう。単純な順序の戦略を取る相手を利用する方法は、彼がハト派を演じようとしていることがわかったときにだけ、彼に対してタカ派を演じることだ。

もちろん、タカ派とハト派の話はあまりにも単純である。これは、自然界で実際に起こらないが、自然界で起こることを理解するうえで役立つ「モデル」だ。モデルには、このモデルのようにごく単純だが、にもかかわらずある点を理解するうえで、あるいはあるアイディアを得るうえで役に立つものがある。単純なモデルはさらに精巧にすることもできるし、次第に複雑にしていくこともできる。何もかもうまくいけば、モデルは複雑になるほど実世界に似てくる。タカ派とハト派のモデルを発展させる手はじめは、さらにいくつかの戦略を付け加えることだ。可能性のある戦略は、タカ派型とハト派型だけではない。メイナード＝スミスとプライスが導入したさらに複雑な戦略を、「報復派」型と呼ぶ。

報復派はどの闘いでも、最初はハト派のように振る舞う。つまり、タカ派のように徹底した激しい攻撃をしかけず、規定どおりの威嚇試合をする。しかし、相手が攻撃をしかけてきた場合は報復する。言い換えれば、報復派は、タカ派に攻撃されたときにはタカ派のように振る舞い、ハト派に出会ったときにはハト派のように振る舞う。別の報復派に出会った場合は、ハト派のように振る舞う。報復派は条件戦略者である。その行動は相手の行動によって決まる。

もう一つの条件戦略者を、「あばれん坊派」と呼ぶ。あばれん坊派は、誰かが反撃してくるまでは誰にでもタカ派のように振る舞う。反撃に遭うとただちに逃げ出す。さらにまた別の条件戦略者は「試し報復派」である。試し報復派は基本的には報復派に似ているが、ときおり争いをちょっと実験的にエスカレートさせてみる。そして相手が反撃に出なかったら、このタカ派型の行動を続ける。けれどももし反撃されたら、ハト派のように規定どおりの威嚇に戻る。攻撃を受けた場合は、普通の報復派とまったく同じように報復する。

コンピュータによるシミュレーションで、これまでに挙げた五つの戦略者すべてを自由に振る舞わせると、報復派だけが進化的に安定であることがわかる。[*2] 試し報復派は、ほぼ安定だ。ハト派は、その個体群がタカ派とあばれん坊派の侵略を許すので安定でない。タカ派も、その個体群がハト派とあばれん坊派の侵入を許すので、安定でない。報復派の個体群は、報復派自身よりうまくやる戦略が他にないため、どの戦略者にも侵されない。しかしハト派は、報復派の個体群内では同じくらいうまくやれる。つまり他の条件が同じであれば、ハト派の数がゆっくり増えていくことになる。ところがハト派の数がかなりの程度まで増えると、試し報復派が（ついでに言うなら、タカ派とあばれん坊派も）有利になり始める。というのは、彼らはハト派に対する対処のしかたが報復派よりうまいからだ。試し報復派自身は、タカ派やあばれん坊派と違って、ほぼＥＳＳだと言える。試し報復派の個体群内で彼らよりうまくやれるのは他の戦略のうちで報復派だけだし、この戦略とていくぶんましにすぎないという意味においてである。したがって、報復派と試し報復派の混ざったものが、おそらくこの二者間の静かな振動を保ちながら、少数派のハト派の数の振動と関連しつつ優勢を占めていく。この場合もやはり、どの個体も常にある決まった戦略を取るという多型を想定する必要はない。各個体は報復派、試し報復派、およびハト派が複雑に入りまじった行動を取ることができるはずだ。

この理論上の結論は、大部分の野生動物の世界で実際に起こっていることとかけ離れてはいない。動物の攻撃の「グローブをはめたこぶし」的側面についてはある程度説明した。もちろん詳細は、勝利やけがや、時間の浪費に与えられる「点数」の正確さにかかっている。ゾウアザラシの場合、勝利に対する報酬は、雌の大ハーレムをほぼ独占できる権利である。ゆえに、勝利の得点は非常に高くしておかなければならない。闘いが激しいのも、重傷を負う確率が高いのもあまり不思議ではない。時間の損失というコストは、けがによるコストと勝利の利益に比べておそらく小さいと考えなければなるまい。他方、寒い地方に住む小鳥にとっては、時間の浪費というコストは何物にも代え難い大きな損失だろう。育雛期《いくすうき》のシジュウカラは三〇秒に一回の頻度で獲物をつかまえる必要がある。まさに日中の一秒一秒が貴重なのだ。タカ派対タカ派の闘いで使われる比較的短い時間でさえ、こうした小鳥たちにとってはおそらくけがの危険以上に深刻なものだ。残念ながら、現在、自然界の諸現象のコストと利益《ベネフィット》に実際の数値をあてはめるには、あまりにもわかっていることが少な過ぎる。*3 私たちは、自分で勝手に決めた数値から簡単に結論を引き出さないよう注意する必要がある。重要な一般的結論は、ESSが進化する傾向があること、ESSが集団の申し合わせによって達成されうる最適条件と同じではないこと、そして常識は誤解を招く場合があることだ。

メイナード＝スミスの考えたもう一つの戦争ゲームは「持久戦」である。これは、けっして危険な闘いをしない種《しゅ》、おそらくまずけがなどしそうもない、鎧《よろい》に覆われた種に見られるものと考えられる。このような種では争いはすべて儀式的姿勢によって解決される。争いは常に、どちらかが引き下がることで終わる。勝つためにしなければならないのは、相手が背を向けるまで自分の陣地に踏みとどまり、敵をにらみつけていることなのだ。威嚇に無限に時間をかけていられる余裕のある動物など、明らかにいない。ほかにするべき大事なことがいくらでもある。彼が争っている資源は価値があるかもしれないが、無限に価値があるわけではない。それは、しかるべき時間に値するにすぎず、競売《オークション》の場合と同様に、各個体はその資源にはしかるべき額しか費やさない覚悟をしている。時間はこの競《せ》り手二人の競りの通貨だ。

　これらの個体はみな、ある資源、たとえば雌が、どれだけの時間に値するかを、あらかじめ正確に算定するものと考えよう。少しだけ長く続ける覚悟をした突然変異個体は常に勝つはずだ。したがって、決まった競り値を守るという戦略は不安定である。たとえ資源の価値がきわめて正確に推定され、全個体が正しい値を付けたとしても、この戦略は不安定だ。この時間を最大化する戦略によって競りをする二個体は、ちょうど同じ瞬間に諦め、どちらも資源を手に入れ損なうに違いない！　この場合、争いで時間を無駄にするよりは、最初からさっさと権利を諦めるほうが、個体にとっては得策なのだ。持久戦と実際の競りとの大きな違いは、要するに、持久戦では競争者がどちらも犠牲を払うが、利益を得るのは片方だけだという点である。したがって、踏みとどまる時間を最大化しようとする戦略を取る個体群内では、最初から諦めるという戦略が成功し、個体群内で広がるだろう。そうなると今度は、すぐに諦めずに数秒待って諦める個体に利益が生じ始める。この戦略は、現在個体群内で優勢を占めている即時退却派に対して演じられたときには有利に違いない。そこで淘汰は、諦める時間を次第に引き延ばす方向に働き、いずれそれは、争われている資源の真の経済的な価値によって許される最大値に再び近づくことになるだろう。

私たちはここでも、数式でなく言葉を使って、あたかも個体群がもろもろの戦略をめぐる振動を示すかのように描写してきた。が、数学的分析によれば、この場合もやはり、その描写は正しくないことがわかる。ある進化的に安定な戦略があって、それは数学の式で表せるが、それと同じことを言葉で表すとこうなる。各個体が持久戦を続ける時間は予言できない。それはどんな場合にも、すなわち資源の真価を平均する以外には予言できない。たとえば、資源が実際には五分間のディスプレイ（誇示）に値するものとしよう。ＥＳＳでは、どの個体も五分以上ディスプレイを続けることもあれば、五分以下しか続けない場合もあるし、また、きっかり五分間続けることもある。ポイントは、彼がその場合どれくらいの時間続けるつもりなのかを相手が知るすべはない、ということだ。

持久戦では、諦めかけているときにそれを相手に悟られないようにすることがなにより重要なのは明白だ。ひげをちょっと動かしたりして、敗北を認めようかと考え始めていることをうっかり匂わしたほうは、とたんに不利になる。たとえば、ひげを動かすことが、一分後に退却することの確かな兆しだとすれば、ごく単純な勝利の戦略が描ける。「相手のひげが動いたら、当初の計画がどうであろうとも、一分間待つがいい。相手のひげがまだ動かず、しかもどのみち諦めるつもりだった時間までにあと一分たらずしかない場合には、即刻諦めてそれ以上時間を無駄にするのをよしたほうがいい。自分のひげはけっして動かさないことだ」。こういうわけで、自然淘汰は、ひげを動かすことやその他、その後の行動を露呈してしまうようなしぐさをただちに罰するだろう。ポーカーフェイスが進化するはずだ。

まったくのでたらめを言うよりポーカーフェイスのほうが良いのはなぜか？　やはり、嘘をつくことが安定ではないからだ。大部分の個体が、持久戦でほんとうに長時間がんばるつもりがあるときしか頸の毛を逆立たせない場合を考えてみよう。相手の裏をかく計略が進化するに違いない。つまり、相手が毛を逆立てたらただちに諦めるという作戦だ。だがここで、嘘つきが進化し始める。実際に長時間がんばるつもりのない個体がいつでも毛を逆立てることによって、勝利を容易にすばやくものにするだろう。こうして、嘘つきの遺伝子が広がっていくのだ。やがて嘘つきが大勢を占めると、淘汰は今度はそれを見破って挑戦する個体に有利に働く。このため、嘘つきは再び数が減る。持久戦では、嘘をつくことは真実を語ることより進化的に安定だとは言えない。ポーカーフェイスは進化的に安定である。ついに降伏するとしてもそれは突如としてなされ、予測不能だ。

私たちがこれまで検討してきたのは、メイナード＝スミスが「対称的」争いと呼んでいるものばかりだ。つまり、競争者どうしが、闘いの戦略以外のあらゆる点でまったく同一だと仮定されていることである。タカ派とハト派は同じ強さであり、武器や鎧で同じように武装しており、勝利によって得るものも同じと仮定されている。これはモデルを利用するには都合の良い仮定だが、あまり現実的ではない。そこでパーカーとメイナード＝スミスは、非対称的な争いを考えてみた。たとえば、もし戦闘能力や体の大きさが個体によって異なり、各個体が自分との比較のうえで相手がどれくらい大きいかを計ることができたとしたら、このことが、そこに生じるＥＳＳに影響を及ぼすだろうか？　おそらく影響を及ぼすはずだ。

非対称的な争いは、主に三つ考えられる。第一は、今述べたように、体の大きさか戦闘能力が個体によって異なる場合。第二は、勝利によって得ようとしている報酬が個体によって異なる場合である。たとえば、どうがんばっても老い先の短い老雄は、前途に膨大な生殖生活を控えた若雄と違って、たとえ傷ついても失うものが少ない立場にあるだろう。

第三に、これはこの説の一風変わった結論だが、まったく任意の、一見関係なさそうに見える非対称がＥＳＳを生み出す可能性があるというものだ。そのような非対称のおかげで、急速に争いの決着がつくことがあるからだ。たとえば、競争者の一方がたまたま他方より先に争いの場に到着している場合は、たいていこれにあてはまる。彼らをそれぞれ「先住者」「侵入者」と呼ぶことにしよう。議論の都合上、先住者や侵入者であることには、一般的な利益はないものと仮定する。のちに述べるように、この仮定が実際には正しくないと思われる理由があるが、これは重要ではない。重要なのは、たとえ先住者が侵入者より有利だと考える一般的な理由がなくても、この非対称それ自体によって決まるあるＥＳＳが進化するという点である。単純なたとえとしては、人間が大騒ぎをしたりせずに、コインを投げてあっさりもめごとの決着をつけるのがこれにあたる。

条件戦略、すなわち「自分が先住者であれば攻撃し、侵入者であれば退却せよ」というのがＥＳＳになるのかもしれない。また、非対称が任意だという仮定があるので、「先住者であれば退却し、侵入者であれば攻撃せよ」という逆の戦略が安定となる可能性もある。ある個体群においてこの二つのＥＳＳのうちどちらが採用されるかは、どちらが先に大勢を占めるかにかかっている。大部分の個体がこの二つの条件戦略の片方を取るようになると、それから外れた異常個体は罰を受ける。したがって、定義からすればそれがＥＳＳなのだ。

たとえば、全個体が「先住者が勝ち、侵入者が逃げる」戦略を取るとしよう。これは、彼らが闘いの半分に勝ち、半分に負けることを意味している。彼らはまったくの無傷で、時間も無駄にしない。なぜなら、すべての争いが任意の規定によってただちに解決されるからだ。さてここで新たに突然変異の反逆者が現れたとしよう。彼は常に攻撃し、いっこうに退かない純粋なタカ派型戦略を取るものとする。相手が侵入者の場合には、彼が勝つだろう。相手が先住者であれば、負傷という大きな危険を冒すことになる。平均すると、彼はＥＳＳの任意の規則に従って行動する個体より得点が低くなる。「先住者なら逃げろ、侵入者なら攻撃せよ」という逆の規定を試みようとする反逆者は、もっと悪い。彼はたびたびけがをするばかりでなく、めったに争いに勝てない。だが、何か偶然の出来事によって、この逆の規定に従う個体が大勢を占めるようになった場合を考えてみよう。そのとき、彼らの戦略は安定した規範になり、これから外れたものは罰を受ける。もしかすると、ある個体群を何世代にもわたって観察すれば、ときおりある安定状態から別の安定状態へ突如移り変わるのが見られるかもしれない。

しかし、実生活においては、真に任意の非対称というものはおそらく存在しない。たとえば、先住者は侵入者より、実際に有利な立場だろう。彼らはその土地の地形をよく知っている。また、先住者がずっとそこにいたのに対して、侵入者は戦場に赴いてきたのだから、息を切らしているかもしれない。自然界で二つの安定状態のうち「先住者が勝ち、侵入者が退く」状態のほうがより可能性が高いことには、もっと深い理由がある。つまり、「侵入者が勝ち、先住者が退く」という逆の戦略は、自己崩壊を招く傾向を本来的に持っているのだ。メイナード＝スミスはこれを逆説的戦略と呼んでいる。この逆説的ESSの状態にある個体群では、個体は常に先住者と見られないように努めているはずだ。つまりどんな出会いにおいても、常に侵入者であろうと努めているに違いない。彼らがそれをやり遂げるには、たえまなく、他に何の意味もなく動きまわるしかない。その時間とエネルギーの損失は別としても、この進化傾向は「先住者」という範疇を自然と消滅させていくことになる。「先住者が勝ち、侵入者が退く」というもう一方の安定状態にある個体群では、先住者になろうと努める個体に有利に自然淘汰が働く。各個体にとっては、これは、ある区域に踏みとどまり、できるだけそこを離れず、そこを「守ろう」とすることだ。今ではよく知られているように、こうした行動は自然界に一般的に見られ、「なわばりの防衛」と呼ばれている。

この型の行動的非対称で私が知っている最も見事な実例に、偉大なる動物行動学者《エソロジスト》のニコ・ティンバーゲンが、彼ならではの巧妙で単純明快な実験によって示したものがある。*4 彼は、雄のトゲウオが二匹入った水槽を持っていた。魚はそれぞれ水槽の反対側の隅に巣をかまえ、自分の巣のまわりのなわばりを「守って」いた。ティンバーゲンはこの二匹の魚をそれぞれ大きなガラスの試験管に入れて、この二本の試験管を並べて持ち、魚たちが試験管を通して闘おうとするのを観察した。するとたいへん興味深い結果が得られた。二本の試験管を雄Aの巣に近づけると、Aが攻撃姿勢を取り、雄Bが退却しようとした。だが試験管を雄Bのなわばりに移動させると、形勢が逆転した。ティンバーゲンは、単に二本の試験管を水槽の一端から他端へ動かすだけで、どちらの雄が攻撃し、どちらの雄が退却するかを指示することができた。どちらの雄も明らかに単純な条件戦略を、つまり「先住者であれば攻撃し、侵入者であれば退却する」という戦略を取っていたのである。

生物学者はよく、なわばり行動の生物学的「利点」は何かを問う。これにはさまざまな示唆がなされており、そのなかのいくつかについてはのちほど述べる。だがいまや、この質問そのものが無用かもしれないということがわかってきた。なわばり「防衛」とは単に、二個体とある一定の地域との関係を決める、到着時刻の非対称ゆえに生じたＥＳＳにすぎないかもしれないのだ。

任意でない非対称のうち最も重要なものは、体の大きさと一般的な戦闘能力だろう。体の大きいことは必ずしも闘いに勝つために最も重要な要件とは言えないが、やはりその一つではある。闘う二者の大きいほうが常に勝つのであれば、そして各個体が、自分が相手より大きいか小さいかを確実に知っているのであれば、何らかの意味のある戦略は、ただ一つしかない。すなわち、「相手が自分より大きければ逃げろ。自分より小さい奴にはけんかをふっかけろ」。大きさの重要性がそれほど確実でないとなると、ことは少々ややこしくなる。体の大きいことがわずかでも有利であれば、今述べた戦略はまだ安定である。だが負傷の危険が大きいとなると、第二の「逆説的戦略」も考えられる。すなわち、「自分より大きい奴にけんかをふっかけ、小さい奴から逃げろ！」というものだ。この戦略が逆説的と言われる理由は明らかだ。それはまったく常識に反するように思われる。この戦略が安定となる理由は以下のとおり。全員が逆説的戦略を取る個体群では誰もけがをしない。これはあらゆる争いにおいて、関係者の一方、つまり体の大きいほうが常に逃げるからだ。ここに、小さい相手をいじめるという「常識的」戦略を取る平均的大きさの突然変異が現れると、その個体は出会った相手の半数と激しい争いを演じることになる。これは、彼が自分より小さい相手に出会うと攻撃を仕掛け、その小さい個体は逆説的戦略を取っているので激しく応戦してくるからだ。常識的戦略派は逆説的戦略派より勝つ確率は高いが、なお、負けて大けがをする危険も十分にある。個体群の大部分が逆説的戦略を取っているので、常識的戦略者はどの逆説的戦略個体よりもけがをする可能性が高い。

　逆説的戦略はたとえ安定だったとしても、おそらくこれは学問的に興味深いにすぎない。逆説派が常識派より高い得点を上げられるのは、彼らが数のうえで、常識派にはるかにまさっているときに限られるからだ。そもそもこの状態が最初にいかに生じるかを想像するのは難しい。たとえそれが生じたとしても、個体群内の逆説派に対する常識派の割合がほんの少し増すだけで、もう一つのESS、すなわち常識派のESSの「誘引域」に入り込んでしまうだろう。誘引域というのは、この場合なら常識派が有利になるような個体群比率の集合と定義される領域である。つまり、ある個体群がこの誘引域に達すると、常識的戦略の安定点に向かっていやおうなく引き込まれるのだ。自然界に逆説的ESS[*5]の例を見つけるのは心動かされるものの、ほんとうにそれを期待できるのかどうかははなはだあやしい（私は少々早まったようだ。この文を書いたあとで、私はメイナード＝スミス教授から、J・W・バージェスがメキシコ産の社会性のクモ *Oecobius civitas* の行動について次のように書いていることを聞いた。「このクモは何かに妨害されて隠れ場所から追い出されると、岩の上をつっ走り、身を隠すことのできる空いた割れ目が見つからないと、同種の別の個体の隠れ場所に逃げ込む。侵入者が入ってきたときに、そこに先住者のクモがいると、そのクモは侵入者を攻撃しないで逃げ出し、新たに自分の隠れ場所を探す。このため、いったん最初のクモが追い出されると、次々と巣の持ち主の入れ替えが起こり、それが数分も続いて、しばしば、その集団の大部分の個体が自分の住処《すみか》からよその住処に移らされることになる」〔27〕これは一五二頁に述べた意味で逆説的である)。

もし、動物が過去の闘いのことを記憶していたらどうか? それは、その記憶が個別的なものか、一般的なものかによって異なる。コオロギは過去の闘いで起こったことについて一般的な記憶を持っている。最近多くの闘いで勝ったコオロギはタカ派的になる。最近負け気味のコオロギはハト派的になる。これはR・D・アレグザンダーによって見事に示された。彼は模型のコオロギを使って本物のコオロギを奇襲した。この処置を加えたあとでは、そのコオロギは他の本物のコオロギとの闘いに負けやすくなった。各々のコオロギは、自分の個体群内の平均的個体の戦闘能力と比較しての自分の戦闘能力を、たえず評価しなおしているものと考えられる。過去の闘いの記憶を用いるコオロギのような動物が、ある時間密集した集団を成して過ごすと、ある種の順位制が発達するようだ。*6 観察者は各個体を順番に並べることができる。順位の低い個体は順位の高い個体に降伏する傾向がある。個体どうしが互いに認知し合っていると考える必要はない。勝つことに慣れた個体はますます勝つようになり、負けぐせのついた個体は決まって負けるようになるというのが現象のすべてである。はじめはまったくでたらめに勝ったり負けたりしていても、おのずとある順位に分かれていく傾向があるのだ。これには、集団内の激しい争いを次第に減らしていく効果がある。

以上のような現象は、「一種の順位制」とでも言わなければなるまい。というのは、順位制という言葉を、個体の認知がなされている場合にしか使わない人が多いからだ。その場合には、過去の闘いの記憶は一般的というより個別的である。コオロギは互いに相手を個体として認知してはいないが、ニワトリやサルは認知している。あるサルにとって過去に自分を負かしたことのあるサルは、将来も自分を負かす可能性が高いだろう。この場合、個体にとって最善の戦略は、以前に自分を負かしたことのある個体に対しては、比較的ハト派的に振る舞うことだ。以前に出会ったことのない一群のニワトリを引き合わせると、普通はやたらにけんかが起こる。だが時が経つと、やがてけんかは下火になる。しかし、それはコオロギの場合と同じ理由からではない。ニワトリの場合には、各個体が別の個体に対する「自分の地位を学ぶ」からだ。これはたまたま集団全体にとっても都合が良い。その証拠として注目されているのは、順位が確立していて激しい闘いがめったに起こらないニワトリの集団ではたえずメンバーが入れ替わっていて、その結果しょっちゅうけんかしている集団よりも産卵率がはるかに高いことだ。生物学者はよく、順位制の生物学的利点ないし「機能」は集団内の公然の攻撃を減らすことにあるという。しかし、これは説明のしかたとしては正しくない。順位制それ自体は、進化的な意味で「機能」を持っているとは言えない。なぜなら、それは集団の特性であって、個体の特性ではないからだ。集団レベルで見たときに順位制の形で表れる個体の行動パターンには、機能があると言えるかもしれない。しかし、「機能」という言葉をまったく捨てて、個体認知と記憶という二つの条件を加味した非対称な争いにおけるＥＳＳという点からこの問題を考えたほうが、はるかに良い。

以上、同種の個体間の争いについて考えてきたが、種間の争いについてはどうか？　はじめに述べたように、異種のメンバーは同種のメンバーに比べると、それほど直接的な競争相手ではない。このため、異種間に資源をめぐる争いが起こることは少ないと考えられるし、この予想には確証がある。たとえば、ロビンは他のロビンに対してなわばりを守るが、シジュウカラに対しては防衛しない。ある森の数羽のロビンのなわばりを地図上に示し、その上に数羽のシジュウカラのなわばり地図を重ねて描いてみると、この二種のなわばりはまったく無規則に重なっている。彼らは別々の惑星に住んでいるようなものなのだ。

だが、ある場合には、別種の個体間の利害がかなり激しく衝突する。たとえば、ライオンはアンテロープの体を食べたがるが、アンテロープは自分の体についてまったく別の計画をいだいている。これは、普通は資源をめぐる争いとは認められないが、論理的に言えば、なぜ認められないのか理解し難い。この場合の資源は肉だ。ライオンの遺伝子は自分の生存機械の食物として肉を「ほしがっている」。アンテロープの遺伝子は自分の生存機械のために働く筋肉や器官としてその肉を必要としている。この二つの肉の用途が互いに相容れないため、利害の衝突が起こる。

自種のメンバーもやはり肉でできている。では、なぜ共食いが比較的まれなのか？　ユリカモメの例で述べたように、おとなはときおり自種の子どもを食べる。だが、おとなの肉食獣が、自種の他のおとなの個体を食べようと積極的に追いまわすことはありえない。なぜないのか？　私たちはまだ、進化の「種にとっての善」という見かたから考えるくせが抜けないので、「ライオンはなぜ他のライオンを狩らないのか？」というようなまったく妥当な質問を忘れがちだ。もうひとつ、めったに訊かれないタイプの鋭い質問を以下に記す。「アンテロープはなぜ反撃しないでライオンから逃げるのか？」

ライオンがライオンを狩らないのは、そうすることが、彼らにとってＥＳＳではないからだ。共食い戦略は、先の例のタカ派型戦略と同じ理由で不安定である。報復の危険があまりに大きいのだ。だがこのことは、異種間の争いにはあまりあてはまらないように見える。獲物の動物がたいてい報復せずに逃げるのはそのためだ。これはおそらく、別種の二個体間の相互作用においては、同種のメンバー間の場合より大きな非対称が組み込まれているという事実に根ざしている。争いに大きな非対称がある場合には、ＥＳＳは常にその非対称に依存した条件戦略となるようである。別種間の争いでは利用できる非対称がたくさんあるため、「小さければ逃げろ、大きければ攻撃しろ」といった類の戦略がたいへん進化しやすい。ライオンとアンテロープは、争いにもともと存在する非対称がたえず増大するように強調してきた進化的放散によって、一種の安定状態に達している。彼らはそれぞれ、追いかける手腕と逃げる術策において、高度に熟練するに至っている。ライオンに「立ち向かう」戦略を取る突然変異のアンテロープは、地平のかなたに姿を消しつつあるライバルのアンテロープよりうまくいかないはずだ。

私たちは、ＥＳＳ概念の発明を、ダーウィン以来の進化論における最も重要な進歩の一つとして振り返るようになるだろう。[*7]この概念は利害の衝突のあるところならどこでもあてはまる。つまりそれは、ほとんどあらゆる場面に通用する。動物行動の研究者は、「社会組織」と呼ばれるものについて語るのが習慣になっている。社会組織は、自らの生物学的「利点」を備えた独自の実体として扱われることがあまりに多い。これまでに挙げた例で言えば、「順位制」がそれに当たる。生物学者が社会組織について述べた数々の説の背後には、かならず群淘汰主義者の仮説が隠されていることを私は疑わない。メイナード＝スミスのＥＳＳの概念こそ、独立した利己的な単位の集まりがどのようにして単一の組織された全体に似てくるようになるかを、初めてはっきりと教えてくれるだろう。このことは種内の社会組織ばかりでなく、多くの種から成る「生態系」や「コミュニティ」についても言えると思う。ESSの概念は、いずれ生態学に革命をもたらすはずだと私は期待している。

この概念は、第3章で述べた、良いチームワークを必要とするボートの選手（体内の遺伝子にあたる）の例で生じた問題にも適用できる。遺伝子は、それ単独で「優れたもの」としてではなく、遺伝子プール内の他の遺伝子を背景にして働く際に優れたものとして淘汰に残る。優れた遺伝子は他の遺伝子と両立し、補足し合って、何世代にもわたって体を共有していくものでなければならない。植物をすりつぶす歯の遺伝子は、草食動物の遺伝子プール内では優れた遺伝子だが、肉食動物の遺伝子プール内では悪い遺伝子だ。

両立しうる一組の遺伝子は、一つの単位としてまとめて淘汰にかけられるものと考えることができる。第3章のチョウの擬態の例の場合には、まさにそうなっていたように見える。しかし、ESS概念の素晴らしさは、純粋に独立の遺伝子のレベルの淘汰によって、同じような結果がもたらされることを理解させてくれる点だ。遺伝子どうしは同じ染色体上で連鎖している必要はない。

ボート選手の例は、じつはこの点を説明するのには適さない。この点に最も迫れるのは、次のような例である。実際にレースに勝つには、クルーの選手どうしが言葉を交わして、自分たちの活動を調整することが大事だとしよう。さらに、コーチが自由にできる選手プールでは、ある選手は英語しか話せず、ある選手はドイツ語しか話せないものとしよう。イギリス人が常にドイツ人より漕ぐのがうまかったり、へただったりするということはない。だが、コミュニケーションが重要なので、混合のクルーは、イギリス人ばかりやドイツ人ばかりで統一されたクルーのボートにはなかなか勝てない。

コーチにはこのことがわからない。彼はただ、自分の選手をでたらめに混ぜて、勝ったボートに乗っていた選手に点を与え、負けたボートに乗っていた選手から点を引く。ところが、彼が自由にできる選手プールにたまたまイギリス人が多いと、ボートに乗り込むドイツ人はコミュニケーションを妨げるため、そのボートが負ける原因になりがちだ。反対に、選手プールにたまたまドイツ人のほうが多いと、イギリス人が、その乗り組んだボートを負けさせる原因となる傾向がある。総合的に最良のクルーができあがるのは、二つの安定状態の一つになるとき——つまり、全員がイギリス人か全員がドイツ人であって、混ざっていない状態だ。それは表面的には、あたかもコーチが言語別のグループを単位として選んでいるかのように見える。だが、彼はそうしているわけではない。彼は、レースに勝つ外見上の能力で一人一人の選手を選んでいるにすぎない。ある選手がレースに勝つ傾向は、たまたま候補者のプールに他のどの選手がいるかによる。少数派の候補は、自動的に罰を受けるが、それは漕ぐのがへたなためではなくて、単に彼らが少数派なためにすぎない。同様に、遺伝子が互いに両立できるために選択されるという事実があるからといって、チョウの例に見られたように、遺伝子の集団が単位として選ばれていると考えなければならない理由は必ずしもない。単一の遺伝子という低レベルでの淘汰が、もっと高いレベルでの淘汰という印象を与えることもある。

この例では、淘汰は単なる適合性を選んでいる。さらに興味深いのは、互いに補い合う遺伝子が選ばれる場合だ。たとえて言うなら、理想的にバランスの取れたクルーは、右利き四人と左利き四人から成るものとする。この場合もまたコーチはこの事実を知らず、やみくもに選手の「成績」を基準にして選ぶものと仮定しよう。ところが、選手プールにはたまたま右利きが多く、左利きの選手はみな、どちらかというと有利な状態にある。すなわち、彼は自分の乗っているボートを勝たせる傾向があるので、優秀な選手に見える。反対に、左利きの多いプールでは右利きが有利なはずだ。これはハト派の個体群内で成功するタカ派の個体や、タカ派の個体群内で成功するハト派の個体の場合と同様のこと。違うのは、ハト派とタカ派の例は個体間の、つまり利己的な機械間の相互作用の話だが、この場合は体内の遺伝子間の相互作用の話だという点である。

コーチがやみくもに「優れた」選手を選んでいっても、いずれは左利き四人と右利き四人から成る理想的なクルーができあがる。それは、あたかも彼がバランスの取れた一揃いの単位として彼らをそっくり選んだかのように見える。しかし私の考えでは、彼は一つ下のレベルで、つまり個々の候補のレベルで選択していると考えたほうが、明快ですっきりする。左利き四人右利き四人という進化的に安定な状態（ここでは「戦略」という言葉は誤解を招きやすい）は、単に、外見上の成績に基づいた低レベルでの淘汰の結果としてもたらされるものだ。

遺伝子プールは、遺伝子の長期的な環境である。遺伝子プール内で生き残ったものであれば、何であれそれが「優れた」遺伝子だ。これは理論ではない。観察された事実ですらない。同語反復になってしまう。興味深い問題は、遺伝子が優れているとはどういうことか、というものだ。私は第一近似として、遺伝子が優れているというのは、有能な生存機械、すなわち体を作る能力のことだと書いた。しかしいまや、この見解には以下に述べるようなただし書きを付ける必要がある。遺伝子プールは進化的に安定な遺伝子のセット、すなわちどんな新遺伝子にも侵入されることのない遺伝子プールと定義される状態に達するだろう。突然変異や組み換えや移入によって生じる新しい遺伝子は、大部分が自然淘汰によって罰を受け、進化的に安定なセットが復元される。ときおり、ある新しい遺伝子がそのセットに侵入することに成功し、遺伝子プール内に広がっていくのに成功することもある。すると、不安定な過渡期を経て、やがて、新たな進化的に安定な組み合わせに落ち着く――ほんのちょっとだけ進化が起こったのだ。攻撃の戦略の例で述べたように、個体群には二つ以上の代替可能な安定点があり、ときおり一方から他方へ突然の飛躍が起こることがある。進化とは、たえまない上昇ではなくて、むしろ安定した水準から安定した水準への不連続な前進の繰り返しであるらしい*8。あたかも、その個体群全体は一個の自動調節単位のように振る舞っているかに見えるだろう。しかし、これは錯覚だ。それは実際には、単一の遺伝子のレベルで起こる淘汰によって生じている。遺伝子は「成績」で選ばれる。だがこの成績は、進化的に安定なセット、すなわち現在の遺伝子プールという背景のなかでの振る舞いに基づいて判定される。

　メイナード＝スミスは、まるごとの個体のあいだに見られる攻撃的相互作用に焦点を合わせることによって、事態をきわめてはっきりさせることができた。タカ派とハト派の体の安定な割合を考えるのはやさしい。体は大きな物体であって、目で見ることができるからだ。しかし、別々の体に宿る遺伝子間のこのような相互作用は氷山の一角にすぎない。進化的に安定なセットのなかの、つまり遺伝子プール内での遺伝子の重要な相互作用の大部分は、個々の体のなかで行なわれる。これらの相互作用を目で見るのは難しい。それらは細胞内で、とりわけ発生中の胚の細胞内で起こっているからだ。良く統合された体が存在するのは、それが利己的な遺伝子の進化的に安定したセットの産物だからである。

ともあれ、この本の主要テーマである動物個体間の相互作用のレベルに話を戻さなければならない。攻撃を理解するには、個々の動物を独立した利己的な機械と見なすと都合が良かった。しかしこのモデルは、関係する個体どうしが、兄弟姉妹、いとこどうし、親子といった近親者の場合にはあてはめられない。なぜなら、近親個体どうしが彼らの遺伝子のかなりの部分を共有しているからだ。それゆえ、個々の利己的な遺伝子の忠誠心は、別々の体に分配されている。これについては次章で説明する。

第6章 遺伝子道

Genesmanship

利己的な遺伝子とは何か？　それは単に、一個のDNAの物理的小片なのではない。原始のスープにおいてそうだったと同様に、それは世界中に分布している、個々のDNA片の全コピーである。そうしたいときにはいつでもまともな用語に直せるという自信があるなら、不正確を承知のうえで、遺伝子が意識的な目的を持っているかのように語ることができよう。そうしたら、私たちは次のように問うてみることができる。では個々の利己的な遺伝子の目的はいったい何なのか。遺伝子プール内にさらに数を増やそうとすること、というのがその答えだ。それ、つまり個々の遺伝子は、基本的には、それが生存し繁殖する場となる体をプログラムするのを手伝うことによって、これを行なっている。しかし今や、「それ」が多数の異なる個体内に同時に存在する、分散された存在だということを強調しなければならない。この章で重要なのは、遺伝子が他の体に宿る自分自身のコピーをも援助できるらしいという点である。もしそうであれば、これは個体の利他主義として表れるだろうが、それはあくまで遺伝子の利己主義の産物なのだろう。

人間のアルビノ（先天性色素欠乏症）に関する遺伝子を考えてみよう。アルビノを引き起こす遺伝子は実際にはいくつもあるが、ここではそのなかの一つについて述べよう。この遺伝子は潜性である。つまり、その人がアルビノになるにはこの遺伝子が二倍量存在しなければならない。これは約二万人に一人の割合で見られる。しかし、約七〇人に一人はこの遺伝子を単一数で持っているが、これらの個体はアルビノではない。アルビノの遺伝子のような遺伝子は多くの個体に分布しているので、理論上は、自分が宿る体を、他のアルビノ個体に対して（同じ遺伝子を持っていることがわかっているので）利他的に振る舞うようにプログラムすることによって、遺伝子プール内における自己の生存を助けることができる。アルビノ遺伝子が宿っている体が何体か死ぬことで、同じ遺伝子を含んでいる他の体の生存を助けるのであれば、アルビノ遺伝子は、たとえそうなっても幸せなはずだ。もしアルビノ遺伝子が、体の一つに他の一〇体のアルビノの命を助けさせることができれば、その利他主義者が死んでしまっても、遺伝子プール内のアルビノ遺伝子の数の増加で十分につぐなわれる。

では、アルビノの人どうしはとくに親切にし合っていると考えていいのか？　実際には、答えはおそらく否《ノー》だ。その理由を知るために、遺伝子を意識的存在とした比喩を一時捨てなければならない。この文脈では明らかに誤解を招くからだ。少々冗長かもしれないが、まともな言葉に言い換える必要があろう。アルビノ遺伝子は実際に生き続けたいとか、他のアルビノ遺伝子を助けたいとか思うわけではない。だが、アルビノ遺伝子がたまたまその体に、他のアルビノに対して利他的に振る舞うようにさせたとしたら、結果としていやでも自動的に、遺伝子プール内で数が増えていくようになるはずだ。しかし、そうなるためには、その遺伝子が体に対して二つの独立した効果を持っている必要がある。それは、ごく色白の肌という普通の効果を与えるだけではない。ごく色白の肌をした人に対して選択的に利他的に振る舞う傾向をも与える必要がある。このような二重の効果を持った遺伝子がもし存在するならば、それは個体群内できわめて成功するだろう。

ところで、第3章で強調したように、遺伝子に多形質発現効果があることは確かである。色白の肌、緑ひげ、その他の目立つ特徴など、外から見える「レッテル」と、その目立つレッテルの持ち主にとくに親切にする傾向とを同時に発現させる遺伝子が生じることは、理論的には可能だ。ただし可能だとは言ってもとくに可能性が高いわけではない。同じように緑ひげが、指に食い込んでいくタイプの足の爪やその他の何らかの特徴を発達させる傾向と結びついている可能性があるし、緑ひげに対する好みはフリージアの香りを嗅ぐ能力のないことと関連している可能性もあるからだ。同一の遺伝子があるレッテルとそのレッテルに対する的確な利他主義との両方を生み出すことはおそらくあるまい。にもかかわらず、「緑ひげ利他主義効果」は、理論上は可能だ。

緑ひげのような任意のレッテルは、遺伝子が他個体内の自分のコピーを「認知」する一つの手段だが、他にも何か手段があるだろうか？　直接可能な手段は次のようなものだ。利他的遺伝子の持ち主は、単に利他的行為をするという事実によって認めることができる。ある遺伝子が、「体よ、Aが溺れかけている者を救おうとして溺れていたら、飛び込んで助けろ」というようなことを「言った」とすれば、この遺伝子は遺伝子プール内で栄えるはずである。このような遺伝子が成功する理由は、Aが同じ生命救助利他的遺伝子を持っている確率が平均より高いことだ。Aが他の誰かを助けようとしているのが見られるということは、緑ひげと同じレッテルである。それは緑ひげほど恣意的なものではないが、かといってあまりもっともらしいものとも思えない。遺伝子が他個体内の自分のコピーを

「認知する」何かもっともらしい方法があるだろうか。

答えはイエスだ。近しい身内——血縁者（kin）——が遺伝子を分け合う確率が平均より高いことを示すのはやさしい。これが、親の子に対する利他主義がこれほど多い理由だというのは、以前からわかっていた。R・A・フィッシャー、J・B・S・ホールデン、そしてとくにW・D・ハミルトンが明らかにしたのは、他の近縁者——兄弟姉妹、甥、姪、いとこ——にも同じことが言えることだ。仮に一〇人の近縁者を救うために一個体が死んだとしたら、血縁利他主義遺伝子の一コピーが失われるが、同じ遺伝子のより多数のコピーが救われる。

しかし「より多数」というのは少々曖昧で、「近縁者」も同じく曖昧だ。ハミルトンが示したように、これはもう少しはっきりさせることができる。一九六四年の彼の二つの論文は、これまでに書かれた社会エソロジーの文献のうち、最も重要なものに数えられる。私は、これらの論文がエソロジストたちになぜこれほど無視されてきたのか理解できない[*1]（彼の名前は、一九七〇年に出たエソロジーの二大教科書の索引にすら載っていないのだ）。幸い、最近彼の仕事が見直され始めている。ハミルトンの論文はかなり数学的だが、いくぶん単純化し過ぎという犠牲を払うならば、厳密な数学を使わずに直観的に基本原理をつかむのはやさしい。まず計算したいのは、たとえば姉妹のような二個体が特定の遺伝子を共有している確率である。

話を簡単にするために、遺伝子プール全体のなかで数の少ない遺伝子について述べるものとしよう[*2]。大部分の人々は、親類どうしであろうとなかろうと、「アルビノにならないための遺伝子」を共有している。この遺伝子がそれほど多いのは、自然界では、アルビノがアルビノでないものに比べて生き延びにくいためだ。たとえば、太陽が彼らの目を眩《くら》ませ、近づいてくる捕食者を見つけにくくするからである。アルビノにならないための遺伝子のように、明らかに「良い」遺伝子が遺伝子プール内に広く分布している理由を説明するつもりはない。利他主義という特殊な作用の結果として、遺伝子が遺伝子プールに広がる場合を説明したいのだ。したがって、この進化過程の少なくとも最初の段階では、これらの遺伝子は数が少なかったと仮定できる。ここで重要なのは、個体群全体では数の少ない遺伝子でさえ家族内ではありふれた遺伝子だという点である。私は個体群全体では数の少ない遺伝子をたくさん持っているし、あなたも個体群全体では数の少ない遺伝子を持っている。しかし、我々二人が同じ珍しい遺伝子を持っている見込みは、実際にはごく少ない。だが、私の姉が私と同じ珍しい遺伝子を持っている見込みはかなりあるし、あなたの妹があなたと共通の珍しい遺伝子を持っている見込みも同じくらいある。見込みはきっかり五〇%だ。理由は容易に説明できる。

あなたが遺伝子Gのコピー一個を持っているとしよう。それはあなたの父親か母親かどちらかから受け取ったはずだ（便宜上、めったにないさまざまな可能性――Gが新しい突然変異である場合や、両親がともにそれを持っている場合、あるいは両親のどちらかがそのコピーを二個持っている場合など――は無視することにする）。この遺伝子をあなたに与えたのが父親だったとしよう。その場合、父親の体細胞はすべてGのコピーを一個持っていたことになる。ここで、人間が精子を作るときに、自分の遺伝子を半分ずつ分け与えることを思い出してほしい。ゆえに、あなたの妹を作った精子が遺伝子Gを受け取った見込みは五〇%である。他方、あなたが母親からGを受け取ったとしても、まったく同じ理由で、卵子の半数がGを持っていたはずであり、妹がGを持っている見込みはやはり五〇%だ。これは、あなたに一

○○人の兄弟姉妹がいたら、そのうちの約五○人が、あなたと同じある珍しい遺伝子を持っていることになる。また、あなたが一○○個の珍しい遺伝子を持っていたら、そのうちの約五○個はどの兄弟にもあることになる。

どの程度の近縁個体についても同じような計算ができる。重要なのは、両親と子どもとの関係である。あなたが遺伝子Hのコピーを一個持っているならば、あなたの子どもたちはどの子も、それを持っている確率が五○%だ。なぜなら、あなたの生殖細胞の半数がHを持っており、どの子もそれらの生殖細胞の一つから作られたからである。あなたが遺伝子Jを一個持っているならば、あなたの父親がJを持っていた確率は五○%だ。なぜならあなたは自分の遺伝子の半数を父親から、半数を母親から受け取っているからだ。便宜上、「近縁度（relatedness）」という指標を用いることにしよう。これは、二人の親族が一個の遺伝子を共有している確率を表している。二人の兄弟間の場合、一人が持っている遺伝子の半数がもう一人に見られるので、その近縁度は$\frac{1}{2}$だ。これは平均的な数値である。すなわち、特定の二人の兄弟については、減数分裂のくじ運によって、共有する遺伝子がこれより多かったり少なかったりすることがある。親子間の近縁度は常にきっかり$\frac{1}{2}$である。

毎回いちいち最初の原則に従って細かく計算していくのは、かなりうんざりさせられる。そこで、AとBがどんな二個体でも、その近縁度を算出できる大まかで手っ取り早い規則を示そう。それは、遺言書を作成する際や、自分の家族の外見的な類似性を解き明かす際に役立つだろう。この規則は単純な例であれば何にでも適用できるが、近親交配《インセスト》が起こる場合や、のちに述べるある種の昆虫にはあてはまらない。

まずAとBの共通の祖先をすべて洗い出そう。たとえば、二人のいとこどうしの共通の祖先は、彼らに共通の祖父と祖母である。共通の祖先が一人見つかれば、論理的にもちろん、その祖先の祖先はすべてAとBにとっても共通の祖先だ。だが、最も最近の共通の祖先以外はすべて無視することにする。そうすると、いとこどうしの共通の祖先は二人だけになる。もしBがAの直系の子孫、たとえばAの曾孫《ひまご》であれば、A自身が私たちの求めている「共通の祖先」である。

　AとBの共通の祖先が見つかったなら、次のようにして「世代間隔」を数えよう。まずAから、共通の祖先に達するまで家系図をさかのぼり、それからまたBまで下る。たとえば、AがBの叔父であれば、世代間隔は3である。共通の祖先は（たとえば）Aの父とBの祖父だ。Aを出発したら共通の祖先に突き当たるために一世代さかのぼる。それからBに達するために他方に二世代下らなければならない。したがって世代間隔は1＋2＝3となる。

　共通の祖先を経由したAB間の世代間隔がわかったら、次に、その祖先に関係したAB間の近縁度を計算しよう。それには、世代間隔の段階ごとに$\frac{1}{2}$をかけていく。世代間隔が3であれば、$\frac{1}{2}\times\frac{1}{2}\times\frac{1}{2}$で、$\left(\frac{1}{2}\right)^3$になる。特定の祖先を経由した世代間隔がgであれば、その祖先がもとになる近縁部分は$\left(\frac{1}{2}\right)^g$となる。

　しかし、これはAB間の近縁度の一部にすぎない。彼らに共通の祖先が二人以上いる場合には、各々の祖先に関する同様の数値を加えなければならない。通常、二個体に共通の祖先は、すべて世代間隔が同じだ。そこで、祖先の誰か一人についてAB間の近縁度を計算したら、次にやるべきは、祖先の数をかけることだ。たとえば、いとこには共通の祖先が二人あり、その各々を経由する世代間隔は4である。したがって、その近縁度は$2\times\left(\frac{1}{2}\right)^4=\frac{1}{8}$となる。AがBの曾孫であれば、世代間隔は3であり、共通の「祖先」数は1（B自身）なので、近縁度は$1\times\left(\frac{1}{2}\right)^3=\frac{1}{8}$となり、遺伝的に言えば、いとこは曾孫に等しい。同様に、あなたは叔父（近縁度2）に似ている（$2\times\left(\frac{1}{2}\right)^3=\frac{1}{4}$）のと同じくらいに祖父（近縁度1）に似ている（$1\times\left(\frac{1}{2}\right)^2=\frac{1}{4}$）わけだ。

祖父または叔母がいとこどうしという遠い親族関係（$2\times\left(\frac{1}{2}\right)^8=\frac{1}{128}$）では、Aの持っている特定の遺伝子を、個体群内から任意に選んだ個体が持っている基本的な確率に近づいてくる。このような近縁者は、利他的遺伝子に関するかぎり、通りがかりの他人と同じだと言っても言い過ぎではない。またいとこどうし（近縁度$\frac{1}{32}$）はいくぶん近しい間柄にすぎない。いとこどうしはそれよりやや近しい（近縁度$\frac{1}{8}$）。兄弟や親子はごく近しい（近縁度$\frac{1}{2}$）。そして一卵性双生児どうし（近縁度1）は自分自身と同じ近しさである。叔父や叔母、姪や甥、祖父母や孫、異母（父）兄弟は近縁度が$\frac{1}{4}$で、近しさは中くらいになる。

さて、血縁利他主義の遺伝子についてもう少し正確に語ることにしよう。五人のいとこを救うために自分の命を捨てる遺伝子が個体群内に増えてくることはないが、五人の兄弟か一〇人のいとこのために命を捨てる遺伝子は増えるに違いない。利他的自殺遺伝子が成功する最小の必要条件は、その遺伝子が二人以上の兄弟（または子どもか親）か四人以上の異母（父）兄弟（またはおじおば、甥姪、祖父母、孫）か、八人以上のいとこ等々を救って死ぬことだ。このような遺伝子は、平均的に見て、利他主義者によって救われた十分な数の個体の体内で生き続け、利他主義者自身の死による損失を埋め合わせることになる。

ある人が自分と一卵性双生児だということがわかったら、誰でも、その人の幸福を自分の幸福と同じくらい気にかけるだろう。双生児利他主義などというものがあるとすれば、その遺伝子はいずれも、双生児の双方が必ず持っている。したがって片方が他方を救って英雄的に死んでも、その遺伝子は生き残る。ココノオビアルマジロは一卵性四つ子で生まれる。私の知るかぎりでは、アルマジロの子について英雄的な自己犠牲の離れ業は報告されていないが、ある種の強力な利他主義があるはずだとも言われている。これは誰か南アメリカへ行って一目見てくる価値がありそうだ。[*3]

さて、子に対する親の世話は血縁利他主義の特殊な例であることがわかる。一般的に言えば、おとなは年の離れた赤ん坊の弟がみなし子になったなら、自分の子に対するのとまったく同じように、熱心にめんどうを見たり、気を配ったりするはずだ。二人の赤ん坊に対する近縁度はまったく同じ$\frac{1}{2}$なのだ。遺伝子淘汰《ジーン・セレクション》の理論で言えば、年の離れた姉の利他的行動の遺伝子は、親の利他主義の遺伝子と同じくらいに個体群内に広がる見込みがあるはずだ。じつは、これはのちに述べるさまざまな理由から、単純化のし過ぎであり、兄や姉による世話は、自然界では親による世話ほど多くはない。しかしここで私が言いたいのは、親子関係が兄弟姉妹関係に比べて遺伝的に特別なことは何もない、ということだ。親は実際に子に遺伝子を渡すが、姉妹間では遺伝子の受け渡しがないという指摘は的《まと》外れである。なぜなら、姉妹はどちらも同じ両親から同じ遺伝子のコピーを受け取っているからだ。

ある人々は、このタイプの自然淘汰を群淘汰《グループ・セレクション》（群れの生存の差）や個体淘汰《インディビジュアル・セレクション》（個体の生存の差）と区別して、「血縁淘汰（kin selection）」と呼んでいる。血縁淘汰が、家族内利他主義の原因であるとされる。血縁が濃ければ濃いほど、淘汰が強く働く。この言葉は間違っているわけではないが、残念ながら最近その誤用が目立つので、使うのをやめなければならない。さもないと今後数年間、生物学者は混乱に陥るだろう。E・O・ウィルソンは、その他の点では見事と言っていい著書『社会生物学』〔185〕で、血縁淘汰を群淘汰の特殊な例として定義してしまった。彼の本には、彼が血縁淘汰を通常の意味で、つまり私が第1章で使った意味で、「個体淘汰」と「群淘汰」との中間に位置するものと考えていることをはっきり示している図が一つ描かれている。ところで群淘汰は、ウィルソン自身の定義によってすら、個体の集団の生存に差があることを意味している。たしかに、ある意味では家族は特殊な集団だと言える。しかし、ハミルトン説で重要なのは、家族と非家族のあいだには数学的確率の問題以外にはっきりした違いはないという点である。ハミルトン説は、動物が「家族のメンバー」全員に対して利他的に振る舞い、その他のものには利己的に振る舞うと言っているのではない。家族と非家族のあいだに決定的な一線を引くことはできない。たとえば、またいとこを家族に入れるべきか否かを決める必要はない。またいとこは、子どもや兄弟に比べて利他主義を受ける可能性が1/16になると予想されるだけのことだ。血縁淘汰は断じて群淘汰の特殊な例ではない。[*4] 遺伝子淘汰の特殊な結果なのである。

ウィルソンの血縁淘汰の定義にはもっと重大な欠点がある。彼は故意に子を除外している。子は血縁に数えられていないのだ![*5] もちろん彼は、子が親にとって血縁であることをよく知ってはいるが、親による子の利他的世話を説明するために血縁淘汰に頼りたくないのだ。言葉をどうなりと好きなように定義する資格が彼にあることはもちろんだが、これはきわめて混乱を招きやすい定義なので、私は、ウィルソンが将来影響力の大きな本を出すときにそれを修正してくれることを願っている。遺伝的に言えば、親による世話と兄弟姉妹の利他主義はまったく同じ理屈で進化する。つまり、どちらの場合も、受益者の体内に利他的遺伝子が存在する見込みが十分にあるからだ。

　このささやかな酷評については一般の読者の許しを乞い、さっさと本題に戻ろう。これまで私はいくぶん単純化し過ぎたきらいがある。ここで多少手直しが必要だ。これまでは、遺伝子が近縁度のはっきりわかっている特定数の近縁者の生命を助けるために自殺するという初歩的な手法で話を進めてきた。実際には、動物たちが自分が助けている近縁者の数を正確につかんでいることは期待できないし、仮に彼らのなかの誰が兄弟で誰がいとこかを知ることができたとしても、暗算でハミルトンの計算をすることは望むべくもない。確実な自殺と完全な生命「救助」は、実生活では、自分自身と他の人々の統計的な死亡危険率に置き換えられている。自分の危険がごく小さければ、またいとこの子ですら救う価値があるだろう。一方、自分と救おうとしている近縁者はどちらも、いずれいつかは死ぬ運命にある。あらゆる個体には、保険計理士が一定の誤差率で算出できる「平均余命」がある。老い先短い近縁者を救うことは、それと近縁度が等しくて前途の長い近縁者を救うことに比べて、将来の遺伝子プールに与える影響が小さい。

　私たちの行なったまったく対称的な近縁度の計算は、厄介な保険統計の操作によって修正する必要がある。遺伝的に言えば、祖父母と孫が互いに対して利他的に振る舞う根拠は等しい。彼らは遺伝子の1/4を共有し合っているからだ。しかし、孫の平均余命のほうが長ければ、孫に対する祖父母の利他主義の遺伝子のほうが、祖父母に対する孫の利他主義の遺伝子より淘汰上有利である。類縁の遠い若者を援助する際の正味の利益が、類縁の近い年寄りを援助する際の正味の利益を超えることは大いにありうる（ついでに言うと、もちろん、祖父母の平均余命が孫のそれより常に短いとは限らない。幼児死亡率の高い種では、逆が真であることもある）。

保険統計的にたとえて言えば、個体は生命保険業者だと考えられる。ある個体は他個体の生命に自分の資産の一部を投資する、あるいは賭けるものと考えることができる。彼は他個体と自分との近縁度を考慮し、また保険業者自身の平均余命と比較してみて、その個体が「良い被保険者」かどうかをも考える。厳密には、「平均余命」より「繁殖期待値」と言ったほうが良いし、さらに厳密には、「将来自己の遺伝子に役立つ一般的能力」と言うべきだろう。そして、利他的行動が進化するには、利他主義者にとっての正味の危険度が、近縁度と受益者にとっての正味の利益とをかけ合わせたものより小さくなければならない。危険度と利益は、先ほど概要を述べた複雑な保険統計の方法によって計算する必要がある。

しかしそれは、あわれな生存機械が急いで計算するには複雑過ぎる！[*6] 偉大な数理生物学者のJ・B・S・ホールデンですら（ハミルトンより先に、溺れる近縁者を救う遺伝子が広がりる可能性を検討した一九五五年の論文のなかで）こう書いている。「（……）私は二度ほど溺れそうな人を水から引き上げたことがある（私自身の危険は小さかった）が、そのときはそんな計算をする余裕などなかった」。しかし、ホールデンにはよくわかっていたのだが、幸いにして、生存機械が暗算するものと考える必要はない。私たちが実際に対数を利用していると感じずに計算尺を使えるのと同じように、動物は複雑な計算をしているかのごとく振る舞うように、あらかじめプログラムされているのだろう。

これはそれほど考えにくいことではない。空中に放り上げたボールをキャッチするとき、人はボールの軌道を予測しようと一連の微分方程式を解いているかのように見える。だが、その人が微分方程式の何たるかを知らず、気にもとめなくても、ボールを捕える手際には何ら差し支えない。意識下のレベルでは、数学の計算と等しいことが起こっている。あらゆる賛否と想像可能なすべての結果を考慮して、困難な決断を下すとき、人は、コンピュータによる演算と機能的に等しい「加重合計」計算を実行しているわけだ。

　生存機械が利他的に振る舞うかどうかを判断するためのシミュレーション用プログラムの場合、だいたい次のようにことを進めればよい。まず、動物が行なうすべての利他的行動についての一覧表を作る。次に、これらの利他的行動パターンの各々について加重合計計算をプログラムする。もろもろの利益にはすべてプラス記号を、危険にはすべてマイナス記号を付ける。合計する前に、利益と危険のどちらにも、適当な近縁度をかけて重み付けしておく。話を簡単にするために、その他の重み付け要因、たとえば年齢や健康に関する重み付け要因を無視することにする。ある個体の自分に対する「近縁度」は1なので（当然だが、つまりその個体は自分自身の遺伝子を一〇〇％持っている）、自分自身に対する危険と利益はまったく価値を落とすことなく、そのままの値で計算される。いずれか一つの利他的行動パターンに関する総計はこのようになる。

行動パターンの正味の利益＝自分の利益－自分の危険＋兄弟の利益の$\frac{1}{2}$－兄弟の危険の$\frac{1}{2}$＋別の兄弟の利益の$\frac{1}{2}$－別の兄弟の危険の$\frac{1}{2}$＋いとこの利益の$\frac{1}{8}$－いとこの危険の$\frac{1}{8}$＋子の利益の$\frac{1}{2}$－子の危険の$\frac{1}{2}$＋……etc.

合計結果は、その行動パターンの正味の「利益得点（net benefit score）」と呼ばれる数値である。次に、そのモデル動物は、自分の利他的行動パターンのレパートリーのそれぞれについて同じように合計を出す。最後にそれは、正味の利益が最大になる行動パターンを選んで実行する。たとえ全得点がマイナスだとしても、なお最高得点の行動を、つまり最小の不運を選ぶだろう。どんなプラスの行動にも時間とエネルギーの無駄があり、それらはどちらも他のことに振り向けられるものだということを思い出してほしい。何もしないことが正味の利益の得点を最高にする「行動」ならば、モデル動物は何もしないはずだ。

ここで、いささか単純化し過ぎた例を挙げよう。今度は、コンピュータによるシミュレーションではなく、主観的な独白の形で述べることとする。私はある動物の個体で、今、キノコが8個かたまって生えているのを見つけたところだ。私はその栄養価を考慮し、それらが毒かもしれないというわずかな危険に対してなにがしかを差し引き、それらが各々(+)6単位（この単位は前章と同様任意の得点）であると推測する。キノコは大きいので、私はそのうち3個しか食べられない。私は「食べ物があるぞ」と叫んで私の発見物を他の誰かに教えてやるべきなのか？　聞こえる範囲には誰がいるだろうか？　弟のB（私との近縁度1/2）といとこのC（近縁度1/8）、それにD（特別の関係はない。私との近縁度はごく小さく、実際上ゼロとして扱える）だ。私にとって正味の利益得点は、私が自分の発見物について黙っていれば、自分で食べる3個のキノコについてそれぞれ(+)6、合計(+)18である。食べ物があることを知らせた場合の私の正味の利益得点については、ちょっと計算を要する。8個のキノコは私たち4人のあいだで均等に分けられる。私が自分で食べた2個から得る得点は、それぞれ(+)6単位、つまり合計(+)12である。しかし、弟といとこが2個ずつキノコを食べた場合、私たち3人は共通の遺伝子を持っているので、私にもいくらかの得点が入る。実際の得点は$(1\times12)+(\frac{1}{2}\times12)+(\frac{1}{8}\times12)+(0\times12)=+19\frac{1}{2}$となる。利己的行動をとった場合の、これに相当する正味の利益は(+)18だった。似たようなものだが、答えははっきりしている。私は仲間を呼ぶべきだ。私の利他主義はこの場合、私の利己的な遺伝子に利益を与えることになる。

私は説明を簡単にするために、個々の動物が自分の遺伝子にとって何が最善かを算出すると仮定したが、実際に起こっているのは、体に影響を及ぼして、このような計算をしているかのように振る舞わせる遺伝子が遺伝子プール内にはびこるという事態だ。

いずれにせよ、この計算は理想的状態へのごく予備的な近似にすぎない。それは、関係個体の年齢など多くのことを無視している。また、私がちょうど、たっぷり食べたばかりでキノコ1個が入る余裕しかないとすれば、仲間を呼ぶ正味の利益は、飢えている場合よりずっと大きい。あらゆる面で最善を尽くして計算すれば、計算の精度は果てしなく上がるだろう。しかし現実に動物があらゆる面で最善を尽くして生きているわけではない。本物の動物が最適の決断を下す際に、極端に細かいことをすべて考慮しているとは考えられない。今後、野外での観察と実験を通じて、本物の動物が実際にどれだけ厳密に理想的な損得分析を行なうところまできているかを調べなければなるまい。

ここで、主観的な例にのめり込んでいないことを再確認するために、しばし遺伝子の用語の話に戻ろう。生きている体は、生存し続けている遺伝子によってプログラムされた機械である。生存し続けている遺伝子は、過去に平均してその種の環境の特徴を成す傾向のあった条件で生存してきた。したがって、得損の「見積もり」は人間が決断を下す場合と同様に、過去の「経験」に基づいている。しかしこの場合の経験には、遺伝子の経験、もっと正確に言えば、過去における遺伝子の生存条件という特別の意味がある（遺伝子は生存機械に学習能力を授けてもいるので、損得の見積もりのあるものは、同時に個体の経験に基づいて行なわれるとも言える）。条件がとてつもなく変わらないかぎり、その見積もりは間違いないし、生存機械は平均して正しい決断を下すだろう。条件が著しく変わると、生存機械は誤った決断を下す可能性が高くなり、その遺伝子は罰金を払うことになる。古い情報に基づいた人間の決断が誤りやすいのと同じだ。

近縁度の見積もりにも、やはり誤りと不確実さがつきものである。これまで述べてきた単純化し過ぎた計算では、あたかも生存機械が、誰が自分の親族で、どの程度血縁が濃いかを知っているかのように語ってきた。実際には、このように確実に知っていることはまれで、たいてい近縁度は平均値として推定できるにすぎない。たとえば、AとBが両親の同じ兄弟か異父兄弟かわからない場合を考えてみよう。彼らの間柄の近縁度は$1/4$か$1/2$なのだが、全同胞（両親が同じ兄弟）なのか半同胞（異父兄弟）なのか不明なので、有効に使える数値は平均を取って$3/8$である。彼らの母親が同じなのは確かだが、父親が同じである確率が$1/10$ならば、彼らが異父兄弟であることは90％確かであり、同じ両親を持つ兄弟であることは10％確かだ。そこで、有効な近縁度は$\frac{1}{10}\times\frac{1}{2}+\frac{9}{10}\times\frac{1}{4}=0.275$となる。

だが、「それ」が90％確かだと言うとき、何にとって「それ」と言っているのか？　長年の野外研究を経験したナチュラリストにとって90％確かなのか、それとも、動物にとって90％確かなのだろうか？　幸い、この2つはほとんど同じことになる。これを知るには、実際に動物が、誰が自分の近縁者なのかをどのように判断しようとしているかを考えなければならない。[*7]

私たちが誰が身内かを知っているのは、人から聞くからであり、名前が付いているからであり、きちんとした結婚の形式を取るからであり、さらにまた、書かれた記録や抜群の記憶力があるからだ。多くの社会人類学者は、自分が研究している社会の「親族関係」に血眼になっている。彼らは真の遺伝的血縁を言っているのではなく、親族関係という主観的かつ文化的な概念を指しているのだ。人間の慣習や種族の儀式は、一般に親族関係の結束を高めるのに役立つ。祖先崇拝が広まり、家族の義務と忠誠が生活の大半を支配する。血で血を洗う復讐や氏族間の闘いは、ハミルトンの遺伝学的な説によって容易に説明できる。近親交配《インセストタブー》は人間の偉大な親族意識を証言している。インセストタブーの遺伝的利益は、利他主義とは何の関係もない。それはおそらく、近親交配によって表れる潜性遺伝子の有害な効果と関係がある（いくつかの理由から、多くの人類学者はこの説明を好まないが[*8]）。

野生動物は、誰が近縁個体かをいかにして知るのか？　言い換えれば、どのような行動規則に彼らが従っていれば、彼らはあたかも血縁関係を知っているかのように振る舞えるのか？　「近縁個体には親切にしろ」という規則は、実際に近縁個体がどのようにして認知されるかという問題を回避している。動物はその遺伝子によって、活動のための単純な規則、つまり、その活動の最終目的の確実な認識を含みはしないが、それでも少なくとも平均的条件では、それ相応の役には立つ規則を与えられているはずだ。私たち人間は、規則とは馴染み深い。あまりその気がなくても、自分や他の誰かに何も益がないのがよくわかっていても、つい規則には従ってしまうほど強力だ。たとえば、一部の正統派のユダヤ教徒とイスラム教徒は、たとえ飢えても豚肉を食べないという規則を守る。動物が従う単純で実際的な規則とはどのようなものか？　それは、正常な条件のもとではその近縁個体に利益を与えるという間接的効果を持っているものに違いない。

もし動物が、肉体的に自分に似ている個体に対して利他的に振る舞う傾向を持っているならば、彼らは間接的に自分の身内にいくぶん良いことをしていると言えよう。当該種の示すさまざまな特性が大いに影響しているはずだ。いずれにせよ、こうした規則は統計的な意味で「正しい」決断をうながすだけである。条件が変われば、たとえば、ある種がずっと大きな集団で生活し始めれば、それは誤った決断に導くかもしれない。もしかすると人種差別とは、肉体的に自分に似た個体と結びつき、外見の異なる個体を嫌うという性質が血縁淘汰によって進化し、それが非理性的に一般化された結果生じたものだと見てよいのかもしれない。

メンバーがあまり動きまわらない種や、メンバーが小群を成して動きまわる種では、自分がたまたま出会う個体がいずれも自分にかなり近縁な個体である公算が大きい。この場合、「自種のメンバーに出会ったら、誰にでも親切にしろ」という規則は、遺伝子の持ち主をこの規則に従いたくさせる遺伝子が遺伝子プール内に増えるという意味で、プラスの生存価を持っている。これが、サルの群れやクジラの群れで利他的行動があれほどしばしば報告されている理由だろう。クジラやイルカは空気を吸えないと溺れてしまう。赤ん坊のクジラや水面まで浮かび上がれない傷ついた個体は、群れの仲間に助けられて持ち上げられる光景が見られる。クジラに誰が自分の近縁個体かを知る手段があるかどうかはわからないが、それは問題ではないのかもしれない。群れのたまたま出会ったメンバーが近縁個体である公算が総じてたいへん高いので、利他主義が損失に見合うのだろう。ついでに述べると、溺れかけた人間が野生のイルカに助けられたという話をよく聞く。少なくともその一つには確実な証拠がある。これは、溺れかけている群れのメンバーを救うための規則の誤用だと考えられる。この規則における「溺れかけている群れのメンバー」の定義は、「水面近くで息ができずにもがきまわっている細長い物体」とでもいうようなものだろう。

おとなの雄のヒヒは、ヒョウのような捕食者から群れの残りのメンバーを命がけで守ることが報告されている。平均すれば、おとなの雄はいずれも、群れの他のメンバーのなかにつなぎとめられているかぎり多数の遺伝子をコピーの形で託している。事実上「体よ、お前がおとなの雄ならば、ヒョウから群れを守れ」と「言う」遺伝子は、遺伝子プール内でその数を増やすはずだ。このよく引用される話を終える前に、公平を期すため、少なくとも一人の尊敬される専門家が、まったく違う事実を報告していることも付け加えておこう。彼女によれば、おとなの雄のヒヒは、ヒョウが現れると、まっさきに地平線のかなたに姿を消すという。

ニワトリの雛は家族群のなかで餌をついばみ、全員母親のあとをついて歩く。雛には主として二種類の鳴き声がある。前に述べた、鋭くて大きいピーピーと発する声に加えて、採餌中には短い歌うようなさえずりを発する。母親の助けを呼ぶ効果のあるピーピーという鳴き声は他の雛には無視される。しかし、さえずりのほうは雛たちにとって魅力的だ。つまり、一羽の雛が食物を見つけると、そのさえずり声が他の雛を食物に惹きつけるのだ。以前の仮説的な例で言えば、このさえずりは「食物があるぞ」という声である。その場合と同様に、雛の見かけ上の利他主義は血縁淘汰によって容易に説明できる。自然界では、雛は全員、同じ両親を持つ兄弟姉妹だから、さえずる雛の損失が他の雛の正味の利益の$1/2$より少なければ、採餌中のさえずりに関する遺伝子は分布を広げるに違いない。利益は群れ全体で分けられ、群れは二羽以上から成るので、この条件が成り立つことは想像に難くない。もちろん、めんどりが家禽として、自分のではない卵を、ときにはシチメンチョウやアヒルの卵を抱かされているときには、この規則は的《まと》外れだ。しかし、めんどりも雛もこれを理解することはできない。彼らの行動は、自然界一般に見られる条件のもとで形成されたのであり、自然界では通常、自分の巣に他人がいることはない。

　しかし、この類の誤りは自然界にもときおり起こる。群れで暮らす種では、孤児になった子どもが、別の雌、たいていは自分の子をなくした雌の養子になることがある。サルの観察者はときおり、養子を持っている雌に「おば（aunt）」という言葉を使う。たいていの場合、その雌が実際に「おば」である証拠はなく、何らかの近縁個体だという証拠さえない。サルの観察者が遺伝子の論理に気を配っていたら、「おば」のような重要な言葉をむやみに使うことはなかっただろう。だいたいにおいて、養子を養う行動は、いじらしく見えるかもしれないが、組み込まれた規則の誤用だと見ていい。寛大な雌は、孤児の世話をすることによって自分の遺伝子には無駄なことをしているからだ。彼女は、自分の身内、とくに将来の自分の子どもたちの生活に使える時間とエネルギーを無駄遣いしている。それはおそらく、自然淘汰が母性本能をもっと選択的にするという規則改訂を「わざわざ」行なうまでもないほど、めったにしか起こらない誤りなのだ。ついでながら、ほとんどの場合、このような養子縁組がされることはなく、孤児はたいてい放っておかれて死ぬ。

単なる過ちなどではなくて、遺伝子の利己性理論を否定する証拠だと考えたくなるような、極端な過ちの例がある。たとえば、子をなくした母ザルが他の雌から赤ん坊を盗んでその世話をするというケースだ。私はこれを二重の過ちだと考える。なぜなら、この里親は自分の時間を浪費するだけでなく、ライバルの雌を子育ての重荷から解放してやり、より早く次の子を作れるようにしてやるからだ。これは、徹底的に調査する価値のある重大な例だと思われる。それがどれくらいの頻度で起こるのか、里親と養子のあいだの平均近縁度はどのくらいか、その子のほんとうの母親の態度はどうか――子を養子に取られるべきなのは結局のところは彼女の利益なのだ――、母親たちはわざわざ未熟な若い雌を騙して自分の子を養わせようとするのだろうか、といったことを知らなければならない（里親や赤ん坊泥棒が、重要な子育て技術を練習することで利益を得ているという指摘もある）。

故意に企《たくら》まれた母性本能の誤用の例は、他の鳥の巣に卵を産み込むカッコウその他の「托卵鳥」に見られる。カッコウは鳥の親に組み込まれた、「自分が造った巣のなかにいる小さな鳥にはいずれにも親切であれ」という規則を悪用している。カッコウを別にすれば、この規則は本来は利他主義を近い身内に限るという望ましい効果を持つものである。それは、たまたま、自分の巣の中味はすなわち自分の雛だと言えるほど巣と巣が離れているという事実があるからだ。セグロカモメの親は自分の卵を見分けず、他のカモメの卵を喜んで抱くし、人間の実験者が木の模型と取り替えれば、その模型の卵を抱く。自然界では、カモメにとって卵の認知は重要ではない。なぜなら卵が数メートル先の隣の巣の近くまで転がっていくことはないからだ。しかしカモメは自分の雛は認知する。卵と違って、雛は歩きまわり、ついには隣の親鳥の巣の近くまで辿り着き、第1章で述べたように、しばしば命にかかわる結果を招くからだ。

他方、ウミガラスは自分の卵をその斑《ふ》入り模様で見分け、抱卵《ほうらん》中はそれらをとくに優遇する。これはおそらく、彼らが平たい岩の上に巣を造るため、卵が転がって混ざってしまう危険があるからだ。ところで、彼らはなぜわざわざ自分の卵だけ区別して抱くのか、という疑問が湧く。たしかに、すべての雌が、とにかく誰かの卵を忘れずに抱くことにしておきさえすれば、それぞれの母鳥が自分の卵を抱こうが他の誰かの卵を抱こうが問題ないはずだ。これは群淘汰主義者の言い分である。今、子守りサークルのような集団ができたらどうなるかを考えてみよう。ウミガラスの一腹卵数は平均一個だ。これは、共同の子守りサークルがうまくいくには、すべての親鳥が平均一個の卵を抱かなければならないということだ。このとき誰かがずるく立ち回って、卵を抱くのをやめたとしよう。彼女は抱卵に時間を浪費する代わりに、もっとたくさんの卵を産むことに時間を使うことができる。そして、この話の美しい点は、他のもっと利他的な親鳥が彼女のためにそれらの卵の世話をすることである。彼らは、「自分の巣のそばに迷子の卵を見つけたら、たぐりよせてそれを抱け」という規則に忠実に従い続けるだろう。そうすれば、このシステムをうまく逃れるための遺伝子が個体群内に広がり、この素晴らしい友好的な子守りサークルは崩壊するはずだ。

「それなら、正直な鳥が言いなりになることを拒否して報復し、卵は断固一個しか抱かないと決断したらどうか。そうすれば、ずるい鳥の裏をかけるのではないか。彼らは自分の卵が誰にも抱かれずに岩の上に放り出されているのに気づくだろうから。そうなれば彼らもまもなく協力するようになるはずだ」と言う人がいるかもしれない。だが、残念ながらそうはならない。この場合、子守りたちが個々の卵を区別しないと仮定しているのだから、たとえ正直な鳥がこの作戦を実行してずるいやり口に対抗したとしても、結局、無視されている卵が自分の卵なのかずるい鳥の卵なのかわからずじまいになるだろう。ずるい鳥はそれでもまだ利益を受けている。彼らのほうがたくさん卵を産み、したがってよけい子孫を残すことになるからだ。正直なウミガラスがずるい個体をやっつけることができる唯一の方法は、積極的に自分の卵を優遇することだ。つまり、利他的であるのをやめて、自分の利益を守ることだ。

メイナード＝スミスの言葉を借りれば、利他的養子取り「戦略」は進化的に安定な戦略ではない。この戦略は、正当な割り当てよりたくさん卵を産み、それを抱くのを拒否するというライバルの利己的な戦略によって改善されうる、という意味で不安定だ。この後者の利己的戦略もやはり不安定である。なぜなら、利用する利他的戦略が不安定で、すぐ消えてなくなるからだ。ウミガラスにとって唯一の進化的に安定な戦略は、自分の卵を認知してもっぱら自分の卵だけを抱くことであり、これはまさに実行されていることだ。

カッコウに托卵される小鳥は、自分個人の卵の外観を覚えるのではなくて、自分の種に特有な模様のある卵を本能的に優遇することによって反撃に出た。彼らは自種のメンバーに托卵されるおそれはないので、この方法は有効である。*9 ところが今度はカッコウが自分の卵の色、大きさ、模様を里親の卵にますますそっくりにすることによってこれに応えた。これは嘘の例であり、しばしば成功する。この進化的軍備競争の結果、カッコウの卵には完璧な擬態が生じた。カッコウの卵と雛はある割合で「見つけ出される」と思われる。そして、見つけ出されなかった卵と雛が、生き延びて次世代のカッコウの卵を産む。このため、より効果的に騙せる形質の遺伝子がカッコウの遺伝子プール内に広がる。同様に、カッコウの卵の擬態にどんなわずかな不完全さがあっても見逃さない鋭い目を持った里親の鳥は、自種の遺伝子プールに大きく貢献する個体である。こうして鋭くて疑い深い目が次世代に伝えられる。これは、自然淘汰がどのようにして識別能力を磨き上げることができるかを示す例だ。この場合、識別能力は別種に対するもので、その別種のメンバーが識別するものの裏をかくために全力を尽くしている。

さて、動物自身による、群れのメンバーとの近縁の程度の「推定」と、野外研究専門のナチュラリストによる同様の推定との比較に話を戻そう。ブライアン・バートラムはタンザニアのセレンゲティ国立公園で数年間ライオンの生態を研究してきた。彼は、ライオンの生殖習性の知識をもとに、典型的なライオンの群れの個体間の平均的近縁度を推定している。彼が推定するために用いた事実はこのようなことだ。典型的な群れはおとなの雌七頭とおとなの雄二頭から成り、雌はより永久的なメンバーであり、雄は移動性がある。おとなの雌の半数は同時に出産し、いっしょに子を育てるので、どの子が誰の子かを当てるのは難しい。典型的な一腹子の数は三頭だ。子の父である可能性は群れのおとなの雄のあいだで等しい。若い雌は群れに残り、年老いた雌が死ぬか去るかすると、後釜《あとがま》に座る。若い雄は青年期に追い払われる。彼らは成長すると、二頭ないし数頭の血縁集団を成して群れから群れへ渡り歩き、もとの家族の群れへ帰ることはないらしい。

これらおよびその他の仮定を利用すると、典型的なライオンの群れにおける二個体間の近縁度の平均値をはじき出せる。バートラムは、無作為に選んだ雄二頭については〇・二二、雌二頭については

○・一五という数値を出している。すなわち、群内の雄どうしは、平均すると片親違いの兄弟よりいくぶん類縁が遠く、雌どうしはいとこよりわずかに類縁が近い。

もちろん、どの二個体かが両親を同じくする兄弟なのだが、バートラムにはこれを知る方法がないし、ライオンにもそれがわからない可能性が高い。他方、バートラムが概算した平均値は、ある意味ではライオン自身にとっても利用可能である。これらの数値が実際に平均的なライオンの群れに典型的なものであれば、他の雄に対してあたかも片親違いの兄弟のように雄を振る舞わせる遺伝子は、プラスの生存価を持っているはずだ。雄の利他的傾向を過剰にさせる遺伝子、たとえば他の雄に対して完全な兄弟に対するのにふさわしいような振る舞いを示させる遺伝子は、他の雄に十分親しさを示させない、たとえばまたいとこに対するのと同じ程度にしか振る舞わせない遺伝子と同様に、平均して罰を受けるだろう。ライオンの生活の実態がバートラムの言うとおりだとすると、そして、肝心なことだが、彼らが何世代にもわたってそうだったのならば、自然淘汰は、典型的な群れにおける平均的な近縁度に適った程度の利他主義に有利に働いていくだろうと予想される。これが、動物による近縁度の見積もりと、優秀なナチュラリストによる見積もりがほぼ同じであると私が言ったことの意味だ。[*10]

こういうわけで、利他主義の進化においては、「真」の近縁度がどれくらいかは、動物がどれくらいよく近縁度の見積もりができるかということほど重要ではない、という結論になる。この事実はおそらく、自然界で親による世話が兄弟姉妹の利他主義に比べてなぜあれほど頻繁で、しかも献身的なのか、また、動物がなぜ自分自身を数人の兄弟以上に高く評価するのか、といった疑問を理解する鍵になるだろう。つまり、近縁度に加えて、「確実度」指数のようなものを考えるべきだと思う。親子関係は遺伝的には兄弟姉妹関係より近いわけではないが、その確実度ははるかに高い。通常は「誰が自分の兄弟か」より、「誰が自分の子どもか」のほうがずっと確実だ。そして、誰が自分自身かについてはいっそう確信が持てる。

先にウミガラスのずるい個体について考察したが、さらに次章以下で、嘘つき、ずるい奴、搾取者について述べることにする。他の個体が、血縁淘汰された利他主義を悪用して自分の目的を遂げようとたえず機会をうかがっている世界では、生存機械は自分が誰を信用できるか、誰にほんとうの確信を持てるかを考えなければならない。もし赤ん坊のBがほんとうに私の弟であれば、私は自分を大事にする半分ほど彼の面倒を見るべきであり、自分の子どもの世話をするのと同じくらい彼の世話をすべきだろう。しかし、私は自分の子を確信できるように私の弟を確信できるだろうか？　私はその赤ん坊が自分の兄弟だとどうやって知るのか？

もしCと私が一卵性双生児であれば、私は自分の子の一人に対する二倍彼の世話をすべきであり、たしかに私は自分の命とちょうど同じだけ彼の命にも価値を認めなければなるまい。[11]　しかし、私は彼がそうだということを確信できるだろうか？　彼の容貌はなるほど私に似ているが、私たちはたまたま顔の特徴に関する遺伝子を共有しているだけかもしれないではないか。いや、私は彼のために自分の命を投げ出すことはあるまい。なぜなら、彼は私の遺伝子を一〇〇％持っている可能性があるが、私が自分の遺伝子を一〇〇％持っていることは無条件にわかっているので、私は私にとって彼以上の価値があるからだ。私は、私の利己的な遺伝子のどれもについて確信できる唯一の個体なのだ。理論的には、個体の利己主義の遺伝子は、少なくとも一卵性双生児の片方、子どもか兄弟二人、あるいは孫四人等々を利他的に救うための遺伝子に排除されるかもしれないが、個体の利己主義の遺伝子は個体のアイデンティティの確かさという点ではるかに有利である。ライバルの血縁利他主義の遺伝子は、まったく偶然にか、あるいはずるい個体や寄生者に故意に企まれてか、いずれにしろアイデンティティを間違えるという危険を冒している。したがって、自然界では、遺伝的血縁関係のみを考慮して予言した場合より、個体の利己主義がより多く見られると考えなければならない。

多くの種では、母親は父親より自分の子を確信できる。母親は、目に見え、触れることのできる卵や子どもを産む。彼女には自分の遺伝子の持ち主を確実に知るチャンスがあるのだ。あわれな父親ははるかに騙されやすい。だから、父親は母親ほど育児に熱を入れないのだと考えられる。他にも考えられる理由があるが、それについては、雌雄間の争いの章（第9章）で述べることにしよう。同様に、母方の祖母は父方の祖母に比べて自分の孫に強い確信を持っているので、父方の祖母より強い利他主義を示すのだと思われる。これは、祖母が娘の子どもには確信が持てるが、息子は妻に裏切られているかもしれないからだ。母方の祖父は父方の祖母と同じくらいに孫に確信が持てる。なぜなら、両者とも確実な一世代と不確実な一世代を期待できるからだ。同様に、母方のおじは父方のおじに比べて姪や甥の幸福にはるかに関心があり、一般におばと同じくらいに利他的なはずだ。実際に夫婦の不貞度の高い社会では、母方のおじは「父親」より利他的に違いない。おじのほうがその子との近縁度に対する確信にはっきりした根拠があるからだ。彼らはその子の母親が少なくとも自分の異父姉妹であることを知っている。「法律上の父親」は何も知らない。私はこれらの予言を支持する証拠があるのかどうか知らないのだが、誰かが証拠を探し始めることを期待してここに述べてみた。とくに、社会人類学者はおそらく興味深い事実をご存じなのではないか。[*12]

両親の子に対する利他主義が、兄弟間の利他主義よりずっと一般的に見られるという事実に話を戻すならば、「アイデンティティの問題」でこれを説明することは理にかなっているだろう。しかし、これでは親子関係自体の基本的な非対称性を説明できない。親子の遺伝的関係は対称的であり、近縁度の確信はどちらの立場から相手を見た場合でもまったく同じなのだが、親は、子が親に対するよりずっとよく子の面倒を見る。これは一つには、親のほうが年の功で生活の諸事万端に手慣れているため、実際に子をよく助けられる位置にいるからだ。たとえ赤ん坊が親に餌を与えたいと思っても、赤ん坊には実際にそうする能力が備わっていない。

親子関係にはもう一つ、兄弟関係にはあてはまらない非対称性がある。子どもたちは常に親より若い。このことは、必ずではないにせよたいていの場合、子どもの平均余命のほうが長いことを意味する。前に強調したように、平均余命は、動物が利他的に振る舞うべきか否かを「決断する」際に、できるかぎり正確に「計算」に入れる必要がある重要な変数である。子のほうが親より平均余命が長い種では、子の利他主義の遺伝子はいずれも不利な立場におかれることになるだろう。それは、利他主義者自身より老衰死に近い個体の利益のために利他的自己犠牲を払おうと目論《もくろ》んでいるはずなのだから。他方、親の利他主義の遺伝子は、その計算式の平均余命の項に関するかぎり、それに相応した分だけ有利なはずだ。

ときに、血縁淘汰は学説としては申し分ないが、その実際例はほとんどないという話を聞く。こういう批判ができるのは、血縁淘汰の何たるかを理解していない人だけだ。じつは、子の保護や親による世話のあらゆる例、乳腺やカンガルーの育児嚢《いくじのう》などそれに関連したあらゆる肉体的器官が、事実上血縁淘汰原理が実際に機能していることの例なのだ。批判者たちはもちろん、親による世話が広く存在していることをよく知ってはいるのだが、親による世話が兄弟姉妹の利他主義に劣らぬ血縁淘汰の例だということを理解していない。彼らが例を示せと言っているときは、親による世話以外の例を示せと言っているのだ。そのような例が数少ないことは事実である。その理由はすでに示唆した。兄弟姉妹の利他主義の例を引こうと思えばそれはできる――事実ごくわずかだがあるのだ。しかし、私はあえてそれをしたくない。というのは、それをすると血縁淘汰が親子関係以外の関係に関するものだという誤った考え（前述のとおりウィルソンが好んでいる）を強化することになるからだ。

この誤りが育った理由は概して歴史的なものだ。親による世話が進化上有利なことはあまりにも明らかであり、ハミルトンの指摘を待つまでもなかった。それはダーウィン以来理解されていた。親子以外の関係が遺伝的にそれと等価であり、しかもそれが進化のうえで重要な意味を持っていることを示すにあたって、ハミルトンが親子以外の関係を強調しなければならなかったのは当然のことだった。そしてそのために彼は、のちの章で述べるとおり姉妹関係がとくに重要なアリやミツバチなど社会性昆虫の例を引いたのだ。驚いたことに、この点を誤解して、ハミルトン説が社会性昆虫にしかあてはまらないと思っている人さえいるくらいだ！

親による世話が血縁淘汰の作用の例であることを認めたくない方々は、親の利他主義だけを予言し、その他の親族間の利他主義を予言しない自然淘汰の一般論を、定式化して見せる責任がある。それは成功しないだろう、と私は思う。

第7章 家族計画

Family planning

親による子の保護行動を、同じく血縁淘汰の産物である他の利他的諸行動とは別扱いにしようとする人々がいるのはなぜか。その理由は簡単に理解できる。すなわち、子の保護は、繁殖にその一環として組み込まれているように見えるのに、たとえば甥への利他行動などは繁殖に組み込まれているようには見えないからだ。この両者のあいだには、私も実際に重大な相違が潜んでいると考えている。ただし、冒頭に述べたタイプの人々は、この相違が何なのかを見誤っている。彼らは、繁殖と親による子の保護行動をひとまとめにし、その他の利他的諸行動をこれに対置している。しかし私としては、相違は、新たな個体を生み出すことと、現存個体に保護を加えることとのあいだにこそあるのだと考えたい。これら二つの活動をそれぞれ子作り（child-bearing）と子育て（child-caring）と呼ぶことにすると、一個の生存機械たる個体は、子作りと子育てというきわめて異質な二種類の決断を下さなければならないわけだ。私は決断という言葉を、無意識的に下される戦略的な処置という意味で使用している。子育ての決断は以下のような形を取るだろう。「ここに子どもが一匹いる。この子どもと私との近縁度はかくかくである。もし私がこの子どもに食べ物を与えないとすると、この子どもが死んでしまう確率はしかじかである。さて私はこの子どもに食べ物を与えるべきか」。一方、子作りの決断の形は次のようになる。「この世界に新たな個体を一匹産み落とすのに必要なもろもろの処置を講ずることにするか。すなわち私は子作りに踏み切るべきか」。子育てと子作りは、個体の利用可能な時間あるいはその他の諸資源をめぐって、ある程度競合せざるをえない宿命にある。すなわち個体は、次のような選択を迫られることもあるわけだ。「この子を育てようか、それとも別に一匹産み落とそうか」

　種をめぐる生態学的諸特性の細部の状況に応じて、子育て、子作り両戦略のさまざまな混合戦略が進化的に安定となる。ただし、進化的に安定となりえない戦略が一つある。それは純粋な子育て戦略だ。もしすべての個体が現存する子どもたちを養育することに没頭して自ら子を産まない状態になってしまえば、この個体群は、子作り専門に突然変異した諸個体によってたちまち牛耳られてしまうだろう。子育ては、混合戦略の一部としてのみ進化的に安定となる。つまり、少なくとも何がしかの子作りは必ず実行される必要がある。

　私たちに最も馴染みの深い動物たち——哺乳類と鳥類——は、子育て屋の傾向を示すことが多い。ここでは通常子作りの決断に続いて、生まれた子どもを育てる決断が見られる。子作りと子育ては、実際上かなりの場合に共存しているわけであり、人々が両者を混同する理由もここにある。しかしすでに述べたように、遺伝子の利己性の観点から言えば、たとえばあなたが年の離れた幼い兄弟を育てることと、幼い息子を育てることのあいだに原理的な差異はまったくない。いずれの子どももあなたの近縁者であり、あなたとの近縁の程度はどちらも同じだ。もしあなたが、養育の対象としていずれか一方の子どもを選ぶことになったとしても、それがあなたの息子でなければならない理由は、遺伝学的には存在しない。しかし他方では、あなたが兄弟を赤ん坊として産むことは定義からして不可能だ。あなた以外の誰かが彼を産んでくれてはじめて、あなたは兄弟の養育が可能になる。前章で私は、既存の他個体に対して個々の生存機械が利他的に振る舞うべきかどうかを決める場合、理想的にはいかに決めるべきかを考えてみた。本章では、新たな個体を産み出すかどうかを決める場合、生存機械がどのように決断すべきかという点に着目しよう。

第1章で「群淘汰」をめぐる論争を紹介したが、その論争は主として本章で扱う問題を舞台にして展開された。この原因は、群淘汰の見解を流布させた第一の責任者たるウィン＝エドワーズにある。[*1] その見解を広めるにあたって彼は「個体数調節」の理論という文脈でその見解を広めた人物であり、個々の動物が、集団全体のために、意図的かつ利他的に自らの産子数を減少させると言い出したのだ。

これは非常に人目を引く仮説である。それが、人間個々人の責務にうまく合致するからだ。人類はあまりに多くの子どもを抱えている。個体群の大きさは出生数、死亡数、移出個体数、移入個体数という四つの要因で決まる。世界の総人口を対象とする場合、移出と移入は起こりようがない。残るのは出生数と死亡数である。一夫婦あたりの子どもの平均数が、出産可能時まで生存する子どもの数にして二人より大きいかぎり、新生児の数は年ごとに累進的に増加していくだろう。どの世代をとっても、人口は一定の数ずつ加算されていくのではなく、むしろ、そのときどきに到達した人口の一定比率の分ずつ増加していく。各時点での人口自体が増えるのだから、これに対応した人口増加数も上昇する。もし、この種の増加に歯止めがかからなければ、個体群はまたたくまに天文学的規模に達してしまうのだ。

ところで、人口問題を憂慮する人々でさえときとして見落としている事実がある。それは、人々が何人子どもを産むかではなく、何歳のときに出産するかによっても人口増加は影響を受けるということだ。人口は、世代ごとに、そのときの全数に一定の比率を乗じた分ずつ増加する傾向を示すので、もし各世代の間隔を従来より長くすれば、年ごとの人口増加はゆるやかになるはずだ。つまり、「夫婦に子どもは二人まで」という標語の代わりに「子どもを産むのは三〇歳から」と言い換えてもほぼ同様な効果は期待できる。いずれにせよ、人口の加速度的な増加は深刻な問題を招くこととなる。

この点をはっきり納得させるべく、人を驚かせるような計算が引き合いに出されることがある。読者もこの種の計算例に出くわしたことがあるかもしれないが、例を挙げよう。ラテンアメリカの現在の人口は約三億人だ。そして現在すでに、その多くの人々は貧しい栄養条件下におかれている。しかし、もし現在の比率で人口増加が続けば、直立姿勢の人間が隙間なく並んで当の大陸全域に人間カーペットを敷き詰めてしまう状態に達するのに五〇〇年とかからないだろう。人々が骨と皮ばかりになっている――これは、けっして荒唐無稽《こうとうむけい》な想像ではない――と仮定してもこの事態は変わらない。一〇〇〇年も経てば、ぎっしりと詰まった人間たちの肩に、それぞれ一〇〇万人を超す人間が積み重なることだろう。この人間の巨塊はやがて宇宙へ向かって光速で膨張するに至り、二〇〇〇年後までには、現在知られている宇宙の外縁に到達してしまうだろう。

読者の皆さんはすでに、これが仮定に基づいた計算だということにお気づきだろう。現実には、今述べたような具合に人口増加が進行することはない。それを阻止するきわめて有力で現実的な理由がいくつもあるからだ。たとえば、飢餓、疫病、戦争、あるいは運が良ければ、産児制限などである。「緑の革命」その他の農学上の進歩を頼みにしても無駄だ。食糧増産は人口問題を一時的に緩和するかもしれないが、長期的な問題解決となりえないことは数学的に見て確実である。実際、医学の進歩が人口の危機の促進に一役買ったのと同様に、農学の進歩も、人口の増大速度を速めることによってかえって人口問題を悪化させるかもしれない。毎秒数百万機かの割合でロケットを発射して宇宙へ大量移民でも送り込まないかぎり、無制限な産児数は、必然的に死亡率の恐るべき増加を招く。これは単純な論理的真理だ。信じがたいことだが、この単純な真理を理解できない指導者たちが、その信奉者たちに効果的な避妊手段を講じるのを禁止することがあるようだ。彼らは人口を「自然な」手段で制限するのが好ましいと言っている。彼らが直面する羽目になるであろうその手段とは、まさしく一つの自然な手段で、飢餓と呼ばれる。

もちろん、ここに述べたような遠い将来に関する計算によって私たちが不安に襲われるのは、その前提として、人類という種全体の将来の幸福に対する配慮があるからだ。人口過剰の破壊的帰結に前もって注意を払うための意識的な先見能力を、人間——いや一部の人々と言うべきか——は持ち合わせている。一方、生存機械というものは、一般に遺伝子という利己的な存在によって支配されており、しかもこの遺伝子という存在は、将来を先取りしたり、種全体の幸福を心配したりするようなものとはおよそ考えられないというのが本書の基本的前提である。ウィン＝エドワーズが正統的な進化学の理論家たちと袂《たもと》を分かつのはこの点で、彼は、正真正銘の利他的な産児制限が進化していく可能性があると言うのだ。

ウィン＝エドワーズの著作や、彼の見解を通俗化したアードリーの読み物が強調していないことが一つある。それは、議論の対立なしに承認されている事実がたくさんあるということだ。野生動物の個体群が、理論的には可能な天文学的速度で増加することがないのは明白な事実だ。ときには、出生率と死亡率がほぼ釣り合うことによって、野生動物の個体群が概ね一定に保たれることもある。また、有名なレミングの場合のように、激しい大繁殖と急激な個体数の減少、そして絶滅に近いほどの個体数の低下が交互に起こり、個体群が大幅に変動するような例もたくさんある。その結果、ときには少なくとも局地的に個体群が完全に絶滅してしまうこともある。カナダオオヤマネコの例――この例では、ハドソンベイ社が売った毛皮数の経年変化から個体数が推定された――などのように、個体群が周期的に振動することもある。動物個体群が成しえない一事は、際限なく増え続けることだ。

野生動物が老衰で死ぬことはほとんどない。実際に老化が始まるずっと以前に、飢えや病気、あるいは捕食者が彼らを捕えてしまう。つい最近までは、人間もこの例に漏れなかった。ほとんどの動物は子どもの段階で死んでしまい、卵の段階で命を終える個体もたくさんいる。飢えやその他の死亡原因が究極的な理由となって、個体群の無際限な増加が不可能となっている。しかし、先に人間という種について検討したことからも明らかなように、事態がこうなるべき必然的根拠があるわけではない。もし動物が産児数を調節しさえすれば、飢餓が起こる必然性はなくなるからだ。そして、動物たちはまさしくこれを実行しているというのがウィン＝エドワーズの主張である。しかしこの論点についても、人々が、ウィン＝エドワーズの著書を読んで想像しそうなほどに大きな見解の差は存在しない。動物が出生数を調節しているという見解には、遺伝子の利己性理論の信奉者たちもただちに同意するはずだからだ。どの種をとっても、その一巣卵数あるいは一腹産子数はかなり一定の数を示す傾向がある。無際限に子を産む動物など存在しない。つまり、出生数が調節されるかどうかという点をめぐって意見の対立があるのではない。なぜ出生数が調節されているのか、言い換えれば、どのような自然淘汰のプロセスによって家族計画は進化したのかという点をめぐって、意見の相違があるのだ。動物の産児制限は集団全体の利益のために実行される利他的なものなのか、あるいは繁殖をする当の個体の利益のために実行される利己的なものなのか。手短に言えば、意見の相違はこのいずれの見解を取るかにある。以下、この二つの理論を順に取り上げることにしたい。

動物たちは、集団全体の利益のために能力的に可能な産子数以下の数の子どもを産む、というのがウィン＝エドワーズの考えかただ。しかし通常の自然淘汰では、この種の利他主義は進化できそうにないと彼は考えた。平均以下の産子数が自然淘汰で選ばれるなどというのは、一見するに矛盾した表現だからだ。そこで彼は、第1章で紹介したような群淘汰の考えに助けを求めた。構成員たる個体が自らの産子数に制限を加えるような集団は、構成員の増殖が速いために食物供給が危うくなるような対抗集団に比べると、絶滅の可能性が小さいだろうと彼は考えた。自己規制的な繁殖者から成る集団が自然界にはびこるようになるのはそのためだと言う。ウィン＝エドワーズが考えている個体の自己規制は、広義に取れば産児制限と同じだが、彼が意味するところはじつはもっと特殊なことだ。動物の社会生活総体を個体数の調節機構と見なそうという一つの雄大な着想を、彼は提案しているのだ。動物たとえば、第5章で述べた「なわばり制」と「順位制」は、多くの動物種において、社会生活の二つの主要な特徴となっている。

多くの動物たちは、明らかにある範囲の地域を「防衛する」ために多大な時間とエネルギーを費やしており、その地域のことをナチュラリストたちはなわばりと呼んでいる。この現象は動物界にきわめて広く見られるもので、鳥や哺乳類、魚類ばかりか、昆虫やあるいはイソギンチャクですら知られている。なわばりは、ロビンの場合のように広範囲の林地の場合もある。この場合、その地域は子育て中のつがいの主な採食場所となっているのだ。またなわばりは、セグロカモメの場合のように小面積のこともある。この場合にはなわばりのなかに食物はないが、その中央に巣がある。なわばりをめぐって闘う動物は、一片の食物のような現実的な目的物の代わりに、特権を保証する印となる代用的な目的物をめぐって闘っているのだとウィン＝エドワーズは信じている。多くの場合、雌は、なわばりを持たない雄とはつがいを作ろうとしない。それどころか、連れ合いの雄が闘いに敗れ、別の雄がなわばりを手に入れると、雌はさっさとその勝者のほうへ鞍《くら》がえしてしまうこともしばしば見られる。一見貞節な一夫一婦制を示す種の場合ですら、雌は雄と個体的に結びつくというより、むしろ雄の所有するなわばりと結婚するのかもしれない。

個体群があまり大きくなると、なわばりを持てない個体が出てくる。なわばりのない彼らは繁殖できないことになるだろう。ウィン＝エドワーズによれば、なわばりの獲得は繁殖への切符あるいは許可証を手に入れるようなものであり、成立しうるなわばりの数には限りがあるので、いわば繁殖許可証の発行数が限られているようなものだ。誰がこれらの許可証を獲得するかをめぐって個体は相争うだろう。しかし、個体群全体が産み出しうる子どもの総数は、成立可能ななわばりの数によって制限されてしまう。アカライチョウの場合のように、一見するとたしかに個体が自己規制を実行しているように見える例もいくつかある。なぜなら、なわばりを獲得できなかった個体は単に繁殖しないばかりでなく、なわばりの獲得を目指して闘うことすら放棄しているように見えるからだ。彼らはあたかも一羽残らず、以下のようなゲームの規則を受け入れているかのごとくである。つまり互いに競い合う季節の終わるまでに、もし君がまだ繁殖のための公認切符を手にしていない場合には、君は自主的に繁殖を差し控え、また繁殖期のあいだは幸運な仲間に妨害を加えぬようにして、彼らが種の繁殖を続けられるようにせよ……と。

ウィン＝エドワーズは、順位制についても同様な解釈を加えている。動物の多くの集団で次のようなことが見られる。個体が互いの個体としての特徴を学び、さらに誰と闘った場合に勝つことができ、誰にはいつも負けるかを学習する。これは飼育条件下の動物集団でとくによく見られることだが、野生状態の動物集団でも例がある。第5章で述べたように、どのみち勝てそうにないことが「わかっている」相手に対しては、彼らは闘わずして降参する傾向を示す。そこでナチュラリストは、順位制あるいは「つつきの順位」(順位制はニワトリの事例で最初に記述されたため、こう呼ばれる場合がある)を次のように記述できることになる。順位制とは社会に階層秩序をつけることであり、その秩序のもとではあらゆる個体が自己の地位をわきまえ、分不相応なことは考えない。もちろんときには熾烈な争いが起こることもあるし、またときにはある個体がすぐ上の地位にいた上級者に勝って昇格することもある。しかし第5章でも述べたように、一般的には下位の個体が自動的に服従するため、実際に延々と闘いが続くことはほとんどなく、ひどい負傷沙汰になることもめったにない。

多くの人々は、やや漠然とした群淘汰論者的な見かたで、この事態を良いことだと考えている。しかしウィン＝エドワーズは、はるかに大胆な解釈をこれに加えているのだ。順位の高い個体は下位の個体よりも繁殖の可能性が大きい。雌が高位の個体を選んだり、あるいは下位の個体が雌に接近するのを上位の個体が力ずくで阻止したりするからだ。ウィン＝エドワーズは、高い社会順位が、繁殖の資格を示すもう一つの切符なのだと考える。雌をめぐって直接闘う代わりに、個体は社会的な地位をかけて闘い、そして、もし高位の社会的な地位に到達できなかった場合には、彼らは繁殖の資格がないことを自ら認めるというのだ。もちろん下位の個体は、たえずより高い社会的地位を目指してがんばるだろうから、間接的には雌をめぐって競争していると言えるわけだが、直接雌がからむ問題に関しては自制するというのである。そして、ウィン＝エドワーズによれば、順位の高い雄だけが繁殖できるという規則がこのように「甘受」される結果、なわばり行動の場合と同じく、個体数はあまり激しく増加することがなくなるという。実際に過剰な数の子どもを作ってしまってから、それが間違いだったことに気づいてつらい思いをする代わりに、動物の個体群は順位となわばりをめぐる形式的な争いを利用して、実際に飢えによる犠牲者が出る水準よりやや少なめにその個体数を制限しているというのだ。

ウィン＝エドワーズの着想のなかで最も驚くべきものは「顕示（epideictic）」行動という考えかただろう。顕示というのは彼の造語である。多くの動物はその生活の多大な時間を大きな群れのなかで費やしている。この種の群がり行動が自然淘汰によって促進されたのはなぜか。これに関しては、多少とも常識的な各種の理由が示唆されており、そのいくつかについては第10章で述べるが、ウィン＝エドワーズの考えかたは、それらとはかけ離れたものだ。彼の主張によれば、夕暮れ時にムクドリが巨大な群れを作ったり、たくさんの蚊が門柱の上を舞い踊ったりする際、彼らは自らの個体群の密度調査をしているというのだ。彼の考えでは、個体は群れ全体の利益のために産子数を自制し、個体群密度が高いときには産子数を減らすというのだから、彼らが個体群密度を測定する何らかの手段を講じているはずだと考えるのも理にかなっている。これは、サーモスタットがまともに作動するために、内部に温度計を備えている必要があるのとまったく同じ理屈である。ウィン＝エドワーズにとって顕示行動とは、個体群密度の推定を容易にするために動物が意図的に集まって群れを成すことにほかならない。しかし彼は意識的な個体数推定が行なわれると考えているわけではない。彼は、個体群密度に関して個体が受容した感覚刺激を、その生殖システムに結びつける自動的な神経、あるいはホルモン機構を考えているのだ。

以上、やや簡潔ながらも、ウィン＝エドワーズの理論を正しく紹介するよう努めたつもりである。もし私がこれに成功しているならば、読者は今、彼の理論はきわめてもっともらしいと納得させられた気になったはずだ。しかし、彼の理論が一見もっともらしいからといって、その証拠まで有力だとは限らない。ここまで本書を読んできたあなたたなら、このような見解を疑ってかかる準備ができているはずだ。そして残念ながら、証拠はあまり有力ではない。証拠を構成する多くの事例は、たしかに彼の見解に沿って解釈することも可能だろうが、同様に、より正統的な「遺伝子の利己性」の観点からも十分説明が付けられるはずだからだ。

遺伝子の利己性理論に立脚した家族計画理論の構築にあたった第一人者は、偉大な生態学者デイヴィッド・ラックだった。もっとも彼はその理論を、遺伝子の利己性理論に立脚したなどとは呼ばなかったかもしれない。彼の研究は、主として野生鳥類の一巣卵数に関するものだったが、彼の理論や結論は一般的に適用可能な利点を持っていた。どの種類の鳥も、その種に特有な一巣卵数を示す傾向がある。たとえば、カツオドリやウミガラスは一度に一個の卵を抱くが、ツバメは三個、シジュウカラは半ダースあるいはそれ以上の卵を抱く。もちろんこの一巣卵数には変異も見られる。一度に卵を二個しか産まないツバメもいるし、シジュウカラが一二個もの卵を産むこともある。一羽の雌が産み落として抱く卵の数は、他の特性と同様、たとえ部分的にせよ遺伝的支配を受けていると考えて差し支えないはずだ。実際の事態はそれほど単純ではないだろうが、言ってしまえば卵を二個産ませる遺伝子や、三個産ませる対立遺伝子、四個産ませる別の対立遺伝子などが存在するかもしれないということだ。さてこうなると、遺伝子プールのなかで数を増していくのは、これらの遺伝子のうちのどれか。遺伝子の利己性理論からは、この問題がクローズアップされることになる。表面的に見ると、卵を二個あるいは三個産ませる遺伝子に比べたら、卵を四個産ませる遺伝子が有利なのは決まっているように思われるかもしれない。しかし、この「多いことは良いことだ」式の単純な議論が正しくないことは、ちょっと考えてみれば明らかだ。もしその議論が正しければ、四個の卵を産むより五個のほうが良く、さらに一〇個、一〇〇個のほうが良く、ついには限りなく卵を産むのが最上だということになる。しかしその議論は論理的な不条理に突き当たる。多数の卵を産めば、利益ばかりでなく代価がもたらされることは明らかだ。子作りの拡大は、各々の子に対する保護の減少によって贖《あがな》われる運命にある。任意の環境条件下にある任意の種に関して、特定の最適一巣卵数が存在するはずだというのがラックの理論の要点である。ラックとウィン＝エドワーズの見解が分かれるのは、「誰の立場から見て最適なのか」という問いに対する答えかただ。ウィン＝エドワーズは次のように主張するだろう――すべての個体が目指すべき最適卵数とは、集団全体にとっての最適卵数のことだ。一方ラックは次のように主張する――それぞれの利己的な個体は、彼女が育られる子どもの数を最大にするような一巣卵数を選択するのだ。三個の卵というのが、ツバメにとってもし最適一巣卵数であるのなら、これに対するラックの解釈は次のようになる。子どもを四羽育てようとする個体が最終的に育て上げられる子の数は、もっと用心深く三羽しか育てようとしないライバルが育て上げられる子の数より、結局少なくなってしまうのだ。明白な理由として考えられるのは、雛を四羽抱えてしまうと、それぞれに行き渡る食物の量がわずかになるため、成鳥の段階まで生き残れるものがほとんどいなくなってしまうことだ。これは、四個の卵にはじめに分配される卵黄量、そして孵《ふ》化《か》のあとで子どもに与えられる食物量の両者にあてはまるはずである。つまりラックに従うなら、個体が一巣卵数を調節する理由には、利他的なところなどまったくないことになる。彼らが産児制限をするのは、集団のための資源の過剰利用を防ぐためなどではない。実際に生き残る自分の子どもの数を最大化するために、彼らは産児制限を実行するのだ。これは、通常私たちが産児制限に結びつけている理由とはまさに正反対の目標である。

雛を育てるのは大変高くつく仕事だ。まず卵を作るために、母鳥は大量の食物やエネルギーを投資しなければならない。おそらく配偶者の手助けはあるだろうが、卵を抱いて保護するための巣を造るのにも、彼女は大変な努力を費す。さらに両親は数週間にわたって忍耐強く卵を抱き続ける。そして雛が孵れば、親鳥たちは自らを酷使して、ほぼ休むことなく雛たちに食物を運び続けるのだ。すでに紹介したことだが、シジュウカラの場合、一羽の親鳥は、日中に平均して、三〇秒ごとに一回の割合で食物を巣へ持ち帰っている。私たち人間のような哺乳類の場合、事情は多少異なっているとはいうものの、繁殖が、とくに母親にとって大仕事であることには変わりがない。もし母親が、食物や子育てのための努力などという彼女の限られた資源を、あまりに多くの子どもに分散させてしまえば、彼女が育て上げることのできる子の数は、もっと控え目な目標で彼女が出発した場合に比べて、少なくなってしまうだろう。彼女は子作りと子育てのあいだで収支勘定をつける必要がある。一羽の雌あるいは一組のつがいがかき集めることのできる食物その他諸資源の総量が、彼らが育てられる子の数を決める制限要因となっているのだ。ラックの理論によれば、自然淘汰はこれら限られた諸資源から最大の有利さを引き出せるように、産卵時の一巣卵数（あるいは一腹産子数など）を調整していることになる。

子をたくさん産み過ぎる個体が不利を被《こうむ》るのは、個体群全体がそのために絶滅してしまうからではなく、端的に彼らの子のうち生き残れるものの数が少ないからだ。過剰な数の子どもを産ませるのにあずかる遺伝子群は、これらを抱えた子どもたちがほとんど成熟しえないため、多くは次代に伝達されないわけだ。しかし、現代の文明人のあいだでは、家族の大きさが、個々の親たちが調達可能な限られた諸資源によっては、もはや制限されないという事態が生じている。ある夫婦が自分たちで養いきれる以上の子どもを作ったとすると、国家、つまりその個体群のうち当の夫婦以外の部分が断固介入し、過剰な分と見なされた子どもたちを健康に生存させようとするのだ。物質的資源をいっさい持たぬ夫婦が、多数の子を女性の生理的限界まで産み育てようとしても、実際のところこれを阻止する手段はない。しかしそもそも福祉国家というものはきわめて不自然な代物《しろもの》である。自然状態では、養いきれる数以上の子を抱えた親は孫をたくさん持つことができず、したがって彼らの遺伝子が将来の世代に引き継がれることはない。自然界には福祉国家など存在しないので、産子数に対して利他的な自制を加える必要などない。自制を知らぬ放縦をもたらす遺伝子は、すべてただちに罰を受ける。その遺伝子を内蔵した子どもたちは飢えてしまうからだ。私たち人間は、過剰な人数を抱えた家族の子どもらを飢え死にするにまかせるような昔の利己的な流儀に立ち返りたいとは望まない。だからこそ私たちは、家族を経済的な自給自足単位とすることを廃止して、その代わりに国家を経済単位にしたのだ。しかし、子どもに対する生活保障の特権はけっして濫用されてはならない。

避妊は、しばしば「不自然だ」と非難される。たしかにそのとおり、きわめて不自然に違いない。ところが困ったことに、不自然なのは福祉国家も同様だ。私たちのほとんどは福祉国家をきわめて望ましいと信じているように私には思える。しかし、不自然な福祉国家を維持するためには、私たちは同様に、不自然な産児制限を実行しなければならない。そうしなければ、自然状態におけるより、さらにみじめな結果に至るだろう。福祉国家というものは、これまで動物界に現れた利他的システムのなかでも、最も偉大なものかもしれない。しかしどのような利他的システムも、本来は不安定だ。それは、利用しようと待ち構える利己的な個体に濫用されるであろうからだ。自分で養える以上の子どもを抱えている人々は、おそらくほとんどの場合、無知のゆえにそうなっているのであり、彼らが意識的に福祉の悪用を図っているのだと非難するわけにはいかない。ただし、彼らがたくさんの子を産むよう意図的にけしかけている指導者や強力な組織については、その嫌疑を解くわけにはいかない、と私は思う。

野生動物の話題に戻ろう。一巣卵数に関するラックの議論は、ウィン＝エドワーズが引き合いに出すその他すべての事例、たとえばなわばり行動や順位制などに、一般化してあてはめることができる。例として、ウィン＝エドワーズとその同僚たちが研究対象にしたアカライチョウを取り上げてみる。この鳥はヒース属の植物を食べるのだが、湿原を分割して、所有者が実際に必要とするより明らかに多量の食物を含んだなわばりを作る。繁殖期の初期に彼らはなわばりをめぐって闘うが、やがて敗者は自分の敗北を認めるらしく、もはや闘おうとはしなくなる。彼らはなわばりを持たないあぶれ者となり、その季節が終わるころまでにおおかた飢死してしまう。繁殖できるのはなわばりの所有者だけだ。ところが、なわばりを持たない鳥たちも生理的には繁殖が可能なことが次の事実から明らかになっている。なわばり所有者を射殺すると、あぶれ者のうちの一羽がただちにその後釜に座って繁殖を始めるのだ。この極端ななわばり行動に関するウィン＝エドワーズの解釈は、すでにご承知のとおり、次のようなものだ。「あぶれ者たちは、繁殖のための許可証あるいは切符を取りそこねたことを自ら認めて、繁殖行為を控える」

これを遺伝子の利己性理論で説明するのは、一見かなり厄介だ。あぶれ者たちはなぜ、死力を尽くしてでもなわばり所有者を追い出そうとしないのか。たとえ力尽きて倒れても彼らが失うものは何もないではないか。しかし、ちょっと待ってほしい。もしかしたら彼らには失うべきものがちゃんとあるのかもしれない。先に触れたように、もしなわばり所有者が死亡することがあれば、あぶれ者にもそのなわばりを手に入れて繁殖するチャンスがまわってくる。もしあぶれ者にとって、この方法でなわばりの後継者におさまれる可能性のほうが、闘争によってなわばりを手に入れられる可能性より高いのであれば、たとえわずかなエネルギーにせよ無益な闘いのために浪費するよりは、なわばり所有者のうちの誰かが死ぬことを期待して待つほうが、利己的個体としての彼にとっては有利になる。ウィン＝エドワーズから見ると、集団の繁栄を図るにあたってあぶれ者たちが果たしている役割は、代役の控え役者のように、いわば舞台の脇に待機していることである。集団の繁殖のための檜《ひのき》舞台の上で、なわばり所有者のうちの誰かが倒れたらただちにそれにとって代われるように、というわけだ。ところが、もはや明らかなように、あぶれ者の示すこの行動は、純粋に利己的な個体としての彼らの立場から見ても最良の戦略かもしれないのだ。第4章で述べたように、私たちは動物を賭博師と見なすことができる。賭博師にとって最良の方策は、ときには猛烈攻撃作戦ではなく、好運待望作戦かもしれないのである。

同様にして、動物が非繁殖者の地位を一見受動的に「甘受」しているかに見える他の数多くの例も、遺伝子の利己性理論によっていともたやすく説明できる。いずれの場合も説明の基本型は同じだ。つまり、当の動物の最良の賭けは、さしあたり自制しておいて、将来のもっと良いチャンスに望みをかけることだという説明である。ハーレムの所有者たちにちょっかいを出さないあぶれアザラシは、別に集団の利益のためにそうしているのではない。彼はチャンスの到来を待っているのだ。たとえチャンスが来ないまま、最終的に子孫を残さずに死ぬとしても、これは勝つかもしれない賭けだったのだ。彼一頭については結果的にこの賭けが負けだったとわかったとしても、やはりそれは勝つかもしれなかった賭けなのである。また、個体数の激増に際して、繁殖の中心地域から幾百万の大群を成して溢れ出してくるレミングたちも、彼らが立ち去ってきたその地域の個体群密度を減少させるためにそうしているわけではない。彼らは、もっと密度の低い生活場所を探し求めているのだ。利己的存在たる彼らの一頭一頭がそうしている。特定の個体を取れば、彼は新しい生活場所を発見できずに死んでしまうかもしれない。しかしこれは、結果が出てからわかることだ。そしてこの事実も、元の地域に残留することはもっと分の悪い賭けだったはずだという可能性を減じるものではない。

過密がときに産子数の減少をもたらすのは、多くの資料に基づいた事実である。この事実が、ウィン＝エドワーズの理論を支持する証拠と見なされることがときどきあるが、それも的《まと》外れというものだ。この事実はウィン＝エドワーズの理論ばかりでなく、遺伝子の利己性理論とも同様に合致するからだ。例を挙げよう。屋外の囲いのなかにたっぷり食物を供給し、そこでハツカネズミを自由に繁殖させる実験が行なわれたことがある。この個体群はある数まで増加したが、その後横ばい状態になってしまったのだ。個体数が横ばいになったのは、過密の結果、雌の繁殖能力が減退したためだということがわかった。雌の産子数が減ってしまったのだ。同様な効果は、この他にもしばしば報告されている。この種の効果を引き起こす直接の原因は「ストレス」と呼ばれることが多い。もっとも原因にそんな名前を付けてみたというだけでは、説明の助けにはならないのだが。直接的原因が何であれ、ここで取り上げるべき問題は、その効果の究極的な説明、すなわち進化的な説明をどうするかだ。個体群の過密化に応じて産子数を減少させるという性質を持った雌に、自然淘汰が有利に働くのはなぜなのか。

ウィン＝エドワーズの答えははっきりしている。雌が個体群密度を測定し、産子数を調整する性質を持つおかげで、食物の過剰利用を引き起こさずに済む集団が、群淘汰で有利になるためだと言うのだ。先に述べた実験の場合、食物がけっして不足しないような条件がたまたま加えられていたわけだが、ハツカネズミがこの条件を理解できると想定するのは無理だろう。彼らは野生生活に適するようにプログラムされているので、野外でなら、過密は来たるべき飢饉を知らせる、信頼できる指標となるはずだ。

遺伝子の利己性理論の見解はどうか。ほとんど同じ意見なのだが、一つだけ決定的な相違がある。動物は、彼ら自身の利己的な立場から見て、最適な数の子どもを持つ傾向がある、というラックの見解を思い出してほしい。彼らが作る子どもの数が少な過ぎたり、あるいは多過ぎたりすると、彼らの最終的に育て上げられる子の数は、もし彼らがちょうど良い数の子を産んでいたなら育てられたはずのそれより、少なくなってしまうのだ。ところでこの「ちょうど良い数」というのは、個体群の過密な年においては、個体群が希薄な年に比べてより小さな数となるだろう。過密が飢饉の前兆となるであろうという点ではもとより意見は一致している。そこで、もし雌が飢饉を予測させる確かな証拠に接した場合に自分の産子数を減少させることは、明らかに彼女の利己的利益にかなうのである。当の警告的な徴候にこの方法で反応しないライバルたちは、たとえ彼女より多くの子を産んだとしても、最終的に育て上げられる子の数は彼女より少ないだろう。こうして私たちは、最終的にはウィン＝エドワーズとほぼまったく同じ結論に到達するわけだ。ただし、彼とはまったく異なるタイプの進化論的な議論を辿って、そこに到達するのである。

遺伝子の利己性理論は、「顕示行動」の問題も難なく処理してしまう。読者は、ウィン＝エドワーズが次のような仮説を立てたのを覚えているだろう。すなわち、あらゆる個体が楽に個体群の密度調査を実行し、これに従って自らの産子数を調節できるようにするために、動物たちは意図的に大群を成し、いっしょに誇示《ディスプレイ》をするという仮説である。実際に顕示的な集合があるという直接的証拠はないのだが、仮にその種の証拠が見つかったとしよう。そうなったら、遺伝子の利己性理論は当惑するのだろうか。心配は無用だ。

ムクドリは、おびただしい数の個体がいっしょにねぐらにつく。さて、いま仮に、単に冬期の過密が春における産卵能力を減退させるだけでなく、さらに互いの鳴き声を聞くことが、産卵能力減退の直接的原因だと判明したと想定してみよう。この点を証明するには、ムクドリが密集して騒然としているねぐらの音と、一方もっと鳥が少なくて静かなねぐらの音をテープに録音しておき、次にそれぞれの音を聞かせたムクドリを相互に比較する実験をして、前者の音にさらされた個体のほうが産卵数が少ないことを示せばよいだろう。定義に従えば、これによって、ムクドリの鳴き声は顕示的なディスプレイの一つであることが示されるわけだ。さて、遺伝子の利己性理論は、ハツカネズミの例を扱ったのとほぼ同じ流儀で、この現象の説明を可能にする。

養育能力以上に家族を大きくさせる遺伝子は、自動的に不利を被ることとなり、遺伝子プール中でその数は減少していく。前回と同様、この仮定が議論の出発点だ。したがって無駄なく卵を産もうという個体に課せられた仕事は、利己的な個体としての彼女の立場から見た最適一巣卵数が、来たるべき繁殖期において、いったいいくつになるかを予言することである。「予言」という言葉は、第4章で述べたような特殊な意味で使用しているのだが、読者はそれを思い出してほしい。めんどりはいったいどのようにして彼女の最適一巣卵数を予言するのか。どんな変数が彼女の予言に影響するのだろう。まず、多くの種は、年ごとに変化することのない固定的な予言を行なっているようだ。たとえば、カツオドリの最適一巣卵数は、この様式で平均一個に決まっている。もちろんとくに魚が豊富な年には、個体にとっての真の最適一巣卵数が一時的に二個に増加する可能性もある。しかし、カツオドリに特定の年が魚の当たり年になるかどうかを事前に知る方法がないとすれば、カツオドリの雌たちが二個の卵を産んで、手持ちの資源を無駄にしてしまうような危険を選ぶとは予想できない。卵を二個産むことになれば、平均的な年の条件における彼らの繁殖成績は損なわれるはずだからだ。

しかし、おそらくムクドリを含め、前述とは異なる条件下にある種も見られるはずだ。これらの種においては、春に特定の食物源の生産が良好になりそうかどうかが、原理的には冬のうちに予言できる。農村の人々のあいだには、たとえばヒイラギの実の量などが、春の天候を予言する指標となることを示唆する言い伝えがたくさんある。特定の言い伝えが正確かどうかはさておくとしても、その種の手がかりは論理的には存在可能な余地がある。とすれば、上手な予想屋が、自分の利益になるように一巣卵数を年ごとに調整することも理論的には可能だろう。ヒイラギの実が果たして信頼に足る予言手段かどうかは不明だが、ハツカネズミの場合と同様に、個体群密度が良い予言手段となる可能性は大いにある。春になって雛たちに餌を与えるようになれば、同種のライバルたちと餌をめぐって競争する羽目になることを、ムクドリの雌は原理的には知ることができるのだ。もし彼女が、同種個体の冬期の地域密度を何らかの方法で推定できるとすれば、これは、春になって雛のための餌の確保がどのくらい困難になるかを予言する、強力な手段となるはずだ。冬の個体群密度が著しく高いことがわかれば産卵数をやや減少させるというのが、彼女の利己的見地にかなった慎重な対応策になるだろう。すなわち、自分の最適一巣卵数についての彼女の推定値は減少するはずだ。

さて、個体が実際に、自らの手による個体群の密度推定を根拠として、その一巣卵数を減少させるという性質を示すようになると、ただちに次のような事態が生じるだろう。すなわち、実際の密度がどうであれ、ライバルに対しては、個体群がいかにも大きいかのように装うことが、個々の利己的個体にとって有利になるはずだ。たとえばムクドリの例で、仮に冬のねぐらの騒々しさが個体群の大きさを推定する手がかりになっているとすると、個々の個体は、あらんかぎりの声を張り上げて、二羽分くらいの声を出したほうが有利になる。動物は、あたかも同時に複数の個体がそこにいるかのように見せかけることがあるのではないかという見解は、J・R・クレブスが別の問題を扱った際に示唆していた。彼は、フランス外国人部隊の一団が同様な戦術を使う話の出てくる小説にちなんで、それに「ボー・ジェスト効果」という名前を付けている。ムクドリの場合、この行為の狙いは、周囲の仲間たちがそれに騙されて、彼らの一巣卵数を本当の最適値以下に減らすよう仕向けることである。もしあなたがムクドリで、この狙いをうまく達成できるとすれば、それはあなたの利己的な利益にかなう。あなたは、あなたと同じ遺伝子を保持しない個体を減少させることになるからだ。さて、以上の考察から私の結論を述べるなら、顕示ディスプレイというウィン＝エドワーズの着想は、実際にかなり見事な考えかただ。彼のこの見解はおそらく、彼がそれに与えた進化論的な説明が誤っていた点を除けば、終始正しかった。また、先に述べた考察から、より一般的な結論を引き出すとすれば、「群淘汰理論を支持するかに見えるいかなる証拠が現れたとしても、ラック型の仮説には、それを遺伝子の利己性に基づいて説明してみせる十分な力がある」と言える。

本章の結論は以下のとおりである。個々の親動物は家族計画を実行するが、しかしそれは公共の利益のための自制ではなく、むしろ自己の産子数の最適化のためだ。彼らは、最終的に生き残る自分の子どもの数を最大化しようと努めるのであり、そのためには産まれる子の数は多過ぎても少な過ぎてもよくない。個体に過剰な数の子を持たせるように仕向ける遺伝子は、遺伝子プールのなかにはとどまれない。その種の遺伝子を体内に持った子どもらは、成体になるまで生き残るのが難しいからだ。

家族のサイズの量的な考察は、以上で締めくくることにしよう。次に取り上げるのは、家族の内部における利害の衝突の問題だ。自分の子どもをすべて公平に扱うことは、母親にとって常に有利なことなのだろうか。ひょっとしたら母親は特定の子どもをひいきするかもしれない。家族とは単一の協力集団として統一されたものなのか。それとも、家族のなかにすら、利己主義やごまかしがあると考えるべきなのか。同じ家族内の全構成員は、同一の最適値の達成に向けて努力しているのか。それとも彼らのあいだには、何を最適値とするかをめぐって「意見の不一致」があるのだろうか。次章では、これらの問いに対する解答を探ってみたい。配偶者間に利害の衝突があるかどうかという問題もこれらと関連したものだが、それについては第9章までおあずけとする。

第8章 世代間の争い

Battle of the generations

まず、前章の末尾に提示した諸問題の最初の問いから取り組もう。母親はひいきの子どもを作るべきか、それともすべての子どもに等しく利他的に振る舞うべきか。しつこいと思われるかもしれないが、私のおきまりのことわり書きを、ここにも改めて挿入しておきたい。「ひいき」という言葉に主観的な意味合いはないし、「べき」という言葉も、倫理的な用語として使っているのではない。私は、母親というものをある種の機械として取り扱っている。この機械の内部には、遺伝子が制御者として乗り込んでいる。そしてこの機械は、その遺伝子のコピーを増殖させるべく、能力の限りあらゆる努力を払うようにプログラムされている。読者の皆さんも私もまた人間であり、自覚的な目的を持つことがどのようなことかを知っている。そこで、生存機械の行動を説明するに際しては、目的に関連した用語を比喩的に使用すると都合が良いというわけだ。

実際問題として、母親がひいきの子どもを作ると言う場合、それは何を指すのか。その答えは、彼女が自分の利用できる諸資源を子どもたちのあいだに不均等に投資することだろう。母親が投資することの可能な諸資源には、さまざまなものが含まれる。食物は明白な例だが、それを手に入れる際に費される努力も、母親に何らかの負担となる以上、同様な資源の例である。捕食者から子どもを守る際の危険も、その「行使」や回避が、母親の手中にある資源の例と言える。巣や住処の維持のために費されるエネルギーや時間、風雨からの保護、さらに一部の動物種では子を教育するのに費される時間など、いずれも母親がその子どもたちに対して公平に、あるいは彼女の「選別」に従って不公平に、分配することのできる貴重な資源である。

　親の投資可能なこれらすべての資源を測る、共通の尺度を設定するのは難しい。人間の社会では、食物、土地、労働時間などのいずれとも変換可能な、普遍的な尺度として貨幣が使用されているが、それとちょうど同様に、ここでは、個々の生存機械が、他個体、とくに子どもの命に対して投資する諸資源を測るための、単一の尺度が必要とされる。エネルギーの一つの尺度であるカロリーなどは有望そうに見えるので、一部の生態学者たちは、野外におけるエネルギーコストの会計勘定に没頭してきた。しかしこの尺度は、不十分さを免れない。それを、実際に重大な意味を持つ尺度、つまり進化の「究極的尺度」たる遺伝子の生存に読み換えようとすると、どうしても曖昧になってしまうからだ。この問題を手際良く解決したのは、R・L・トリヴァースだった。[*1] 彼は一九七二年に、「親による保護投資」という概念を利用して、それを解いて見せたのだ（ただし、二〇世紀最大の生物学者R・フィッシャー卿の圧縮された文章の行間を読むと、彼が一九三〇年に、「親としての経費」という言葉で、トリヴァースの親による保護投資とほぼ同一の事柄を指摘していたことが察せられる）。

　親による保護投資《ペアレンタル・インヴェストメント》（PI）は、「ある子どもに対する親の投資のうち、その子どもの生存確率（ゆえに繁殖成功度）を増加させ、同時に他の子どもに対する親の投資能力を犠牲にさせるようなあらゆるもの」と定義される。トリヴァースの親による保護投資の考えかたの見事な点は、実際に重要な意味を持つ究極的尺度にきわめて近い単位でそれを評価できるところにある。たとえばある子どもが、母親のミルクの一部を飲んでしまったとすると、ミルクの消費量はパイント、あるいはカロリー単位で測られるのではなく、これによって他の兄弟が被る損害の単位で測られることになる。今、ある母親がXとYの二匹の子持ちで、Xが一パイントのミルクを飲んでしまったとする。この場合、この量のミルクに対応するPIの大半は、そのミルクを飲まなかったために、Yの死亡確率がどれだけ増加するかによって測られる。PIは、すでに生まれているか、あるいは将来生まれるであろう他の子どもたちにおける、平均余命の減少度によって測定されるのだ。

しかし親による保護投資も、理想的尺度とは言いがたい。他の遺伝的関係を差しおいて、親子関係だけを強調し過ぎるきらいがあるからだ。理想を言えば、何らかの一般化された「利他的投資」の尺度を利用すべきだ。個体Aが個体Bの生存確率を増加させるなら、Aは、自分自身および他の近縁個体に対する投資能力を何がしか犠牲にして、Bに投資したのだと言っていい。この時に払われるすべての犠牲は、それぞれ適切な遺伝的近縁度によって重み付けされる。すなわち、理想的に言うならば、任意の子どもに対する母親の投資は、他の子どもたちだけではなく、甥や姪、さらには彼女自身などの平均余命の減少によって測られるべきだ。しかし、これは多くの点でこじつけめいてくる。実際は、トリヴァースの尺度で十分に役に立つ。

さて、すべての親動物は、彼女の生涯を通算して、子どもに投資可能なある総量のPIを持っている（子どもだけでなく、他の血縁者や彼女自身に対する投資も考慮すべきだが、ここでは簡潔にするべく子どもだけを考える)。この量には、彼女が一生の労働を通して獲得、あるいは生産できる食物の総量、彼女が自ら対処する用意のある危険の総量、その他、彼女が子どもの福利のために注ぎ込めるあらゆるエネルギーと努力が含まれている。成熟期に達した若い雌は、彼女の生涯の資源をどのように投資すべきか。彼女が従うべき賢明な投資策はどのようなものか。ラックの理論からすでに明らかになったように、あまりにも多くの子どもに投資をごく少量ずつ分散させてしまうべきではない。もしそうしてしまうと、彼女はきわめて多くの遺伝子を失うことになる。十分な数の孫を確保できないからだ。しかし一方、あまりに少数の子ども――過保護の甘ったれ小僧ども――にすべてを投資してしまうべきでもない。その場合、彼女はたしかになにがしかの孫を確保することはできようが、最適数の子どもに投資したライバルのほうが最終的にはさらに多くの孫を得ることになるだろう。公平な投資策についてては以上に留めておく。当面の興味は、子どもに対する不平等な投資が、母親にとって得になることがあるかという点である。言い換えれば、彼女はひいきの子どもを作るべきか否かということだ。

母親のひいき作りについてはなんら遺伝的根拠はない、というのがこの問いへの解答だ。彼女の子どもに対する遺伝的近縁度は、すべての子どもで同じく1/2だからだ。つまり、彼女の最適戦略は、繁殖年齢まで養育できる最大数の子どもに対して、公平に投資することなのだ。しかし、先にも触れたように〔第6章〕、一部の個体は、他の個体より生命保険の被保険者として優れている。平均サイズ以下の小型の子どもも、もっと成長の良好な他の一腹子仲間たちと同じ数だけ母親の遺伝子を持ってはいるが、彼の平均余命は他の仲間たちより短い。言い換えると、他の兄弟たちと最終的に同じ状態まで彼を育て上げようとすれば、それだけで、公平な配分量以上の親による保護投資が必要となるわけだ。そこで事情によっては、このような小型の子どもへの給餌を拒否して、彼に対する親による保護投資の配分量をすべて他の兄弟姉妹に分配してしまうほうが、母親にとって有利になるだろう。それどころか実際には、育ちそこねた子どもを、その兄弟姉妹たちに食わせてしまったり、自らその子どもを食ってミルクの生産にまわしてしまったりしたほうが、母親には得かもしれないのだ。母ブタはときどき自分の子どもを実際に食ってしまうことがある。ただし、彼女らがとくに育ちそこねた子ブタを選んで食べるのかどうか、私は知らないのだが。

平均サイズ以下の小型の子どもの問題は、特殊な例の一つである。もっと一般化すると、子どもに対する母親の投資傾向が、子どもの年齢によってどのような影響を受けるかに関して、いくつかの予測が可能だ。まず、もし彼女が、甲乙いずれか一方の子どもの命を救うしかなく、救助を受けなかった子どもは死を免れないという二者択一を迫られたとすると、彼女は年上の子どものほうを救おうとするはずだ。年上の子の死と、年下の弟の死とを比較すると、生涯の親による保護投資量のなかから母親が失う羽目になる投資量は、前者の場合のほうが大きいはずだからだ。ただし、これは次のように表現するほうが適切である。もし母親が小さな弟のほうを救ったとすると、大きい兄弟と同じ年齢まで彼を育て上げるために、彼女はさらにいくばくかの貴重な資源を投資する必要がある。

一方、もし母親の直面する選択が、前述のごとく子の生死を分かつほどきびしいものではない場合には、母親は年下の子どもを援助するほうが良いだろう。たとえば、一口分の食物を、年上、年下どちらの子どもに与えるべきかという二者択一に母親が直面したとする。自分の食物を自力で見つけられる可能性は、大きい子どものほうが小さいほうの子どもに比べて高いはずだ。それゆえ、母親による給餌が中止されても、大きいほうの子どもは必ずしも死ぬことはないだろう。ところが、まだ自分では食物を見つけることができない小さな子どものほうは、母親がその食物を年上の兄弟のほうに与えてしまうと、死亡する可能性が高くなる。こんな場合には、母親は、たとえ大きな子を死なせるよりは、小さな子どもを死なせるほうを選ぼうとする傾向に変わりはなくとも、その食物を小さな子どものほうに与えるだろう。そうしたところで、大きい子どもが死ぬ心配はないからだ。哺乳類の母親が、子どもに対して際限なく一生給餌し続けることはせず、彼らを乳離れさせる理由もそこにある。子どもがその生涯のある時期に達すると、母親は、彼に対する投資を将来の子どもたちに対する投資に切り替えたほうが有利になる。この時期が来ると、母親は子を乳離れさせようとする。ただし、最後の子どもを抱えた母親は、もし何らかの方法でその子どもが末っ子だと知ることができれば、残る生涯にわたって彼女の全資源をその子に投資し、ことによると、その子どもが十分成体に達するまで授乳し続けるものとも予想できよう。もっともこの場合、末っ子にそんなに投資するより、孫や、甥、あるいは姪に投資したほうが得にならないか、彼女はよく「見定める」べきだ。孫、甥、あるいは姪と彼女との近縁度は、彼女と彼女自身の子どもとのあいだの近縁度の半分だが、彼女の投資によって彼らが受け取れる利益の大きさは、それによって彼女の子どもが受け取れる利益の二倍より大きくなりうるからだ。

良い機会なので、人間の女性が中年期にかなり唐突にその生殖能力を失ってしまう現象、すなわち閉経（月経閉止）という奇妙な現象にも一言触れておこう。私たちの野生の祖先たちのあいだで、この現象がそう一般的に見られたとは思えない。その年に達するほど長生きした女性は、さほど多くはなかったと考えられるからだ。とはいえ、女性の生涯におけるこの突然の変化と、男性の生殖能力の漸次的減退とのあいだに見られる差異は、閉経に関して何か遺伝的に「意図されたもの」があること、すなわち、閉経が何らかの「適応」であることをうかがわせる。これを説明するのは少々厄介だ。一見、母親が高齢となるにつれて、子どもの生存はますます難しくなるとはいえ、女性は死ぬまで子どもを産み続けるに違いないと予想しそうである。実際、子どもを産み続けるのは、やってみるだけの価値があるように思われるのではないか。しかしここで私たちは、子どもに比べれば、たとえ半分の度合とはいえ、彼女がその孫たちとも近縁関係にあることを思い出さなければならない。

おそらくはメダワーの加齢の理論（九五頁）とも関連した各種の理由から、自然状態の女性は、年齢を重ねるにつれて子育ての効率が漸減したはずだ。このため、高齢の母から産まれた子どもの平均寿命は、若い母親の子どもの寿命に比べて短かっただろう。これは、仮にある女性が、自分の子どもと孫を同じ日に授かったとすると、孫のほうが子どもより長生きすると予想されることを意味している。自分の産んだ子どもが成体に達することのできる平均確率が、同い年の孫のそれのちょうど二分の一をきる年齢に女性が到達すると、子どもよりむしろ孫のほうに投資させるように仕向ける遺伝子が有利になるだろう。この遺伝子は、孫四人あたり一人の割合で担われるにすぎず、一方それとライバル関係にある遺伝子は、子ども二人あたり一人に担われることになる。しかし、孫の寿命の長さがこの関係を逆転させてしまうため、「孫に対する利他的行動」をうながす遺伝子が、遺伝子プールを牛耳ることとなる。自分の子どもを産み続ける女性は、孫に十分な投資ができなかった。そこで、中年期に繁殖能力を喪失させるように仕向ける遺伝子のほうが次第に増加した。この遺伝子は、祖母の利他的行動によって生存を手助けされる孫たちの体内に担われていたからである。

以上は、女性の閉経の進化に関して考えられる一つの説明である。男性は個々の子どもに対して、女性ほど大きく投資することはない。男性の場合、生殖能力が突然失われるのではなく次第に衰えていく形を取るのは、このためかもしれない。もし男性が若い女性に子どもを産ませることが可能なら、たとえ彼が高齢の男性であっても、孫に投資するより自分の子どもに投資したほうが常に有利であろう。

前章および本章のこれまでの部分では、すべてを親の観点、主として母親のそれから見てきた。親はひいきの子どもを作ると予想されるかどうか、さらにもっと一般的には、親にとって最良の投資策はどんなものか、というのがこれまでの問題だった。しかし、もしかすると個々の子どもは、他の兄弟姉妹と比べて自分が両親からどれくらい多くの投資を受けるかについて、自ら影響力を及ぼすのではないだろうか。たとえ親たちは、子どものうちの誰かをひいきするのを「望まなく」とも、子どもたちのあいだには特別待遇をめぐる確執があるのではないか。しかし、そんな争いは子どもたちにとって有利なのか。もっと厳密に言えば、子ども間に利己的な確執をもたらす遺伝子は、各自が公平な配分量以上は望まぬように仕向けるライバル遺伝子より、遺伝子プールのなかで多数になることはあるだろうか。トリヴァースは「親と子の対立」と題した一九七四年の論文〔172〕で、この問題を見事に分析している。

母親は、すでに生まれているかこれから生まれるかにかかわりなく、彼女のすべての子どもに対して同じ遺伝的近縁度を持っている。したがってすでに述べたように、遺伝的な背景だけを問題にするなら、彼女にはひいきの子どもを作るべき理由は何もない。にもかかわらず母親が実際にはひいきを示すとするなら、その理由は、子どもたちのあいだに年齢その他の要因に依存した平均余命の相違があるためだろう。どんな個体でも同じだが、母親も任意の子どもに対する近縁度のちょうど二倍の近縁度を、「自分自身」に対して持っている。これは、他の条件が等しければ、彼女はその資源のほとんどを、自分自身に対して利己的に投資すべきことを意味している。しかし、他の条件というのが、じつは等しくない。自らの資源のかなりの部分を子どもたちに投資したほうが、彼女の遺伝子に対して母親はもっと良い貢献ができるのだ。その理由は、子どもたちのほうが彼女より若くて無力であり、したがって単位投資量あたりで彼らが獲得できる利益が、それによって彼女自身の得られる利益より大きくなるからだ。かくして、自分を差しおいてもっと無力な個体に投資させようとする遺伝子は、利他的行為者の遺伝子が受益者にごく一部しか共有されていない場合でも、遺伝子プールに広がることができる。動物が親による利他行動を示すのはこのためであり、さらに彼らのあいだに血縁淘汰による利他主義が見られるのも、すべてこの理由に基づいているのだ。

さて、問題を特定の子どもの視点から見るとどうなるか。兄弟姉妹それぞれに対する彼の遺伝的近縁度は、その兄弟姉妹に対する母親の近縁度と同じであり、すべての場合でその値は$1/2$になる。したがって彼は、母親が彼女の資源のいくらかを彼の兄弟姉妹にも投資するよう、望んでいると言える。遺伝的に言うなら、兄弟姉妹に対して彼は、母親とまったく同様な利他的傾向を示すはずである。しかしここでまた、彼の彼自身に対する近縁度が、任意の兄弟姉妹に対するそれのちょうど二倍になっていることが問題になる。このため、他の条件が同一なら、彼は母親が他のどの兄弟姉妹より彼自身に多く投資してくれるようにと望む傾向を示すだろう。この場合、他の条件は実際に等しくなる可能性がありそうだ。仮に、ある子どもとその兄弟が同い年で、しかも両者いずれも、母親の一パイントのミルクで同じ利益を受ける立場にあるとすると、彼はその公平な配分量以上を奪取するよう努力すべきだし、その兄弟のほうも、同じく公平な配分量以上の獲得を目指してがんばるべきだ。母ブタが授乳のために横になると、一番乗りをしようと子ブタたちがキーキー大騒ぎするのを、読者は聞いたことがあるだろうか。あるいは、ケーキの最後の一片をめぐって小さな男の子たちが先を争う様子はどうか。利己的な欲張りは、多くの子どもたちの特徴的な行動のように思われる。

しかしこれで話が尽きるのではない。仮に一口の食物をめぐって私が弟と争っており、しかも弟は私よりはるかに年下のため、その食物によって彼が受ける利益は、私がそれによって受ける利益より大きいとしたらどうか。おそらく、その食物を彼に与えてしまったほうが、私の遺伝子にとっても有利になる。年上の兄弟は、子に対する母親の場合とまったく同じ根拠から、年下の兄弟に対して利他的行動を示すはずだ。先に見たように、いずれの場合でも近縁度は1/2であり、しかもいずれの場合も、年の若い個体のほうが、年上の個体より問題の資源を有効に利用できるはずだからだ。仮に、食物を放棄する遺伝子を私が持っているとすると、まだ赤ん坊の弟が、同じ遺伝子を所有する可能性は五〇%になる。この遺伝子は私の体のなかにある遺伝子だから、それが私のなかにある可能性は、弟の場合の二倍、すなわち一〇〇%なのだが、私がその食物を必要とする緊急さは、弟の場合のそれの1/2より小さくなりうる。以上を一般的に言い直せば次のようになる。各々の子どもは、公平な割当て量以上に親による保護投資を手に入れようとがんばるべきだが、それには限度がある。しかし、どこがその限度なのか。その限度量とは、彼がその分を横取りするために既存の弟妹、および将来生まれる可能性のある弟妹の被る損失が、彼の得る利益のちょうど二倍になってしまう量のことだ〔訳者補注2の(4)式より明らか〕。

次は、離乳の時期をいつにすべきかという問題を考えてみる。母親は、次の子どもを育てるのに備えて現在世話をしている子どもへの授乳を打ち切ろうとするだろう。一方、現に世話を受けている子のほうは、まだ離乳したくないとがんばるに違いない。ミルクは便利で手間のかからぬ食物であり、彼は親元を離れて、自分で働いて生計を立てようとは望まないからだ。より正確に言えば、彼は最終的には、たしかに親元を離れて自活しようとする。ただしそれは、自分が親元に居座っているより、そこを去って母親が彼の小さな弟妹を自由に育てられるようにしたほうが、彼自身の遺伝子にとっても有利になるような時点が来てからの話だ。単位量のミルクによって子どもが受ける相対的な利益は、子どもの年齢が高くなるほど小さくなる。子どもが大きくなるに従って、彼の要求量のなかで単位量のミルクが占める割合は小さくなっていき、一方、強制された場合にうまく自活する能力は、だんだん増大していくというのがその理由だ。つまり、年上の子どもが、幼い子どもに投資しえたはずのミルクを一パイント飲んでしまうと、彼が母親から奪ってしまう親による保護投資の量は、幼い子どもがその一パイントを飲んだ場合より相対的に大きくなる。子どもが大きくなっていくと、やがて、彼に対する給餌を中止して、代わりに新しい子どもに投資したほうが母親にとって有利になる時期が訪れる。この時期よりいくらかあとには、今度は年上の子どもの遺伝子自身も、離乳によって有利となる時期が来るだろう。一パイントのミルクが、彼の体内にある遺伝子よりも、彼の弟妹に伝えられているはずのそのコピーたちのほうに、より大きな利益を与えることができ始めるときが、まさしくその時期にあたる〔訳者補注2の(7)式参照〕。

母子間の意見の不一致は絶対的なものではなく、この場合は、時期をめぐる量的な意見の相違である。母親は、子どもの余命や、すでに彼に対して加えられた投資量を勘案しながら、投資量が彼に割り当てられた「公正な」量に達する時点まで、現在世話をしている子どもへの授乳を続けようとする。この時期までは、意見の不一致は存在しない。同様に、将来の子どもたちが被る不利益が、彼の受ける利益の二倍より大きくなったら、以後母親が彼に対して授乳しようとしなくなる点に関しても、母子の意見は一致する。母子間に不一致が生じるのは、中間的な期間についてだ。この期間にあっては、子どもは母親の立場から見た公正な配分量以上に投資を手に入れながら、なおかつ、その結果もたらされる他の子どもたちへの不利益は、まだ彼の得る利益の二倍より小さい。

離乳の時期は、親子間に争いが起こる問題の一例だが、これはまた、ある個体と将来生まれるであろうその弟妹とのあいだの争いの一つと見ることもできる。その際母親は、まだ生まれていない将来の子どもの側に立つというわけだ。しかし、一腹子の兄弟たち、あるいは同巣の兄弟たちのような同年齢のライバル個体のあいだには、母親の投資をめぐってもっと直接的な競争が見られるだろう。この場合も母親は通常、子ども間の競争を公正にさせようと努める。

多くの雛鳥は巣内で親の給餌を受ける。雛たちが大きな口を開けて鳴き声を張り上げると、親鳥は、そのうちの一羽の開いた口のなかにミミズやその他の一口分の食物を放り込む。理想的に言えば、個々の雛が張り上げる声の大きさは、当の雛の空腹の度合に比例すると良い。もしそうならば、最も大きな声を出す雛に常に親が食物を与えさえすれば、子どもらはすべて公正な分配にあずかれるだろう。なぜなら、十分食物をもらった雛は、それほど大きな声を上げなくなるはずだからだ。個体がごまかしをしないなら、少なくとも考えられる最も理想的な状態のもとではそのような事態が出現するはずだ。しかし、遺伝子の利己性という観点に照らせば、個体はごまかしをするはずであり、雛たちは空腹度に関して嘘をつくはずだと予想せざるをえない。しかし、この詐欺行為は次第に激しくなって、明らかに無意味なものになっていくだろう。なぜなら、すべての雛が非常に大きな声を張り上げて嘘をつき合うようになると、結果的に今度はこの大声が標準レベルになってしまい、もはや嘘として通用しなくなるからだ。しかし、このような詐欺行為がなくなっていく可能性はない。声を小さくする方向に進み始めた個体は、給餌量の減少という形でただちに不利を被り、飢え死にする可能性が増すからだ。雛鳥の声が際限なく大きくなりはしないのは、他の理由も考えられる。たとえば、大声は捕食者を惹きつけやすいし、エネルギーの消耗も大きいだろう。

先述のとおり、一腹子のうちの一匹がとくに小さな個体の場合がある。このような子どもは、他の兄弟たちのように元気に食物を取り合うことができず、死んでしまうことも多い。このような子どもは死なせてしまったほうが、実際に母親にとって有利になる場合がある。いったいどんな条件のときにそうなるかは、先にも考察した。直観的に考えると、当の育ちそこねた子ども自身は最後まで努力し続けるはずだと見なす傾向が強いだろう。しかし、遺伝子の利己性理論からは、必ずしもこのような予測は出てこない。育ちそこねた子どもの余命が、小型化、衰弱化によって短くなり、親による保護投資が彼に与える利益が、同量の投資によって他の子どもたちが獲得できる潜在的利益の$1/2$より小さくなりそうであれば、彼は自ら名誉ある死を選ぶべきなのだ。そうすることによって彼は、自己の遺伝子に対して最も大きく貢献するからだ。言い換えれば、「体よ、もし君が他の一腹子仲間よりはるかに小さかったなら、努力を放棄して死にたまえ」という指令を発する遺伝子が、遺伝子プール内で成功をおさめる可能性が高いというわけだ。彼の死によって救われる個々の兄弟姉妹の体には、彼の遺伝子が五〇％の確率で入っており、一方、育ちそこねた彼の体内でその遺伝子が生き残れる可能性のほうは、いずれにしろごくわずかだというのが、その理由である。育ちそこねた子どもの生涯には、回復不可能となる時点があるに違いない。この時点に達しないうちは、彼は努力を続けるべきだ。しかし、そこに達したら、彼はただちに努力を放棄しなければならない。そして自分の体を、一腹子仲間や親たちに食わせてしまったほうがましなはずだ。

ラックの一巣卵数の理論を論じた際には言及しなかったが、当年の最適一巣卵数がいくつか決めかねている親にとっては、次のような戦略が一つの妥当な回答になるだろう。すなわち、彼女が真の最適数だと「考える」卵数より、一個だけ余分に卵を産めばいい。こうしておけば、もしもその年の食物量が予想より良好なことがわかれば、彼女は追加しておいた子どもを育てられる。逆に食物量が予想より少なければ、損な投資を中止にできる。子どもへの給餌を常に同じ順序、たとえば大きさの順にするよう注意すれば、彼女は、余分な一羽、おそらくは発育不全の子をすみやかに死亡させ、彼のために当初の卵黄、あるいはこれに相当する他の形で投資された分以上の過剰な食物の浪費を確実に回避できる。これは、母親の視点から見た場合の発育不全児出現現象の説明となるだろう。彼は、母親が掛けつなぎして投資の損失を防ぐための手段となっており、この現象は多くの鳥類で観察されている。

本書では、動物個体というものが、あたかも遺伝子の保存という「目的」を持って活動する、生存機械であるかのように見なしている。この比喩に従って、私たちは、親子の争い、すなわち世代間の争いを論ずることができる。これは、両者があらゆる手を打って展開する陰険な闘いである。子は親を騙す機会を逃しはしない。彼は実際以上に空腹なふりをしたり、あるいは実際より幼いふうを装ったり、さらには、実際以上の危険にさらされているように見せかけたりするだろう。親を物理的におどすには、彼は小さ過ぎるし弱過ぎる。しかし彼には嘘、詐欺、ぺてん、利己的利用など、自由に使える心理的な武器がある。彼はそれらの武器を、遺伝的近縁度による許容限度を超えない範囲の血縁者に対して駆使する。一方親たちは、詐欺やぺてんに対して警戒する必要がある。これは一見簡単なことのように思えるかもしれない。空腹度について子が嘘をつきがちなことを仮に親が知っているとすれば、親は、子に一定量の食物しか与えず、たとえ子が騒ぎ続けたとしても、それ以上は給餌しないという手段を講じることができる。この手段を取る際に問題となる一つの点は、子が嘘をついていなかった場合に、もし給餌を受けなかったがために彼が死亡するようなことになれば、その親は貴重な遺伝子のいくばくかを失ってしまうことだ。野鳥はほんの数時間食物を与えられなかっただけでも、死亡することがある。

A・ザハヴィは、子どもがとてつもなく悪魔的な恐喝をする可能性があると指摘している。彼によれば、子は捕食者をわざわざ巣に引きつけるよう鳴き喚《わめ》くことがあるというのだ。その子どもは、「キツネさん、キツネさん、ぼくを食べにおいで」と「言っている」のである。子の鳴き喚くのを止めさせるために親が取る唯一の手段は、彼に食物を与えることだ。かくして彼は公正な分配量以上の食物を手に入れるわけだが、彼自身も何がしかの危険を覚悟する必要がある。この容赦のない戦術の原理は、身代金が与えられなければ自分もろとも飛行機を爆破するとおどすハイジャック犯のそれと同じだ。しかし、このような戦術が進化の途上で選択されるなどということがありえただろうか。これに関して私は懐疑的だ。別にその戦術が極端だからというのではない。私には、恐喝する側の子どもが、その戦術によって利益を得るなどとはとうてい考えられないからだ。実際に捕食者が現れたら、非常に困った事態になるのは彼自身だ。ザハヴィは一人っ子の場合を考察したのだが、そこではその戦術の不利さがはっきり理解できる。母親がたとえどれだけの投資を彼に与え済みだとしても、彼女は子どもの遺伝子を半分しか共有しておらず、したがって彼自身にとっての彼の命のほうが、母親から見た彼の命より依然として高価なはずだからだ。さらに、たとえその恐喝者に兄弟があり、そのか弱い雛たちがすべて同一の巣内にいるとしても、その戦術が彼に有利となることはあるまい。恐喝者となる子どもは、自己自身に一〇〇%分だけ賭けていると同時に、彼の戦術によって危機に見舞われる兄弟のそれぞれにも五〇%分ずつ遺伝的な「元手」を賭けているからだ。ただし、有力な捕食者が、巣のなかの雛のうち最大の個体だけを捕食するという習性を示す場合になら、ザハヴィの理論にも活躍の余地はありえると思われる。この条件下でなら、小さな個体が大きい危険にさらされる心配はなく、したがって彼は、捕食者をおびきよせるおどしを使って利益を得ることができるかもしれない。これは、自分を爆破すると言っておどす手法より、兄弟の頭にピストルを突きつける手法に似ている。

カッコウの雛は、捕食者をおびきよせる恐喝戦術で利益を得るかもしれない。これは先に述べた例よりも真実味がありそうだ。よく知られているようにカッコウの雌は、いくつかの「里親」の巣に一個ずつ卵を産み落とし、それと気づかぬ里親たち（まったく別種の鳥）に自分の雛を育てさせる。このためカッコウの雛は、乳兄弟たちには遺伝的元手をいっさい賭けていない（カッコウの仲間には、乳兄弟を持たない種《しゅ》がある。そうなってしまう不吉な理由についてはのちほど触れる。当座は、雛の時に乳兄弟たちと同居するような種類のカッコウを扱うものと仮定しておく）。カッコウの雛が捕食者を誘引できるほどの大声を張り上げるとすると、彼は自分の命という大きな犠牲を払う可能性があるが、しかし里親は、さらに大きな犠牲を強いられる可能性がある。もしかすると彼女は、雛を四羽も失うことになる。したがって、カッコウの雛を黙らせられるのなら、それに特別たくさんの食物を与えるほうが里親にとっては有利になる。そしてこうなれば、大声を上げることは、カッコウの雛にとって有利になりうる。捕食者に襲われる危険より、多量の食物を得ることによる利益のほうが大きくなるかもしれないからだ。

さて、このあたりで、尊重すべき遺伝子レベルの用語に問題を訳し戻しておくのが賢明だろう。主観的な比喩に押し流されていないことを再確認するためだ。カッコウの雛は「捕食者よ、捕食者よ、こっちへ来てぼくとぼくの乳兄弟を捕まえろ」と大声を上げることで、里親を恐喝するのだという仮説を立てたわけだが、実際これは何を意味しているのか。遺伝子レベルの用語でその意味を示すと、次のようになる。

カッコウの雛が大声で騒ぐと、里親が彼に餌を与える確率が増した。このため、大声で鳴くように仕向ける遺伝子は、カッコウの遺伝子プール中で数を増した。雛の鳴き声に対して里親が餌を与えるという形で反応したのは、このような反応を示すように仕向ける遺伝子が、すでに里親の遺伝子プール内に広がっていたからだ。その遺伝子が里親に広がったのは、鳴き喚くカッコウの雛に余分の食物を与えなかった個々の里親たちが、カッコウの雛に実際に余分の食物を与えたライバルたちより少数の子どもしか育てられなかったからだ。カッコウの声が捕食者を巣におびきよせたのが、その理由である。カッコウに大声を上げさせない遺伝子は、大声を上げさせる遺伝子に比べて捕食者の腹のなかに収まってしまう可能性は小さかっただろう。しかし、前者は余分の食物を与えられないという形でもっと大きな失点を被った。大声を上げさせる遺伝子は、今述べたような理由でカッコウの遺伝子プールに広がったのだ。

今述べたのと同様な遺伝子論議で、先のやや主観的な論議をさらに辿ってみると、次のようなことがわかるはずだ。すなわち、ここで述べたような恐喝遺伝子は、ある種のカッコウの遺伝子プール内では広がる可能性が考えられても、普通の種の鳥の遺伝子プール内では広がりそうにないということだ（少なくとも、鳴き声が捕食者を誘引する原因となったために恐喝遺伝子が増加する、という可能性はない）。もちろん普通の種にも、大声を上げさせる遺伝子の増加をうながす他の理由があることは先に見たとおりであり、それらの付随的な効果として、ときに捕食者の誘因が生じるかもしれない。しかしこの場合、捕食がもし何らかの淘汰的影響を及ぼすのなら、鳴き声を小さくする方向に作用するはずだ。しかし、仮説的な例として紹介した前述のカッコウの場合には、一見逆説的だが、捕食は最終的に鳴き声をさらに大きくさせるような効果を雛に及ぼす可能性がある。

カッコウあるいは同様に「托卵」習性を持つ他の鳥が、実際に恐喝戦術を採用しているか否かについて、提出できる証拠はない。とはいえ、彼らが残忍さを欠いていないことは確かだ。たとえば、カッコウと同じように他種の巣に卵を産むミツオシエという鳥がいる。この鳥の雛は、先端のとがった鋭利な嘴《くちばし》を持っており、孵化直後、まだ羽毛もなく目も見えず、他の点ではいかにもか弱い身でありながら、その嘴で乳兄弟をめった切りにして殺してしまう。兄弟を殺してしまえば、餌をめぐって競合する心配はないというわけだ。英国で一般的に見られるカッコウは、これとは少し違う方法で同じ目的を達している。卵の期間が短いので、そのカッコウの雛は乳兄弟たちより早く孵化する。孵化した雛は、その直後、手当たり次第かつ機械的とはいえ、おそるべき効果を持った方法で他の卵を巣から放り出す。彼は卵の下にもぐり込み、それを背中のくぼみにうまく合わせる。次いで二枚の小さな翼で卵のバランスを取りながら、後ろ向きにゆっくりと巣壁をよじのぼり、卵を地面へ突き落とすのだ。彼は残りのすべての卵についても同じことを繰り返し、ついには巣と、里親の関心とを独占するのである。

この一年のあいだに私が学んだ最も面白い事実の一つは、スペインのF・アルバレス、アリアス・デ・レイナ、H・セグラの報告したツバメの話だ。彼らは、カッコウの犠牲者となる可能性を持つ里親たちが、侵入者であるカッコウの卵や雛を検出する能力を持っているかどうかを調べているところだった。一連の実験のなかで彼らは、カッコウの卵と雛をカササギの巣に入れてみたことがあった。その際比較のために、ツバメをはじめとする他種の卵や雛をカササギの巣に入れた。あるとき、彼らはツバメの雛を一羽カササギの巣に入れてみた。翌日彼らは巣の下の地面にカササギの卵が一つ落ちているのを発見した。卵は割れていなかったので、彼らはそれを拾って元の巣へ戻し、何が起こるか観察した。彼らが見たものは、まさに驚くべき出来事だった。ツバメの雛が、カッコウの雛とまったく同じ動作でカササギの卵を放り出したのだ。彼らは落ちた卵をもう一度元に戻してみた。するとまったく同じことが繰り返された。ツバメの雛が採用した方法は、卵を背中にのせて小さな翼のあいだでバランスを取り、巣の壁面を後ろ向きによじのぼって卵を外に転落させるというもので、カッコウと同じ方法だった。

この驚くべき観察に、アルバレスらが説明を与えようとしなかったのは賢明だったのかもしれない。そんな行動がツバメの遺伝子プールのなかで進化するなどということは、いったいどうしたら可能なのか。当の行動はツバメの普段の生活の何らかの側面に対応しているのだろう。しかし気がついたらカササギの巣のなかにいたというのは、ツバメの雛にとって尋常なことではない。正常な場合、彼らが自種以外の巣内で発見されることなどけっしてないのだ。それなら、問題の行動は逆にカッコウに対抗する手段として進化した一つの適応なのだろうか。カッコウに対する対抗策として、武器でカッコウをやっつけるように仕向ける遺伝子が、自然淘汰によってツバメの遺伝子プール内に広がったということなのか。しかし、通常ツバメの巣がカッコウの寄生を受けることがないのは事実と思われる。もっとも、ひょっとするとこの説明が正しい可能性もある。この説に従えば、アルバレスらの実験に供されたカササギの卵は、カッコウの卵と同様にツバメの卵より大型なため、カッコウに対すると同じ扱いを偶然受けてしまったことになるだろう。しかし、もし仮にツバメの雛が、正常なツバメの卵とそれより大型の卵を区別できるのであれば、母ツバメもおそらく同じ能力を持つはずだ。もしこの説が正しいなら、カッコウの卵を放り出す役をなぜ母親が引き受けないのか。卵を放り出す仕事は、雛より母親のほうが楽にこなせるはずではないか。雛ツバメの示した行動は、本来腐った卵やゴミを巣から放り出すのに役立っているのだという考えかたも、一つの説明となるが、これに対しても先に述べたとまったく同じ反論があてはまる。すなわち、この仕事も母親のほうがうまくこなせるはずであり、実際そうなっている。卵を放り出す作業は厄介で技術のいる仕事だ。親ツバメのほうがはるかに楽々とこれをこなせるはずなのに、実際には、ひ弱な雛のほうがその作業にあたっている。これから結論すれば、親の立場から見ると、その雛は無駄なことをしていると言わざるをえないではないか。

正しい説明は、カッコウなどとはまったく関係がないこともありうると、私には思われる。恐ろしい話かもしれないが、ツバメの雛の相互間には次のような関係があるかもしれないではないか。最初に生まれた雛は、次に孵化してくる弟妹たちと、親による保護投資をめぐってやがて競争することになる。それならば、彼はその生涯の初仕事として、まず他の卵を一つ巣から放り出しておいたほうが得だと言えるかもしれない。

ラックの一巣卵数理論は、親の立場から見た最適卵数を問題にしている。仮に私が母ツバメだとすると、私の立場から見た最適一巣卵数は、たとえば五個ということになる。しかし仮に私が雛のほうだとすると、この立場から見た自分を含む一巣卵数の最適値は、前者の場合より小さくなるだろう。親にはある一定量の保護投資が可能であり、彼女はそれを五羽の雛に、それぞれ均等に分配「したいと望んでいる」。しかし、個々の子どものほうは、それぞれ1/5の割り当て分以上の投資をせがむ。とはいえカッコウの場合とは異なって、個々の雛は、親による保護投資の独占までは望まない。彼は他の雛たちと血縁関係にあるからだ。卵を一つ放り出してしまうだけで、彼は親の投資の$1/4$を獲得できることになり、もう一つ放り出すことにすれば投資の$1/3$をわが物にできる。遺伝子の言葉に翻訳すると、兄弟殺しをうながす遺伝子は、兄弟殺しをする当の個体の体のなかには一〇〇%の確率で存在するが、彼の犠牲となる個体のなかには五〇%の確率でしか存在しない。兄弟殺しをうながす遺伝子が遺伝子プール中に広がりうる理由はここにあるのだ。

　兄弟殺し説に対する第一の反論の根拠は、実際にそんなことが起きているというのに、その悪魔的所業をこれまで見た者が一人もいないという信じがたい点にある。これに関しては、私にも読者を納得させられるような説明は思いつかない。ただし世界各地には、品種を異にするツバメが見られる。スペインのツバメは、いくつかの点で、たとえばイギリスのツバメとは異なっていることが知られている。しかもこのスペインの品種に関しては、イギリスのツバメに関する研究と同程度の詳細な調査はまだ成されていない。であれば、スペインのツバメでは実際に兄弟殺しが横行しているのだが今まで見落とされているという可能性も考えられなくはない。

　兄弟殺しの仮説などという一見荒唐無稽な考えをここで提示した理由は、一般的な論点を一つはっきりさせておきたいからだ。つまり、カッコウの雛が示す無慈悲な行動は、どの家族にも見られるはずの事態の、一つの極端な例にすぎない。カッコウの雛とその乳兄弟との関係に比べれば、同じ両親を持つ兄弟間にははるかに濃い血縁関係があることは明らかだが、それは単に程度の差だ。あからさまな兄弟殺しが進化する可能性があるとまでは信じ切れないかもしれない。しかしこれより程度の弱い利己性の諸例は、子どもの得る利益が、兄弟姉妹〔の子ども〕への被害の形で彼が被る損失の二分の一倍より大きくなる条件下でなら、数多く見られるはずだ〔訳者補注2参照〕。その種のケースでは、離乳時期の例で見たように、親子間の利害が実際に対立する。

親子間の争いにおいて勝つのはどちらか。R・D・アレグザンダーは、彼の発表した興味深い論文のなかでこの問いに一つの一般解があるはずだと主張している。彼は、常に親が勝つはずだと言う。[*2]もしこの主張が正しければ、読者が本章を読んだのは時間の無駄だったことになる。アレグザンダーが正鵠《せいこく》を射ていると仮定すれば、興味深い事項がたくさん派生してくる。たとえば利他的行動は、子ども自身の遺伝子が受け取る利益のゆえではなく、単に親の遺伝子の受け取る利益だけを理由としても、進化することとなる。この場合、利他的行動を進化させる原因は、単純明快な血縁淘汰ではなく、アレグザンダーが「親による子の操作」と呼ぶ別の要因だ。ここで重要なのは、アレグザンダーの議論を検討して、私たちはなぜ彼の主張が誤っていると考えるのか、その点を確認しておくことだ。本来この作業は数学的に扱われるべきものだが、本書では数学を前面に押し出すのを避けている。それでもアレグザンダーの主張のどこが誤っているかについて、直観的な説明を与えることは可能だ。

彼の主張の基底にある遺伝的な論点を紹介するために、彼の文章を一部省略した形で引用しておく。「仮にある子どもが（……）親による利益配分を彼に有利なように偏らせてしまい、その結果、母親の繁殖成績を全体としては減少させてしまうとしよう。子どものときに、個体の適応度を先に述べた手段で上昇させるような遺伝子は、親になった際には、今度は先の上昇分以上に自分の適応度を減少させる羽目に陥るしかないだろう。そのような突然変異個体の子どもたちのなかには、その突然変異遺伝子が一段と多く存在することとなるからだ」。アレグザンダーが新たな突然変異遺伝子《ミューテーター》を考えている点は、ここでの論議にとって別に本質的な問題ではない。もっとも、両親の一方から伝達されるまれな遺伝子という形で考えたほうがよいとは思われる。「適応度」というのは、繁殖の成功度を指す、特殊な専門的意味を持った用語である。アレグザンダーの基本的な論旨は次のようなものだ。子どもの時期に、親の繁殖成果の総量の足を引っぱる形で、公平な配分量以上の投資をわがものとするように仕向ける遺伝子は、たしかに自己の生存確率を増すことができるだろう。しかし彼は自分が親になった際に、これを贖うことになるはずだ。なぜなら、同じ利己的な遺伝子は彼の子どもたちに伝えられ、そのことによって彼の繁殖成果は、全体として減少するからだ。仕掛けた罠に自分が落ちるというわけだ。つまり、その利己的遺伝子は結局繁栄できず、したがってこの争いに勝つのは、常に親のはずだ。

　しかし私たちは、この主張には即座に疑念を呼び起こされるはずだ。その論議が、ありもしない遺伝的非対称性を前提として組み立てられているからである。アレグザンダーが「親」と「子ども」という言葉を用いる際には、彼は両者のあいだにあたかも基本的な遺伝的差異があるかのように語っている。先にも見たように、親と子のあいだには、親のほうが子どもより年を取っているとか、子どもは親の体から産み出されるとか、事実上の差異は存在するものの、基本的な遺伝的非対称性は本来存在しない。いずれの側から相手を見ても、近縁度は五〇％だ。私の趣旨を明らかにするべく、先に挙げたアレグザンダーの文章を、そのなかの「親」「子ども」とその他いくつかの関連した言葉を置き換えて、もう一度示してみよう。「仮にある親が、子に対する利益配分を均等にさせるように仕向ける遺伝子を持つとしよう。親のときに個体の適応度を先に述べた手段で上昇させるような遺伝子は、子どもだったときには、先の上昇分以上に自分の適応度を減少させる羽目に陥るしかなかったであろう」。いかがだろうか。この場合はアレグザンダーとは正反対の結論が出る。つまり、親子間のあらゆる争いにおいて、勝つのは常に子どものほうになってしまう。

明らかに何かが間違っている。いずれの議論も単純過ぎるのだ。私が裏返しの引用をして見せたのは、アレグザンダーと逆の結論を証明するためではなく、単に、勝手な非対称性を仮定したこの手の論議が成立しえないことを示すためにほかならない。アレグザンダーの論議も、それをひっくり返して見せた私の論議も、いずれも一個体の視点から事態を眺めている点で誤っている。アレグザンダーの場合は、それが親の視点、私の示した例では、それが子の視点となっていた。この種の誤りは、「適応度」という専門用語を使用する際に、きわめて起こりやすいものと私は信じている。私が本書でこの用語の使用を避けた理由もそこにある。進化において、その視点が実際に重要な意味を持つ実体は、ただ一つしかない。それは利己的な存在たる遺伝子だ。子どもの体内にある遺伝子は、成体を打ち負かす能力の点で選択を受けるだろう。一方、親の体内にある遺伝子は、子どもを圧倒する能力の点で選択を受ける。同一の遺伝子が子どもの体と親の体を順に占拠するという事態に、なんら矛盾は存在しない。遺伝子は、利用できるあらゆる手がかりを最大限に活用する方向に淘汰される。遺伝子というものは、現実に与えられた機会をそれぞれに利用する。遺伝子が子どもの体のなかにあるときに利用できる機会というのは、遺伝子が親の体のなかにあるときに利用できる機会とは異なっているだろう。つまり遺伝子の最適方策は、生活史の先に挙げた二つの段階においてそれぞれ異なる。アレグザンダーのように、親の段階における最適方策が、必然的に子どもの段階の最適方策を打ち負かすと想定すべき理由は何もない。

アレグザンダーへの反論は別の形で示すこともできる。彼は、一方では親子の関係に、そして他方では兄弟姉妹の関係に、ありもしない非対称性を暗黙のうちに仮定している。読者はトリヴァースの議論を覚えておられよう。彼によれば、ある子どもが公平な配分量以上の投資を手に入れようと利己的に振る舞うと、これに応じた代価が彼に課せられることになる。すなわち遺伝子を半分ずつ分有する兄弟姉妹を死の危険にさらすことは、彼自身の代価となってしまうのであり、兄弟姉妹に対する横取り行為がある限度内にとどまる理由はここにある。しかし、兄弟姉妹というのは、五〇％の近縁度を持つ血縁者の一つの特例にすぎない。当の利己的な子どもにとっては、彼自身の将来の子どもたちも、彼の兄弟姉妹とまったく同じ「値打ち」を持っている。そのため、公平な配分量以上の資源を横取りした場合に生ずる正味の全代価は、それによって失われる兄弟姉妹だけで測るわけにはいかない。利己的な個体の子どもたちは、兄弟姉妹間で親ゆずりの利己性を発揮するはずであり、このために失われる子どもの数も、実際には先に挙げた代価のなかに組み込まれなければならない。子ども時代に利己性を発揮する個体は、その性格が子どもに引き継がれることによって、長い目で見た場合、繁殖成績を低下させることになるというアレグザンダーの見解は、こうしてみると要点を捉えたものとわかる。ただし、彼の考察から結論されることは、方程式の代価の項には、子どもの損失も加える必要があるというだけのことだ。この点を考慮したとしても、利己的性格によって手に入れることのできる正味の利益が、それによって血縁者に生ずる正味の代価の少なくとも1/2に達するなら、特定の個体は十分利己的に振る舞う可能性があるのだ。この「血縁者」のなかに、兄弟姉妹だけでなく、同様に当の個体の将来の子どもたちも含めればよい。個体は自分の福利を、兄弟のそれより二倍は厚く配慮するはずだ、というのがトリヴァースの設定した基本的前提だった。しかし同時に個体は、自分の将来の子ども一匹に比べても、自分自身を二倍大切にするはずだ。親子の利害対立に際しては、親の側が本来的に優勢だとアレグザンダーは結論したが、それは誤っている。

遺伝的関係に関する先の基本的な論点に加えて、アレグザンダーはもっと実際的な論議も展開している。それらは、親子関係に見られる疑問の余地のない非対称性を論拠としたものだ。親子の関係において積極的役割を演ずるのは、親である。食物を手に入れる努力その他を実際に担当するのは親のほうであり、したがって親は両者の関係を決定する立場にあるというのだ。子は親に比べれば小さく、親をやり込めるわけにはいかない。そこで、もし親が仕事を放棄することにしてしまえば、子はそれに対して大方なすすべがなかろう。したがって、子が何を望もうが、親は自分の意向を子に強制できる立場にあるというのだ。見たところこの議論に誤りはない。この場合、前提とされている非対称性は実在するものだからだ。親は子どもに比してたしかに体が大きく、頑強で世知にも長けていよう。切り札はすべて親が握っているかに見える。しかし子どもも実は、ひそかにエースの切り札を何枚か隠し持っている。例を挙げよう。食物を最も効率良く分配するために、親は、個々の子どもの空腹度をしっかり把握しておく必要がある。もちろんすべての子どもに、ちょうど等分に食物を分配するという手もあるだろう。しかし、考えられる最も理想的な状態のもとでなら、食物を最も有効に利用できる子どもに対しては他の子どもより少し余計に食物を与えるという方策のほうが、前述の方策より効率が良くなるはずである。個々の子どもが親に対して自分の空腹度を伝えるように振る舞うシステムは、親にとっては理想的だ。そして先にも触れたように、どうやらこの種のシステムが進化したように思われる。しかし子どもの側からすると、彼らは嘘をつくことで非常に有利な状態におかれることになる。なぜなら、子どもたち自身は自分の空腹度を正確に知っているわけだが、親のほうは、子どもたちが空腹度を正直に告げているのか嘘なのか、推量で応じるしかないからだ。誇大な嘘なら親も見抜くことができるだろうが、小さな嘘を見抜くのはきわめて難しい。

同時にまた、子どもがどんな様子のとき満足しているのかを知ることは、親にとって有利なことであり、子の側からしても、自分が満足したときにそれを親に伝えられるのは良いことだ。ほほえみや、のどをゴロゴロならすような信号が自然淘汰されたのは、どんな行為が子どもにとって最も有益なのかを親が学習するのを、これらの信号が可能にしたからかもしれない。赤ん坊がほほえんでいる様子や、子ネコがのどをならす音は、(人間やネコの)母親にとっては報酬である。これは、迷路のなかのネズミにとって胃袋に収まる食物が報酬となるのと、まったく同じ意味における報酬だ。しかし、にこやかなほほえみや、のどを大きくならす音がひとたび報酬としての働きを確立してしまうと、子どもはこれを利己的に利用する立場に立つようになる。ほほえみや、のどをならす音を利用して親を操作することによって、子どもは、公正な配分量以上の保護投資を親から引き出そうとするだろう。

つまり、世代間の争いにあたって、親と子のどちらに勝ち目が多いかという問いには、一般的な解答は存在しないのだ。最終的には、子と親がそれぞれに期待する理想的状態のあいだの何らかの妥協という形で決着がつくだろう。この争いは、カッコウとその里親のあいだに見られる争いに類似したものだ。親子の争いの場合、敵対者は互いにある程度の遺伝的利益を共有しており、したがってカッコウと里親の場合ほど対立が激しくないことは確かである。親と子は、一定の限度、あるいはまた一定の感受期間〔訳者補注2(iii)参照〕においてのみ、対立関係を形成する。しかしながら子どもは、自分の親に対して、カッコウが採用しているのと同様な戦術や、詐欺の手法、そして利己的な労働の搾取の手法などを行使するに違いない。もっとも、カッコウの場合には完璧な利己性の行使が予想されるのに引き換え、子が自分の親に対する場合には、その利己性はカッコウほど徹底的にはならないだろう。

本章と、そして配偶者間の対立の問題を取り扱う次章は、現に子どもたちに対して、また相手に対して献身し合っている人間の親たちにとっては、ひどく冷笑的《シニカル》で、それどころか彼らにみじめな感じを抱かせるようなものと受け取られるかもしれない。そこで、私はもう一度ここで、私が意識的な動機について語っているのではないことを強調しておく必要がある。私は、利己的な遺伝子の働きによって、子どもたちが意図的、意識的に親を欺く存在だと主張しているわけではまったくない。もう一度念を押しておくべきことがある。「詐欺や（……）嘘、ぺてん、利己的な搾取（……）などを行使するチャンスを子どもは見逃すべきではない」などという言いかたを私がする場合、「すべき」という言葉を私がある特殊な意味で使っているという点である。私はその種の行動が道徳的で望ましいものだなどと主張しているわけではない。私は単に、そのように振る舞う子どものほうが自然淘汰においては有利に違いなく、それゆえ、野生の動物を観察した場合、家族の内部には詐欺行為や利己的行為が見られるだろうと言っているにすぎない。「子どもはごまかし行為をすべきだ」という表現の真意も、子どもに詐欺行為をさせる傾向を持つ遺伝子が、遺伝子プール内で優位を示すことを指しているだけだ。私の議論から人間的なモラルを引き出すとすれば、次のようなものとなるだろう。私たちは、子どもたちに利他主義を教え込まなければならない。子どもたちの生物学的本性の一部に、利他主義が組み込まれていることを期待するわけにはいかないからだ。

第9章

雄と雌の争い

Battle of the sexes

遺伝子の五〇%を共有し合っている親子のあいだにも利害の対立があるのなら、血縁関係にない配偶者間の争いはどれほど激しくなることか。[*1] 配偶者が共有するのは、同じ子どもたちに対して、互いに同じ五〇%の遺伝子を投資していることだけだ。父親も母親も、同じ子どもたちに投資した五〇%分の遺伝子の福利に関心を向けており、互いに協力して子どもたちを育てるのは、両者いずれにとってもある程度有利なことと言えよう。しかし、もし配偶者の一方が、個々の子どもに対する貴重な資源の投資量を公平な割り当て量以下で済ますことができたとすると、当の配偶者にとってこれは好都合となる。なぜなら、これによって別の配偶者との子作りにまわせる分が増えるので、自分の遺伝子をより多くの子孫に伝えられるからだ。それゆえ、配偶者は相手にもっと多くの投資を強制しようと、互いに搾取し合うものと考えられる。理論的に言うなら、個体というものは、可能な限り多数の異性と交尾して、しかもそのつど子育てはすべて相手に押しつけることを「希望」するはずなのだ（これが生理的な喜びでもあると言っているのではない。ただしそんな可能性もたしかにありそうだが……）。のちに見るように、動物のなかには、実際に雄がそのような習性を示すものもある。しかし、その他の動物では雄も雌と等しく子育ての重荷を背負わされている。性的なパートナーシップを、相互不信と相互搾取の関係として把握することをとくに強調したのはトリヴァースだった。この種の視点は、動物行動学者《エソロジスト》には比較的新しいものだ。性行動、交尾そしてこれに先行する求愛行動などは、相互利益あるいはさらに種の利益のために遂行される本質的に協同的な冒険なのだと考えることに、私たちエソロジストは慣れっこになっていた。

まずは基本に立ち返って、雄性《ゆうせい》、雌性《しせい》の根本的な性質を考えてみよう。第3章で私たちは、基本的な非対称性を強調しないままに性を論じてきた。ある動物が雄と呼ばれ、別の動物が雌と呼ばれることを単純に受け入れただけで、これらの言葉が本来何を意味するかは不問に付していた。しかし雄性の本質とはいったい何か。根本において雌を定義する性質とは何なのか。哺乳類である私たち人間は、ペニスの存在、妊娠、特殊な乳腺による授乳、染色体の様子などの諸特性の総計によって両性は定義されるものと見なしている。ある個体の性を判定するためのこれらの基準は、哺乳類に関してはいずれも十分役に立つ。しかし、動植物一般を対象とすると、今述べた基準は、ズボンを穿くか否かでヒトの男女の判定基準とするのと同じくらい頼りない。たとえばカエルなどは、雌雄いずれにもペニスは存在しない。もしかすると雌雄という言葉に一般的な意味はないということなのかところそれらも単なる符牒《ふちょう》にすぎず、カエルを記述するにあたっても役に立たないのであれば、それらの言葉を放棄するのもまったく随意なのか。もし望むなら、カエルに関しては性1と性2とでも名称を勝手に付けて、性を二つに分ければよいということなのか。ところが、動植物を通じて、雄を雄、雌を雌と名付ける際に使用できる基本的な特徴が一つ存在する。雄の性細胞すなわち「配偶子」は、雌の配偶子に比べてはるかに小型で、しかも数が多いというのがその特徴だ。この点は、動植物いずれを扱う場合にもあてはまる。一方のグループに属する個体は大型の性細胞を持ち、便利のために彼らを雌と呼ぶことにする。他方のグループは便利のために雄と呼ぶことにするが、こちらは小型の性細胞を持っているわけだ。両者の差異は、爬虫類や鳥においてとくに顕著である。これらの動物では、発育する赤ん坊に数週間にわたって十分な食物を供給できるだけの栄養分と大きさが、個々の卵細胞に備わっている。卵が顕微鏡的な大きさでしかない人間においてすら、卵細胞は精子よりはるかに大きい。あとで明らかになるが、他のすべての性差は、この一つの基本的差異から派生したと解釈できる。

たとえばカビの仲間に見出されるように、ある原始的な生物では、ある種の有性生殖は見られるものの、雄性と雌性が存在しない。「同型配偶」というこのシステムは、個体を雌雄に区別することが不可能だ。どの個体も他の任意の個体と交配できる。精子と卵子という二種類の配偶子は見られず、性細胞はすべて同じものであり、同型配偶子と呼ばれている。減数分裂によって造り出された同型配偶子が二個合体することによって新個体ができる。A、B、Cという三個の同型配偶子があれば、AはB、Cいずれとも、またBはA、Cいずれとも合体できる。通常の有性的なシステムではとてもこんな具合にはいかない。もしAが精子で、これがBあるいはCと合体可能なら、BとCは卵子のはずであり、BとCの合体は不可能だ。

同型配偶子の合体の場合には、両配偶子が新個体に寄与する遺伝子が同数なのはもちろん、両配偶子が寄与する備蓄食物の量も同じである。精子と卵子の場合も、遺伝子の寄与数は同じだ。しかし備蓄食物に関しては、卵子の寄与量が精子のそれをはるかにしのぐ。実際この点に関して、精子の寄与は無に等しい。精子の関心は、遺伝子をできるだけ早く卵子に運び込むことに集中している。したがって、父親が子に対して投資した資源量は、受胎の時点で、公平な分担量、つまり五〇%よりはるかに少ない。個々の精子は微小なので、雄は毎日膨大な数の精子を作ることができる。これは、別々の雌を相手にすれば、雄がきわめて短期間のうちに多くの子どもを作る潜在能力を持つことを意味する。しかしこれも、個々の胚が、受精の際に母親から十分な食物を与えられているからこそ可能となるのだ。胚に対する食物供給の必要から、雌が作れる子どもの数には一定の限度がある一方、雄が作れる子どもの数には実質的に限界がない。雄による雌の搾取の出発点はここにある。[*2]

パーカーらは、同型接合的な状態を元にして、そこから前述のような非対称性がいかにして進化し得たかを説明している。すべての性細胞が合体の際の立場を交換することが可能で、しかもほぼ同じ大きさを示していた時代にあっても、なかには他の細胞より偶然少し大型の性細胞があったはずだ。大型の同型配偶子は、平均的なサイズの他の配偶子に比べて、ある点で有利だったのだろう。それに由来する胚は、出発点において他より多くの食物供給を得ることができたため、有利なスタートを切れたはずだからだ。それゆえ、より大型の配偶子を産み出す方向に進化は傾いたのだろう。しかし、そこに罠が一つ待ち構えていた。厳密な意味での必要度を超えた大きさを持つ同型配偶子が進化することによって、それを利己的に利用する道が開かれたと考えられるからだ。平均以下の小型の配偶子を作る個体は、もし彼らの小型の配偶子を確実に大型の配偶子と合体させることができるなら、有利な成果を上げることができたはずである。小型の配偶子の運動性を高め、積極的に大型の配偶子と巡り合えるようにすれば、両者の合体を確実なものにすることができただろう。小型で活発に運動する配偶子を造る個体の有利な点は、それによって多量の配偶子の生産が可能になり、したがって子の数を増やせることにある。自然淘汰は、小型で、しかも大型の配偶子を合体の相手として活発に探しまわるような性細胞の生産に有利に働いたのだ。かくして私たちは二つのかけ離れた性の「戦略」の進化を想像することができる。まず大量投資的な、言い換えれば「実直な」戦略があった。この戦略は、投資量の少ない搾取的な戦略の進化に自ら道を開くことになった。いったん両戦略の分離が始まると、この傾向は一方的に押し進められたであろう。中間的なサイズの配偶子を作る戦略は、大型の配偶子あるいは小型の配偶子を作るもっと極端な戦略に太刀打ちできないために、淘汰上不利になった。搾取的な戦略からはますます小型ですばしこい運動性を持った配偶子が進化していった。実直な戦略の生み出す配偶子は、搾取的な側の配偶子の投資量がますます縮小していくのを埋め合わせるために、どんどん大型化する方向に進化し、しかも搾取的な配偶子のほうがいつも積極的に大型配偶子を追い求めるので、後者はやがて運動性を失ってしまった。個々の実直な配偶子は別の実直な配偶子との合体を「望んだ」に違いない。しかし搾取的な配偶子を締め出そうとする淘汰圧より、搾取的な配偶子にその障害をくぐりぬけさせるように働く淘汰圧のほうが強かったのだ。搾取的な戦略のほうが無駄にしうる手持ちの配偶子が多いため、この進化の争いに勝ち残ってしまった。かくして、実直な配偶子が卵子となり、搾取的な配偶子が精子になったという次第である。

こう見てくると、雄というのはかなり値打ちの低い輩《やから》に思えてくるかもしれない。「種にとっての利益」という単純な考えかたを取るなら、雄は雌より数が少なくなると予想しそうなものだ。理論的には一頭の雄は、雌一〇〇頭くらいのハーレムを相手にするくらいの精子を楽に作れるはずだから、動物集団中の雌の数は、雄の一〇〇倍くらいになってしかるべきではないかというわけだ。別の角度からこれを表現すると、種にとって雄はいっそう「消耗品的」な存在であり、雌はいっそう「貴重な」存在だと見立てられる。種全体という観点から言えば、今述べた見解はもちろん完全に正当だ。しかしここでちょっと極端な実例を引き合いに出しておこう。ゾウアザラシに関するある研究によれば、観察されたすべての交尾例の八八%は、たった四%の雄によって達成されたという。この例だけでなく、他の例においても、おそらく生涯交尾のチャンスはないあぶれ者の独身雄が多数見られている。しかも、これらのあぶれ雄も他の点では普通の生活を送っており、個体群の食物資源を食う際の旺盛さでは、けっして他の成獣に引けを取らない。「種にとっての利益」という観点から見れば、これは由々しき浪費である。あぶれ雄たちは、これでは社会の寄生者と見なされてしまいそうだ。しかし、たとえ雄のうちで実際に繁殖に参加するのが全体のごく一部にすぎない場合でも、雌雄の数は等しくなる傾向がある。ここにも、群淘汰理論が窮地に追い込まれるもう一つの例が見られる。しかし、遺伝子の利己性理論に従えば、これも難なく説明できる。今述べた場合でも雌雄の数が等しくなるという事実にはじめて説明を与えたのは、R・A・フィッシャーだった。

雄と雌がそれぞれどれぐらいずつ生まれるかという問題は、親の戦略をめぐる問題の特殊ケースと言える。自己の遺伝子の生存を最大化しようとする親にとって、最適の子どもの数はどのくらいかという問題を先に論じたが、それとまったく同様に私たちは安定性比について論じることができる。大切な遺伝子は息子にゆだねるのが得か、それとも娘に託すのが得か。ある母親が彼女の持てる資源をすべて息子に投資してしまい、娘にまわす分はなくしてしまったと仮定した場合、ライバルの母親がすべてを娘に投資するとして、さて、将来の遺伝子プールに対する前者の母親の平均的な寄与は、ライバルのそれを上まわるだろうか。息子に対する投資を重く見る遺伝子と、娘に対する投資を重く見る遺伝子とではどちらが増加するのか。フィッシャーの結論によれば、通常の条件下では、安定性比は五〇対五〇になるという。それはなぜかを理解するために、まずは性決定の機構を少しばかり勉強しておく必要がある。

哺乳類の場合、性は次のようにして遺伝的に決定される。卵子はすべて、雌雄いずれにも成長する可能性がある。性を決定する染色体を持ち込むのは精子のほうだ。男性の作る精子の半分は女児を作るX精子で、他の半分は男児を作るY精子である。いずれの精子も同じような外観をしている。両者は、染色体を一つ異にしているだけだ。父親に娘だけを作らせようとする遺伝子は、彼がX精子しか作らないよう仕向けることで、その目的を達成できるだろう。また、母親に娘だけを産ませようという遺伝子は、母親がY精子を選択的に殺す物質を分泌するように仕向けるか、あるいは男性胎児を流産するように仕向けることで、その目的を達成できるだろう。私たちの課題は、進化的に安定な戦略（ESS）に相当するものを性比に関する戦略において見出すことだ。もちろんここで言う戦略という表現は、攻撃性を扱った第5章での場合にも増して、単なる比喩と考えてほしい。個体が文字通りに子どもの性別を選ぶことなどできはしない。しかし今述べたように、いずれか一方の性別の子どもを作らせるように働く遺伝子を想定することは可能である。いま仮に、偏った性比の出現をうながすその種の遺伝子が存在したとする。さて、このような遺伝子のいずれかが、等しい性比の出現をうながす対立遺伝子よりも、遺伝子プール中で多数となる可能性はあるのだろうか。

先に触れたゾウアザラシに、ほとんど娘ばかりを作らせるような突然変異遺伝子が生じたと考えてみよう。個体群中の雄の数に不足は起こらないから、娘たちは難なく配偶者を見つけられるはずで、娘の生産をうながす問題の遺伝子は増加し得たに違いない。これに応じて、集団の性比は雌が多くなる方向へ傾くこととなるだろう。先にも述べたように、たとえ雌が非常に多くなっても、それらが必要とする精子はごく少数の雄で十分まかなえるのだから、種にとっての利益という視点から見るかぎり、今述べた変化は歓迎すべき事柄だ。それゆえ、単純に考えれば、娘の生産をうながす遺伝子はどんどん増加していき、ついには性比が非常に偏ってしまい、わずかに残った雄が全力で努力してやっと雌を扱い切れるといった事態が予測されそうだ。しかし、ここでちょっと見かたを変えて、息子を作るごく少数の親アザラシが、とてつもない遺伝的利益を享受することに注目していただきたい。息子に投資する個体は、数百頭にのぼるアザラシの祖父・祖母になる可能性を十分持っているからだ。娘を専門に産む個体は、おそらく確実に幾頭かの孫を期待できよう。しかし、息子作りを専門とする個体の享受しうる絶大な遺伝的可能性に比べれば、それは無に等しいと言える。そこで、息子を産ませる遺伝子は次第に増加する傾向を示し、振り子は反対方向に振られることになる。

事態を振り子にたとえたのは、説明を簡単にするためだ。実際には、雌の数が雄を圧倒するほど振り子が大きく振れることはない。性比が偏ると同時に、息子を作ろうとする圧力がまたそれを押し戻すからだ。雌雄を同数産む戦略は進化的に安定な戦略であり、この戦略からのずれを生じさせるような遺伝子は、不利を被るからである。

ここまで私は、息子と娘の数で話を進めてきた。これは話を単純にするためで、厳密な議論は、親による保護投資の量という尺度で行なわなければならない。この量には、食物その他親が子に与えられるすべての資源が含まれており、その計量法は前章で論じてある。結論を言うと、親は息子と娘に同量の投資をするべきだ。これは数のうえでも、通常は同数の息子と娘を作るべきであることを意味する。しかし、息子と娘に対する投資資源量が不均等な場合には、偏った性比も進化的に安定となりうる。ゾウアザラシの例を取れば、娘の数を息子の三倍くらいにし、その代わり個々の息子には娘の三倍くらいの食物その他の資源を投資して、彼をスーパー雄に育てるような方策が安定な戦略と言えそうだ。食物をたくさん与えて息子を大きく頑強に育てることによって、親は自分の息子がハーレムというこのうえない賞品を獲得するチャンスを高められるはずなのだ。しかしこれはあくまで特殊な例である。息子に対する投資量は、通常、個々の娘に対する投資量とほぼ同一であり、したがって数で見た性比も基本的には一対一になる。

そこで、平均的な遺伝子は、幾世代も経るうちに、経過時間の約半分を雄の、残り半分を雌の体で過ごすことになる。遺伝子の効果のなかには、一方の性においてのみ発現するものがあり、限性的な遺伝子効果と呼ばれている。ペニスの長さを支配する遺伝子などというものがあれば、これは雄においてしか発現しないわけだが、この遺伝子は雌の体にも乗り込んでおり、そこではまったく別の効果を示すかもしれない。長いペニスを持つ性質が母親から遺伝されるという事態は、おかしなことではない。

雌雄いずれの体に入り込んだにしろ、遺伝子はそこで与えられた機会を最大限に活用するはずである。どんな機会が与えられるかは、雌雄いずれの体に入り込んだかによってかなり異なるだろう。便利な近似法として、ここでまた、個々の生物体は利己的な機械であり、その全遺伝子のために最善を尽くすものと仮定しよう。その種の利己的機械にとっての最善策は、自分が雄か雌かによってまったく異なることがある。簡潔にするため、個体に意識的な目標があるかのように想定する方法をここでも採用することにしよう。これまで同様、これは単なる比喩にすぎないことをしっかり念頭に置いてほしい。実際の生物体は、利己的な遺伝子たちによってやみくもにプログラムされた機械なのだ。

本章冒頭の話題だった、配偶関係を結んだペアの問題に立ち返ることにしよう。雌雄いずれも、利己的機械として同数の息子と娘を「ほしがる」だろう。この点までは両者の利害は一致する。彼らに不一致が生ずるのは、子育ての苦労の矢面《やおもて》にどちらが立つのかという点だ。どの個体も、生存する子どもの数をできるかぎり増やしたがっている。任意の子どもに対する投資量を少なく切り上げることができれば、その分だけ、彼あるいは彼女の作れる子の数は増加する。この好都合な事態に持っていくために利用できる明白な手段は、配偶者がどの子どもにもその公平な分担量以上の投資をするように仕向け、自分はそのすきに別のパートナーと新たな子を作るというものである。この戦略は雌雄いずれにとっても望ましいだろうが、雌がこれを実現するのは雄に比べて困難だ。雌は、大型で栄養をたっぷり含んだ卵子の形ではじめから雄より多く投資しており、このため受胎時においてすでに母親は、どの子どもに対しても父親以上に深く「身を投じて」いる。当の子どもが死んだ場合、彼女は父親より多くのものを失う立場にある。さらにもう一つ、死んだ子の代わりに将来新たに子どもを一頭育てるにしても、失った子どもと同じ段階までそれを育てるために彼女が投資しなければならない量は、父親のそれより多いはずだ。母親が、子どもを父親のもとに残して別の雄のもとへ走るという戦術を取ると、父親のほうも子を棄てるという形で報復しかねない。しかも子を棄てた場合、雄の被る損失は雌に比べればわずかだ。このため、少なくとも子どもがまだ幼いうちは、配偶者の遺棄という事態になるとすれば、父親が母親を棄てるのが普通で、逆はまれである。同様にして雌は、最初ばかりではなく、子の成長の全期間にわたっても雄以上の投資をすることが予想される。たとえば哺乳類の場合、自分の体内で胎児を育てるのも雌、生まれた子どもに乳を与えるのも雌、子の養育と保護の重荷を背負い込むのも雌だ。雌性とは搾取される性であり、卵子のほうが精子より大きいという事実が、この搾取を生み出した基本的な進化的根拠である。

もちろん、父親が勤勉かつ忠実に子の世話をする動物も数多くいる。しかしそのような動物の場合でも、子に対する投資をやや少なめにさせ、別の雌とさらなる子どもを作ろうとさせるような進化的圧力が、ある程度雄に作用しているのはあたりまえと見るべきだ。つまり、雄の体に乗り込んだ際、ライバルの対立遺伝子の指示よりやや早めに配偶者を棄てて別の雌を追わせるように雄を仕向ける遺伝子のほうが、遺伝子プール内で成功する見込みが高いわけだ。この進化的圧力が実際にどの程度強いのかは種ごとで大幅に異なる。ゴクラクチョウの仲間のように、雌が雄の援助をまったく受けず、単独で子育てをする例はたくさんある。一方ミツユビカモメのように、模範的に忠実な一夫一婦的つがいを形成して、雌雄が協力して子育てする例もある。後者のような場合には何らかの進化的な対抗圧が作用してきたものと考えるべきだ。すなわち、配偶者の労働を搾取する戦略には利益と同時に不利益がつきまとっており、ミツユビカモメではこの不利益が利益を上まわっていると考えられる。そもそも、妻子の遺棄が父親にとって有利になるのは、妻が単独で子育てに成功する可能性がある程度認められる場合に限られる。

トリヴァースは、配偶者に遺棄された母親がその後どんな行動を取るのかを考察している。彼女にとって最も有利な手は、別の雄を騙して彼にその子どもを実子と「思い込ませ」て養育させるという方法だ。子どもが胎児でまだ産まれていないうちであれば、この手もさほど難しくはないかもしれない。もちろん、当の子どもは、母親の遺伝子を半分ゆずり受けているが、騙されやすい義父の遺伝子は一切ゆずり受けていない。雄におけるこの種の騙されやすさは、自然淘汰においては非常に不利である。実際自然淘汰は、新しい妻を娶《めと》った直後、継子の可能性のある子どもをすべて殺してしまうような手を打つ雄に有利に働くのだ。このいわゆる「ブルース効果」は、以下のように説明できる可能性が高い。この効果はマウスで知られているもので、雄の分泌するある化学物質を妊娠中の雌がかぐと、流産することがあるという現象だ。雌が流産するのは、以前の配偶者のものとは違う匂いをかいだときに限られている。雄のマウスは、この方法で継子の可能性のある胎児を殺し、しかも新しい妻が彼の求愛に応じられるようにしてしまう。ついでながら、アードリーは、このブルース効果を個体群調節のメカニズムの一つと考えている（！）ことを付記しておこう。ライオンにも似た例が知られている。群れに雄ライオンが新たに加わると、彼はそこにいる子どもをすべて殺してしまうことがあるという。おそらく、その子どもたちが彼自身の子でないためだ。

雄が同じ効果を達成するためには、必ずしも継子を殺さなくてもいい。雌との交尾に先だって、雄は雌に長い求愛期間を強要することができる。この間、雄は他の雄が雌に近づくのを追い払い、しかも雌の逃亡を阻止するのだ。こうすることによって雄は、雌がおなかのなかに小さな継子を宿している可能性を確かめられる。もし継子がいれば雌を棄てればいいのだ。交尾に先だって、雌が長い「婚約期間」を要求したがる理由をのちほど考えるが、雄もまた同様にそれを要求する一つの理由が、ここで明らかになったわけだ。もし他の雄との接触から雌を隔離しておけるなら、長い婚約期間の存在は、雄が、知らずに他人の子どもに恩をほどこす羽目に陥るのを回避する一助になる。

さて、遺棄された雌が新しい雄を騙して継子を養育させるという手段がうまくいかないと仮定したら、雌には他にどんな手が残っているのか。これは、子どもの大きさにかなり左右されるはずだ。子どもがまだ受胎直後の段階だったらどうか。この場合ですら、すでに雌は子どもに対して卵子をまるまる一個投資してしまっているのが事実だし、それ以上の投資もしているだろう。しかしそれにもかかわらず、この場合は、子を流産して大急ぎで新しい配偶者を探すほうが彼女にはまだしも有利かもしれない。雄を騙して継子を養育させられる可能性が雌にはないと仮定しているので、流産は、新郎候補者および当の雌の双方にとって有利なはずだ。これは、ブルース効果が雌の立場から見ても有利であることの理由付けになるかもしれない。

棄てられた雌の選びうるもう一つの手は、あくまで単独で子どもを育て上げることだ。もし子どもが十分大きくなっていれば、この選択はとくに有利であろう。子どもが大きければ大きいほど、子に対してすでに投資された分量は多いわけであり、したがってその子を育て切るために今後雌が投資しなければならない分量は、ますます少なくて済むからだ。たとえ子どもがまだとても幼くて、男手を失った雌が給餌のために今までの二倍も精を出して働く必要がある場合でも、初期の投資を無駄にしないようがんばることは、彼女にとってなお見返りのあることかもしれない。子どもには雄の遺伝子が半分入り込んでいるので、子を棄ててしまえば雄に対して仕返しができるわけだが、これも雌の慰めになりはしない。「意地悪」それ自身にはなんら利点はないからだ。その子どもには彼女の遺伝子も半分伝えられており、雌はこのジレンマに独りで対処する必要がある。

逆説的かもしれないが、棄てられそうになった雌は、雄に見棄てられる前に、先に雄のほうを見棄ててしまうという対策を取ることもできる。たとえ雌のほうがすでに雄より多量の投資を子どもに与えていた場合でも、この対策が雌に有利なことがあるのだ。不快かもしれないが、ある種の状況下では、雌雄いずれにせよ先に相手を棄てた者のほうが有利だ。トリヴァースの表現に従うなら、あとに残された配偶者は過酷な束縛を負わされてしまう。この議論はちょっとおぞましいが、論旨はかなりうまくできている。雌雄いずれにせよ次のような判断を下しうる状況に至ると、相手を見棄てる可能性がある。「この子はもう十分大きくなったから私たちのどちらか一人だけで育て切れそうだ。そこで、相手が子どもを棄てないと確信できれば、ここでおさらばしてしまうほうが私には得なのだろう。もし私が今ここを去ってしまったとする。私のパートナーは彼（または彼女）の遺伝子にとって最善の手を打つしかない。すでに私はどこかへ去ってしまっているのだから、彼（または彼女）は今の私よりもっと苦しい決断を迫られることになるはずだ。私と同じようにどこかへ去ってしまえば、子どもは確実に死んでしまうことをパートナーは「承知」しているはずだ。彼（または彼女）は、自分の利己的な遺伝子にとって最善の道を選ぶに違いない。それなら、先におさらばしてしまうのが私の最善策だ。たしかにこの手がよさそうだ。相手も私とまったく同じことを「考えて」いるかもしれないし、そうだとすれば今にも先手を打って私のほうを棄てにかかるかもしれないのだから」。これまで同様、この独白は単に説明のために示したものにすぎない。あとで子を棄てるようにうながす遺伝子は淘汰上有利になれない、というだけの理由から、はじめに子を棄てるように仕向ける遺伝子が淘汰上有利になりうるという点が、今述べた議論の要点だ。

配偶者に棄てられた場合に雌が取れる手段をいくつか考えてみたが、これらはいずれも不利な事態に善処するという感じのものばかりだった。しかし、雌がその配偶者から搾取される程度を減らすために、自ら先手を取ってできることは何かないのか。彼女には強力な切り札が一枚ある。交尾を拒否できることだ。彼女は引く手あまたの、つまり売り手市場の立場にある。大きくて栄養たっぷりな卵子という持参金を持っていることがその理由だ。うまく交尾に成功した雄は、子どものための貴重な食物源を獲得できる。交尾前の雌は、取引にあたって難題をふきかけることのできる立場にある。しかしいったん交尾してしまえば、切り札は切られてしまう。卵子が雄に提供されてしまうからだ。難題をふきかけた取引という形で雄に対する雌の立場を捉えるのはたいへん結構なことなのだが、いかんせん私たちは、これも一つの比喩にすぎないことを知っている。難題付きの取引に相当するような事態が、自然淘汰によって進化する現実的な方法はあるだろうか。私は代表的な可能性を二つ考えてみたい。一つは、「家庭第一の雄を選ぶ」戦略、もう一つは、「たくましい雄を選ぶ」戦略とでも呼んでおこう。

「家庭第一の雄を選ぶ」戦略のなかで、最も単純な例を考えてみよう。雌は雄をよく調べて、あらかじめ誠実さや家庭的性格をよく見定めるようにする。誠実な夫になるという性格に関して、雄集団のなかには変異が見られるだろう。そんな性質を事前に識別する能力が雌にあれば、しかるべき性質を持つ雄を選ぶことで雌は有利になれるはずだ。これを達成する一つの手は、気難しく、はにかみがちな雌を装うことである。雌が最終的に同意するまで交尾をがまんできないような雄は、誠実な夫になる見込みがない。長い婚約期間を強要することによって、雌はきまぐれな求婚者を除外し、誠実さと忍耐という性格を事前に示すことのできた雄とだけ、最終的に交尾すればよいのだ。事実、雌のはにかみがちな性質は、長い求愛行動あるいは婚約期間とともに、動物たちのあいだではきわめて一般的に見られる。先にも述べたように、雄が騙されて他の雄の子を養育させられてしまう危険のある場合には、長い婚約期間は雄にとっても有利である。

求愛の儀式に際して、雄はしばしばかなりの量の婚前投資をすることがある。雄が巣を完成するまで雌は交尾を拒むこともあるだろうし、あるいは、雄が雌にたっぷり食物を与えなければならないこともある。雌の立場から見て、これが大いに利益になることはもちろんだが、さらにこれは家庭第一の雄を選ぶ戦略の一形態とも考えられる。雌は、交尾に応じる前に雄が子どもに対して多量の投資をするように仕向けることによって、交尾後の雄を、もはや妻子を棄てても何の利益も得られない状態にできるかもしれない。この着想は面白い。恥じらい屋の雌が交尾に応じるのを待っている雄は、代価を支払っていることになる。彼は他の雌との交尾のチャンスを放棄しているわけだし、求愛のために多大な時間とエネルギーを費やしているからだ。特定の雌が最終的に交尾に応じるころまでには、彼は必然的に彼女に深く「かかわってしまう」ことになる。別の雌も、交尾に応じるに先だってこの雌と同様の引き延ばし策を弄することがわかっていれば、雄は当の雌を棄てようなどという浮気心を起こさないのではないか。

別の論文でも指摘したのだが、この問題に関するトリヴァースの議論にはじつは誤りがあった。彼は、過去の投資それ自体が、ある個体の将来の投資のしかたを拘束すると考えた。しかし、この経済学は間違っている。実業家は、「（たとえばの話）コンコルド機にはずいぶん投資したのだから、それをスクラップに回すことはできない」などとはけっして言うべきでない。彼は常に将来の利益を問題にしなければならない。たとえすでにそのプロジェクトに多額の投資をしてしまっているにしろ、ただちに投資を中止してその計画を放棄することが将来の利益につながるなら、そうすべきだ。同様に、雄に自分への多大な投資を強要している雌は、仮にそうすることで雄の遺棄行為を将来にわたって諦めさせることができると思っているのなら、それは無駄だ。今述べた戦略が家庭第一の雄を選ぶ戦略の一つとして成立するためには、もう一つ決定的な前提が必要だからだ。雌のほとんどが、同じ戦略を採用する見込みがなければならないのである。もしも集団のなかにふしだらな雌がいて、妻を棄ててきた雄をいつでも歓迎しているのなら、たとえ子どもに対してどれだけ多く投資済みでも、雄は妻を棄ててしまうほうが得になるだろう。

つまり、事の次第は、雌の大半がどう行動するかにかかっている。雌たちのあいだで結託した共同行為が成立するのであれば、何ら支障はない。しかし雌間の共同行為は、第5章で考察したハト派の共同行為と同様、進化は不可能だ。私たちは、進化的に安定な戦略を探求するしかない。そこで、メイナード＝スミスが攻撃的な争いの分析に用いた方法を、性の争いの問題に応用することにしよう。*3ここでは、雌の戦略を二つ、雄の戦略も二つ考慮に入れる必要があるので、タカ派とハト派の問題を扱った際より事態は少しややこしくなりそうだ。

メイナード＝スミスの分析法に従って、ここでも「戦略」という言葉は、やみくもに動く無意識的な行動プログラムを指している。ここで雌の二つの戦略を、「恥じらい」戦略と「尻軽」戦略、雄の二つの戦略を「誠実」戦略と「浮気」戦略と呼ぶことにしよう。これら四型の行動規律は以下のとおりである。恥じらい型の雌は、雄が数週間にわたる長くて高価な求愛を完了しなければ彼と交尾しない。尻軽型の雌は、誰とでもただちに交尾する。誠実型の雄は長期間求愛を続ける忍耐力があり、交尾後も雌のもとに留まって子育てを助ける。浮気型の雄は、雌がただちに交尾に応じなければたちまちしびれを切らせ、その雌を棄てて別の雌を探しに行く。交尾後は雌のもとに留まって良き父親役を演ずることはなく、新しい雌を求めて去ってしまう。ハト派とタカ派の分析例と同様、考えられる戦略は何もこの四型には限られないが、これらの戦略の挙動を追ってみることは問題の解明に役立つはずだ。

メイナード＝スミスに従って、それぞれの代価と利得に適した仮説的数値を与えておくことにしよう。一般的な扱いをしようと思ったら、それらに代数的な記号を与えておくべきなのだが、数値を使ったほうが理解しやすいだろう。子どもが無事に育った場合、それぞれの親の得る遺伝的利得を(+)15単位としよう。子どもを育てるための代価、すなわち食物、世話に要する時間、子を守るために親の冒す危険のすべてを合計したものは(−)20単位とする。代価は親が支払わなければならないものなので、負の数で表現する。長い求愛で時間を浪費する代価も負になり、この代価を(−)3単位としておこう。

今、恥じらい型の雌と誠実型の雄だけで構成される集団を考えてみる。理想的な単婚社会だ。いずれの夫婦においても、子ども一頭を育てるごとに雌雄はともに同じ平均利得、すなわち(+)15単位を手に入れる。子育ての代価(−)20は等分に分担されるので、雌雄それぞれについて平均(+)10単位が引かれる。長い求愛に費された時間の代価(−)3単位がさらに雌雄それぞれに課せられるので、雌雄それぞれについての最終的な平均利得は(+)2単位(＋15－10－3＝＋2)となる。

さて、この集団に尻軽型の雌が一頭入り込んだとしよう。彼女の成績は抜群だ。長い求愛にふけることがないので、その分の代価を払う必要がないからだ。集団内の雄はすべて誠実型だから、誰と交尾しても相手は子煩悩な父親になると期待できる。子ども一頭あたりの彼女の利得は(+)5単位(＋15－10＝＋5)となり、恥じらい型のライバルより3単位も成績が良い。そこで尻軽型の遺伝子は集団内に広がり始める。

尻軽型の雌が大成功を収めて集団中で優勢になると、雄側に事態の変化が起こってくる。これまでは、誠実型の雄の独壇場だった。しかしここで浮気型の雄が集団中に登場すると、彼は誠実型のライバルより良い成績を上げ始めるのだ。もし集団中の雌がすべて尻軽型であれば、浮気型の雄の成績はじつに目覚ましいものとなる。子どもが一頭無事に育てば彼は(+)15単位を手に入れ、しかも代価のほうは二種類とも払う必要がないからだ。この代価のないことが彼に与える主要な利益は、そのおかげで彼が気ままに雌を棄てて新しい雌と交尾できる点にある。不運な妻たちは、いずれも子育てに孤軍奮闘しなければならない。求愛時間の浪費のための代価を払う必要がないとはいえ、彼女は子育てのための代価(−)20単位をすべて自分で払う必要があるのだ。尻軽型の雌が浮気型の雄に遭遇した場合、彼女の利得はさし引き(−)5単位（＋15－20＝－5）になってしまう。一方、浮気雄はそれによって(＋)15単位も手に入れるのだ。雌がすべて尻軽型から成るような集団では、浮気型雄の遺伝子は燎原の火の勢いで広がっていくだろう。

浮気雄が大成功を収めて集団の雄の大部分を制するに至ると、もはや尻軽型の雌は風前の灯《ともしび》となり、ここでは、恥じらい型の雌が非常に有利になる。恥じらい型の雌が浮気型の雄に遭遇しても交尾には至らない。雌は長い求愛を要求し、雄はこれを拒否して別の雌を探しに行ってしまう。つまり、両者とも時間浪費の代価は支払う必要がないのだ。しかし、子どもも生まれないのだから、両者とも何も利益を得ない。雄がすべて浮気型から成る集団では、恥じらい型の雌の平均利得はゼロになる。ゼロではしかたないではないかと思われるかもしれない。しかしこれは、尻軽型の雌の平均成績である(−)5単位よりはましだ。尻軽型の雌が、浮気雄に棄てられた場合には子を放棄するという決意をしたとしても、彼女にはなお卵子という形で投資したかなりの代価が残ってしまう。かくして、恥じらい型の遺伝子は再び集団中に広がり始めるのだ。

さて、この仮説的なサイクルもそろそろ完結する。恥じらい型の雌が数を増して集団を制するようになると、これまで尻軽型の雌を相手に良い思いをしてきた浮気型の雄はピンチに立たされ始める。雌という雌がいずれも長くて熱烈な求愛を要求するからだ。浮気型の雄は次から次へと雌を替えてみるが、いつも事態は同じだ。もし雌がすべて恥じらい型だと、浮気型の雄の利得はゼロになってしまう。ここで誠実型の雄が出現したとすると、彼こそは、恥じらい型の雌が交尾しようとする唯一の雄となる。彼の利得は差し引き(＋)2単位になるので、浮気型の雄より高成績だ。かくして誠実型の雄の遺伝子が増加し始め、話はひとめぐりする。

　攻撃行動の分析の場合と同じく、私はあたかも限りなく振り子が揺れ続くかのように事態を説明してきた。しかし前例と同様、実際にはそうではないことが証明できる。このシステムは、ある安定状態に収斂していく。[*4]計算をしてみると、雌の$\frac{5}{6}$が恥じらい型、雄の$\frac{5}{8}$が誠実型から成る集団が、進化的に安定になるという結果が出てくる。もちろんこの結果は、はじめに私たちが仮定した恣意的な数値に対応したものにすぎない。しかし、他の任意の数値の組についても、その場合の安定状態を与える各型の比率は容易に計算できる。

　メイナード＝スミスの分析例と同様で、必ずしも二型の雌と二型の雄があると考えなくてもよい。個々の雄がその$\frac{5}{8}$の時間を誠実型、残りの時間を浮気型として過ごし、一方個々の雌も$\frac{5}{6}$の時間を恥じらい型、残りを尻軽型として過ごすなら、前述と同じく進化的に安定な戦略が達成されるはずだ。進化的に安定な戦略をどちらの形式で考えるにしろ意味するところは同様で、以下のようになる。雌雄いずれにせよ適当な安定比率から外れるような傾向を示すと、異性側の戦略の相対比がこれに応じて変化することによってその変異傾向は押し戻され、変異を起こした個体は不利になる。このおかげで、当の進化的に安定な戦略が維持されるのだ。

　つまり、恥じらい型の雌と誠実型の雄が大半を占めるような集団が進化する可能性は大いにあると言える。このような集団においては、家庭第一の雄を選ぶという雌の戦略が実際に効力を発揮していると思われる。ここではもはや、恥じらい型の雌の示し合わせた共同行為などを考える必要はない。恥じらいという性格自体が、雌の利己的遺伝子に実際に利益をもたらすのだ。

家庭第一の雄を選ぶ戦略を、雌が実際に行使する方法はいろいろある。先に指摘したように、彼女のための巣を雄が完成しないうち、あるいは少なくとも雄が巣作りを手伝わないうちは、その雄との交尾を拒否するというのも一つの方法である。実際に、多くの単婚型の鳥では、巣が完成するまで交尾はなされない。その結果、雄は受精の時点においてすでに、安価な精子の分をはるかに上まわる投資を子どもに与えたことになる。

花婿候補者に巣作りを要求するのは、彼を罠にはめるための雌の手段としてたしかに有効だろう。しかし、雄に対して多大な代価を課すものでありさえすれば、たとえその代価がまだ生まれていない子どもにとって利益になる形で支払われなくとも、理論的には同じ効果を発揮するのではないか。集団中の雌が、雄との交尾に同意するに先だって、揃って何か困難でしかも代価の高くつく行為、たとえば竜《ドラゴン》を討ち取ってくるとか、どこかの山に登ってくるというような行為を要求することになれば、これによって雌は、交尾後に雌を遺棄するという誘惑に雄が駆り立てられるのをかなり抑制することが、理論的には可能かもしれない。配偶者を棄てて別の雌を探し、もっと遺伝子を増やしたいという誘惑にかられても、そのためにはもう一頭竜を討ち取ってこなければならないとすれば、雄は思いとどまるだろう。しかし実際には、竜退治や聖杯探しのような思いつき的な仕事を求婚者に要求するような雌はいないだろう。理由はこうである。同様に困難だが、しかし雌と子どものためにはるかに役に立つ仕事を雄に要求した雌がライバルだとすると、雄に無意味な恋の難問を要求したロマンチックな雌は不利になるからだ。竜退治やヘレスポントス海峡を泳ぎ渡ることに比べると、巣造りというのはあまりロマンチックではないかもしれないが、こちらのほうがはるかに役に立つ。

雌の取ることのできる手段として先に指摘したもう一つの例は、雄に求愛の給餌を要求することだ。鳥類の場合、この行動は通常、雌がある種の退行を起こして雛の時期の行動を示しているものと見なされる。雌は、雛が示すのと同様なしぐさをして、雄に餌をねだる。この種のしぐさは、女性のたどたどしい幼児的なしゃべりかたや口をとがらせるしぐさを男性が愛らしく感ずるのと同様、雄鳥には抗し難い魅力があるのだと考えられてきた。この時期の雌は大きな卵を造り出す仕事に必要な栄養をため込んでいる最中で、手に入る食物ならいくらでもほしいのだ。雄の求愛給餌は、おそらく、雄の卵自体に対する直接投資を意味するのだろう。つまり求愛給餌は、雌と雄とが最初に子どもに対して施す投資量の格差を縮める効果を持つのである。

昆虫やクモのなかにも求愛給餌の現象を示すものがあるが、これらのなかには別の解釈があてはまりそうなことが非常にはっきりしている例がある。たとえばカマキリの場合、雄は大型の雌に食われてしまう危険にさらされているので、雌の食欲を減らすのに役立つことなら、何であれ雄には有利なはずだ。不運な雄カマキリは身をもって子どもに投資すると言えるわけだが、ここにはなんとも気味の悪い感じが漂っている。彼の体は、食物として利用されて卵子の生産を助けるが、この卵子は、彼の死後、雌の体内に貯えられていた彼の精子によって授精されるからだ。

雌が家庭第一の雄を選ぶ戦略を行使する際に、雄の誠実さを単に外観だけで事前に見きわめようとすると、逆に騙される可能性がある。非常に誠実な家庭第一型を装いながら、じつは仮面の下に雌の遺棄や不誠実さへの強い傾向を隠し持った雄がきわめて有利になるからだ。棄てた前妻たちに子どもを育て上げられる可能性がある程度存在するなら、この不誠実型の雄はまじめな夫であり、かつまじめな父親であるライバル雄より多くの遺伝子を子孫に伝えられる立場にある。したがってこのような場合、雄がうまく雌を騙すように仕向ける遺伝子は、遺伝子プール中で有利になる傾向を示すはずだ。

しかしもう一方で自然淘汰は、この種の欺瞞を上手に見抜く能力を身につけた雌に有利になるようにも働く。雌が雄の欺瞞を見抜くうえで役立つ一つの手は、雄の最初の求愛の際には特別気難しく振る舞っておいて、その後繁殖期を重ねるたびに、同じ雄の求愛に対しては次第に速やかに応じるようにしていくことだ。この手段が実行されると、初めて繁殖に参加できる年になった若雄は、彼が欺瞞屋なのか否かに関係なく、自動的に不利を強いられることになるだろう。もちろん、初めて繁殖に参加した若雌の産む子どもには、不誠実型の父親に由来した遺伝子が比較的多く含まれる傾向があるかもしれない。しかし次年度以降に雌が産む子どもに関しては、誠実型の父親の遺伝子のほうが優勢である。誠実型の雄は、二回目以降は、初回と同じような時間とエネルギーの多大な消耗をともなう長々とした求愛儀式をもはや必要とせずに済むからだ。集団中の個体の大半が、若雌ではなく繁殖経験のある母親の子どもだとするなら——寿命の長い動物ならこの仮定は妥当だ——まじめな良き父親を作り出す遺伝子が遺伝子プールを制するだろう。

話を単純化するために、雄には純粋な誠実型とまったくの欺瞞屋型の二型しかありえないかのように説明してきた。しかし実際には、どの雄も（いや雄に限らずすべての個体が）少々欺瞞的性格を持っており、配偶者を搾取する機会を見逃さないようプログラムされているのだと見たほうが当たっているだろう。パートナーの不誠実を見破る能力は自然淘汰によって鋭敏に研《と》ぎ澄まされているので、派手な欺瞞は影を潜めているのだ。不誠実によって利益を得る度合は、雄のほうが雌より上である。したがって、雄が子に対してかなりの利他的保護行動を示す動物の場合であっても、雄の努力は雌のそれよりやや弱めで、しかも雄は逃亡の傾向を雌よりやや強く示すものと予測すべきだろう。これは、鳥や哺乳類にあってはたしかに一般的に見られる事態だ。

ところが、雌よりも雄のほうが実際に多大な努力を子の保護に向ける動物もいる。このように父親が子のために献身する例は鳥や哺乳類ではきわめてまれだが、魚ではそれがかなり一般的に見られる。これはいったいなぜか。[*5] これは遺伝子の利己性理論にとっては一つの難題であり、私も長いあいだこの疑問に悩まされてきた。しかし最近T・R・カーライル嬢が巧妙な解答を一つ私に個人教授してくれた。彼女は先に触れたトリヴァースの「過酷な束縛」のアイディアを援用して、次のように考えたのである。

大半の魚類は交尾をせず、その代わり、単に生殖細胞を水中に放出する手段を取る。受精はパートナーの体内ではなく、水中で行なわれるのだ。有性生殖が初めて出現した際にも、これに似たことが起きていただろう。鳥や哺乳類、爬虫類等の陸上動物はこんな形で体外受精をするわけにはいかない。彼らの生殖細胞が乾燥で損なわれてしまうからだ。そこで運動能力を持った雄の配偶子、精子が、雌の湿った体内に送り込まれる。以上は単なる事実の確認である。カーライル嬢のアイディアはここからだ。交尾のあと、陸生動物の雌はしばらくのあいだ体内に胚を抱えることになる。たとえ雌が交尾直後に受精卵を産むとしても、雄には先に逃げ去って雌をトリヴァースの「過酷な束縛」に陥れるに足る時間が与えられている。つまり雄には、雌の選択を封じて先に雌を棄てる決断を下せる機会が、必然的に与えられるのだ。子どもを棄てて死に至らしめるか、それとも留まって子育てをするか。この決断はすべて雌に押しつけられてしまう。陸生動物の子の保護を父親より母親が担うケースが多い理由はここにある。

しかし、魚をはじめとする水生動物では、事情がまるで違う。雄が雌の体内に精子を送り込まないのなら、雌が「子をお腹に抱えて」取り残される必然性はない。受精したばかりの卵を相手にまかせて、さっさとおさらばを決め込むことが雌雄どちらにも可能になる。しかしこの場合、しばしば雄のほうが棄てられる側にまわる羽目になる理由が一つ考えられる。どちらが先に生殖細胞を放出するかをめぐって、進化的な争いが起こる可能性がある。先に生殖細胞を放出した個体は、受精した胚を相手に押しつけられる点で有利だが、同時に、パートナーの候補者が求婚に応じてくれないかもしれないという危険を冒すことになるからだ。この点では雄のほうが危険度が高い。単に、精子のほうが卵子より軽くて拡散しやすいという点だけを考えてもそう言える。雌のほうは、雄の準備がまだ整わないうちにあせって卵を放出したとしても、たいした問題にはならない。卵は比較的大きくて重いので、しばらくはちゃんとひと塊《かたまり》になってそこに留まっているに違いないからだ。したがって、雌魚のほうは、早めに産卵する「危険」を冒すことが可能である。雄魚はこの危険をあえて冒すわけにはいかない。雄があせって精子を放出してしまえば、雌がその気になる前に精子は散逸してしまうだろう。そうなればもはや雌は産卵するまい。卵を産んでも何の益もないからだ。散逸の問題があるために、雄はまず雌が産卵するのを待ち、しかるのちに卵に精子をふりかけるしかない。しかしそのおかげで雌は、実に貴重な数秒間を手に入れることができた。そのあいだに姿をくらまして、子どもを雄に押しつけ、彼をトリヴァースのジレンマに突き落とすことができるのだ。ご覧のとおりこの理論は、父親による子の保護がなぜ水中では普通に見られて、乾いた陸上ではまれにしか見られないのかを手際良く説明している。

魚の話はこれまでにして、雌の採用しうるもう一つの主要な戦略「たくましい雄を選ぶ」を取り上げることにしよう。この方針を採用している種では、雌は彼女の子どもたちの父親から援助を受けることを結果的には諦めてしまっており、その代わり、良い遺伝子を得ることに全力を傾けている。ここでもまた雌の武器は交尾を許さないことである。彼女たちは相手かまわず交尾を許したりはしない。雄に交尾を許す前にあらゆる注意を集中して相手を選別しようとするのだ。雄のなかには、他の雄より明らかに多くの優れた遺伝子を持った個体がいる。彼らの優れた遺伝子は、息子と娘の双方の生存に利益をもたらすに違いない。外観上の手がかりを頼りにして、雌が何らかの方法で雄の持つ優れた遺伝子を検出できるとするなら、彼女は自分の遺伝子に父親の良質な遺伝子を合体させることによって、自らの遺伝子を有利にすることが可能なはずだ。第3章で述べたボートチームの比喩を使って説明するなら、へたな選手たちといっしょにして自分の遺伝子の足が引っぱられるような羽目に陥る可能性を、雌は最小にすることができる。彼女は自分の遺伝子にとって有利なクルーメイトを精選できるのだ。

選択基準となる情報をすべての雌が共有する結果、どの雄が最高かという点でほとんどの雌が同じ結論に達してしまう可能性もある。おかげで、ごく少数の幸運な雄がほとんどの交尾に関与することになるかもしれない。個々の雌に対して雄が提供しなければならないのは、いくばくかの安価な精子にすぎないので、雄は楽にその仕事をこなすことができる。ゾウアザラシやゴクラクチョウでは、このような事態が生じているものと考えられる。雌は、ごく少数の雄にだけ、あらゆる雄の羨望の的《まと》である理想的な利己的搾取戦略の行使を許しているわけだが、同時に雌は、その贅沢が最良の雄にだけ許されるよう、常に注意している。

自分の遺伝子の合体相手にするべき優良遺伝子を見つけ出そうと努力している、雌の立場を考えてみよう。彼女はいったい何を目印にそれを探すのか。彼女の探し求める目印の一つは、生存能力の証《あかし》である。もちろん彼女に求愛する雄は、いずれも少なくとも成体に達するまでの生存能力は明らかに証明しているわけだが、だからといってこの先さらに長生きできることは証明できていない。そこで雌とすれば、年を取った雄を相手に選ぶのが大いに有利な策となるかもしれない。他にどんな欠点があろうと、とにかく彼らは長生きできることを証明しているのだから、もしかすると、彼女は自分の遺伝子を長寿の遺伝子と組み合わせようとするかもしれない。しかし、たとえ子どもたちが長生きしたとしても、孫をたくさん産んでくれないことには、彼女の努力は水の泡だ。寿命そのものは、なんら旺盛な生殖力の証にはならない。それどころか、長寿の雄は逆に繁殖のための危険を冒さないからこそ、長生きしてきたのかもしれないではないか。年を取った雄を配偶者にする雌と、優れた遺伝子を持っていることをうかがわせる他の証拠のある若雄を配偶者にする雌とを比べた場合、必ずしも前者が多くの子孫を残すとは限らない。

では、他の証拠とはいったいどのようなものか。いろいろな可能性がある。たとえば強い筋肉は食物を捕える能力の証となるだろうし、長い脚は捕食者から逃げ切る能力の証かもしれない。これらの特性は息子、娘いずれにとっても有用な性質のはずだ。したがって雌は自分の遺伝子にそのような特性を組み合わせることで、自分の遺伝子を有利にするかもしれない。さて、この種の議論を進めるにあたっては、そもそも雌が、中味に完全に忠実なラベルあるいは標識に従って、雄を選択しているものと想像する必要がある。すなわちそのラベルは、雄の体内にある優良な遺伝子の証だと考えているわけだ。しかしここできわめて面白い問題が生じる。この問題にはダーウィンも気づいており、フィッシャーが明瞭な形で紹介している。雌からの指名を受けようと、雄がたくましさを競い合う社会においては、母親が自分の遺伝子に対して講じられる最善策の一つは、魅力的なたくましい雄に成長するような息子を作ることだ。成体に達した際に、集団中の交尾のほとんどを独占する少数の幸運な雄の一員に加われるような息子を確実に作り出すことができれば、母親が獲得を見込める孫の数はとてつもないものとなるだろう。この結果、次のような事態が生ずる。すなわち、雌の目から見た場合に雄の備えるべき最も望ましい性質の一つは、端的に、性的魅力そのものということになる。抜群に魅力的なたくましい雄と交尾した雌が産む息子は、次代の雌たちに対しても魅力的な雄となる可能性が高く、したがってこの息子たちは母親にたくさんの孫をもたらすこととなるだろう。もちろん、はじめは雌も、大きな筋肉のような明らかに有益な性質を基準にして雄を選別していたものと考えられる。しかし、いったんその種の基準が同種の雌のあいだで魅力的なものとして広く受け入れられるようになると、それらの性質は、単に魅力的というだけの理由で、自然淘汰において有利さを保持し続けるだろう。

例を挙げよう。ゴクラクチョウの雄の尾羽のような途方もない形質は、ある種の不安定で一方的な過程[*6]を介して進化したものと考えられる。その昔、ゴクラクチョウの雌は、普通よりやや長めの尾羽を持つ雄を、望ましい性質の持ち主と見なして選択していたのかもしれない。それはおそらく、丈夫で健康な体質の証拠だったのだろう。雄の尾羽が短いのはビタミン不足の表われだったかもしれない。それは食物獲得能力が貧弱な証拠だ。あるいはもしかすると、尾の短い雄は捕食者から逃げ切ることができず、尾羽を食いちぎられたのかもしれない。ここでは別に、尾の短さそれ自身が遺伝されると仮定する必要はないことに注意していただきたい。単に、尾の短さが何らかの遺伝的劣勢の一つの指標になっていると仮定すればそれでよい。とにかく理由が何であれ、ゴクラクチョウの祖先だった鳥の雌は、平均より長い尾羽を持った雄を選択的に探し求めたのだと仮定しよう。雄の尾の長さの自然的変異に何がしかの遺伝的背景があったとすれば、集団中の雄の尾羽の平均長は、雌のこうした選択によって長くなったに違いない。雌が従った規則は単純である。すべての雄を見渡して、一番尾の長い個体を選ぶだけだ。この規則から外れた雌は不利になった。しかもあまりに尾が長くなってその持ち主の雄には実際に負担になったとしても、この事情はなおかつあてはまっただろう。なぜなら、尾の長い息子を産めなかった雌には、雌たちから魅力的と判定される息子を持てる公算がほとんどないからだ。女性のファッションやアメリカの自動車のデザインと同様、より長い尾羽を持つ傾向はかくして始まり、自ら勢いを増していった。尾羽があまりにもグロテスクな長さに達し、ついにそのための明白な不利が性的魅力という有利さを圧倒し始めるに至って、この傾向はやっと停止したのだ。

しかしこの容易には受け入れがたい考えかたは、ダーウィンが性淘汰という名で提唱して以来、たえず懐疑家の注目の的だった。第8章で「キツネさん、キツネさん」理論の提唱者として紹介したA・ザハヴィも性淘汰の説明を信じない一人である。彼はそれに代わる説明として、「ハンディキャップ原理」という、とてつもなくひねくれた考えかたを主張しているのだ。[*7] 彼はまず次の点を指摘する。雌が雄のなかから優良遺伝子の持ち主を選別しようとすること自体が、じつは雄による詐欺行為に道を開くことになるという点だ。強い筋肉は、雌にとって選択の対象として掛値なしに優れた性質だろう。しかしもしそうだとするなら、パッドを詰めていからせた肩と同様の、まったく実質のない筋肉の模造品が雄に発達しない理由がどこにあるだろうか。本物の筋肉を発達させるより偽物を作るほうが雄にとって安上がりなら、性淘汰は偽物の筋肉を作る遺伝子に有利になるはずだ。しかしこれも長続きはしない。対抗的な淘汰の働きで、遠からずこのインチキを見破る能力が雌の側に進化してしまうはずだからだ。雄が性的なインチキ宣伝をしても最終的には雌に見破られてしまうはずだというのが、ザハヴィの基本的前提になっている。ここから彼は次のような結論を引き出す。すなわち、本当に成功する雄は、インチキな宣伝などせず、むしろ嘘偽りのないことをすぐ相手に示すような雄であろうと言うのだ。仮に強い筋肉が問題だとすれば、単に視覚的に強そうに見えるだけの筋肉を誇示する雄は、すぐ雌に見破られてしまうはずだ。これに対して、重量挙げに相当するような行為や、あるいは実際に重いものをこれ見よがしに持ち上げる行為によって強力な筋肉の持ち主であることを証明して見せる雄のほうが、雌の信用を勝ち取れるだろう。言い換えれば、ザハヴィは、たくましい雄は単に上等な雄のように見えるだけではだめで、ほんとうに上等な雄でなければならないと信じている。そうでなければ懐疑的な雌には受け入れてもらえない。したがって誇示行動は、ほんとうにたくましい雄にしかこなせないような形に進化していくだろうと言うのだ。

ここまでの話は大いに結構だが、ザハヴィの理論のこの先に続く部分が非常に引っかかる。ゴクラクチョウやクジャクの尾羽、シカの巨大な角などをはじめとする各種の性的に淘汰された形質は、当の持ち主にハンディキャップを与えているように見えるので、これまでは逆説的な存在と見なされるのが常だった。ところがザハヴィは、これらの形質は、まさにそれらがハンディキャップとなるがゆえに進化したのだと主張するのである。長くて邪魔くさい尾羽を付けた雄鳥は、じつは雌鳥に対して、こんなしっぽを付けているにもかかわらず生き残れるくらい自分は頑強でたくましい雄なのだ、と宣伝していると言うのだ。二人の男が駆けっこをするのを女性が見守っていると想像していただこう。両者は同時にゴールインするのだが、一方の男は石炭の詰まった袋を背負うという形で、わざと自分に負荷をかけているとする。当然のことながらその女性は、荷を背負った男のほうが実際は足が速いと結論するはずだ。

私はザハヴィの理論を信じていない。もっとも、私の懐疑に対しては、初めてこの理論を聞いたときほど確固たる自信を持っているわけではない。私はこの理論を聞いたとき、その考えを突き詰めると、脚は一本で眼が一つしかないような雄が進化すべきだということにならないかと指摘した。イスラエル出身のザハヴィは即座に「わが国の誇る将軍の何人かは隻眼です」と答えた。しかし、ハンディキャップ理論に、根本的な矛盾が含まれているように見えるという問題は依然として残る。もしハンディキャップが本物であれば――理論の本質上ハンディキャップは本物でなければ困るわけだが――それは、雌にとって魅力となりうるのと同じ確実さで子孫に対しては不利をもたらすはずだからだ。いずれにせよ、そのハンディキャップが娘には伝わらないようにすることが肝心である。

ハンディキャップ理論を遺伝子の言葉で言い換えると以下のようになる。雄に、長い尾羽のようなハンディキャップを発達させる遺伝子は、雌がそのハンディキャップを持つ雄を選択することによって、遺伝子プール中で次第に増えていく。雌がハンディキャップを持った雄を選ぶのは、雌にそのような選択をさせる遺伝子が遺伝子プール中で頻度を増すからだ。そんな遺伝子にどうして頻度増加が起こるのか。ハンディキャップを背負っているにもかかわらず成体に達し得た雄は、その他の形質に関しては良い遺伝子を持っているはずであり、したがってハンディキャップを負った雄を好む雌は、自動的に別の面で優れた遺伝子を持つ雄を選び出すことになると言えるからだ。これら優秀な「その他」の遺伝子は、子どもたちの体に有利に働き、かくして生き残った子どもたちが、ハンディキャップそのものの遺伝子とともに、雌にハンディキャップを持った雄を選ばせるような遺伝子を増殖させるというわけだ。仮に、ハンディキャップを作り出す遺伝子が息子においてのみ効力を示し、一方ハンディキャップを負った個体に対する性的な好みをうながす遺伝子が雌にだけ影響を与えるというのであれば、この理論もあるいは有効かと思われるかもしれない。しかし、言葉だけを使って定式化されているかぎりでは、この理論が有効か否か、はっきりしたことは言えない。このような理論がどの程度の可能性を持っているかをもっとよく検討するには、数学モデルで表現し直す必要がある。現在までのところ、ハンディキャップ原理を有効なモデルにしようとする数理遺伝学者たちの試みは、いずれも失敗に終わっている。それが有効な原理ではないからかもしれないし、挑戦した数理遺伝学者の力が及ばなかったのかもしれない。ところがその数理遺伝学者のなかにはメイナード＝スミスも含まれている。となると私には、なんとなく前者の可能性のほうが当たっているような気がする。

わざわざ自分にハンディキャップを負わせるような真似をせずに、別の手段で他の雄に対する優位を誇示できるのであれば、その方法で雄が自分の遺伝上の成績を上げるであろうことに疑問の余地はない。たとえば、ハーレムを作り上げてそれを維持するゾウアザラシは、雌に向かって審美的な魅力を誇示することでそれを達成しているわけではなく、ハーレムに侵入しようとする雄をすべて叩きのめすという単純な手段に頼っている。ハーレムの所有者は、これまでも闘いに勝ってハーレム所有者であり続けてきたという明白な事実だけからしても、その地位を狙う侵入者たちとの闘いに今後も勝てる見込みがある。他方、侵入者のほうは勝ち目が少ない。たとえ勝てるだけの力があっても、これまで負けてきたというだけの理由で勝ちにくくなる。というわけで、ハーレム所有者とだけ交尾する雌は、数多くの向こう見ずな独身あぶれ雄のなかから繰り返し登場する挑戦者を撃退できるだけの頑強さを持った雄に、自分の遺伝子を縁組みさせることになる。父親に見られたハーレム所有能力は、運が良ければ彼女の子どもにも遺伝するだろう。もっともゾウアザラシの雌には、実際はあまり選択の自由はない。雌がハーレムを離れようとしようものなら、その所有者が彼女をひどい目に遭わせるからだ。しかし、闘いに勝つ雄を配偶者にすることで、雌は自分の遺伝子を有利にできているという原則に変わりはない。すでに見てきたように、雌がその配偶者として、なわばり所有者や、高い順位を占める雄を好んで選択する例はいくつも知られている。

本章のこれまでの部分を要約しておこう。動物界に見られる各種の多様な繁殖システム、たとえば一夫一妻制、乱婚、ハーレム制などは、いずれも雌雄間の利害対立の産物として理解できる。雌雄のいずれの個体も、その生涯における繁殖上の総合成績を最大化することを「望んでいる」。精子と卵子の大きさおよび数に見られる根本的な相違が原因で、雄には一般に、乱婚と子の保護の欠如の傾向が見られる。これに対抗する対策として、雌には二つの代表的な戦略が見られる。一つは「たくましい雄を選ぶ」戦略、もう一つは「家庭第一の雄を選ぶ」戦略、と、いずれも私が呼ぶものだ。雌がこれら二つの対抗策のどちらを採用する傾向を示すか、また雄がそれにどのような形で対応するかは、いずれも種をめぐる生態学的な状況が決定するだろう。もちろん実際には、今挙げた二つの戦略のあらゆる中間形が見られるし、さらにすでに述べたように父親のほうが母親より熱心に子の保護にあたる例も知られている。しかし、本書では特定の動物種の細部にはかかわり合わないことにしているので、ある種がどうしてある繁殖システムを示し、別のシステムを示さないのかといった要因論は扱わないことにする。その代わり、以下では一般に雄と雌のあいだで広く観察される相違点を取り上げて、それらがどう解釈できるかを考えることにしよう。このため、両性間にわずかな相違しか見られないような種、すなわち一般に雌が家庭第一の雄を選ぶ戦略を採用しがちな種には、あまり重点をおかないことにする。

第一に、雄が性的に魅力的で派手な色彩を示し、雌はかなり地味な色彩を示すという傾向について。雌雄いずれの個体も捕食者に食われるのはごめんだ。となれば、両性とも単調な色彩を示す方向に何らかの進化的圧力を受けているはずである。鮮やかな色彩は、配偶者と同様、捕食者も誘引してしまうからだ。遺伝子の言葉で言えば、地味な色彩を示させる遺伝子より鮮やかな色彩を示させる遺伝子のほうが、捕食者の胃袋のなかで命を落とす可能性は高い。他方、次の世代に伝えられる可能性というと、地味な色彩を示させる遺伝子は、鮮やかな色彩を示させる遺伝子に劣るかもしれない。色の地味な個体は配偶者を誘惑しにくいだろうからだ。つまり、ここには二つの対立する淘汰圧が見られることになる。すなわち、捕食者は遺伝子プールから鮮やかな色彩の遺伝子を除去する作用を示し、他方、性的パートナーたちは地味な色彩を生み出す遺伝子を除去する作用を示す。他の多くの場合と同様、有能な生存機械は、対立する淘汰圧の妥協の産物と見なせる。ここで興味のあるのは、雄にとっての最適妥協点が雌にとってのそれとは異なっていると思われることだ。もちろんこの相違は、雄が大きな危険を賭けて大きな儲けを狙うギャンブラー的存在だと見る、私たちの見解とも完全に合致している。雌の作る卵子一個に対応する分として雄が作る精子は膨大な数にのぼるので、個体群中の精子の数は卵子をはるかに上まわっている。したがって、任意の一個の卵子が性的な合体を遂げられる可能性は、任意の一個の精子のそれに比べてはるかに高い。つまり、卵子は相対的に貴重な資源なのだ。それゆえ雌は、雄の場合ほど性的魅力が強くなくても、自分の卵子の受精を保証できる。一頭の雄が、きわめて多数の雌に子を産ませることは十分可能である。派手な尾羽が捕食者を誘引したり、やぶに引っかかったりして雄が短命に終わるとしても、死ぬまでに彼は多くの子どもを作っているかもしれない。ところが、性的魅力に欠けた地味な色彩の雄は、雌と同じくらい長生きするかもしれないが、ほとんど子どもを作ることができず、したがって自分の遺伝子を次代に伝えられないかもしれない。不滅の遺伝子を絶やすことになるのなら、たとえ世界を手に入れたところで、雄にはいったい何の益があろうか。

両性間に広く見られるもう一つの差異は、誰を配偶者に選ぶかに関して、雌のほうが雄より慎重だという点である。雌雄を問わず慎重さが必要とされる理由もある。その一つは、異種の個体との交尾を避けなければならないことだ。このような交雑は各種の理由から不利である。人間とヒツジが交尾した場合のように、交尾の結果が胚の形成に至らず、したがって損失もあまり多くないという例もある。しかし、ウマとロバのような近縁の種間で交雑が起こると、その不利益は、少なくとも雌のパートナーにおいては、かなり大きなものとなる。交雑の結果ラバの胚が形成される可能性があり、そうなれば、その胚は一一ヶ月にわたって彼女の子宮を占領してしまうのだ。ラバのために彼女の全保護投資のなかからかなりの量が支出されてしまう。胎盤を通して吸収される食物や、あとでミルクとして吸収される分ばかりではない。最も重大な損失は、他の子どもを育てるのに使えたはずの時間の形で失われる保護投資だ。成体に達したラバは繁殖不能である。おそらく、ウマとロバの染色体はよく似ていて、互いに協同して優秀で頑強なラバの体を作り上げるところまではやっていけるのだが、減数分裂において適切な共同作業を遂行できるほどには似かよっていないのだろう。ほんとうの理由が何であるにせよ、母親がラバを育てるために加えたかなりの投資そのものは、彼女の遺伝子の立場から見れば完全に無駄になるわけだ。雌馬は、交尾の相手がウマであってロバではないようによくよく注意しなければならない。遺伝子の言葉で言うと次のようになる。ウマの体内にあって、「体よ、もしお前が雌なら相手がウマであれロバであれ、とにかく年のいった雄と交尾せよ」などという指令を発する遺伝子は、たちまちラバという袋小路のなかに閉じ込められる羽目になるのだ。しかもこのラバのための保護投資の結果、繁殖可能な子ウマの養育にまわせる彼女の能力はかなり減少する。他方、雄のほうは、たとえ異種の個体と交尾しても失うものはわずかで済む。もちろん、それによって雄が何の利益も受けないのは雌の場合と同じだが、配偶者の選択にあたって、雄のほうが慎重さに欠ける傾向を示すという点は予想されるはずだ。この点に関する観察がなされた例では、いずれもこの予想が当たっている。

同種の個体間においても、配偶者選びを慎重にすべき理由がいろいろある。たとえば近親相姦《インセスト》は、種間交雑と同様に、大きな遺伝的損失を産み出しやすい。これは、インセストによって、致死性あるいは亜致死性の潜性遺伝子の働きが表面上に出現するためと考えられる。ここでもまた、雌の被る損失は雄より大きい。どの子どもに対してであれ、雌のほうが雄より大きな投資をするからだ。そこで、インセストタブーが存在する場合には、雌のほうが雄より厳格にこのタブーを守ろうとするはずだと予想できる。インセスト関係にある個体のうちで、積極的な役割を演ずるのは年上の個体のほうだと仮定すると、インセスト的結びつきは、雄が雌より年上の場合のほうが、その逆の場合より例が多いものと考えられる。たとえば父－娘間のインセストのほうが母－息子間のインセストより例が多く、兄－妹間のインセストの頻度が両者の中間くらいになるだろう。

一般に、雄は雌に比べて相手かまわず交尾する傾向が強い。雌は限られた卵子を比較的ゆっくりした速度で作り出すので、異なる雄とやたらに多くの交尾を重ねても利益は何もない。一方雄のほうは、毎日膨大な数の精子を作れるので、相手かまわずできるだけ多く交尾をすれば、大いに利益を上げることができる。過剰な交尾は、わずかな時間とエネルギーの損失を除けば、実際には雄にとってもたいした代価にならないだろう。しかしそれは、雌にとってはなんら積極的な利益につながらない。一方、雄には、もうこれ以上多くの雌と交尾を重ねなくてもよいなどという限界はない。雄にとって過剰という言葉は意味を持たないのだ。

私はこれまで、人間についてはっきりとは触れてこなかった。しかし、本章に取り上げたような進化論的な議論を進める場合、私たちの属する人間という種や、私たちの個人的経験について省察を加えずに済むはずはない。男性が将来にわたって誠実さを守ることを何らかの形で証明しないうちは、女性は純潔を守るべきだという意見は常識的な感情に訴えるだろう。これは、人間の女性が、たくましい雄を選ぶ戦略ではなく、家庭第一の雄を選ぶ戦略のほうを採用する傾向を示唆しているのかもしれない。事実、ほとんどの人間社会は、一夫一妻制を取っている。私たちの属する社会でも、両親の保護投資はいずれもかなり大きく、男女間に明白な不均衡があるようには見えない。たしかに母親は、子どもを直接相手にする仕事を父親以上に担っているが、父親も通常は、子どもに与える物質的資源を手に入れるために、間接的な形で一生懸命働いている。しかし一方では、乱婚的な社会もあるし、ハーレム制のような社会も多い。この驚くべき多様性は、人間の生活様式が、遺伝子ではなくむしろ文化によって大幅に決定されていることを示唆している。しかしそれでもなお、人間の男性には一般的に乱婚的傾向があり、女性には一夫一妻制的な傾向があるという、進化論的立場に基づいた予想が当たっている可能性はある。特定の社会において、この二つの傾向のいずれが他を圧倒するかは、文化的状況の細部に依存して決まる。これは、各種の動物においてそれが生態学的詳細に依存して決まるのと同じことだ。

私たちが所属している社会の様相のうち、一つ明らかに異例なのは、両性の宣伝行為に関する事態である。すでに述べたように、性差が存在する場合、進化論的な立場による有力な予想では、自分を誇示するのは雄のほうで、雌は地味な色彩を示すとされる。ところが、現代の西欧人はこの点に関して疑いなく例外的存在だ。もちろん華麗に着飾る男性や地味な装いの女性がいるのは事実だが、平均的に見るならば、私たちの社会においてクジャクの尾羽に相当するものを誇示しているのは雌のほうであって、雄ではない。女性は化粧をしたり、付けまつげを貼ったりする。俳優などを除けば、男はあまりそんなことをしない。女性は自分の容姿に対する関心がとても高く、新聞や雑誌がこれに拍車をかけている。男性向けの雑誌は男の性的魅力の問題にそれほど熱心になりはしない。自分の外見に異常に関心のある男性は、男性仲間ばかりではなく女性にも敬遠されがちである。会話において女性が対象にされるときには、ほぼ決まって彼女の性的魅力やその欠如に話題が集中するものだ。これは、話し手が男性だろうが女性だろうが変わりない。男性が話題にのぼる際に使用される形容詞は性とは関係がないことが多いはずだ。

こういった事実を生物学者が目の当たりにすると、彼が見てきた人間の社会は、じつは雌が雄をめぐって競い合う社会であって、その逆ではないのではないかと考えざるをえなくなるだろう。ゴクラクチョウの場合に雌が地味な色彩を示すのは、彼女らが雄をめぐって競い合う必要がないからだと私たちは考えた。雌が引く手あまたで慎重に配偶者を選べる立場にあるから、雄は鮮やかで派手な色彩を示すのだ。ゴクラクチョウの雌が引く手あまたなのは、卵子のほうが精子より希少な資源だからだ。現代の西欧人はいったいどうなっているのか。ここでは実際に、男性が引っ張りだこの側の性、売り手市場の性、すなわち慎重に配偶者を選べる側の性になってしまったのか。もしそうだとするなら、その理由はいったい何なのか。

第10章 ぼくの背中を掻いておくれ、お返しに背中を踏みつけてやろう

You scratch my back, I'll ride on yours

これまでの章で私たちは、同じ種に属する生存機械の親子関係、および性的、攻撃的相互関係を考察してきた。しかし、動物の相互関係のなかには、これらの見出しのもとにははっきり包括しきれないような際立った領域が他にいくつもある。その一つの例は、かなり多くの動物が示す群れ生活の傾向である。鳥が群れ、昆虫が群がり、魚やクジラも群れで泳ぎ、草原に生活する哺乳類たちは群れを形成したり、集団で狩りをしたりする。これらの集団は、通常は同一種の個体だけで構成されるが、例外もある。シマウマはしばしばヌーとともに群れを作るし、鳥では複数種の混群が見られることもある。

利己的な存在である個体が群れで生活することによって手に入れられる利益については、さまざまな点が示唆されている。そのカタログをすべて紹介するつもりはないが、そのうちの二、三についてだけは触れることにしよう。それらを論ずる際に、私は、第1章で紹介したままになっていて、しかも説明すると約束しておいた、現象的な利他的行動の諸例をまず引き合いに出すことにする。その次に、社会性昆虫を考察する。それを抜きにしたら動物の利他主義の説明は中途半端になってしまうか

らだ。そして、やや多岐にわたる話題を扱う本章の締めくくりとして、互恵的利他主義という重要な概念、すなわち「ぼくの背中を掻いておくれ、ぼくは君の背中を掻いてあげる」という原理について触れることにしたい。

もし動物が群れで生活しているなら、他個体とともにいることで、彼らの遺伝子は支出分以上の利益を得ているはずだ。群れになったハイエナは、単独で倒せるよりはるかに大型の獲物を捕えることができる。それゆえ、たとえ食物を仲間で分配しなければならないとしても、群れによる狩りは個々の利己的個体にとって有利だ。ある種のクモたちが協力し合い、共同で巨大な網を張るのも、おそらく同様な理由からだ。皇帝ペンギンは互いに寄り添い、塊になることによって、熱量を節約している。一羽でいる場合より風雨にさらされる体表面積が小さくて済むために、いずれの個体も利益を得ているのだ。他個体の斜め後方を泳ぐ魚は、先行個体の作る渦のおかげで流体力学的に有利になると思われる。これは、魚が群れで泳ぐ理由の一部かもしれない。空気の乱れを利用した同様なトリックが競輪選手に知られているし、鳥がV字形の編隊で飛行するのも同様な理由からであろうか。もっとも、群れの先頭に立つのは不利なので、これを免れようとする競争もありそうだ。もちろん、鳥たちはいやなリーダー役を交替で引き受けている可能性もある。もしそうならばそれは、本章の末尾で論議する遅延性の互恵的利他主義の一形態になる。

集団生活の利点として挙げられる理由の多くは、捕食者に食われるのを免れることと関連がある。W・D・ハミルトンが、「利己的な群れの幾何学」〔86〕という題の論文で発表した理論は、この種の利点を扱った理論のなかでもエレガントな一例だ。誤解のないように強調しておくが、ハミルトンの言う「利己的な群れ」とは、「利己的個体の群れ」という意味である。

　ここでもまた、まず単純な「モデル」から議論を出発させよう。これはたしかに抽象的な代物だが、現実の世界を理解する一助になる。今、捕食者に狩られるある動物を考える。ここで、捕食者は一番身近にいる被食者個体を襲う傾向があるとする。捕食者の立場からすればこれは当然の戦略である。エネルギーの消耗が少なくて済むはずだからだ。他方、被食者の側からすると、これが一つの興味深い結果をもたらす。被食者個体は、捕食者に一番近い位置に置かれる羽目にならないように、それぞれたえず努力するだろう。もしも被食者が遠くから捕食者を見つけられれば、彼は遁走《とんそう》することで事足りる。しかし、もしも捕食者が、たとえば丈《たけ》の高い草に身を隠して行動することによって、何の予告もなしに突然姿を現す傾向があるとしたらどうなるか。この場合も、個々の個体には、捕食者に一番近い場所に置かれてしまう確率を最小化する手段がある。個々の被食者はいわば「危険領域」とでも言うべきものに囲まれているのだと想定できる。この領域は、その範囲内の任意の点から当の個体までの距離が、その点から他のいずれの個体までの距離より短いような領域と定義されている。たとえば、被食者個体が規則的な幾何学的隊形を作って行進しているとすると、それぞれの個体（外縁にいる個体は別にして）を取り巻く危険領域は、ほぼ六角形を示すだろう。仮に個体Aの六角形の危険領域内に捕食者が潜伏していると、食われる可能性のあるのは個体Aだ。群れの外縁にいる個体はとくに危険が大きい。彼らの場合、危険領域は相対的に小面積な六角形とはならず、群れの外側の方向に広い範囲を持つ形になってしまうからだ。

　さて、賢明な個体が自分の危険領域をできるだけ狭めようと努めることははっきりしている。なによりもまず、彼は群れの外縁に位置しないように努力するはずだ。もし自分が外縁にいることに気づいたら、彼はただちに中心方向へ移動するだろう。不運なことに、誰かは外縁に位置せざるをえないわけだが、個々の個体に関して言えば、誰もそんな役は引き受けたくない。そこで、集団の外縁から中心方向に向かってたえず個体の移動が見られることになる。問題の群れは、たとえ以前はばらばらに広がっていたとしても、中心方向への個体の移動によってたちまち密集した塊になるだろう。モデルの出発点の条件として、被食動物に集合傾向を仮定せず、さらに被食動物がはじめはランダムに分散していると仮定しても、個々の個体は利己的衝動に駆り立てられて他個体の中間に位置を占め、自分の危険領域を狭めようとし始めるはずだ。その結果、たちまち集団が形成され、それがますます密集化していくことになるだろう。

もっとも現実においては、密集化傾向はこれと拮抗する圧力によって制限されていることは明らかだ。そうでなければ、すべての個体が折り重なり、もだえ苦しむ羽目になる。しかしそれにもかかわらず、ごく単純ないくつかの前提だけで集団形成を予測できることを示している点で、今述べたモデルは興味深い。このモデルよりもっと手の込んだモデルもいくつか提案されている。しかし、それらのモデルのほうが現実的だという事実があるからといって、動物の集団形成の問題を考えるうえで手助けとなる、ハミルトンの単純なモデルの価値が減少するわけではない。

利己的な群れのモデルには、協力的な相互関係が介入する余地はない。そこに利他主義はなく、個々の個体が、他のすべての個体を利己的に利用するだけだ。しかし実際の生活においては、同じ集団中の仲間を捕食者から守るために個体が積極的な行動を取るように見える場合がある。すぐに思い浮かぶのは鳥の警戒声だ。これを聞いた鳥はただちに逃避行動を示すので、この意味では警戒声はたしかに警戒信号の機能を果たしている。しかし鳴き手が捕食者の攻撃を仲間からそらすように努めている気配はない。彼は単に捕食者がいることを知らせて、警告を発しているのだ。しかし、警戒声を発する行為は、少なくとも第一印象としては利他的行為のように見える。それによって鳴き手は、捕食者の注意を自分に向けさせる「結果」になると思われるからだ。P・R・マーラーの指摘した次のような事実から、私たちはこれを間接的に推論できる。警戒声は、発信地点を特定しにくくするうえで理想的な物理的特性を備えていると言うのだ。捕食者が発信点に近づくのを困難にさせるような音を、音響技術者に依頼して作らせたとすると、彼が考案する音は、多くの小鳥たちの実際の警戒声に非常に似たものとなるはずである。自然界で鳴き声をこのような形に作り上げたものは何かと言えば、自然淘汰だったに違いない。これが何を意味するかは明らかで、不完全な警戒声を発したために死んだ個体がたくさんいたということだ。すなわち、警戒声を発する行為には危険がともなうものと思われる。遺伝子の利己性理論は、警戒声を発する行為に、こうした危険を上まわる説得的な利点があることを示して見せなければならないだろう。

これは、実際にはさほど困難ではない。鳥の警戒声は、ダーウィン的理論にとって「説明しにくい」現象だと見なされることが非常に多かったので、それに対して説明をひねり出すことは一種のスポーツのようだった。おかげで、いまや立派な説明が山ほどあるありさまで、それらすべての論議の論点を思い出すことは困難だ。まずはっきりしているのは、群れが近縁の血縁個体を含んでいる場合、警戒声を発するようにうながす遺伝子は、遺伝子プール内で成功する可能性があるということだ。警戒声によって救われる個体のなかには、当の行為をうながす遺伝子を体内に持った者がいる可能性がかなり高いからである。捕食者の注意を自分に集めてしまうことによって、たとえ発信者がこの利他的行為に高い代価を払うことになるとしても、警戒声を発するようながす遺伝子は成功する可能性がある。

読者がもしこの血縁淘汰的な考えかたに満足されないなら、他にも引き合いに出せる理論はたくさんある。仲間に対して警告を与えることによって、発信者自身が利己的利益を得られる可能性もいろいろある。たとえばトリヴァースは、この線に沿ったうまい考えかたを五つ提案している。しかし私としては、以下に述べる二つの、私が考え出した理論のほうがもっと説得力があると思っている。

第一の理論を私は「ケイヴィー」理論——来たぞっ！理論——と呼んでいる。ケイヴィーというのは「気をつけろ」という意味のラテン語 *cave* に由来する言葉で、学校の生徒たちが、教師の接近を仲間に知らせるときに今でも使っている。この理論は、危険に見舞われたときに、草の陰にじっと身を潜める習性を持つ迷彩色の鳥たちにあてはまる。そのような鳥の一群が草原で餌を食べていると想像していただきたい。遠くのほうにはタカが飛んでいる。タカはまだ草原の群れを目撃しておらず、こちらに向かってまっすぐ飛んでいるわけではないが、彼の鋭い目が群れを発見してたちまち攻撃をしかけてくる危険性はある。今、群れのなかの一羽がタカを見つけたが、他の鳥はまだ気づいていないとしたらどうだろうか。目の良いこの個体は、即座に草のなかにじっと座り込んでしまうこともできる。しかし、そうしても役には立たない。彼の仲間たちがまだまわりで派手に、しかも騒々しく歩きまわっているからだ。彼らのうちの一羽でもタカの注意を引いてしまえば、群れ全体が危機に陥ることになるだろう。純粋に利己的な見地から言う場合、最初にタカを発見した個体にとっての最善の策は、仲間に素早く小さな警告を与えて彼らを黙らせ、タカをおびき寄せてしまう可能性をできるだけ減らすことだ。

紹介しておきたいもう一つの理論は「隊を離れるな」理論とでも呼ぼう。この理論は、捕食者が近づくと飛び上がって、たとえば木のなかに隠れるような鳥に適している。ここでもまた、採食中の群れのなかの一羽が捕食者を発見した場合を想像してみよう。彼はどう行動すべきか。彼は、仲間には警告せずに、一羽だけで飛び上がることもできる。しかし、こうしてしまうと彼は、一羽の独立した個体と化してしまう。もはや、匿名的な群れの一員ではなくなり、孤立無援の存在になってしまうのだ。タカは実際に群れを離れたハトを狙うことが知られているが、たとえそういった事態がないと仮定しても、群れを離れることが自殺行為と見なされる理論的根拠はたくさんある。たとえば、あとで仲間が彼に続くとしても、最初に地上から飛び上がる個体は、一時的に自分の危険領域を拡大するだろう。前掲のハミルトンの理論の当否にかかわらず、群れ生活には何らかの重要な利点があるはずだ。そうでなければ鳥たちはわざわざ群れなど作るまい。その利点が何であれ、最初に群れを離れる個体は、たとえ部分的にせよその利点を喪失することになる。隊を離れてはならないのであれば、群れに忠実ながらもタカを見つけてしまった鳥は、いったいどうすればいいのか。もしかすると、彼はあたかも何事も起こらなかったかのように、それまでどおりの行動を続け、群れの一員であることが彼に与える保護に身をゆだねていればいいのかもしれない。しかしこれには大きな危険がともなう。彼は依然として開けた場所に留まっており、非常に攻撃を受けやすい立場にあるからだ。木のなかに隠れることができれば彼にとってははるかに安全だ。そして、最善策は、たしかに飛び上がって木のなかに隠れることなのだ。ただしその際に、他の仲間も間違いなくすべて同様に飛び上がるように仕向ける必要がある。こうすれば、彼は群れを離れた半端者になることも、またしたがって群集の一部であることの利点を喪失することもなく、しかも木という覆いのなかに飛び込む利点を手に入れることができる。ここでもまた、警戒声を発する行為は、純粋な利己的利益をもたらすものと見なされる。E・L・チャーノフとJ・R・クレブスも同様な理論を提案しているが、そのなかで彼らは、警戒声を発する個体が群れの他の個体に対して取る行為を、「操作」という言葉で表現しているほどだ。純粋で無私な利他主義などとはおよそかけ離れた話になってしまった。

警戒声を発する個体は自分を危険にさらすのだという見解に、これらの理論は、一見矛盾すると思われるかもしれない。しかし実際には矛盾は存在しない。警戒声を上げなければ彼は、もっと大きな危険に身をさらすことになるだろうからだ。警戒声を発したために命を落とした個体もたしかにいたはずだ。発信地点を特定しやすい音を出した個体はとくに命を落としやすかったに違いない。しかし警戒声を上げなかったために死んだ個体はもっとたくさんいた。その理由は多くの方法で説明できる。「来たぞっ!」理論と、「隊を離れるな」理論はそのうちのほんの二例にすぎない。

第1章で紹介した、トムソンガゼルのストッティングはどう説明できるのか。アードリーはその行為が一見自殺的な利他行為に見えることから、それは群淘汰によってのみ説明できるのだと断言したほどだ。この例は、遺伝子の利己性理論にとって前述の例よりきびしい難問である。鳥の警戒声はたしかに機能を果たしているが、しかし、それは明らかに、可能なかぎり目立たずしかも用心深く発せられるように工夫されている。ストッティングのハイジャンプはこれとはわけが違う。それはあからさまな挑発と言っていいほど派手な代物だ。ガゼルたちはあたかも故意に捕食者の注意を惹いているかのように見える。いやそれどころか捕食者をからかっているようにすら見えるのだ。こういった観察事実を根拠として、大胆で非常に面白い理論が一つ提出された。この理論はそもそもN・スマイスが先鞭を付けたものだが、その理論的な帰結を突き詰めた形で示して見せたのは、まぎれもなくA・ザハヴィの仕事だった。

ザハヴィの理論は次のように示せる。ちょっとしたことだが、彼の水平思考〔イギリスのデボノが唱えた思考法。自由で多面的に考えをめぐらして手掛かりを得ようとする〕の決定的産物は、ストッティングが他のガゼルに対する信号などとはまったく関係なく、実際に捕食者に向けてなされているのだと考える点にある。他のガゼルがそれに気づいて行動を変えることはあるが、それは付随的なものであり、そもそもそれは捕食者への信号として第一義的に淘汰されたものだと彼は言う。私たちの言葉に翻訳すると、ストッティングの伝える意味はほぼ次のようになるという。「ほら、ぼくはこんなに高く跳べるぞ。こんなに元気で健康なガゼルを捕まえるのは君には無理だ。ぼくほど高くは跳べない連中を追っかけたほうが利口だぞ」。擬人的でない言葉を使おう。捕食者は、簡単に捕まえられそうな獲物を選ぶ傾向がある。そのため、高くてしかも派手なジャンプを可能にする遺伝子は捕食者に食われにくい。とくに、多くの捕食性哺乳類は、年取った個体や不健康な個体を狙うことが知られている。高くジャンプする個体は、彼が年寄りでも不健康でもないという事実を、誇張して宣伝しているわけだ。この理論によれば、ストッティングは利他主義などとは関係ない。どちらかと言えばこれは利己的な行為だ。なぜなら、捕食者が他の個体を追うよう仕向けるのがそのディスプレイの目的なのだから。つまり、誰が一番高く跳べるかを確かめる競争があり、その敗者が捕食者の餌食になるというわけだ。

あとで再度触れると約束してあったもう一つの例は、神風特攻隊的ミツバチの例だ。彼らは蜜泥棒を針で刺すが、それはほぼ確実に自殺的行為である。ミツバチは、高度の「社会性」を示す昆虫の一例にすぎない。この他に、アシナガバチやスズメバチの仲間、アリ類、そしてシロアリなどの社会性昆虫が知られている。以下では、自殺的な行為を示すミツバチの例に限定せず、社会性昆虫一般について論議することにしたい。社会性昆虫の目覚ましい行為は伝説的だ。なかでも目立つのが、その驚くべき協力行動の能力と現象的な利他主義である。敵を刺すための自殺的な行為は、彼らの示す自己放棄の驚異的なありさまを象徴している。ミツアリでは、働きアリの一部に、蜜をいっぱい詰めてグロテスクに膨らんだ腹を持つ者がいる。彼女らの生涯の仕事は、膨らんだ電球のように巣の天井からじっとぶら下がり、他の働きアリたちの食物貯蔵所として利用されることとなのだ。人間の感覚で言えば、彼らには個体としての生活などまったく存在しない。彼らの個体性は、明らかに社会の福利に従属させられているように見える。アリやミツバチ、シロアリの社会は、いずれも一段高いレベルで、ある種の個体性を達成している。食物の分配が非常に行き届いているので、共同の胃袋などという表現もできる。化学信号や、ミツバチで有名な「ダンス」などによって、情報もきわめて効率的に共有されており、一つの社会は、あたかも独自の神経系と感覚器官を持った単位であるかのような挙動を示す。外部からの侵入者は、生体の免疫反応システムが示すのに似た正確さで識別され、そして排除される。個々のミツバチは「温血」動物ではないが、ミツバチの巣の内部はちょうど人間の体温ぐらいの比較的高い温度に調節されている。そして最も重要なのは、このアナロジーが繁殖にまで及ぶことだ。社会性昆虫のコロニー内のほとんどの個体は不妊のワーカー（働きアリ、働きバチ）である。「生殖系列」の細胞——不滅の遺伝子を連綿と伝える細胞系列——は、ごく少数の繁殖能力を持つ個体の体のなかを流れていく。繁殖能力を持つ少数の個体は、精巣や卵巣中に収まっている私たちの生殖細胞の相似物なのである。一方の不妊のワーカーたちは、私たちの肝臓や筋肉、そして神経の細胞にたとえられる。

ワーカーたちが示す神風特攻隊的な行為、およびその他の形態の利他主義や相互協力は、彼らが不妊だということが理解されれば、驚くべきことでもなくなる。一般的な動物の体は、遺伝子の生存を確保するために、子作りや、あるいは同じ遺伝子を共有する他個体の世話に励むように仕向けられている。この場合、他個体を保護するために自殺行為をするようでは、将来自分の子どもを作ることができなくなる。自殺的な自己犠牲がほとんど進化しえないのはこのためだ。しかし働きバチは自分の子どもを作りはしない。彼らは、子どもではなく、近縁者を世話することに全力を注いで、自らの遺伝子を保存しようとする。不妊の働きバチが一匹死ぬのは、その遺伝子にとってごく些細なことだ。それは木の遺伝子にとって、秋に葉を一枚落とすのが些細なことなのと同じようなものだ。

社会性昆虫を神秘的な存在に仕立てようとする誘惑があるが、実際にはそんな必要はまったくない。理解の足しになると思われるので、以下では、遺伝子の利己性理論が社会性昆虫をどう扱うか、少し詳しく見てみよう。とくに、遺伝子の利己性理論が、ワーカーの不妊性という異例な現象の進化的起源をどう説明するかに注目したい。なぜならその現象は、各種の問題の根源になっているからだ。

社会性昆虫の一つのコロニーは巨大な家族であり、通常すべての個体は同じ母親に由来する。ワーカーは、自ら繁殖することはほとんどあるいはまったくなく、しばしばいくつかのはっきりしたカーストに区別される。これらには、たとえば小型のワーカー、大型のワーカー、兵隊、そしてさらにミツアリの蜜壺《みつつぼ》役のような高度に特殊化したカーストもある。繁殖能力を示す雌は女王と呼ばれる。繁殖能力のある雄は、雄バチ（雄アリ）あるいは時に王バチ（王アリ）と呼ばれることがある。高度に発達した社会を示す種では、繁殖個体は子作り以外の仕事を一切しない。食物や保護はワーカーに頼りきりで、子どもの世話もワーカーの仕事だ。しかし子作りにかけては、彼（女）らの能力は驚くべきものがある。ある種のアリやシロアリでは、女王は丸々と太って巨大な卵製造工場と化す。体の大きさは働きアリの数百倍に達し、ほとんど動くこともできず、これが昆虫だとは信じがたいくらいだ。彼女はたえずワーカーの世話を受けている。ワーカーは女王の体を掃除したり、女王に食物を与えたり、そしてさらには女王が止めどなく産み出す卵を共同の保育所へ運搬したりする。この巨大な女王が何かの都合で王室から移動しなければならないときには、彼女は苦役する多数の働きアリの背中にものものしく乗って運ばれるのである。

第7章で私は、子作りと子育ての区別を導入したが、そこでは、通常は子作りと子育てを結合させた混合戦略が進化すると指摘しておいた。第5章では、混合戦略が進化的に安定となる場合に、二つの一般的なタイプが示されると述べた。一つのタイプでは、個体群中の個々の個体が両戦略を混合した行動を示す。すなわちこの場合、各個体は通常、子作りと子育てをうまく両立できている。もう一方のタイプでは、個体群が二種の異なるタイプの個体に分割される。ハト派とタカ派のあいだのバランスを例示するのにはじめに採用したのがこの見かただった。子作りと子育てに関しても、後者のタイプに従って進化的に安定なバランスを達成することが理論的には可能なはずである。子作り要員と子育て要員に個体群が二分されるというわけだ。しかしこれが進化的に安定となるためには、子育て個体は、育てられる側の個体とごく近縁でなければならない。両者は少なくとも親子ぐらいの近縁関係を持つ必要がある。進化がこの方向に進む可能性は理論的には存在するわけだが、それが実際に起こったのは社会性昆虫においてのみだったようだ。*1

社会性昆虫では、個体は子作り要員と子育て要員の二つの主な階級に分かれている。子作りにあたるのは繁殖力のある雄と雌であり、子育てにあたるのはワーカーたちだ。ワーカーは、シロアリ類の場合は雌雄の不妊虫だが、その他すべての社会性昆虫では不妊の雌である。子作りと子育てのいずれのタイプの個体も、自分の仕事だけに専念できるので、それに関してはとても効率の良い仕事ぶりを示す。しかしいったい誰の立場から見て効率が良いのか。ダーウィン的理論に投げかけられる疑問は、例の決まり文句だ。「そんなことをして、ワーカーにいったい何の利益があるのか」

ワーカーには「何の利益もない」と答える人々もいる。彼らの考えでは、女王は自分の利己的な目的のために、化学物質による操作をワーカーに加え、彼女の産み出す膨大な数の子どもの世話をさせている。こうして利益はすべて女王が手にしてしまうというのである。これは第8章で紹介したアレグザンダーの「親による子の操作」理論の一形態だ。しかし、これと正反対の考えかたによれば、ワーカーのほうが繁殖虫を「自分の利益のために養っている」、いわば養殖業の対象にしている。彼女らは繁殖虫に操作を加えることによって、繁殖虫が彼女らワーカーの体内にある遺伝子のコピーをもっと大量に増殖するように仕向けているというのだ。少なくともアリ類、ハナバチ類、狩りバチ類では、女王と子どものあいだの近縁度より、ワーカーとその妹との近縁度のほうが実際に高くなる。この点に見事に気づいたのがハミルトンだった。この理解を基礎に、ハミルトン、そしてのちにトリヴァースとヘアは、遺伝子の利己性理論の最も華々しい凱歌の一つを挙げる。以下、彼らの論議を追ってみることにしよう〔訳者補注3参照〕。

アリ類、ハナバチ類、狩りバチ類などを含むグループを膜翅目《まくしもく》と呼ぶ。この仲間の昆虫はきわめて特異な性決定システムを持っている。シロアリはこの仲間には含まれず、したがってこの特異な性決定様式を共有していない。膜翅目の典型的な巣には、成熟した女王が一匹しかいない。彼女は若いときに一度結婚飛行〔未交尾の女王が飛行中にオスと交尾すること〕をしており、そのときに貯えられた精子で残りの全生涯——一〇年あるいはそれ以上——の子作りをまかなっていける。この間雌は、精子を一定量ずつ放出して、輸卵管を通過する卵を受精させる。しかし、すべての卵が受精するわけではない。未受精卵が発育すると雄になるのである。つまり雄には父親がいないのだ。雄の体のあらゆる細胞中には、私たちの場合のように二組の染色体（一組は母親、もう一組は父親から）が含まれているのではなく、ただ一組の染色体（すべて母親ゆずり）しか含まれていない。第3章での比喩を使うなら、膜翅目の雄の個々の細胞のなかには、それぞれの巻の「分冊（染色体）」が一冊ずつしか入っていない。もちろん通常は二冊ずつ入っているものだ。

一方、膜翅目の雌は、普通の動物と変わりない。彼女には父親がいて、体細胞それぞれのなかには、通常どおり二組の染色体が入っている。ある雌がワーカーになるか女王になるかは、遺伝子ではなくて育てられかたによって決まる。つまり、どの雌も、女王を作る遺伝子の完全なセットと同時に、ワーカーを作る遺伝子の完全なセットも持っている（後者については、ワーカー、兵隊など、個々の特殊化したカーストを作り出す遺伝子と言ったほうが良いかもしれない）。どちらのセットの遺伝子に「スイッチが入る」かは、その雌がどのように育てられるか、とくにどんな食物を与えられるかによって決まる。

さらに複雑な事態も多くからんでいるのだが、膜翅目の性決定システムの本質的な様子は今述べたとおりだ。どうしてこのように特異な有性生殖システムが進化したのかはまだわかっていない。立派な理由があることは確かだと思われるが、当面は、それを膜翅目が示す一つの奇妙な事実として扱うしかない。この特異なシステムが何に由来するにせよ、その特異さのおかげで、第6章で紹介した近縁度の簡単な計算法がここでは台無しになってしまう。たとえば、人間の場合なら一人の男に由来する精子はすべて異なった遺伝組成を持っているが、膜翅目のシステムでは、一匹の雄の作る精子はすべてまったく同一の精子になるのだ。膜翅目の雄の体の細胞は、二組ではなく、一組の遺伝子しか持っていない。このため、どの精子も細胞中の遺伝子セットから五〇％のサンプルを受け取るかわりにそれを一〇〇％まるごともらわなければならなくなる。したがって同一の雄に由来する精子はすべて同一になってしまう。さてこのような条件のもとで、母親と息子の近縁度を計算してみることにしよう。まず、今、ある雄が遺伝子Aを保持していることがわかっているとして、母親がこれを共有する確率を求めてみる。雄に父親はなく、彼の全遺伝子は母ゆずりなのだから、答えは一〇〇％になる。

しかし今度は逆に、女王が遺伝子Bを保持していることがわかっているとしたらどうか。息子は彼女の遺伝子の半分しか持っていないのだから、彼が遺伝子Bを共有する確率は五〇％になる。何か矛盾しているように思われるかもしれないが、そうではない。雄は自分の遺伝子をすべて母親からもらうが、母親のほうは自分の遺伝子の半分しか息子には提供していない。この見せかけのパラドックスを解く鍵は、雄が通常の数の半分しか遺伝子を持ち合せていないという事実が握っている。近縁度の「本当の」指標は$\frac{1}{2}$なのか、1なのか、などと頭を悩ましても益はない。この指標も単なる人工的な尺度であり、具体的な事例にこれを使って事態が解決し難くなるのなら、それを放棄して第一原理に立ち返るべきかもしれない。それはさておき、女王の体のなかにある遺伝子Aの立場で問題を考えると、この遺伝子が息子に伝えられる確率は$\frac{1}{2}$で、娘に伝えられる確率と同じである。したがって女王の立場から見ると、彼女の子どもは雌雄にかかわりなく、いずれも同じ濃度の血縁者だ。この血縁関係の濃さは、人間において母親から子を見た場合と同じである。

姉妹関係を相手にすると事態はさらにややこしくなる。同一父母に由来する姉妹は、単に父親を共有するにとどまらない。彼女らを受精させた二個の精子は、すべての遺伝子がまったく同じである。すなわち、父親由来の遺伝子に関するかぎり、彼女らは一卵性双生児と同じだ。もし、雌個体が遺伝子Aを持っているとすれば、これは、父母いずれかに由来したはずだ。もし、その遺伝子が母ゆずりであれば、彼女の姉妹がそれを共有する確率は五〇％だ。しかし、もしそれが父ゆずりだとすると、彼女の姉妹がそれを共有する確率は一〇〇％になる。したがって、膜翅目では、同一父母に由来する姉妹間の近縁度は、通常の有性生殖動物の場合の$\frac{1}{2}$にはならず、$\frac{3}{4}$になる。

以上から結論すると、膜翅目の雌の場合、父母を共有する姉妹に対する彼女の血縁の濃さは、自分の子ども（雌雄問わず）に対する彼女の血縁の濃さを上まわる。*2 ハミルトンが明らかにしたように、こうした事情は、効率の良い妹生産機械として利用するために母親を養う（いわば養殖業の対象とする）という傾向を、雌に発達させる素因になった可能性がある（もっともハミルトンは、ここで私が述べたのとまったく同じ説明法を取っているわけではない）。なぜならこの場合、間接的な方法で妹を作らせる遺伝子は、直接子どもを作らせる遺伝子より急速に増殖するからだ。ワーカーの不妊性はこうして進化したわけだ。ワーカーの不妊性を伴う真性の社会性は、膜翅目では独立に少なくとも一一のグループで進化しており、残りの動物界全体ではただ一度シロアリで進化しただけだと思われる。これはおそらく偶然の出来事ではないはずだ。

しかし、一つ罠がある。ワーカーが妹生産機械として母親を成功裏に利用する（養殖業の対象とする）ためには、妹と同時に同数の弟をワーカーに育てさせようとする母親の当然の傾向を、何らかの方法で抑制しなければならない。ワーカーの立場から見ると、任意の弟が彼女の遺伝子の特定の一個を共有する確率は1/4にすぎない。したがって、もし繁殖能力を持つ雌雄の子どもを同数ずつ産むのを女王に許してしまえば、ワーカーの立場から見るかぎり、女王を養うことには何の利益もなくなってしまう。そんなことを許していたら、ワーカーは、自分たちの貴重な遺伝子の増殖を最大化することができないのだ〔訳者補注3参照〕。

ワーカーが、妹を増やす方向に性比を偏らせる努力をする必要があることに気づいたのは、トリヴァースとヘアだった。彼らは、安定性比（前章で触れた）に関するフィッシャーの計算法を応用して、膜翅目という特殊例について計算をし直したのだ。その結果、母親にとっての安定投資比率は通常どおりの一対一となったが、姉から見た妹と弟への安定投資比率は、妹三に対して弟一になった。仮に読者が膜翅目の雌だとすると、遺伝子を増やすのに最も有利な手は、自ら子を産むことは抑制し、その代わりにあなたの母親に働きかけて、繁殖能力を持った妹と弟を三対一の比率で産んでもらうことなのだ。ただし、読者が自分で子どもを産まなければならない羽目になったら、繁殖能力のある息子と娘を同数産むのが、あなたの遺伝子にとって最も有利な道である。

すでに述べたように、女王とワーカーの違いは遺伝的なものではない。遺伝子に注目するかぎり、雌の胚は、三対一の性比を「望む」ワーカーになるか、あるいは一対一の性比を「望む」女王になるか、いずれの道へも進めるよう運命づけられている。では、ここで言う「望む」とはいったい何を意味するのか。それは次のようなことだ。ある遺伝子が仮に女王の体に収まることになったとする。この場合その遺伝子は、繁殖能力のある息子と娘に女王の体が一対一の比で投資を振りあてたとき、最大の効率で増殖できるのだ。しかし、まったく同じ遺伝子がワーカーの体に収まったらどうなるか。この場合その遺伝子は、ワーカーの体を介してその母親に働きかけ、彼女が息子より娘を多く作り出すように仕向けることによって、自己の増殖の最大化が可能になる。ここにはパラドックスはまったく存在しない。遺伝子というものは、利用可能な所与の動力レバーを最大限に活用すべきなのだ。女王となるべき個体の発育を左右できる立場に置かれたのなら、遺伝子はこれに応じた最適戦略を講じて、その制御力を自分の利益のために活用すればよい。また、仮にワーカーの体の発育を左右できる立場に置かれることになれば、前者とは別の最適戦略を取って、その力を自分の利益のために活用すればよいのである。

以上の事情は、社会性膜翅目の巣という養殖場のなかに利害対立があることを意味している。女王は、雌雄に等しい投資を「実行しようとしている」。ワーカーは、繁殖虫の性比を、雌と雄が三対一の方向へ移動させようとしている。ワーカーが農婦で、女王は彼女らの増殖用の雌の馬だという私たちの見かたが正しければ、おそらくワーカーたちは、彼女らの望む三対一の性比をうまく達成できるはずだ。もし私たちの見かたが間違っていれば、すなわち、女王が実際にその名にふさわしい行動を取っており、ワーカーたちは彼女の奴隷で、王立保育所の従順な保育者なのだとすれば、繁殖虫の性比は女王の「お望みどおりの」一対一になっているだろう。この特殊な形態の世代間闘争に勝つのはいったいどちらなのか。これは検定可能な問題であり、トリヴァースとヘアは、実際に多種類のアリを用いてそれをテストして見せた。

問題の性比は、雄の繁殖虫と雌の繁殖虫の比である。繁殖虫は翅を持った大型の個体で、結婚飛行のために定期的にアリの巣から飛び出してくる。この結婚飛行ののち、若い女王は新しいコロニー造りに着手する。今述べた性比の推定値を得るためには、これらの有翅虫を数える必要がある。ところが、多くの種においては、雄の繁殖虫と雌の繁殖虫のサイズに大きな差異があり、これが問題をかなり複雑にしてしまう。前章で述べたように、フィッシャーの最適性比の計算法は、厳密に言えば雄と雌の数に適用されるのではなく、雄と雌のそれぞれに対する投資量に適用されるものだからだ。この点を配慮するため、トリヴァースとヘアは繁殖虫の性比に、重量によって重み付けを行なった。彼らは二〇種類のアリを材料にして、雌雄の繁殖虫に対する投資量の比で示される性比を推定した。彼らの見出した値は、ワーカーが自分たちの利益のために巣を牛耳っていると見る理論から予測される、雌と雄が三対一という比に、かなりの信頼度で適合するものだった。*3

それらの研究対象とされたアリ類では、ワーカーが利害対立に「勝っている」。これはそれほど驚くべきことではない。ワーカーの体は保育所の管理人を務めているので、女王の体より実際上の権限が大きいからだ。女王の体を媒介にして世界の操作を企《くわだ》てる遺伝子は、ワーカーの体を媒介にして世界を操作しようとする遺伝子に裏をかかれてしまうのだ。しかし、逆に女王のほうがワーカーより実際上も力を持つような状況はないだろうか。そのような特殊事例を探してみるのも面白い。トリヴァースとヘアは、彼らの理論の批判的検証に使えそうな、お誂《あつら》え向きの状況が存在することに気づいた。

事の発端は、アリの仲間に奴隷を使役する種類がいるという事実である。奴隷使役種のワーカーは、通常の仕事をまったくしないか、仮にしたとしてもかなり手際が悪い。彼女たちが得意とするのは奴隷狩りだ。対立する大軍が死闘を展開する形の本物の戦争は、ヒトと社会性昆虫にしか見られない。多くのアリには兵アリと呼ばれる特殊なカーストの働きアリが見られる。彼女たちは、闘争用の巨大な顎を持ち、コロニーのために他のアリの軍隊と闘うことを仕事にしている。奴隷狩りも戦闘行為の一つの特殊な形態と言える。奴隷使役アリは、他種のアリの巣に攻撃をかけ、巣の防衛にあたる相手方の働きアリや兵アリを殺し、羽化前のサナギを運び去る。サナギは捕獲者の巣内で羽化し、奴隷の身の上とは「気づかぬ」アリたちは、彼女たちの神経系に組み込まれたプログラムに従って仕事を始める。彼女たちは、自種の巣内で普段するはずのあらゆる仕事をこなす。奴隷アリが巣に留まって、掃除、採餌、子どもの世話など、アリの巣を維持するための日常的な作業に精を出しているあいだ、奴隷使役種の働きアリすなわち兵アリは、さらに奴隷狩りの遠征を重ねる。

もちろん、奴隷たちは、自分たちの世話している女王や子どもが赤の他人だなどとは金輪際気がつかない。彼女たちは知らぬ間に、奴隷使役種の新たな大軍を育て上げてしまう。奴隷種の遺伝子に作用する自然淘汰は、奴隷化に対抗する諸適応を促進する方向に働いているのは疑いない。しかし、奴隷使役の現象は広範に見られており、対抗策が十分な効果を上げていないことは明白だ。

奴隷使役という習性の必然的帰結で、私たちの当面の論点から見て興味があるのは次の点である。すなわち、奴隷使役種の女王は、彼女の「好む」方向に性比を傾けられる立場にあるということだ。なぜなら、彼女の本当の子どもたち、すなわち奴隷の狩人たちは、もはや保育所の実権を握っていないからだ。この力を握っているのはいまや奴隷たちである。もちろん奴隷アリたちは、自分の同胞を世話していると「思い込んでいる」はずだ。したがって彼女たちはおそらく、自種の巣内においてなら三対一という雌過剰型のお望みの性比を達成するのにたしかに役立つであろう各種の行為を、奴隷使役種の巣内でも実行するに違いない。しかし奴隷使役種の女王はこれらに対する対抗手段を首尾良く行使できる。しかも、奴隷アリと彼女らの世話する子どもは赤の他人なので、今述べた対抗手段を相殺する淘汰が奴隷たちに働く余地はない。

たとえば、いずれかの種類のアリで、女王が、雄の卵に雌のような匂いを付けて擬装を「企てた」と考えてほしい。自然淘汰は通常、働きアリの示す傾向のうちで、この擬装を「見破る」のに役立つあらゆる傾向を促進させる。いわば、女王がたえず「暗号を変え」、働きアリがその「暗号を解読する」

という、ある種の進化上の争いがあると想像できるわけだ。誰であれ、繁殖虫の体を媒介にして次代に自分の遺伝子をより多く伝え得たものがこの争いの勝者となる。すでに述べたように、だいたいは働きアリが勝者になる。しかし、奴隷使役種の場合には、女王が暗号を変えると、奴隷アリのほうにこの暗号を解読する能力が進化する可能性はない。たとえ奴隷アリの体に「暗号解読用」の何らかの遺伝子が存在しても、その遺伝子はその巣から生まれるいずれの繁殖虫にも共有されず、したがって次代に伝えられることもないからだ。その巣から生まれる繁殖虫はすべて当の奴隷使役種に属しており、したがって女王とは血縁関係があるが奴隷アリとは血縁関係がない。奴隷アリの遺伝子が何らかの繁殖虫に共有されるとすれば、その相手は、誘拐される前に彼女らが所属していた本来の巣から生まれる繁殖虫たちだ。つまり奴隷の働きアリたちは、むしろ、奴隷使役種の女王が用いるのとは別の暗号を解読することに忙しい。奴隷使役種の女王は、彼女の暗号を解読してしまう遺伝子が次代に伝えられることを心配する必要はまったくない。彼女は自由に暗号を変えてワーカーの対抗策を逃れることができる。

奴隷を使うアリでは、雌と雄の繁殖虫に対する投資の比率は三対一ではなく、むしろ一対一に近い値になるはずだというのが、以上のややこしい議論の結論である。この場合に限っては、女王の望みどおりになるわけだ。そして、二種類の奴隷使役アリについてだけではあるが、トリヴァースとヘアは実際にこのような比率を見出している。

これまでの話は事態を理想化している点を強調しておかなければなるまい。現実の生活はそれほど整然と割り切れるものではない。たとえば、社会性昆虫のなかで最も馴染みの深いミツバチは、まったく「期待外れ」の存在に見える。ミツバチの場合、女王に向けられる分よりはるかに多量の投資が雄バチに対してなされており、これは、働きバチ、母親である女王バチ、いずれの立場から見てもつじつまが合いそうにない。この難問に対してハミルトンは可能性のある解答を一つ提出している。彼は、分封《ぶんぽう》〔巣分かれ。新しい女王バチの出現で、旧女王バチと働きバチが新巣に移ること〕の際に女王バチが働きバチの大群をともなって巣を離れ、この働きバチたちが新コロニー創設の手助けをする点に注目した。これらの働きバチは母巣から消えてしまうわけで、したがって彼女らを作り上げるのに要した代価は、繁殖の代価の一部として勘定される必要があると言う。巣を離れる女王一匹ごとに、たくさんの余分の働きバチが作られなければならない。これらの余分の働きバチに投資された分は、繁殖能力のある雌バチを作るための投資の一部と見なされるべきで、性比を計算する際、これらの余分の働きバチは、雄の反対側の皿にのせて重さを量らなければならない。というわけで、ミツバチの例も、前述の理論にとっては、結局さほど深刻な難題ではなかったのだ。

　しかし、ハミルトン流の理論のエレガントな活躍をはばむ、もっと厄介な邪魔物がある。社会性膜翅目のなかには、結婚飛行の際に、若い女王が二匹以上の雄と交尾する種があるという事実だ。このような例では、その女王の娘たちのあいだの平均近縁度は$3/4$未満になってしまい、極端な場合には$1/4$に近づいてしまうのである。あまり論理的とは言えないが、複数雄との交尾を、女王がワーカーに加える巧妙な一撃と見るのも面白そうだ。ついでながら、もしこのように考えるとすると、ワーカーは女王が一度より多く交尾しないように、結婚飛行に付き添って行くべきだというような話も出てきそうだ。しかし、そんなことをしてもワーカーは自分の遺伝子に何の手助けもできはしないはずだ。それによって救われる可能性があるのは次世代のワーカーの遺伝子である。同一の階級としてのワーカーたちのあいだには労働組合精神などない。それぞれの個体は自分の遺伝子の「心配」しかしないのだ。ワーカーは、できることなら自分の母親の結婚飛行のほうに付き添いたかったはずだ。しかし彼女にその機会はなかった。そのときにはまだ受精すらしていなかったのだ。これから結婚飛行に飛び立とうという若い女王は、その時点の世代のワーカーの姉妹であって、母親ではない。したがってその時点のワーカーたちは、彼女たちの姪にすぎない次代のワーカーの味方ではなくて、若い女王の味方なのだろう。なんだか私の頭もくらくらしてきた。そろそろこの話題を締めくくる潮時のようだ。

膜翅目昆虫のワーカーが彼らの母親に加えている働きかけを、ここでは養殖業というアナロジーで示してきた。当の養殖場は遺伝子の養殖場である。自分たちの遺伝子のコピーの生産を目指すワーカーたちは、自らその役を引き受けるよりも遺伝子生産の効率が良いという理由から、母親を彼らの遺伝子コピーの生産者として利用している。問題の遺伝子は、繁殖虫という名のパッケージに包まれて流れ作業で作り出されてくるのだ。しかし次に述べるように、社会性昆虫はまったく別の意味でも養殖することがあるので、先に述べた養殖業の比喩をそれと混同しないでいただきたい。狩猟・採集生活より、定住して食物を養殖したほうが高い効率を上げられる。社会性昆虫は、人間よりはるか以前にそれを発見していたのだ。

たとえば、アメリカ大陸の数種のアリや、そしてこれらとはまったく独立に、アフリカのシロアリたちが「菌園」を作る習性を持っている。最も有名なのは南米のハキリアリの仲間だ。この仲間は華々しい繁栄ぶりを示しており、一巣あたりの個体数が二〇〇万を超えるような例も見られている。彼らの巣は、地下に広がる通路や細長い部屋の巨大な複合体で、その深さは三メートルあるいはそれ以上に達し、そのために掘り出される土の量は四〇トンにもなる。地下の部屋には菌園がある。植物の葉を細かくくだいて特殊な堆肥《たいひ》の苗床を作り、アリたちはわざわざそこに特別な種類の菌類を植えつける。働きアリは、すぐ食物となるものを取りに出かけるのではなく、堆肥を作るのに必要な葉を集めに行くのだ。ハキリアリのコロニーが葉をかき集めるときの「食欲」は恐ろしいもので、おかげで彼らは大きな経済被害を与える害虫とされている。集められた葉は彼ら自身の食物となるのではなく、彼らの育てる菌類の食物になるわけだ。やがて彼らはその菌類を収穫して食べ、子どもたちに与える。アリの胃袋よりも、菌類のほうが高い効率で葉を分解する。菌園作りがアリに利益を与えるのはそのためだ。一方、菌類のほうも、たしかに穫られはするものの、前述の相互関係によって利益を得ている可能性がある。胞子の分散というメカニズムよりも、アリの手助けのほうが効率良く菌類を増殖させそうだからだ。さらにアリたちは、菌園の「草取り」までしてくれる。他種の菌類が入り込まないようにしてくれるのだ。競争がなくなることは、アリに栽培される菌類にとって有利なことだろう。アリと菌類のあいだには、一種の相互利他主義的な関係が存在するのだと言うこともできよう。系統的にまったくかけ離れた各種のシロアリたちのあいだで、非常によく似た菌類栽培システムが独立に進化している点も注目に値する。

アリ類は、栽培用の植物と同様に家畜動物まで所有している。たとえばアブラムシだ。アブラムシ類は、植物の汁を吸うために高度に特化した昆虫である。彼らは植物の師管からとても効率良く汁を吸い上げるので、その後消化が追いつかない。その結果、彼らは、栄養価を少し抜き取られただけの液体を分泌する。糖分をたっぷり含んだ「蜜のしずく」が、体の後端から大量に溢れ出てくるのである。自分自身の体重を超すほどの量の液滴を、毎時間分泌するような例もあるくらいだ。蜜のしずくの多くは、雨のように地上に降り注ぐ。神の賜わった食べ物として旧約聖書に登場する「マナ」は、実はこのしずくだったのかもしれない。ところが、アリのなかには、そのしずくがアブラムシの体を離れたとたんに、ただちにそれを失敬してしまう種類がいる。彼らは、触角や脚でアブラムシのお尻をこすって「ミルクをしぼる」。アブラムシもアリに反応する。アリが触れるまで液滴を出さずにいるように見える例もあるし、アリが受け取る体勢にないと液滴をおなかのなかに戻してしまうような例もある。ある種のアブラムシには、うまくアリを引きつけるために、アリの顔面に似た外観と感触を持つお尻が進化していると言われている。この相互関係によってアブラムシが得ているのは、明らかに天敵からの保護らしい。人間に飼われている牛たちのように、彼らも保護された生活を送っており、アリからの世話に多くを負っている種類などでは、正常な自己防衛機構が失われてしまっている。アリが、自分たちの地下の巣のなかで、アブラムシの卵の世話をするような例もある。このような例では、アリはアブラムシの幼虫に食物を与え、彼らが成長すると、それらを優しく抱えて、保護の行き届いた牧場へ運び上げる。

異種の個体に相互利益をもたらすような関係を、相利共生《そうりきょうせい》と呼ぶ。異種の個体は、互いに異なる「技能」を持ち寄って協力し合えるので、ときには大きな利益を与え合う。このように基本的な非対称性は、進化的に安定な相互協力戦略を生み出すことがあるのだ。アブラムシは植物の汁を吸うのには適した口器を持っているが、そのような吸引用の口器は自己防衛にはあまり適していない。一方のアリは、植物の汁を吸うのは下手だが、闘いは得意だ。そこで、アリの体内にあってアブラムシに対する世話や保護をうながす遺伝子は、アリの遺伝子プール中で有利になり、アブラムシの体内にあってアリとの協力をうながす遺伝子は、アブラムシの遺伝子プール中で有利になったというわけだ。

相互利益をもたらす相利共生的関係は、動・植物界に広く見受けられる。たとえば地衣類《ちいるい》は、一見他の植物と同様に、単独の植物体のように見える。しかし実際にはそれは、菌類と緑藻が密接な相利共生的結合を示した姿だ。いずれの側も他方なしでは生きていけない。彼らの結びつきがさらにもう少し密接だったなら、地衣類が二重生物だなどとはとうてい判別できなかったはずだ。もしそうだとすると、他にも私たちがまだ気づいていない二重生物、多重生物がいるのかもしれない。もしかすると私たち自身もその一つかもしれないのだ。

私たちの細胞一つひとつのなかには、ミトコンドリアという小さな粒がたくさん入っている。ミトコンドリアは、私たちが必要とするエネルギーのほとんどを生産する化学工場であり、もしミトコンドリアを失えば、私たちは即死するはずだ。ところが最近、このミトコンドリアは、その起源を辿ると、進化のずっと初期のころに私たちの祖先型の細胞と連合した、共生バクテリアだったのだ、という議論が説得的に展開されている。同様な提案は、私たちの細胞中にある他の微小な構造物についてもなされている。革命的な考えかたというのは慣れるのに時間がかかるものだが、この説もそうした考えかたの一つだ。ただしこの説に関しては、いまや認められる時がきた。私はやがて人々が、じつは私たちの遺伝子一つひとつが共生単位体であるという急進的《ラディカル》な考えかたを受け入れるだろうと思っている。私たちは、共生的な遺伝子たちの巨大なコロニーなのだ。この考えかたを支持する「証拠」を実際に提示することはできない。しかし、本書のはじめの諸章で私がお伝えしようとしたように、私たちが有性生殖生物における遺伝子の働きを考える際のまさにその考えかたのなかに、すでにこうした考えかたが実際には内在している。この考えかたをひっくり返してみると、ウイルスは、私たちの体のような「遺伝子コロニー」から離脱した遺伝子なのかもしれない。ウイルスは、純粋なDNA（あるいはこれに類似の別の自己複製分子――RNA）でできており、周囲にタンパク質の衣をまとっている。彼らは例外なく寄生性の存在である。こうした見解によれば、このようなウイルスは、逃亡した「反逆」遺伝子から進化したもので、いまや、精子や卵子といった通常の担体《ヴィークル》に媒介されることなく、生物の体から体へと直接空中を旅する身の上になったわけだ。この見解が正しいなら、私たちは、私たち自身をウイルスのコロニーと見なしてよいのかもしれない。このウイルスたちの一部は互いに相利共生的協力関係を結び、精子や卵子に乗って体から体へと移動する。彼らが通常の「遺伝子」だというのだ。その他のものは寄生的な生活を送り、各種の可能な方法で体から体へと移動する。この寄生的なDNAが仮に精子や卵子に乗って移動するなら、おそらくそれらが第3章で紹介した「パラドックス的な」余分のDNAになるのだろう。もしそれが、空中経由あるいはその他の直接的手段で移動するなら、通常の意味の「ウイルス」と呼ばれる。

以上は将来のための仮説である。当面は、生物体内部の問題を離れて、多細胞生物相互間の関係という高次のレベルで相利共生を考えることにしよう。相利共生という言葉は通常、異種個体間の相互関係に適用される。しかし、「種のための利益」という観点で進化を見るのを慎むことにした以上、異種個体間の交際を、同種個体間の交際とはとくに別個のものとして区別する論理的根拠はないと思われる。一般に、交際する両個体がそれぞれ投入量以上の利益をその関係から得ることができるなら、相互利益的な交際関係が進化するはずだ。これは、同じ群れのなかのハイエナ個体間について語る場合も、あるいはアリとアブラムシ、花を咲かせる植物とミツバチといった、かけ離れた別の生物間について語る場合も、そのままあてはまる。ただし本当に両方向的な相互利益をもたらす事例と、一方が他方を利己的に利用している事例とを、実際に判別するのは厄介なことだろう。

地衣類を構成するパートナーたちの場合のように、両者が利益を同時に享受しているとすれば、相互利益的な交際関係の進化を想像するのは理論的には容易である。しかし、利益の提供とそれに対する返報のあいだに時間的ずれが介入する場合はちょっと厄介だ。なぜなら、はじめに利益を受け取った個体は、相手を騙して、自分がお返しをする番がきてもそれを拒否しようという誘惑にかられかねないからだ。この問題にはどのような決着がつくだろうか。面白いので詳しく論じておく価値がありそうだ。ここでも仮説的な例を引き合いに出して説明するのが一番わかりやすいと思う。

ある種類の鳥がいて、危険な病気を媒介する非常にたちの悪いダニが、それに寄生すると仮定しよう。このダニにたかられたら、できるだけ速やかにそれを取り除くことがその鳥にとってきわめて重要である。体に付いたダニは、普通なら羽づくろいの際に自分で取り除けるのだが、自分の嘴《くちばし》では届かないところが一ヶ所だけある。頭のてっぺんだ。人間ならすぐに解決策を思いつく。本人の嘴では頭に届かないとしても、友だちが代わりにつついてやるのは何の造作もないことではないか。この親切な鳥は、あとで自分がダニにたかられる羽目になったら、かつての親切のお返しをしてもらえるかもしれない。事実、鳥や哺乳類では、相互毛づくろいがごく一般的に見られる。

これは直観的に納得できる解決策だ。意識的な先見能力を持つ者なら、相互に相手の背中を毛づくろいし合う類の関係を結ぶのが賢明な解決策だと理解できるはずだ。しかし、直観的に納得できそうなことには気をつけろ、と私たちは学んだはずだ。遺伝子に先見能力はないからだ。親切行為とそれに対する恩返しのあいだに時間的ずれが介在する条件下で、遺伝子の利己性理論は、相互的な背中掻き関係、すなわち、「互恵的利他主義」の進化を説明できるのだろうか。ウィリアムズは先に挙げた一九六六年の著書『適応と自然淘汰』で、この問題を簡単に論じている。彼は、ダーウィンと同様な結論に到達した。すなわち、遅延性の互恵的利他主義は、互いを個体として識別し、かつ記憶できる種においてなら、進化することが可能だと言うのである。トリヴァースは、一九七一年の論文〔170〕で、この問題をさらに詳しく論じている。この論文を書いたときに、メイナード＝スミスの進化的に安定な戦略（ESS）の概念は、まだ彼の手元になかった。もしこれが利用できていたなら、彼は当然それを活用したはずだ。なぜなら、彼の理論を表現するのにぴったり合った方法を提供するからだ。彼は「囚人のジレンマ」——ゲーム理論の有名なパズル——に言及しているが、これは彼がすでにメイナード＝スミスと同じ路線で考えていたことを示唆する。

Bという個体が頭のてっぺんにダニを付けていたとする。Aという個体はそれを取り除いてやる。しばらくして、今度はAの頭にダニがたかってしまった。彼は当然のことBを探しに行く。Bは、かつての親切のお返しをしてくれるかもしれないからだ。しかし、BはAを鼻先であしらって、立ち去ってしまった。Bはごまかし屋というわけだ。ここで言うごまかし屋とは、他個体が提供する利他的行動の恩恵にはあずかるが、相手にはお返しをしない個体、あるいは不十分なお返ししかしない個体のことだ。代価を支払うことなく利益を得られるわけだから、ごまかし屋は相手かまわずの利他主義者より有利である。危険なダニを取り除いてもらった利益に比べれば、他個体の頭を毛づくろいしてやるための代価など、たしかにわずかな労力に思えるが、無視できる量でもない。いくばくかの貴重なエネルギーと時間は確実に費されるからだ。

集団を構成する個体が、二つの戦略のうちいずれか一方を採用すると考えよう。メイナード＝スミスの分析と同様、ここで使われる戦略という言葉は、意識的な戦略ではなく、遺伝子の規定する無意識的な行動プログラムを指す。二つの戦略には、「お人よし」戦略と、「ごまかし屋」戦略という名前を付けることとする。お人よしは、必要とする相手には、誰彼かまわず毛づくろいをしてあげるタイプで、ごまかし屋は、お人よしの利他行動は受け入れるが、他個体に対してはいっさい毛づくろいをせず、たとえ相手が以前彼を毛づくろいしてくれた個体でも無視するタイプだ。ハト派とタカ派の分析例と同様に、ここでもそれぞれの利得に適当な数値を与えるわけだが、毛づくろいを受けた場合の利益のほうが毛づくろいをする際の代価より大きくしてあれば、それぞれの数値の実際の値はどう決めてもいい。ダニの寄生率が高い場合、お人よし集団のなかの任意の個体は、自分が他個体に毛づくろいを加えるのと同じ頻度で自分も毛づくろいしてもらえると期待できる。したがって、お人よし集団中のお人よし個体の平均利得は正の値になる。この場合彼らは、一人残らず実際にうまくやっていけているので、お人よしという呼称は不適切かもしれない。しかし、ここでごまかし屋が一匹集団中に出現したらどうなるだろうか。ごまかし屋は彼一匹なのだから、彼は他のすべての個体から毛づくろいしてもらえると期待でき、しかもお返しは一切しないでいいのだ。彼の平均利得は、お人よしの平均利得以上になる。かくして、ごまかし屋の遺伝子が集団中に広がり始め、お人よしの遺伝子はたちまち絶滅に追い込まれるだろう。なぜなら、集団中の構成比にかかわりなく、ごまかし屋は常にお人よしより高い成績を上げるからだ。たとえば、ごまかし屋とお人よしが五〇％ずつの場合を考えてみる。お人よしの平均利得もごまかし屋の平均利得も、お人よしだけから成る集団のなかの任意の個体の平均利得に比べて、いずれも低い値になるはずだ。しかし、この条件下でもなお、ごまかし屋はお人よしより高い成績を上げている。ごまかし屋は、その本性に従って、享受可能な利益をすべてわがものとしながら、一切代価を払うことがないからだ。ごまかし屋の構成比が九〇％にも達すると、集団のなかのどの個体の平均利得も非常に低い値になってしまうだろう。ダニの運ぶ病気のために、いずれのタイプとも、かなりの死亡者を出すことになるからだ。しかし依然としてごまかし屋はお人よしより高い成績を上げている。たとえ集団全体が絶滅に向かっても、お人よしがごまかし屋より高い成績を上げる機会はまったくない。つまり、これら二つの戦略だけで考えるかぎり、お人よし型の絶滅は避けようがないし、それどころか集団全体としての絶滅の可能性も非常に高い。

そこで、「恨み屋」と呼ぶ第三の戦略に登場してもらおう。恨み屋は、初対面の相手や、以前彼に毛づくろいをしてくれた個体に対しては毛づくろいをする。しかし、誰かが彼を騙そうものなら、彼はその出来事を忘れず、相手に恨みをいだく。つまり、その後は、その個体の毛づくろいを拒否するようになる。恨み屋型とお人よし型の個体で構成される集団のなかでは、両者の区別は不可能だ。両タイプともすべての他個体に利他的に振る舞い、しかも両タイプとも同じ得点の高成績を収めるからだ。集団中の個体の大部分がごまかし屋の場合、孤立した恨み屋個体は大した成績を上げられない。集団中のすべてのごまかし屋に対して恨みを持つに至るまでには時間がかかるので、彼は遭遇する個体のほとんどに毛づくろいをしてやることになり、そのために多大なエネルギーを費やす羽目に陥るからだ。しかもこの場合、お返しに彼の毛づくろいをしてくれる者は皆無である。ごまかし屋に比べて恨み屋がまれな場合、恨み屋の遺伝子は絶滅してしまうだろう。しかし、恨み屋の数が増して、集団中に占める彼らの割合がある臨界値に到達できれば、彼らどうしの出会う確率が十分高くなり、ごまかし屋を毛づくろいすることで浪費される努力量を相殺できるようになる。この臨界値に到達すると、恨み屋はごまかし屋より高い平均利得を上げるようになり、ごまかし屋はそれ以後加速度的な速さで絶滅に追いやられ始める。しかし、ごまかし屋が絶滅寸前にまで減少すると、彼らの減少率は低下し始め、かなり長期にわたって少数者として生存し続けるだろう。少数になったごまかし屋個体が、同一の恨み屋に二度遭遇する確率はごく低いというのがその理由である。任意のごまかし屋に恨みをいだいている個体は、集団中のごく一部に限られてしまうからだ。

以上の三つの戦略に関して、私はあたかも何が起こるかは直観的に自明であるかのように述べてきた。しかし実際はそれほど自明なわけではなく、私は事前にコンピュータでシミュレーションして、その直観が正しいことをちゃんと確認しておいたのだ。実際に恨み屋戦略は、お人よし戦略、ごまかし屋戦略に対して進化的に安定な戦略として振る舞う。すなわち、大部分が恨み屋から成る集団には、ごまかし屋もお人よしも侵略できない。しかしごまかし屋もまた、進化的に安定な戦略である。大部分がごまかし屋の集団は、恨み屋、お人よしのいずれの戦略にも侵略されないからだ。集団は、これら二つの進化的に安定な戦略のどちらかに落ち着くことになる。長期的に見れば、一方から他方への変化も起こりうる。それぞれの利得に実際にどんな数値を与えるかによって、これら二つの安定状態のどちらが大きな「誘引圏」を持つかが決まり、したがってどちらが達成されやすいかが決まる（先のコンピュータ・シミュレーションでも、利得の値はまったく恣意的に仮定されている）。ついでにちょっと注意しておきたい。ごまかし屋の集団は、恨み屋の集団より絶滅の可能性が高くなりそうだが、だからといってごまかし屋が進化的に安定な戦略の地位を失うわけではまったくない。もしもある集団が、それ自体を絶滅に追い込むような進化的に安定な戦略に到達してしまえば、たしかに絶滅してしまうだろう。これはただもう運が悪いと言うしかない。[*4]

圧倒的多数のお人よし型個体、臨界頻度をわずかに超えるだけの少数派の恨み屋型個体、そして、恨み屋とほぼ同数の少数派ごまかし屋型個体の組み合わせを出発点としてシミュレーションを実行し、その成り行きを眺めると非常に面白い。最初に、ごまかし屋の容赦ない搾取のためにお人よし集団が著しく減少する。ごまかし屋は目覚ましい個体数増加を享受し、最後のお人よしが姿を消す時点で彼らの数は頂点に達する。しかしごまかし屋はまだ恨み屋を相手にしなければならない。お人よし型の急激な減少の際、破竹の勢いのごまかし屋の攻勢を受けて、恨み屋の数もゆっくり減少していたのだが、彼らはなおかろうじて勢力を保持していたのだ。最後のお人よしが死んで、もはやごまかし屋がこれまでのように簡単に他人の利己的搾取ができなくなると、今度は恨み屋がごまかし屋を犠牲にして徐々に増加し始める。彼らの個体数増加には次第にはずみがついてくる。そして恨み屋が激しく増加し、ごまかし屋の集団は絶滅寸前まで激減する。こののち、両者の個体数は横ばいになる。少数になったおかげで、恨みを抱かれる危険がかなり減少するという少数者特権を、ごまかし屋が享受できるようになるからだ。しかし、ごまかし屋は徐々にではあるが容赦なく抹殺されていき、やがて恨み屋が集団全体を制圧する。一見矛盾しているようだが、お人よしの存在は、当初、恨み屋を危険にさらしている。彼らの存在がごまかし屋の一時的繁栄を可能にするからだ。

ところで、今述べた仮説的な事例では、毛づくろいを受けないと個体は危険にさらされると仮定したわけだが、実際にその可能性はかなりある。たとえば、マウスを単独で飼っておくと、頭部の、自分では届かぬ部分に不快な腫れ物が生ずる傾向がある。ある研究によれば、集団飼育されたマウスは互いに頭をなめ合うため、そんな腫れ物に苦しまずに済んだという。互恵的利他主義の理論を実験的に検証できれば面白い。マウスはその種の研究に適した材料となるだろう。

トリヴァースは、掃除魚《そうじうお》の示す目覚ましい相利共生についても論じている。大型の魚種の体表に付いている寄生虫をつまみ取って生活している動物が、小型の魚種とエビ類で、合わせて五〇種ほど知られている。大型の魚は掃除されることで明らかに利益を得ているし、掃除屋はかなりの食物を得ることができる。つまりこの関係は相利共生的なわけだ。多くの場合、大型魚は口を大きく開き、掃除屋が口のなかに入り込んで歯をつつき、掃除しながら鰓《えら》から外へ出るのを許している。大型魚は、十分掃除してもらうまでずる賢く待って、そのあとで掃除魚をパクリと食べてしまうこともできるではないかと思う向きもあるかもしれない。しかし通常は、掃除魚は何の危害も受けずに去って行くことができる。これは、現象的な利他主義の素晴らしい芸当である。なぜなら、多くの例で、掃除屋は大型魚の通常の餌動物とまさに同じ大きさだからだ。

掃除魚は特別な縦縞模様をまとい、しかも特別なダンスで誇示行動を示す。これらは掃除魚であることの目印だ。大型魚は、しかるべき縦縞を持ち、しかるべきダンスを踊りながら近づく小魚に対して、捕食を抑制する傾向を示す。それどころか、そのような小魚に遭遇すると、彼らはある種の恍惚状態に陥ってしまい、掃除魚が彼らの体表や口、鰓のなかなどに自由に触れるのを許してしまうのだ。利己性という遺伝子の本性からすれば、このチャンスを利用して無慈悲に稼ごうとする詐欺師がいても不思議ではない。事実、大型魚に安全に接近するために、掃除魚とそっくりの外見を持ち、しかもまったく同じようなダンスを踊る小型の魚種がいる。この詐欺師は、大型の魚が掃除を期待して恍惚状態になるや、その鰭《ひれ》に咬みついて肉片をもぎ取り、一目散に遁走するのだ。こんな詐欺師がいるにもかかわらず、掃除魚とそのお客さんたちの関係はおおむね友好的で安定している。掃除屋という職業は、サンゴ礁の生物群集の日常生活のなかで重要な役割を演じており、掃除魚にはそれぞれ自分のテリトリーがある。大型魚たちはそこに列を作って並び、ちょうど理髪店の客のように自分の番が来るのを待つのだという。この事例で、遅延性の互恵的利他主義の進化を可能にしたのは、おそらく今述べたような特定地域への固執という性質だろう。大型魚にとって、たえず新しい掃除屋を探す代わりに、同じ「理髪店」に繰り返し寄れることから生じる利益は、当の掃除魚を食べるのを自制することから生じる代価より大きいに違いない。掃除屋は小魚なのだから、食わなくても大した損はないはずで、この推定は十分信じることができるだろう。掃除魚に擬態した詐欺師の存在は、正直ものの掃除屋に、間接的な形で危険を加えているかもしれない。前者の存在によって、縦縞のダンサーを食わせてしまう圧力が、大型魚に少々加えられるはずだからだ。一方、本物の掃除魚が示す特定地域への固執という性質は、お客たちが本物の掃除屋を見つけ、詐欺師からの回避を可能にしている。人間には、長期の記憶と、個体識別の能力がよく発達している。したがって、互恵的利他主義は、人間の進化においても重要な役割を果たしたことが予想される。トリヴァースは、他者を騙す能力や、詐欺を見破る能力、騙し屋だと思われるのを回避する能力などを強化する方向に働いた自然淘汰が、人間に備わる各種の心理的特性——ねたみ、罪悪感、感謝の念、同情その他——を形成したのだと主張しているほどだ。とくに面白いのは「狡猾な騙し屋」という存在である。彼らは一見きちんと恩返しをしているように見えるが、実際は、いつも受け取った分よりやや少な目のお返ししかしていない。ヒトの肥大した大脳や、数学的にものを考えることのできる素質は、込み入った詐欺行為を行なったり、同時に他人の詐欺行為を見破ったりするためのメカニズムとして進化した可能性すら考えられる。このような見かたからすれば、金銭は、遅延性の互恵的利他主義の形式的象徴である。

互恵的利他主義の概念を、私たち自身の属する種に適用した際に生じるこの種の魅力的な思弁は果てしない。面白そうだが、私はこの種の思弁に才能があるわけではないので、この先は読者がご自身で楽しむに任せることとしたい。

第11章 ミーム 新たな自己複製子

Memes: The new replicators

これまで、人間について特別に多言を費やしてはこなかった。しかし、わざと人間を除外していたわけではない。私が「生存機械」という言葉を使ってきた理由も、「動物」と言ったのでは植物が除外されてしまうし、それどころか一部の人々の頭のなかでは人間さえも除外されてしまうからなのであった。私の展開してきた議論は、一応は、進化のあらゆる産物にあてはまるはずだ。もし何らかの種を例外として除外しようと言うなら、特別に妥当な根拠が必要だ。私たちの属する人間という種を特異な存在と見なす妥当な根拠はあるのだろうか。私は、そのような根拠はたしかに存在すると信じている。

人間をめぐる特異性は、「文化」という一つの言葉にほぼ要約できる。もちろん私は、この言葉を通俗的な意味でではなく、科学者が用いる意味で使用している。基本的には保守的でありながら、ある種の進化を生じる点で、文化的伝達は遺伝的伝達と類似している。ジェフリー・チョーサー〔一四世紀の詩人でカンタベリー物語の著者。「英詩の父」と呼ばれる〕は、連綿と続く約二〇世代ほどの英国人を仲立ちとして、現代英国人と結びつきを持っている。仲立ちとなっているそれぞれの世代の人々は、ごく身近な世代の人々となら、息子が父親と話をする場合のように会話ができたはずだ。しかし、チョーサーと現代英国人とのあいだで会話を交わすのは不可能だろう。言語は、非遺伝的な手段によって「進化」するように思われ、しかもその速度は、遺伝的進化より格段に速い。

文化的伝達はなにも人間だけに見られるのではない。人間以外の動物に関するものとして、私が知っている最も良い例は、ニュージーランド沖の島に住むセアカホオダレムクドリという鳥のさえずりに見られる例で、ごく最近、P・F・ジェンキンスによって記録されている。彼の研究した島では、全部で約九つの異なるさえずりかたが観察された。それぞれの雄は、これらのさえずりのうちの一つあるいは数種しか歌わない。ジェンキンスは、雄たちを方言のグループに分けることができた。たとえば、隣接したテリトリーを持つ八羽の雄から成るあるグループは、CCソングと名付けられた特定のさえずりかたをした。他の方言グループはそれぞれ別のさえずりを示した。同じ方言グループに所属する個体が二つ以上の別のさえずりかたを共有するような例もあったという。ジェンキンスは、父親と息子のさえずりかたを比較することによって、さえずりのパターンが遺伝的に親から子へ伝わるのではないことを明らかにした。個々の若雄は、近所にテリトリーを持つ他個体のさえずりを、人間の言語の場合と同様に模倣という手段によって自分のものにするらしい。ジェンキンスの滞在期間中、島で聞くことのできるさえずりの数はほぼ決まっていた。それらが、いわば「さえずりプール」を形成し、若雄たちはそこから少数のさえずりかたを自分のものにしていたのだ。しかしジェンキンスは、若雄が古いさえずりかたを模倣しそこねて、新しいさえずりを「発明」する現場に居合わせる幸運に何度か恵まれた。彼は次のように述べている。「新しいさえずりは、鳴き声の高さの変化、同じ鳴き声の追加、鳴き声の脱落、あるいは他のさえずりかたの部分的編入など各種の方法で生まれることが明らかとなった（……）。新しいさえずりの形式は唐突に出現するが、そのあとは数年にわたってきわめて安定した形で維持された。さらにいくつかの例では、変異型のさえずりが、その新しい様式のままで新参の若雄たちに正確に伝達され、その結果、よく似た歌い手たちのグループが新たに他から識別できるほどになった」。新しいさえずりの出現を、ジェンキンスは「文化的突然変異」と表現している。

セアカホオダレムクドリのさえずりは、明らかに非遺伝的な方法で進化している。さらに、鳥類やサルの仲間にはこの他にも文化的進化の例が知られている。しかし、これらはいずれも風変わりで面白い特殊例にすぎない。文化的進化の威力を本当に見せつけているのは、私たちの属する人間という種だ。言語は、その多くの側面の一つにすぎない。衣服や食物の様式、儀式・習慣、芸術・建築、技術・工芸、これらすべては、歴史を通じてあたかもきわめて高速度の遺伝的進化のような様式で進化するが、もちろん実際には遺伝的進化などとはまったく関係がない。しかし、遺伝的進化と同様、文化的な変化も進歩的でありうる。現代科学は、実際に古代の科学より優れていると言える。すなわち、宇宙に関する私たちの理解は、時代とともに変化するだけではなく、実際に改善されていくものだ。宇宙の理解に関して現在のような爆発的進歩が見られるようになったのは、たしかについ先ごろのルネサンス以後のこと。ルネサンス以前には陰気な停滞期があり、ヨーロッパの科学文化はギリシャが達成した水準に凍結されていた。しかし第5章で述べたように、遺伝的進化でも似た現象が見られる。それは安定した停滞期をあいだにはさみながら、一連の突発的変化を示して進行するらしいのだ。

文化的進化と遺伝的進化の類似性はしばしば指摘される。ただし、ときとしてそれは、まったく不必要な神秘的含意のある文脈で取り上げられる。科学の進歩と、自然淘汰による遺伝的進化の類似性に関しては、とくにカール・ポパー卿が明らかにした。ポパー卿をはじめ、その他にたとえば、遺伝学者L・L・カヴァリ゠スフォルザ、人類学者F・T・クローク、比較行動学者J・M・カレンなどが探求している方向を、さらに推し進めてみたいというのが私の狙いである。

熱烈なダーウィン主義者の私は、熱烈なダーウィン主義者の同僚たちが人間行動に与えている説明には、ずっと不満を感じていた。彼らは、人間の文明が示す各種の特性に、「生物学的有利さ」を見出そうと努力してきたのだ。たとえば、部族宗教は集団としての一体感を高めるための一つのメカニズムと見なされてきた。群れで狩猟をする動物の場合、各個体の生存は、大型で足の速い獲物を捕えるための協力に依存しており、先のメカニズムはこのような種にとっては価値があるわけだ。この種の理論を組み立てる際、その前提とされている進化論的な見解が、しばしば暗黙のうちに群淘汰主義者的なものになっていることがあるが、それらは正統的な遺伝子レベルの淘汰で言い換えることができる。たしかに人間は、過去数百万年の大半を、小規模な血縁集団単位の生活で過ごしてきたようだ。したがって、私たちの基本的な心理的特性や傾向の多くは、私たちの遺伝子に対して血縁淘汰や、互恵的利他主義を促進する淘汰が働いた結果として作り出されたのだと考えることもできる。こういった考えかたも、それ自体としてはもっともらしい。しかし、文化や、文化的進化、さらに世界の人間文化が示すはかりしれない差異——コリン・ターンブルの記したウガンダのイク族の極限的な利己性と、マーガレット・ミードの報告したアラペシュ族の温和な利他主義がその両極だ——を説明するという途方もない難題は、まだ先に述べたような理論ではとても対処できないのではないか。私の考えでは、私たちはもう一度、第一原理に立ち戻ってみる必要がある。これから私が展開しようとする議論は、現代人の進化を理解するためには、遺伝子だけをその唯一の基礎と見なす立場を放棄しなければならないというものだ。この本をここまで何章も書いてきた著者がこんなことを言うと驚かれるかもしれない。私はたしかに熱烈なダーウィン主義者だ。しかし私は、遺伝子という狭い文脈に閉じ込めてしまうには、ダーウィニズムはあまりに大きな理論だと考えている。以下の私の主張においては、遺伝子は類推の対象としてしか登場してこないだろう。

そもそも遺伝子の特性とは何か。その答えは、自己複製子だ。物理学の法則は、到達可能な範囲の全宇宙にあてはまると見なされている。生物学には、これに相当する普遍的妥当性を持つような原理があるだろうか。宇宙飛行士がかなたの惑星に到達して生物を探せば、私たちには想像もつかないような奇妙、奇怪な生物に遭遇するかもしれない。しかし、どこに住んでいようが、どんな化学的基盤を持って生きていようが、あらゆる生物に必ず妥当するようなものが何かないだろうか。たとえ炭素の代わりに珪素《けいそ》を、あるいは水の代わりにアンモニアを利用する化学的仕組みを持つ生物が存在したとしても、また、たとえマイナス一〇〇度で茹で上がって死んでしまう生物が発見されても、さらに、たとえ化学反応に一切頼らず、電子的な反響回路を基盤とした生物が見つかったとしても、なおこれらすべての生物に妥当する一般原理はないものか。むろん私はその答えなど知らない。しかし、もし何かに賭けなければならないのであれば、私はある基本原理に自分の持ち金を賭けるだろう。すべての生物は、自己複製する実体の生存率の差に基づいて進化する、というのがその原理である。[*1] 自己複製する実体として私たちの惑星に勢力を張ったのが、たまたま、遺伝子、つまりDNA分子だった。しかし、他のものがその実体となることもありえよう。仮にそのようなものが存在し、他のある種の諸条件が満たされれば、それがある種の進化過程の基礎になることはほとんど必然的だ。

別種の自己複製子と、その必然的産物である別種の進化を見つけるためには、はるか遠方の世界へ出かける必要があるだろうか。私の考えるところでは、新種の自己複製子が最近まさにこの惑星上に登場している。私たちはそれと現に鼻をつき合わせているのだ。それは未発達な状態にあり、依然としてその原始スープのなかで無器用に漂っている。しかしすでにそれはかなりの速度で進化的変化を達成しており、遺伝子という古参の自己複製子は遅れて、はるか後方であえいでいるありさまだ。

新登場のスープは、人間の文化というスープである。新登場の自己複製子にも名前が必要だ。文化伝達の単位、あるいは「模倣」の単位という概念を伝える名詞である。模倣に相当するギリシャ語の語根を取れば *mimeme* だが、私がほしいのは、gene（遺伝子）と発音の似ている単音節の語だ。そこで、このギリシャ語の語根を meme（ミーム）と縮めることとする。[*2] 私の友人の古典学者諸氏には御寛容を乞う次第だ。もし慰めがあるとすれば、ミームという単語は memory（記憶）、あるいはフランス語の même（同じ）という単語にも掛けられることか。なお、この単語は、「クリーム」と韻を踏んで発音していただきたい。

旋律や観念、キャッチフレーズ、衣服のファッション、壺《つぼ》の作りかた、あるいはアーチの建造法などはいずれもミームの例である。遺伝子が遺伝子プール内で繁殖するに際して、精子や卵子を担体《ヴィークル》として体から体へと飛びまわるのと同様に、ミーム・プール内で繁殖する際には、広い意味で模倣と呼べる過程を媒介として、脳から脳へと渡り歩く。科学者が良い考えを聞いたり読んだりすると、彼は同僚や学生にそれを伝えるだろうし、論文や講演でもそれに言及するだろう。その考えが評価を得れば、脳から脳へと広がって自己複製すると言えるわけだ。私の同僚ニコラス・ハンフリーが、本章の初期の原稿を手際良く要約し、指摘してくれている。「(……) ミームは、比喩としてではなく、厳密な意味で生きた構造と見なされるべきだ。[*3] 君がぼくの頭に繁殖力のあるミームを植えつけるというのは、君がぼくの脳に文字通り寄生することなのだ。ウイルスが寄生細胞の遺伝機構に寄生するのと似た方法で、ぼくの脳はそのミームの繁殖用の担体にされてしまう。これは単なる比喩ではない。たとえば〈死後の生命への信仰〉というミームは、世界中の人々の神経系の一つの構造として膨大な回数にわたって肉体的に体現されているではないか」

神という観念を考えてみる。それがどのようにしてミーム・プールに発生したかは定かではない。もしかするとそれは、独立した「突然変異」によって幾度も発生したのかもしれない。では、それはいかに自己複製するのか。語られる言葉、書かれた文字によってである。しかも偉大な音楽や芸術がその手助けをしている。しかし、そのミームはなぜこのように高い生存価を示すのか。ここで言う「生存価」とは、遺伝子プールのなかの遺伝子にとっての値ではなくて、ミーム・プールのなかのミームにとっての値であることを忘れないでほしい。先の疑問の意味するところをきちんと表現すると次のようになる。神の観念に、文化環境中における安定性と浸透力を与えているのは、いったいその観念の持つどのような性質なのか。ミーム・プールのなかにおいて神のミームが示す生存価は、それが持つ強力な心理的魅力に基づいている。実存をめぐる深遠で心を悩ませる諸々の疑問に、表面的にはもっともらしい解答を与えてくれるのだ。現世の不公正は来世において正されるとそれは主張する。私たちの不完全さに対しては、「神の御手《みて》」が救いを差しのべて下さるという。医師の用いる偽薬《プラセボ》と同様で、こんなものでも空想的な人々には効き目がある。これらは、世代から世代へと、人々の脳がかくも容易に神の観念をコピーしていく理由の一部だ。人間の文化が作り出す環境においては、たとえ高い生存価、あるいは感染力を持ったミームという形でだけにせよ、神は実在する。

神のミームの生存価に関するこのような私の説明は、肝心の論点を避けているのではないかと指摘してきた同僚がいた。彼らは最終的には、いつも決まって「生物学的有利さ」に立ち戻ろうとする。神の観念には「強力な心理的魅力」がある、と言っただけでは彼らは不満だ。彼らは、なぜそれが強力な心理的魅力を持つのかを知りたがる。心理的魅力とはすなわち脳に対する魅力のことだ。そして脳とは、遺伝子プールのなかの遺伝子に対して自然淘汰が作用して作り上げたものだ。このような脳を持つことは何らかのありかたで遺伝子の生存の促進につながっているのではないか。彼らはそのような方法を見つけたいのだ。

私はこの種の態度には大いに共感を持っているし、また、現在のような脳を私たちが所有していることには遺伝的な有利さがあるはずだという見解にもなんら疑問を抱いていない。しかしそのうえでなお私は、もしこれら同僚諸氏が彼ら自身の議論の諸前提をその根本のところで詳しく検討されるなら、彼ら自身が私とまったく同じだけ論点回避をされていることに気づかれるはずだと考えている。根本に立ち返ってみよう。生物学的現象を遺伝子への利益という観点から説明することがうまい方法なのは、遺伝子が自己複製子だからこそだ。原始スープのなかで、分子の自己複製を可能にするような条件が整うと、たちまち自己複製子が原始スープに取って代わることになった。そしてこの三〇億年以上というもの、地上において語る価値のある唯一の自己複製子はDNAだった。しかし、DNAは、永遠にその専制支配権を確保できるとは限らない。新種の自己複製子が自己のコピーを作れる条件が生まれさえすれば、その新登場の自己複製子が勢いを得て、それ自体の新たな種類の進化を開始することになる。いったんこの新しい進化が開始されると、もはやそれが古いタイプの進化に従う必然性はなくなる。遺伝子を単位とする古い進化は、脳を作り出すことによって、最初のミームが発生しうる「スープ」を提供した。次いで自己複製能力のあるミームが登場すると、彼らは、古いタイプの進化よりはるかに速やかな、独自のタイプの進化を開始したのだ。私たち生物学者は遺伝子による進化の考えかたにすっかりなじんでしまっているので、それがじつは、可能な多種類の進化のうちの一例にすぎないことを、ともすると忘れてしまうようだ。

広義の意味での模倣が、ミームの自己複製を可能にする手段だ。しかし自己の複製が可能な遺伝子のすべてが成功を収められるわけではないのとまったく同様、一部のミームはミーム・プール中で他のミーム以上の成功を収める。これは自然淘汰と相似な過程である。ミームに高い生存価を付与するような特性については、すでにいくつか特殊な例を挙げた。しかし、一般化して考えると、その特性は、第2章で自己複製子に関して論じられたものと同じものになるはずだ。すなわち、寿命、多産性、そして複製の正確さの三つである。ミームのコピーが示す寿命は、遺伝子の場合に比べると、さほど重要ではなさそうだ。私の頭のなかにある「オールド・ラング・サイン」*4〔日本の「ほたるの光」はこの曲のメロディを借用した」の旋律は、私の余命のあいだしか生き長らえないだろう。私の手元にある「スコットランド学生歌曲集」に印刷された同じ旋律のコピーも、先のコピーに比べてはるかに長生きできるわけでもなかろう。しかしそれでも、同じ旋律のコピーは紙に印刷され、人々の頭に刻まれて、今後数百年にわたって存在し続けるだろう。遺伝子の場合と同様、ここでも特定のコピーの寿命より、多産性のほうがはるかに重要だ。問題のミームが科学的なアイディアである場合、その繁殖は、それが科学者集団にどの程度受け入れられるかに依存するだろう。この場合は、発表後の科学雑誌における被引用回数が、そのアイディアの生存価の大まかな尺度と見なすこともできよう。[*5]流行歌の旋律というミームの場合、ミーム・プールのなかでの繁殖の程度は、その曲を口笛でふきながら町を行く人の数で測れるかもしれない。婦人靴のスタイルというミームが問題なら、集団ミーム学者は、靴屋の売り上げ統計を利用することもできよう。遺伝子の場合と同様、ミームのなかにも、急激な増殖によって目覚ましい短期的成功を達成しながら、ミーム・プールに永くは留まれないようなものもある。流行歌や、やたらにかかとのとがったハイヒールなどがその例だ。一方ユダヤ教の律法のように、数千年にもわたって自己複製し続けるものもある。こういったミームは通常、書き記された言葉の持つ、きわだった潜在的永続性の恩恵を被っている。

続いて、自己複製子が成功するための第三の一般的性質、すなわち複製の正確さの問題がある。この点に関して、私の議論の土台がやや頼りないことを認めなければならない。一見したところ、ミームという自己複製子は、複製上の高度な正確さをまったく欠いているように見えるからだ。たとえば科学者があるアイディアを聞いてそれを他人に伝える場合、彼はそれをいくらか変化させてしまうだろう。本書の内容がR・L・トリヴァースのアイディアに負うことを私は隠してこなかったが、彼のアイディアを彼の言葉どおりに反復したわけではない。強調する点を変えたり、私自身のあるいは他の研究者のアイディアを混ぜ合わせたりして、私は、彼のアイディアを私の目的に沿うようにねじ曲げている。元のミームは変形されて読者に伝えられているのだ。これは粒子的で、全か無かといった性質を持つ遺伝子の伝達とは、まったく似ていないように見える。ミームの伝達は不断の突然変異、そしてさらには混合にさらされているかに見えるのである。

しかし、この一見非粒子的な性質もじつは錯覚で、遺伝子との相似性は崩れていないのだという可能性もある。そもそも、人間の身長や皮膚の色のような多くの遺伝形質による遺伝を見ると、それらが、分割不可能でかつ混合不可能な遺伝子の所産だなどとは思えない。黒人と白人が結婚した場合、彼らの子どもたちの皮膚は黒色でも白色でもなく、その中間の色を示す。しかしだからといって、これは当該の遺伝子が粒子的でないことを意味するわけではない。皮膚の色に関しては、微弱な効果を示す遺伝子が非常に多数関与しており、そのために一見それらが混合するように見えるのだ。これまで私は、一つの単位ミームが何から構成されているかが、あたかも自明であるかのように話してきた。しかし、それが自明でないことははっきりしている。私は一つの旋律を一つのミームだと言ってきた。しかしでは一つの交響曲はどうなるのだ。それはいくつのミームからできているのか。それぞれの楽章がミームに相当するのか、メロディの上で識別できる楽句《メロディー》がミームにあたるのか、それぞれのコードがミームなのか、いったいどうなのだろう。

第3章で使ったのと同じ言葉のトリックに訴えることにしよう。その章で私は、「遺伝子の複合体」

を大小の遺伝的単位に分割し、それをまたさらに細かい単位に分割した。そして私は「遺伝子」を、厳格な「全か無か」式にではなく、便宜的な単位として、すなわち、自然淘汰の単位として持続的に働くに足るだけの複製上の正確さを備えた、染色体上の部分として定義しておいた。さて、今、ベートーベンの交響曲第九番のなかに、交響曲全体の流れから抜き出せるくらい十分に目立ち、しかも覚えやすいあるフレーズがあったとする。しかもそれは、腹の立つほど押しつけがましいヨーロッパのある放送局がコール・サインとして使えるくらい、目立って覚えやすいフレーズだとする。この場合そのフレーズは、こうした事情にふさわしい範囲で、一つのミームと呼ぶことができるはずだ。ついでながら、このミームのおかげで、元のシンフォニーを享受する私の能力は、大幅に減退させられてしまった。

この例と同様、たとえば私たちが「今日の生物学者はすべてダーウィンの理論を信じている」と言ったとしても、なにもすべての生物学者が、チャールズ・ダーウィンの言葉を正確にそのまま頭のなかに刻みつけていると言っているわけではない。個々の学者は、ダーウィンの理論に関して彼独自の解釈を下している。彼はもしかすると、ダーウィン自身の著作からそれを学んだのではなく、もっと最近の著者のものから学んだのかもしれない。それどころか、ダーウィンの述べたことには、詳しく言えばかなりの誤りがある。もしダーウィンが私のこの本を読んだとしたら、そこに彼自身のオリジナルな理論をほとんど見出すことができないはずだ。もっとも私は、彼が私の説明法については気に入ってくれるだろうと期待しているのだが……。さて、このような諸事情にもかかわらず、ダーウィニズムの本質とでも言うべきものはたしかに存在し、この理論を理解しているすべての人々の頭のなかにはそれが現存する。もしそういうことがありえなければ、二人の人間のあいだで意見が一致することに関するあらゆる言明は、無意味になってしまう。「観念《イデア》のミーム」は、脳と脳のあいだで伝達可能な実体として定義されるだろう。つまり、ダーウィン理論のミームとは、この理論を理解しているすべての脳が共有する、その理論の本質的原則のことだ。したがって、人々がその理論を表現する際の手段上の相違は、定義によって、ダーウィン理論のミームには含まれない。さらにもしダーウィンの理論がAとBの二つの部分に分けられるとしたらどうなるか。このとき仮に、ある人々はAを信じるがBを信用せず、別の人々はBを信じてAを信じないといった状況があれば、AとBは別のミームとして区別されるべきだろう。しかし、Aを信ずる人はほとんどすべてBも信用する――つまり、遺伝学用語を使えば、二つのミームがしっかり「連鎖」している――とするなら、この場合は両者を合わせて一つのミームと見なしたほうが便利である。

ミームと遺伝子の類似点をさらに調べてみよう。本書を通じて私は、遺伝子を、意識を持つ目的志向的な存在と考えてはならないと強調してきた。しかし遺伝子は、見境のない自然淘汰の働きによって、あたかも目的をもって行動する存在であるかのごとく仕立てられている。そこで、言葉の節約という立場で考えると、目的意識を前提にした表現を遺伝子にあてはめてしまったほうが便利だったからだ。たとえば、「遺伝子は、将来の遺伝子プールのなかにおける自分のコピーの数を増やそうと努力している」と表現した場合、実際の意味は「私たちが自然界においてその効果を目にすることができる遺伝子は、将来の遺伝子プール中における自分の数を結果的に増加させられるような挙動を示す遺伝子だろう」ということだ。自己の生存のために目的志向的に働く能動的な存在として遺伝子を考えることが便利だったのとまったく同様に、ミームに関しても同じように考えれば便利ではないだろうか。いずれの場合も、表現を神秘的に解釈されては困る。目的の観念はいずれにおいても単なる比喩にすぎないのだ。しかし、遺伝子の場合にこの比喩がどんなに有用だったかはすでに見たとおりだ。私たちは、それが単なる比喩であることを十分承知したうえで、遺伝子に対して「利己的な」とか、「残忍な」などという形容詞さえも用いたのだ。これらの場合とまったく同じ心構えで、利己的なミームや残忍なミームを物色することができるだろうか。

ここで、競争の性質をめぐる問題を一つ考えておきたい。有性生殖の場合、個々の遺伝子は、対立遺伝子、すなわち染色体上の同じ場所を占めようとするライバル遺伝子という特別な相手と競争している。ミームには、染色体に相当するものがあるとは思えず、したがって対立遺伝子に相当するものもないように見える。ごく些細な意味でなら、多くの観念には「対立する観念」があるとも言えよう。しかし一般的にミームは、きちんと対を作った多数の染色体の形で存在する今日の遺伝子とはあまり似ておらず、むしろそれは、かつて原始スープのなかを無秩序きままに漂っていた初期の自己複製分子のほうに似ている。では、いったいどんな意味で、ミームは互いに競争しているのか。対立ミームがないのに、ミームは「利己的」だったり「残忍」だったりできるのか。おそらく可能だというのが私の答えである。ある意味で、彼らはある種の競争をする必要があるからだ。

コンピュータを使用されたことのある読者は、その演算時間や記憶容量がどんなに貴重なものかご存じだろう。多くの大規模な計算機センターでは、それらを文字どおり料金に換算しているか、あるいは使用者に、秒単位の使用時間と、「文字」の数で表された記憶容量をそれぞれ一定量ずつ割り当てている。人間の脳は、ミームの住みつくコンピュータである。[*6] そこでは時間が、おそらくは記憶容量より重要な制限要因となっており、激しい競争の対象となっているだろう。人間の脳とその制御下にある体は、同時に一つあるいは数種類以上の仕事をこなすわけにはいかないからだ。あるミームがある人間の脳の注目を独占しているとすれば、「ライバル」のミームが犠牲になっているに違いない。ミームが競争の対象とする必需品は他にもある。たとえば、ラジオ、テレビの放送時間、掲示板のスペース、新聞記事の長さ、そして図書館の棚などだ。

遺伝子の場合、遺伝子プールのなかに、共適応した遺伝子の複合体が発生しうることを第3章で述べた。たとえば、チョウの擬態に関与する多数の遺伝子は、同一染色体上にきわめて密接に連鎖しており、それらすべてを一まとめにして一つの遺伝子として扱えるほどだ。第5章では、進化的に安定な遺伝子セットというさらに複雑な概念を持ち出した。たとえば肉食動物の遺伝子プールでは、互いに適合した、歯、爪、消化管、そして感覚器官が進化し、一方草食動物の遺伝子プールでは、これとは異なった諸特性が安定したセットを形成している。ミーム・プールでもこれらに似たことが起こるだろうか。たとえば、神のミームが他の特定のミームと結びついて、この結びつきが当のミームたちそれぞれの生存を促進するようなことはあるのか。もしかすると、独特の建築、儀式、律法、音楽、芸術、そして文字として書かれた伝統をともなった教会組織などは、互助的なミームの共適応的安定セットの一例かもしれない。

具体例を挙げよう。人々に宗教への恭順を強いるうえできわめて有効だった教義の一つは、地獄の劫火という脅迫だ。多くの子どもたちや、それどころか一部のおとなまでが、僧侶の言うことに従わないと死後にとてつもない苦痛を受けると信じている。これはきわめて陰険な説得技術であり、中世において、そして今日においてすら、多くの心理的苦痛の源泉となっている。しかしそれにもかかわらず、この技術は効果的だ。あるいは、深層心理学的な教化技術の訓練を受けた策謀的な聖職者が、意図的にそんな技術を作り上げたのかとすら思えるほどだ。しかし私には、僧侶たちがそれほど頭が良かったとは思えない。むしろ、それ自体は意識を持たないミームが、成功する遺伝子が示すのと同じ疑似的残忍性という特性を持ったおかげで、自らの生存を確保できたのだというほうが当たっているような気がする。地獄の劫火という観念は、ただ単に、それ自体が持つ強烈な心理的インパクトのおかげで、自己を永続化たらしめているのだ。それが神のミームと連鎖したのは、両者が強化し合って、ミーム・プールのなかにおける互いの生存を促進できるからだ。

宗教というミーム複合体のもう一つのメンバーに、信仰心というものがある。これは、証拠がなくとも、いや時には証拠を無視してでも、信仰に酔心することだ。不信のトマスの話は、トマスをあがめるようにという話ではなく、彼と比較対照することによって、私たちが他の使徒たちをあがめられるようにしようとする話なのだ「イエスの弟子トマスが、主の復活を聞いても「手に釘の跡を見てそこに指を入れてみないと信じない」と疑ったエピソード。新約聖書「ヨハネの福音書」」。トマスは証拠を要求した。ある種のミームにとっては、証拠を求める傾向ほど致命的なものはない。他の使徒たちはとても強い信心を持っていたので、証拠など必要なかった。そして彼らこそ見習うべき価値のある人々として支持されている。やみくもな信仰心のミームは、理性的な問いを挫《くじ》くという単純な無意識的手段を行使することによって、自己の永続性を確保するのだ。

無批判に神を信じ込むひたむきな信仰心は、一切を正当化できる。[*7] もし人が別の神を信じているなら、いや、もし人が同じ神をあがめるのに別の儀式を用いるなら、たったそれだけのことで、ひたむきな信仰心は彼に死刑を宣告できるのだ。十字架にかける、火あぶりにする、十字軍の剣で串刺しにする、ベイルートの路上で射殺する、ベルファストの酒場に居るところを爆弾で吹きとばす。何でもござれだ。ひたむきな信仰心というミームは、身に備わった残忍な方法で繁殖していく。愛国的、政治的だろうが宗教的だろうが、この性質はまったく同じだ。

ミームと遺伝子は、しばしば互いに強化し合うが、ときには相対立する。たとえば、独身主義の習慣などは、おそらく遺伝によって伝わるものではあるまい。社会性昆虫に見られるような非常に特殊な状況を除けば、独身主義を発現させる遺伝子は、遺伝子プール中での失敗を運命づけられているからだ。しかし独身主義のミームには、ミーム・プールのなかで成功する可能性がある。たとえばミームの成功は、それを積極的に他者に伝えるために人々がどのくらいの時間を費すかによって決定的に左右されると仮定してほしい。そのミームを伝達しようとすること以外に費されたすべての時間は、そのミームの立場から見れば時間の無駄遣いとされるだろう。独身主義のミームは、聖職者たちから、まだ人生の目標を決めていない少年たちに伝えられる。伝達の媒体になるのは、各種の人間的影響力を持つもの、たとえば、話される言葉、書かれた文字、人による手本などである。ここで議論の都合上、大衆に対する聖職者の影響力が結婚によって弱められてしまうものと考えることにしよう。結婚が彼の時間と関心を大幅に牛耳ってしまうかもしれないからだ。事実これは、聖職者に独身生活が強要される際の公式的な理由として提示されていることでもある。もし万が一このような事態がありうるなら、独身主義のミームは、結婚をうながすミームより高い生存価を示すことになるだろう。もちろんのこと、独身主義をうながす遺伝子などというものがあるなら、それについては独身主義のミームとはまったく逆の結果になるはずだ。僧侶がミームの生存機械であるとすれば、独身主義というのは彼に組み込まれれば役に立つ属性である。独身主義は、多数の互助的な宗教的ミームの作り上げる巨大な複合体の、小さなパートナーなのだ。

私は、共適応した遺伝子群の複合体の進化と同様な方式で、共適応したミームの複合体が進化すると推測している。淘汰は、自己の利益のために文化的環境を利用するようなミームに有利に働く。この文化的環境は、同様に淘汰を受けているミームたちで構成されている。したがって、ミーム・プールは進化的に安定なセットとしての特性を示すようになり、新しいミームはなかなか侵入できなくなるだろう。

少々ミームの暗い面ばかり話してきたようだが、ミームには明るい面もある。私たちが死後に残せるものが二つある。遺伝子とミームだ。私たちは、遺伝子を伝えるために作られた遺伝子機械である。しかし、遺伝子機械としての私たちは、三世代も経てば忘れ去られるに違いない。子どもや、あるいは孫も、私たちとどこか似た点を持ってはいるだろう。たとえば顔の造作が似ているかもしれないし、音楽の才能が、あるいは髪の毛の色が似ているかもしれない。しかし、世代が一つ進むごとに、私たちの遺伝子の寄与は半減していくのだ。その寄与率は遠からず無視していい値になってしまう。私たちの遺伝子自体は不滅かもしれないが、特定の個人を形成する遺伝子の集まりは崩れ去る運命にある。エリザベス二世は、ウィリアム一世の直系の子孫だ。しかし彼女がいにしえの大王の遺伝子を一つも持ち合わせていない可能性は大いにある。繁殖という過程のなかに不滅を求めるべきではない。

しかし、もし私たちが世界の文化に何か寄与することができれば、たとえば立派な見解を述べたり、作曲したり、点火プラグを発明したり、詩を書いたりすれば、それらは、私たちの遺伝子が共通の遺伝子プールのなかに雲散霧消して去ったのちも、長く、変わらずに生き続けるかもしれない。G・C・ウィリアムズが指摘したように、ソクラテスの遺伝子のうち、今日の世界に生き残っているものが果たして一つか二つあるのかどうかわからない。しかし誰がそんなことを気にかけるものか。ソクラテス、ダ・ヴィンチ、コペルニクス、マルコーニ——彼らのミーム複合体はいまだ健在ではないか。

私の展開したミームの理論がいかに思弁的だったとしても、ここでもう一度強調しておきたい重要な論点が一つある。文化的特性の進化や生存価を問題にするときには、誰の生存を問題にしているかをはっきりさせておかなければならない。すでに見たように、生物学者たちは遺伝子のレベルでの有利さを探求することに慣れてしまっている（好みによっては、個体、集団あるいは種のレベルで有利さを探求したがる人々もいるが）。そこで、単にそれ自身にとって有利だというだけの理由で文化的な特性が進化する、そんな進化の様式がありうるなどとは、これまで考えてもみなかったのだ。

宗教、音楽、祭礼の踊りなどには、生物学的な生存価もあるのかもしれないが、しかしそれらに関して、必ずしも通常の生物学的生存価を探す必要はない。遺伝子が、その生存機械にひとたび速やかな模倣能力を持つ脳を与えてしまうと、ミームたちが必然的に勢いを得る。模倣に遺伝的有利さがあればたしかに手助けにはなるが、そんな有利さの存在を仮定する必要すらない。唯一必要なのは、脳の模倣能力だけだ。これさえ満たされれば、その能力をフルに利用するミームが進化していくだろう。

　新たに登場した自己複製子の話題もこれくらいにして、一言つつましい希望に触れて本章を閉じることにしたい。その進化がミームによってもたらされたのかどうか定かではないが、人間には、意識的に先見する能力という一つの独自な特性がある。利己的存在たる遺伝子に（そして、読者が本章の思弁をお認めになるなら、ミームにも）先見する能力はない。彼らは意識を持たないやみくもな自己複製子だ。彼らが自己複製するという事実と、ある種の付加的な諸条件とを組み合わせて考えると、彼らは、（本書で用いた特殊な意味で）利己的と呼ぶことのできる諸性質を不可避的に進化させることになる。遺伝子であれミームであれ、無知な自己複製子というものは、目先の利己的利益を放棄することが長期的には利益につながる場合でも、それを放棄しない。私たちはその例を攻撃行動を扱った第5章で見てきた。どの個体をとってみても、進化的に安定な戦略よりは「ハト派の共同行為」を取ったほうが有利なはずなのに、自然淘汰は必ず進化的に安定な戦略のほうに有利に働いてしまうのだ。

　純粋で、私欲のない、本当の利他主義の能力が、人間のもう一つの独自な性質だという可能性もある。ぜひそうあってほしいものだが、この点に関して私は、肯定的にも否定的にも議論するつもりはないし、それをめぐるミーム的な進化の可能性をあれこれ思弁するつもりもない。私がここで強調しておきたいのは次の一点だ。私たちがたとえ暗いほうの側面に目を向けて、個々の人間は基本的には利己的な存在なのだと仮定したとしても、私たちの意識的に先見する能力――想像力を駆使して将来の事態を先取り《シミュレート》する能力——には、自己複製子たちの引き起こす最悪で見境のない利己的暴挙から、私たちを救い出す力があるはずだ。少なくとも私たちには、単なる目先の利己的利益より、むしろ長期的な利己的利益のほうを促進させるくらいの知的能力はある。「ハト派の共同行為」に参加することが長期的利益につながることを理解できるし、同じテーブルに座って、その共同行為をうまく実行する方法を話し合うこともできるはずだ。私たちには、私たちを産み出した利己的遺伝子に反抗し、さらにもし必要なら私たちを教化した利己的ミームにも反抗する力がある。純粋で、私欲のない利他主義は、自然界には安住の地のない、そして世界の全史を通じてかつて存在したためしのないものだ。しかし私たちは、それを計画的に育成し、教育する方法を論じることさえできる。私たちは遺伝子機械として組み立てられ、ミーム機械として教化されてきた。しかし私たちには、これらの創造者に刃向う力がある。この地上で、唯一私たちだけが、利己的な自己複製子たちの専制支配に反逆できるのだ。*8

第12章

気のいい奴が一番になる

Nice guys finish first

「気のいい奴はビリになる」――このフレーズは野球の世界で始まったもののように思われるのだが、一部の専門家は、それより先に別の意味で使われていたと主張する。アメリカの生物学者ギャレット・ハーディンはそれを、「社会生物学」ないしは「利己的遺伝子学（selfish genery）」とでも呼べるものの教えを要約するために用いている。それがいかにぴったりはまっているかは容易にわかる。もし「気のいい奴《ナイスガイ》」という口語的な意味をそれに対応するダーウィニズム的な言葉に翻訳すれば、気のいい奴とは、自分と同じ種の他のメンバーたちを助け、自らの犠牲において、彼らの遺伝子を次世代に伝えさせるような個体である。したがって、気のいい奴の数は減る運命にあると思われる。気の良さ《ナイスネス》は、ダーウィニズム的な死を迎えるのだ。しかし、「ナイス」という口語的な単語には、もうひとつの専門用語としての解釈がある。この定義は口語における意味からそれほど離れているわけではないが、もしこちらを採用するならば、気のいい奴が一番になることはありうる。このより楽観主義的な結論が、本章でこれから述べようとする話だ。

第10章に登場した「恨み屋」を思い出していただきたい。彼らは利他的に振る舞い、互いに助け合うが、過去に自分を助けることを拒否した個体に対しては――恨みを抱いて――助けることを拒む鳥たちだった。恨み屋は集団のなかで優勢を占めるようになった。なぜなら、「お人よし」（誰彼かまわず他の個体を助け、自らは利用された）と「ごまかし屋」（誰彼かまわず無慈悲に利用しようと試み、最後には互いに損害を与えあった）のいずれよりも、より多くの遺伝子を次世代に送り伝えることができるからだ。恨み屋の話は、ロバート・トリヴァースが「互恵的利他主義」と呼んだ重要な一般原理を例証している。掃除魚の例（三二一～三二三頁）で見たように、互恵的利他主義は一つの種のメンバーに限定されない。それは、共生と呼ばれるあらゆる関係において働いている――たとえば、アリは彼らのアブラムシという「家畜」から液をしぼる（三一二～三一四頁）。第10章が書かれたあと、アメリカの政治学者ロバート・アクセルロッド（本書の多くのページでその名が表れるW・D・ハミルトンと一部、共同研究をしている）は、互恵的利他主義という考えを刺激的な新しい方向に取り込んだ。私が冒頭の段落においてほのめかしたように、「ナイス」という単語に専門用語の意味を新しく持たせたのはアクセルロッドだった。

アクセルロッドは、多くの政治学者、経済学者、数学者、心理学者と同様、囚人のジレンマという単純な賭博ゲームに魅了された。それはあまりにも単純なので、頭の良い人たちがそれをまったく誤解して、そこにもっと何かがあるはずだと勘ぐる例を私は知っている。だが、その単純さは見せかけである。図書館のいくつもの棚が、この退屈しのぎのゲームから派生した問題に割り当てられている。多くの影響力のある人々が、それが戦略的な防衛計画の鍵を握っており、第三次世界大戦を阻止するためにその研究を進めなければならないと考えている。一生物学者として、私は、多くの野生の動植物が、進化的な時間のなかで演じられる止むことのない囚人のジレンマというゲームにふけっているという、アクセルロッドとハミルトンの意見に同意する。
その本来の、人間がやる形式での、このゲームの遊びかたを説明しよう。「胴元」（バンカー）が一人いて、二人のプレイヤーに判定を下し、利得を支払う。あなたに対して私がプレイしていると想定してもらいたい（ただし、やがて見るように、「対して」というのは厳密には必ずしもそうである必要はない）。それぞれの手には、「協力」と「背信」と名付けられた二枚のカードしかない。プレイするときは、それぞれが手の内のカードの一枚を選んで、テーブルに伏せる。カードを伏せるにあたっては、どちらも相手の動きによって影響を受けないようにする。つまり実質的に双方が同時に動くのである。そして、じっと息をのんで胴元がカードを裏返すのを待つ。なぜ息を呑むのかといえば、勝敗は自分がどのカードを選んだかだけでなく（それについては私もあなたも、それぞれわかっている）、相手のプレイヤーが何を選んだかによっても決まるからだ（それについては、胴元が開くまで互いにわからない）。
カードは二×二枚あるから、組み合わせは四通り考えられる。それぞれの場合の利得は、以下のとおりである（このゲームがアメリカ由来であることを尊重してドルで示してある）。

結果Ⅰ　私とあなたがともに「協力」を出した場合。胴元は両者に三〇〇ドルを支払う。この金額を「相互協力の報酬」と呼ぶ。

結果Ⅱ　私とあなたがともに「背信」を出した場合。胴元は罰として両者から一〇ドルを徴収する。これを「相互背信の罰金」と呼ぶ。

結果Ⅲ　あなたが「協力」を出し、私が「背信」を出した場合。胴元は私に五〇〇ドルを支払い（背信への誘惑料)、あなた(騙されたお人よし、すなわち「カモ」)から一〇〇ドルを徴収する。

結果Ⅳ　あなたが「背信」を出し、私が「協力」を出した場合。胴元はあなたに五〇〇ドルの誘惑料を支払い、カモの私から一〇〇ドルを徴収する。

結果のⅢとⅣは、明らかに鏡像関係にある。つまり、一方が非常に得をし、一方が非常に損をする。結果Ⅰ、Ⅱでは互いの損得は同じだが、ⅠのほうがⅡよりも私たちの両方にとってより好ましい。正確な金額は問題ではない。それらのうちプラス(支給)が何回で、何回がマイナス(徴収)かということすら問題ではない。このゲームが真の囚人のジレンマとしての資格を持つうえで問題なのは、それらの序列だ。背信への誘惑料は相互協力の報酬より高くなければならず、相互協力の報酬は相互背信の罰金よりも、そして、相互背信の罰金はカモの損失よりも、条件が良くなければならない(厳密に言えば、このゲームを真の囚人のジレンマたらしめるもう一つの条件がある。すなわち、誘惑料とカモの支払いの平均は相互協力の報酬を超えてはならない。この付加的な条件の理由は、のちほど出てくる)。四つの場合の結果は図Aの収支表にまとめられる。

さて、なぜ「ジレンマ」なのか? これを理解するためには、この収支表を眺めて、あなたとゲームをしているときに私の頭のなかをよぎる思考を想像していただく必要がある。あなたが出せるカードが「協力」と「背信」の二枚しかないことを私は知っている。順序良く考えてみよう。もしあなたが「背信」を出したなら(これは、この図Aの右の欄を見なければならないことを意味している)、私が出せた最良のカードも同じく「背信」になる。相互背信によるペナルティを受けることになるとしても、も

		あなたがすること 協力	あなたがすること 背信
私がすること	協力	そこそこ良い **報酬** （相互協力の） 300ドル	非常に悪い **カモの支払い** 100ドル徴収
私がすること	背信	非常に良い **誘惑料** （背信への） 500ドル	そこそこ悪い **罰金** （相互背信の） 10ドル徴収

（※金額はここでの例）

図A　囚人のジレンマ・ゲームにおいてさまざまな結果から私が得る報酬と支払い

し「協力」のカードを出していたら、私はカモの支払いをしなくてはならず、そちらのほうがもっと悪い。次に、あなたが別のことをした、つまり「協力」のカードを出した場合を考えてみよう（左の欄を見ていただきたい）。この場合もまた、「背信」を出すのが私の出せる最善の手だ。もし私が協力していれば、二人とも三〇〇ドルというかなり高い利得を得ることができただろう。しかし、もし背信すればさらに多く、五〇〇ドルを得られる。結論は、あなたがどのカードを出そうが、私の最善の手は「常に背信」だ。

かくして私は、申し分のない論理によって、あなたがどうするかにかかわりなく背信しなければならないという結論を出した。そしてあなたは、それに劣らず申し分のない論理によって、まったく同じ結論を出すことになる。したがって、二人の理性的なプレイヤーが対すると両者とも背信するので、どちらも罰金か低額の利得で終わる。しかし、二人とも、もし双方が「協力」を出しさえしていれば、相互協力のゆえに比較的高い報酬（私たちの例では三〇〇ドル）を得られたはずであることを熟知している。これこそ、このゲームがなぜジレンマと呼ばれるか、なぜそれがものすごく逆説的に見えるのか、なぜそれに対抗する法則が存在するべきだと提案されてきたか、についての理由である。

「囚人」というのは、一つの特別な想像上の例に由来する。この場合の通貨は金でなくて、囚人の刑期である。ピーターソンとモリアーティという二人の人物が、ある一つの犯罪における共犯の疑いで投獄されている。それぞれの囚人は、独房のなかで、共犯者に対する不利益な証言をすることによって、仲間を裏切る（背信する）ように誘惑される。処分は二人の囚人が何をするかによって決まり、どちらも相手がどうしたかについて知らない。もし、ピーターソンがモリアーティに一切の罪を着せ、モリアーティが黙秘することによって（裏切り者であることが判明したかつての友に協力して）、その話に信憑性を与えれば、モリアーティは重い刑期を受けるのに対して、ピーターソンは無罪放免になり、背信に対する誘惑に屈服したことになる。もしそれぞれが裏切ると、両者とも罪に問われるが、証拠を与えた点で多少の信用を得て、まだ厳しいけれどもいくぶんかは軽減された刑期、すなわち相互背信の罰を得ることになる。もし、両者が協力して（互いに関してで、当局に対してではない）、証言を拒否すると、主要な犯罪に関して二人のうちのどちらについても有罪にする十分な証拠が存在しないので、より軽微な罪に対する短い刑期、すなわち相互協力の報酬を受け取る。刑期を「報酬」と呼ぶのは奇妙に思われるかもしれないが、もうひとつの選択肢がより長く牢獄で過ごすことであれば、それを人がどう見るかだ。「支払い」がドルではなく刑期だったが、このゲームの基本的な特徴が保存されていることに気がつくだろう（四つの場合の望ましさの順序を考察されたい）。もし、あなた自身をそれぞれの囚人の立場におき、両方とも合理的な自己利益に動機づけられて動くと想定し、協定するべく話し合いができないことを想起するならば、いずれの側も互いに裏切り、それによって両方ともが重い刑期を宣告される以外に選択の余地がないことがおわかりいただけるはずだ。

このジレンマから逃れる方法はあるだろうか？　両方のプレイヤーとも、相手が何をしようとも、自分自身は「背信する」以上にうまい方策がないことをよく知っている。しかしまた、二人が協力しさえすれば、それぞれがより利益を得ることをも知っている。もし……しさえすれば、もし……しさえすれば、もし同意に達するなんらかの方法がありさえすれば、それぞれのプレイヤーが相手が利己的な大儲けに走らないと信じることができるように安心させられる方法がありさえすれば、協約を守らせるなんらかの方法がありさえすれば。

囚人のジレンマという単純なゲームにおいては、信頼を確認する方法はない。プレイヤーの少なくとも一方があまりにもお人よしで、本物の聖人のようなカモでもないかぎり、このゲームは最終的には双方のプレイヤーにとって逆説的に貧しい結果をともなう相互背信に終わるべく運命づけられている。しかし、このゲームにはもう一つのヴァージョンがある。それは、「反復」あるいは「繰り返し」囚人のジレンマと呼ばれている。この反復ゲームは手の込んだものであり、そして、その複雑さのなかに希望が横たわっている。

この反復ゲームは、通常のゲームが同一のプレイヤーによって際限なく繰り返し行なわれる、というだけのものだ。またしても、私とあなたは向かい合い、そのあいだに胴元が座っている。またしても、互いの手の内には、「協力」と「背信」の二枚のカードしかない。ここでも私たちは、これらのカードのどちらか一方を出すことによって勝負し、胴元は先に示したルールに従って金を支払い、あるいは罰金を徴収する。しかし今度は、それでゲームが終わりになる代わりに、私たちはもう一度カードを拾い上げて、次の勝負に備える。何回か勝負を続けるうちに、私たちは信用ないしは不信を築き、恩返ししたり懐柔したり、許したり復讐したりする機会を与えられる。際限なく長いこのゲームにおいて重要な点は、互いに損害を与え合うことなく、胴元に損害を与えて両方が勝つことができるという点にある。

一〇回の勝負をしたあと、理論的には私は最大五〇〇〇ドル勝つことができるが、それは私が常に背信を続けているにもかかわらず、あなたがとてつもなく愚か（あるいは聖人のよう）で、毎回「協力」のカードを出し続けた場合だけだ。より現実的には、両方が一〇回の勝負すべてにおいて「協力」のカードを出すことによって、胴元の金を三〇〇〇ドル巻き上げるほうが、私たちにとってはずっと簡単だ。そのために、私たちはとくに聖人的である必要はない。なぜなら、二人とも、相手の過去のカードの出しかたから、相手が信用できることを見抜けるからだ。実際、私たちは互いの行動を査察できる。もうひとつ、きわめて起こる可能性の高い事態は、私たちのどちらもが相手を信用しないことだ。つまり、両方がゲームの一〇回の勝負のすべてに「背信」を出し続け、胴元は私たちのそれぞれから一〇〇ドルを得る。すべてのなかで一番可能性の高いのは、私たちが互いに部分的に相手を信用し、「協力」と「背信」を多少とも入りまじった順序で出して、最終的に、中間のいずれかの金額を得るというものだ。

第10章で述べた、互いの羽からダニを取り除いた鳥たちは、一種の反復囚人のジレンマ・ゲームを

私がすること ＼ あなたがすること	協力	背信
協力	そこそこ良い **報酬** 私はダニを取ってもらう。だが、私もあなたのダニを取るという出費をする。	非常に悪い **カモの支払い** 私はダニを付けたままで、あなたのダニを取るという出費をする。
背信	非常に良い **誘惑料** 私はダニを取ってもらう。だが、私はあなたのダニを取るという出費をしない。	そこそこ悪い **罰金** 私はダニを付けたままだが、あなたのダニを取らないというささやかな慰めを得る。

図B　鳥のダニ取りゲームにおいてさまざまな結果から私が得る報酬と支払い

していたのだ。どうしてそうなのか？　鳥にとって、自らの体に付いたダニを引きはがすことは重要だが、自分の頭のてっぺんには嘴が届かず、自分に代わってそれをやってくれる仲間を必要とすることを思い出していただきたい。あとで彼がお返しをすべきだというのは、いかにも公平なことと思われる。しかしこのサービスは鳥に、それほどたいしたものではないにせよ、時間とエネルギーのコストを強いる。もし鳥が騙して――自分のダニを取ってもらったあとで、お返しをすることを拒否することによって――逃げることができれば、彼は、コストを払わずにあらゆる利益を得られる。起こりうる結果を順に並べてみれば、そこには実際、真の囚人のジレンマのゲームがあることがわかる。両者が（互いにダニを取り合って）協力すればかなり得をするが、お返しするという代価を支払うことを拒否してもっと得をしようという誘惑も依然として存在する。両方が（ダニを取ることを拒否して）背信すれば、かなり損をするが、しかし、他の鳥のダニを取るための努力をしながら、自らは最終的にダニにたかられたままという場合ほどひどい損はしない。その収支表は図Bのようになる。

しかし、これはほんの一例にすぎない。それについて考えれば考えるほど、人間の生活だけでなく、動物や植物の生活さえもが、反復囚人のジレンマ・ゲームに蝕まれていることに気づかされる。植物の生活だって？　そう、なぜおかしいのか？　私たちが意識的な戦略（もっとも人間はときにそうだとも言われるが）についてではなく、遺伝子があらかじめプログラムしているような類の戦略について述べていることを思い起こしてほしい。のちほど、植物やさまざまな動物、そしてバクテリアでさえも、すべて反復囚人のジレンマ・ゲームをしていることを見る。当面ここでは、反復に関してきわめて重要な事柄について、さらに詳しく検討してみよう。

「背信」が唯一の合理的な戦略であることがかなり予測しやすい単純なゲームとは違って、反復方式のゲームは多数の戦略的な余地を提供する。単純なゲームでは、可能な戦略は「協力」と「背信」の二つしかない。しかしながら、反復方式では多数の戦略が考えられ、どれが最善かはけっして明らかではない。たとえば、「たいていのときは協力するが、勝負のうち、ランダムに一〇％は背信を出す」という戦略は、何千ものうちのほんの一例にすぎない。あるいはゲームの過去の歴史による条件的な戦略になるかもしれない。私の「恨み屋」はその例である。それは顔つきについて優れた記憶力を持っており、基本的には協力的だが、前に相手のプレイヤーが背信したことがあれば背信する。他に、より寛大で、短期の記憶力に秀でるという戦略もあるだろう。

反復ゲームにおいて取りうる戦略を制限するのは、明らかに私たちの創意の才だけだ。どれが最善かを解明することはできるのか？　これこそ、アクセルロッドが自らに課した仕事である。彼はコンぺを開くという面白いアイディアを思いつき、戦略を提出するようゲーム理論の専門家に求める広告を出した。この場合の戦略の意味は、あらかじめプログラムされた行動の規則のことであり、したがって、応募者は作品をコンピュータ言語で送付すればよかった。一四通りの戦略が提案された。おまけとして、アクセルロッドはランダムと名付ける一五番目の戦略を付け加えた。これは「協力」と「背信」をでたらめに出すだけのことで、一種の基準となる「無戦略」の役割を果たした。もし、ある戦略がランダムより得でなければ、それは相当できの悪いものに違いない。

アクセルロッドは一五の戦略をすべて、一つの共通のプログラム言語に翻訳し、大型コンピュータで対戦させた。それぞれの戦略は、他のすべての戦略と（自分自身のコピーも含めて）順次、対に組み合わされて、反復囚人のジレンマをプレイする。一五の戦略があったから、コンピュータで行なわれるゲームは一五×一五、すなわち二二五通りある。それぞれの対戦で二〇〇回の勝負が済んだところで得点を総計し、勝者を宣言する。

私たちは、どの戦略がどの特定の相手に勝つかについては、関心はない。問題は、どの戦略が一五回の対戦すべてを合計したときに最大の「金」を累積するかである。「金」というのは単純に、以下に示す図Cに従って与えられる「得点」を意味する。すなわち、相互協力は三点、背信への誘惑料は五点、相互背信の罰としては一点（先に述べたゲームにおける軽い罰金に対応する）、カモの支払いは〇点（先に述べたゲームにおける重い罰金に対応する）というわけだ。

一つの戦略が達成可能な最高得点は一万五〇〇〇点（一ラウンド五点で二〇〇ラウンド、それを一五の相手すべてに対して得れば）で、最低得点は〇となる。言うまでもないが、この二つの両極端は現実には

あなたがすること

私がすること	協　力	背　信
協力	そこそこ良い **報　酬** (相互協力の) 3点	非常に悪い **カモの支払い** 0点
背信	非常に良い **誘惑料** (背信への) 5点	そこそこ悪い **罰　金** (相互背信の) 1点

図C　アクセルロッドのコンピュータ・トーナメントにおいてさまざまな結果から私が得る報酬と支払い

起こらなかった。一つの戦略が、一五回の対戦の平均値として獲得可能な得点として現実的に望める最大値は六〇〇点を大きく超えることはないだろう。これは、二人のプレイヤーが常に協力し合って、二〇〇ラウンドのゲームの各ラウンドに三点ずつ獲得していったときに、それぞれのプレイヤーが受け取る得点だ。もし、どちらか一方が背信の誘惑に屈すれば、他のプレイヤーの報復(提案された戦略のほとんどは、そのなかに何らかの種類の報復行動を組み込んでいる)のゆえに、六〇〇点より低い得点に終わる可能性がきわめて高い。私たちは、六〇〇点をゲームの一種の基準として用い、あらゆる得点をこの基準のパーセンテージで表せる。この尺度では、理論的には最高一六六%(一〇〇〇点)になりうるが、実践的には、平均得点が六〇〇を超える戦略はない。

この一連の試合においては、「プレイヤー」が人間ではなく、コンピュータのプログラム、あらかじめプログラムされた戦略であることを思い出してほしい。そのプログラムを作成した者は、肉体をプログラムする遺伝子と同じ役割を演じたわけだ（第4章のコンピュータのチェスとアンドロメダのコンピュータを考えていただきたい）。戦略をその作成者のミニチュアの「代理人」と考えられる。実際、一人の作成者が二つ以上の戦略を提案することもあり得た（もっとも、一人の作成者が、競技に複数の戦略を「詰め込んで」、そのうちの一つが他の戦略から犠牲的な協力という利益を受け取るようにするのは、不正行為になっただろう――アクセルロッドもおそらくそれを許さなかったはずだ）。

いくつか巧妙な戦略が提案されたが、当然のことながら、その作成者の巧妙さに比べればはるかに劣る。勝利を収めた戦略は、驚くべきことに、最も単純で、表面的には全部のなかで最も巧妙さに欠けるものだった。それは「やられたらやり返す（Tit for Tat）」と呼ばれる戦略で、提案者は、トロント大学の著名な心理学者でありゲーム理論家のアナトール・ラパポート教授だった〔Tit for Tatは「しっぺ返し」とも訳される〕。「やられたらやり返す」戦略は、最初の勝負は協力で始め、それ以後は単純に前の回に相手が出した手を真似するだけだ。

「やられたらやり返す」戦略が関与するゲームはどのように進行するだろうか。いつでも、何が起こるかは相手のプレイヤー次第だ。最初は、相手のプレイヤーも「やられたらやり返す」だと想定してみよう（各戦略は他の一四の戦略の他に自分自身のコピーともプレイすることを想起していただきたい）。両方とも協力から始める。次の回には、それぞれは相手が前回出した手を真似するが、それは「協力」だった。両者ともゲームの終わりまで「協力」を出し続け、六〇〇点という「基準」の一〇〇％の得点を得ることになる。

さて次は、「やられたらやり返す」が「素朴な試し屋（Naive Prober）」と呼ばれる戦略とプレイする場合を考えてみよう。「素朴な試し屋」は実際にはアクセルロッドの競合には参加していないものの、有益な戦略だ。基本的には「やられたらやり返す」と同じだが、たまに、言ってみれば一〇回に一回の割合で、でたらめに理由なく背信し、誘惑料としての高い得点を求める。「素朴な試し屋」がこの背信を試みるまでは、プレイヤーは「やられたらやり返す」どうしと同じことだ。長く、そして相互に利益のある協力の連続は、両方のプレイヤーにとって快適な、一〇〇%の基準点を伴いながら、おのずと進行し始める。しかし警告なしに、たとえば八回目の勝負で突然「素朴な試し屋」が背信する。「やられたらやり返す」はもちろん、この勝負では「協力」を出していたので、〇点というカモの支払いを課せられる。「素朴な試し屋」は、その手で五点を得たのだから、得をしたように見える。しかし次の勝負では「やられたらやり返す」は「報復する」。それはただ、前の回の相手の手を真似るという規則に従って「背信」を出すだけだ。一方「素朴な試し屋」は組み込まれた自らの模倣の規則にとにかく忠実に従って、敵の「協力」という手を模倣する。そこで、カモとして〇点を得るのに対し、「やられたらやり返す」は五点という高得点を得る。次の勝負では、「素朴な試し屋」は――どちらかと言えば公正さに欠けると考えられようが――、「やられたらやり返す」の背信に「報復する」。そしてまたその逆が交互に続く。この交互のやり取りが続くあいだ、両プレイヤーは一勝負あたり平均二・五点（五点と〇点の平均）を受け取る。これは、両プレイヤーが相互協力を続けて集めることができる着実な三点よりも低い（ついでながら、これが三四九頁で説明し残した「付加的な条件」の理由である）。したがって、「素朴な試し屋」が「やられたらやり返す」とプレイするときには、両者とも、「やられたらやり返す」どうしがプレイするより悪い点になる。そしてもし、「素朴な試し屋」どうしがプレイすれば、両者とも、むしろもっと悪い結果になる傾向がある。なぜなら、背信のやり返し合いはもっと早くから始まる傾向があるからだ。

さて、次に「後悔する試し屋（Remorseful Prober）」というもう一つの戦略について考えてみよう。「後悔する試し屋」は「素朴な試し屋」と似ているが、ただ、交互のやり返し合いが続いてしまう状況を打破する、積極的な手を講じる点だけが違う。そのためには、これは対戦相手となる「やられたらやり返す」と「素朴な試し屋」のどちらよりも、ほんの少し長い記憶を持つ必要がある。「後悔する試し屋」は、自分がただ突発的に背信しただけなのか、結果が即座の報復だったかどうかを記憶する。もしそうなら、それは「後悔の念を持って」、報復することなく「一回だけ自由に殴る」ことを敵に許す。これは、相互のやり返し合いの連続がまだ芽のうちに摘み取られることを意味する。もし、ここで「後悔する試し屋」と「やられたらやり返す」のあいだでなされる想像上のゲームを続けてみれば、起こり得ただろう相互やり返し合いの連続が速やかに鎮圧されるのが見られる。ゲームの大半は相互協力に費やされ、両プレイヤーともその結果として、たくさんの得点を得ることができる。「後悔する試し屋」は、「やられたらやり返す」との対戦で「素朴な試し屋」よりも良い点を取れるが、「やられたらやり返す」が自分自身と対戦したときほど良い点ではない。

アクセルロッドのトーナメントで扱われている戦略のいくつかは、「後悔する試し屋」と「素朴な試し屋」のいずれよりもずっと洗練されたものだったが、それらも平均すれば、単純な「やられたらやり返す」より少ない得点に終わる。実際、すべての戦略（「ランダム」を除く）のなかで、最も成功率が低かったのは、最も手の込んだものだった。それは「匿名氏」によって提案されたものだ――これは楽しい憶測を掻き立てる。この匿名氏の正体が判明することはないだろうが、はたして誰なのか？ペンタゴンの黒幕か？　ＣＩＡの長官か？　ヘンリー・キッシンジャーか？　それともアクセルロッド自身？

　本書はコンピュータ・プログラマーたちの巧妙さについての本ではないし、提出された特定の戦略の詳細を検討するのは、さほど面白い作業ではない。各戦略をある種のカテゴリーに従って分類し、それぞれの大きな区分ごとの成功度を検討するほうがもっと面白い。アクセルロッドが認めている最も重要なカテゴリーは「気のいい《ナイス》」戦略である。「気のいい」戦略は、自分から先にはけっして背信しない、と定義される。「やられたらやり返す」はその一例で、背信することはあるが、報復としてしかそれをしない。「素朴な試し屋」と「後悔する試し屋」は、まれとはいえ、挑発されていないときにときどき背信するので「意地悪《ナスティ》」な戦略だ。トーナメントに参加した一五の戦略のうち、八つは「気のいい」部類のものだ。興味深いことに、得点の高いほうから上位八位は、どれもまさに八つの「気のいい」戦略だった。「やられたらやり返す」は平均五〇四・五点を得るが、これは私たちの基準点である六〇〇点の八四％で、かなりの高得点だ。他の「気のいい」戦略も、これよりわずかに低いだけの、八三・四％から七八・六％の幅のあいだの得点を得る。この得点と、「意地悪」戦略のなかで最も成功する「グラスカンプ（Graaskamp）」が得る六六・八％のあいだには、大きなギャップがある。このゲームでは、「気のいい」戦略がうまくいくというのが、かなり有力なように思われる。

　アクセルロッドのもう一つの専門用語は「寛容（forgiving）」である。「寛容」とはすなわち、報復することはあるが、短期の記憶しか持たない戦略である。いやなことはすぐに忘れるのだ。「やられたらやり返す」は一つの寛容戦略で、背信者に対して即座にげんこつをお見舞いするが、その後は過去を水に流す。第10章の「恨み屋」は絶対に容赦しない。その記憶はゲームの全期間を通じて持続する。一度でも自分に背信したプレイヤーに対する恨みはけっして忘れない。形式のうえで「恨み屋」と同じ戦略が、アクセルロッドのトーナメントでは「フリードマン」という呼称で提出されているが、成績はとりわけ良いわけではない。すべての「気のいい」戦略（「フリードマン」戦略は、区分上は「気のいい」戦略だがまったく寛容さがないことに注意）のなかで、「恨み屋／フリードマン」は二番目に悪い成績だ。寛容でない戦略がそれほどうまくいかない理由は、敵が「後悔する」戦略の場合でさえも、相互やり返し合いの連続を打開することができないという点にある。

「やられたらやり返す」より寛大な戦略もある。「二発に一発返す（Tit for Two Tats）」という戦略は、最終的に報復するまでに、敵が続けて二回背信することを許す。これは極端に聖人的で、度量が広いと思われるかもしれない。にもかかわらずアクセルロッドは、誰かがこのトーナメントに「二発に一発返す」を提案したら、それが勝利を収めたであろうという計算をしている。その理由は、それが相互やり返し合いの連続を回避することに優れているからだ。

かくして、私たちは勝利する戦略の二つの特徴を特定することができた。「気の良さ」と「寛容さ」だ。このほとんどユートピア的な響きのする結論――すなわち、気の良さと寛容さが間尺《ましゃく》に合うという結論――は、微妙に意地悪な戦略を提出することによってあまりにも巧妙にやろうと試みた専門家の多くを驚かせた。また一方、気のいい戦略を提出した人々でさえ、「二発に一発返す」というほどまでに寛容な戦略をあえて提出することはなかったのだ。

アクセルロッドは第二回トーナメントの告知をした。彼は六二の応募を受け取り、またしてもこれに「ランダム」を付け加え、全部で六三にした。今度は一ゲームあたりの勝負の正確な回数は二〇〇回に固定せず、未定にしておいたが、そのしかるべき理由についてはのちほど論じる。今度もまた、得点を「基準点」、すなわち「常に協力的」な得点へのパーセンテージとして表すことができる。ただし、その基準点はもっと複雑な計算を必要とし、もはや六〇〇点に固定されなくなるのだが。

二回目のトーナメントのプログラマーたちはすべて、なぜ「やられたらやり返す」やその他の「気のいい」「寛容な」戦略がそれほどうまくいくかに関するアクセルロッドの分析を含めて、一回目の結果を提供されていた。競技者がこの背景の情報をいずれかの形で考慮に入れるだろうということは当然予想される。実際、彼らは二つの考え方の流派に分かれた。一方の流派は、気の良さと寛容さが明らかに勝者となる特質であると考え、それに応じて「気のいい」「寛容な」戦略を提出した。ジョン・メイナード゠スミスは、超寛容な「二発に一発返す」戦略を提出するところまでいった。もう一方の考え方の流派は、多数の彼らの同僚がアクセルロッドの論文を読んで、今度は「気のいい」、「寛容な」戦略を提出するだろうと考えて、意地悪な戦略を提出し、これら予想される弱者たちから搾取しようと試みたのだ。

しかし、またしても意地悪は間尺に合わなかった。またしてもアナトール・ラパポートによって提出された「やられたらやり返す」が勝者となり、基準点のなんと九六％という目覚ましい得点を記録したのだ。「気のいい」戦略は、再び、一般的に「意地悪」な戦略よりも成功した。上位一五位のうち一つを除いてすべて「気のいい」戦略であり、下から一五位のなかで一つを除いて「意地悪」戦略だった。しかし「二発に一発返す」は、もし一回目のトーナメントに提出されていれば勝ったのだが、二回目のトーナメントでは勝てなかった。その理由は、今度の戦場では、弱者を情け容赦なくとことん餌食にするような、もっと微妙な意地悪戦略が含まれていたからだ！

このことは、こういったトーナメントにおける重要な問題点の一つを強調している。すなわち、戦略の成否は、他にどんな戦略がたまたま提出されているかにかかっているのだ。それこそ、「二発に一発返す」が順位のかなり下位にランクされる二回目のトーナメントと、「二発に一発返す」が勝者となる一回目の差を説明する唯一の方法である。しかし、先にも述べたが、本書はプログラマーの巧妙さについての本ではない。より一般的で、より恣意的でないという意味で、どれが真に最善の戦略なのかを判断する客観的な方法があるだろうか？　これまでの章を読まれた読者はすでに、「進化的に安定な戦略（ESS）」という理論にその答えを見出そうとする準備ができているはずだ。

アクセルロッドは彼の初期の結果をさまざまな人に回覧して、二回目のトーナメントに戦略を提出するように招請したが、私も招かれた一人だった。私はそれに応じなかったが、その代わりに一つの示唆を与えた。アクセルロッドはすでにESSの用語で考え始めていたが、私はその傾向はきわめて重要だと感じていたので、彼にW・D・ハミルトンとコンタクトを取るよう手紙で勧めた。アクセルロッドはそのことを知らなかったのだが、ハミルトンは当時、同じミシガン大学の別の学科にいたのだ。アクセルロッドはただちにハミルトンに連絡を取り、その後に行なわれた二人の共同研究の成果が、一九八一年の『サイエンス』誌に発表された素晴らしい共著論文だ〔13〕。この論文は全米科学振興協会のニューカム・クリーヴランド賞を獲得した。反復囚人のジレンマの嬉しくなるほど奇抜な生物学的実例のいくつかについて論じることに加えて、アクセルロッドとハミルトンは、私がＥＳＳ的アプローチの正当な認識と見なすものを与えている。

ＥＳＳ的アプローチを、アクセルロッドの二回のトーナメントで適用された「総当たり」方式と比べてみよう。総当たり戦というのはサッカーのリーグ戦のようなものだ。それぞれの戦略が他の戦略のそれぞれと同じ回数だけ対戦する。一つの戦略の最終得点は、他の戦略すべてとの対戦で獲得した得点の総計である。したがって、総当たり戦のトーナメントで勝利するためには、人々がたまたま提出した他のすべての戦略に対してうまく対抗できなくてはならない。幅広い他の戦略に対してうまくいく戦略に対してアクセルロッドが付けた名は「頑健（robust）」だ。「やられたらやり返す」は「頑健な」戦略であることが判明した。しかし人々がたまたま提出した一連の戦略は恣意的なセットである。これこそ先に私たちを悩ませた点だ。そして、たまたまアクセルロッドの最初のトーナメントでは、参加者のほぼ半分が「気のいい」戦略だった。こういう場のなかで「やられたらやり返す」が勝ち、また「二発に一発返す」がもし提出されていれば、この場のなかでは勝ったことだろう。しかしたまたま参加者のほとんどすべてが「意地悪」戦略だったと想像してみよう。これは容易に起こりうることだった。結局のところ、提出された一四の戦略のうち六つは意地悪だったのだ。もし一四のうち一三が意地悪だったとしたら、「やられたらやり返す」は勝てなかっただろう。この「場《クライメイト》」は、「やられたらやり返す」にとって悪いものだったのだ。獲得賞金だけでなく、各戦略のあいだの成功度の順位も、たまたまどういう戦略が提出されていたかに依存する。言い換えれば、人間の気まぐれのように恣意的なものに依存している。この恣意性をどうすれば減らすことができるのか？　それは、「Ｅ

SSを考える」ことによって、である。

これまでの章から、読者は、進化的に安定な戦略（ESS）の重要な特徴が「さまざまな戦略の集団のなかですでに多数を占めているときには、そのままうまくやり続けられること」であるのを思い出されるだろう。たとえば、「やられたらやり返す」がESSであるのは、「やられたらやり返す」が優位を占めている場では「やられたらやり返す」はうまくやっていけるだろう、と言っていることになる。これは特別な種類の「頑健さ」と見なすことができる。進化論者として私たちは、それこそ問題にすべき唯一の頑健さだと見なしたい。なぜそれがそれほど問題なのか。なぜなら、ダーウィニズムの世界においては、勝利は金で支払われず、子孫の数で支払われるからだ。ダーウィン主義者にとって、成功する戦略はさまざまな戦略の集団のなかで多数になったもののことだ。ある一つの戦略が成功し続けるためには、その戦略が多数になったときに、つまり自分自身のコピーたちが優勢になったときに、とくにうまくいくものでなければならない。

アクセルロッドは、実際のところ、第三ラウンドのトーナメントを自然淘汰が働くような形で実施し、ESSを求めようとした。現実には、彼はそれを第三ラウンドと呼ばなかった。というのも、彼は新しい参加者を勧誘せず、第二ラウンドと同じ六三通りを用いたからだ。私がそれを第三ラウンドと呼んだほうが都合が良いと思ったのは、それと前二回の「総当たり」トーナメントとの相異は、二回の総当たりトーナメントどうしの相異よりももっと根本的だと考えたからだ。

アクセルロッドは六三の戦略を取り上げ、それをまたもやコンピュータに放り込んで、進化的な継承の「第一世代」を作らせた。したがって「第一世代」の「場」は、六三すべての戦略を均等に代表するものから成っていた。第一世代の終わりに、各戦略の勝者は「金」や「得点」ではなく、その(無性生殖型の)親と同一の戦略を取る子どもの数で支払われる。世代が進むにつれて、ある戦略は数が少なくなっていき、最終的には絶滅する。別の戦略はますます数が多くなっていく。したがってその比率が変わるにつれ、結果として、ゲームの将来の対戦が起こる「場」も変わったのである。

最終的に、およそ一〇〇〇世代を経過したあと、比率がそれ以降変わらず、場もそれ以降変わらなくなった。安定に到達したのだ。ここまで、さまざまな戦略の運勢は、私が「ごまかし屋」と「お人よし」と「恨み屋」のコンピュータ・シミュレーションをやったときとまさに同じように上昇したり下降したりした。いくつかの戦略は最初から絶滅に向かい、ほとんどは二〇〇世代までに絶滅した。意地悪な戦略のうち、一、二のものは頻度を増加させる方向に出発したが、私のシミュレーションにおける「ごまかし屋」と同じように、その繁栄は束の間だった。二〇〇世代以上生き延びた唯一の意地悪戦略は、「ハリントン」と呼ばれるものだった。「ハリントン」の運勢は最初の一五〇世代ほど急激に上昇した。そのあとかなりゆっくりと下降していき、一〇〇〇世代近辺で絶滅に近づいた。「ハリントン」は、私のもとの「ごまかし屋」と同じ理由で一時的にうまくやることができた。それは「二発に一発返す」(あまりに寛容に過ぎる)などの軟弱な相手がまわりにいるあいだは、それらを搾取した。そのあと、軟弱な連中が絶滅させられてしまうと、「ハリントン」は簡単に利用できる獲物がいなくなって、彼らのあとを追って絶滅することになった。戦いの場は、「やられたらやり返す」のように「気は良い」が「憤慨できる」戦略の独壇場となった。

実際、「やられたらやり返す」は、第三ラウンドの六回の試算のうち五回において、第一、第二ラウンドと同じように第一位になった。気は良いが憤慨できる他の五つの戦略も、最終的に「やられたらやり返す」とほとんど同じように成功した（集団内の頻度に関して）。じつのところ、そのうちの一つは六回目の試算で勝ったのだ。すべての意地悪戦略が絶滅に追い込まれたとき、どんな気のいい戦略も、「やられたらやり返す」と、あるいは互いどうしと区別する方法がなくなってしまう。なぜなら、それらはすべて気が良いから、互いに協力のカードを出し合うだけなのだ。

この区別不能性の一つの帰結は、「やられたらやり返す」はESSに似ているが、厳密には真のESSではないということだ。ある戦略がESSであるためには、それが普遍的に見られるときに、希少な、突然変異の戦略に侵入されてはならないことを思い出していただきたい。さていまや、「やられたらやり返す」がいかなる意地悪戦略の侵入も受けないというのは真実だが、他の気のいい戦略に対しては別問題である。たったいま見たように、気のいい戦略の集団のなかでは、どれもがすべて相手と同じように見え、同じように振る舞う。そこで、まるっきり聖人のごとき「常に協力」のような、他のどんな気のいい戦略でさえも、「やられたらやり返す」に対して淘汰上の優位性が明らかでないにもかかわらず、なお気づかれることなく集団に入り込むことができる。それゆえ、専門的に言えば「やられたらやり返す」はESSではない。

世界が「気のいい」状態にちょうどとどまっているのだから、「やられたらやり返す」をESSと見なせるではないかと言う向きもあるかもしれない。だが悲しいかな、次に何が起こるかを見てほしい。「やられたらやり返す」とは違って、「常に協力」は、「常に背信」のような意地悪戦略の侵入に安定ではない。「常に背信」は「常に協力」に対してはうまくやってのけることができる。毎回「誘惑料の」高得点を得るからだ。「常に背信」のような意地悪戦略は、「常に協力」のようなあまりにも気のいい戦略の数を下落させることになる。

しかし、「やられたらやり返す」は真のESSではないものの、実践には、基本的に気が良くて報復的な「やられたらやり返すと類似の」複数の戦略が何らかの割合で混合しているものを、ほぼESSに対応するものとして扱うのはおそらく公正だ。そのような混合戦略は少量の意地悪な成分を含んでいるかもしれない。ロバート・ボイドとジェフリー・ローバーバウムは、アクセルロッドの仕事のとても興味深い追跡研究の一つにおいて、「二発に一発返す」と「懐疑的なやられたらやり返す」と名付けた戦略の混合について考察している。「懐疑的なやられたらやり返す」は、区分上は意地悪だが、そこまで意地悪ではない。それは最初の対戦よりあとでは「やられたらやり返す」それ自身とまったく同じように振る舞うが、しかし――これこそ、それを区分上は意地悪戦略にするゆえんなのだが――ゲームの最初の対戦では必ず背信する。「やられたらやり返す」が全面的に優位を占めるような場においては、「懐疑的なやられたらやり返す」の繁栄は不可能だ。なぜなら、その最初の背信が以後のとだえることなき相互やり返し合いの引き金を引いてしまうからである。一方もし出会った相手が「二発に一発返す」であれば、「二発に一発返す」の大きな寛容性がこのやり返し合いをまだ芽のうちに摘んでしまう。両プレイヤーとも、少なくとも「基準点」、つまりすべて協力の場合の得点をもってゲームを終え、「懐疑的なやられたらやり返す」は最初の背信分だけボーナス点をもらえる。ボイドとローバーバウムは、「やられたらやり返す」の集団は、進化的な言いかたで、「二発に一発返す」と「懐疑的なやられたらやり返す」の混合に侵入され、この二つが互いに友好的に栄えることを示した。この組み合わせが、このような形で侵入可能な唯一の組み合わせでないことはほぼ確実である。おそらく、わずかに意地悪な戦略と気が良くて非常に寛容な戦略との混合で、両者がいっしょになって侵入できるような組み合わせはたくさんあるはずだ。なかには、これは人間生活にお馴染みの様相を映す鏡だと言う人もいるだろう。

アクセルロッドは「やられたらやり返す」が厳密にはＥＳＳでないことを認識しており、それを説明するために「集団的に安定な戦略」という表現を造った。真のＥＳＳの場合と同じように、同時に二つ以上の戦略が進化的に安定でありうる。そしてまたもや、どの戦略が一つの集団で優位を占めるかは運次第だ。「常に背信」も、「やられたらやり返す」と同じように安定である。すでに「常に背信」が優位を占めるにいたった集団では、他のいかなる戦略もうまくやっていけない。私たちはこのシステムを双安定、つまり一方に「常に背信」という安定点があり、もう一方に「やられたらやり返す」(あるいは主として気が良く、報復的ないくつかの戦略の混合)という安定点のあるシステムとして扱うことが可能だ。どちらであれ、先に集団内で優位を占めるようになった戦略が、そのまま優位にとどまる傾向がある。

しかし、「優位」とは、定量的な言いかたで何を意味するのか？「やられたらやり返す」が「常に背信」よりうまくやっていくためには、どれだけの数がいなければならないのか？　それは、この特別なゲームにおいて胴元が支払う金額の詳細によって変わる。言えるのはただ、ナイフの刃のように鋭く運命を左右する臨界頻度が一般に存在するということだけだ。ナイフの刃の片面では「やられたらやり返す」の臨界頻度を超えており、淘汰はますます「やられたらやり返す」に有利になるように働く。ナイフの刃の反対側の面では「常に背信」の臨界頻度を超えていて、淘汰はますます「常に背信」に有利になるよう働く。このナイフの刃に相当するものとして、すでに私たちが第10章の「恨み屋」と「ごまかし屋」の話で出会ったことが想起されるだろう。

したがって、集団がナイフの刃のたまたまどちら側でスタートするかが問題になるのは明らかだ。そして私たちは、集団がいかにして、ときにナイフの刃の片側からもう一方の側へ渡るような事態になるのかを知る必要がある。すでに「常に背信」側に位置している集団で私たちがスタートしたと考えてみよう。少数の「やられたらやり返す」個体は、互恵的な利益を得るだけの十分な頻度で出会うことがない。したがって自然淘汰は、集団をさらに極端な「常に背信」の側に推し進めることになる。もし機会的《ランダム》な浮動によって、この集団がなんとかナイフの刃を渡ることができる場合にのみ、斜面を「やられたらやり返す」の側に滑り降りることができ、誰もが胴元（あるいは「自然」）の出費によって、もっとうまくやっていけるようになるだろう。しかし当然のことながら、集団はグループとしての意志を持たないし、意図や目的も持っていない。ナイフの刃をよじのぼろうと努力することなどできない。方向性を持たない自然の力がたまたま刃を渡るように導いたときにのみ、彼らは渡るのだ。

このようなことは、いかにして起こるのか？　それに対する一つの答えは、「偶然」によって起こる、というものだ。しかし「偶然」と言うのは無知をさらしているにすぎない。「何らかの、いまだによくわからない、あるいは特定できない理由によって決定される」ことを意味する。私たちは、「偶然」よりはちょっとばかりましな答えかたができる。つまり、少数派の「やられたらやり返す」個体が臨界値に達するまで数が増えていく実際的なやりかたについて、試しに考えればいいのだ。これは、どのように「やられたらやり返す」個体が十分な数だけ寄り集まって、いかに全員が胴元の出費によ る利益を得られるようになるか、その可能な方法の探求につながるものだ。

このような線で考えるのは見込みがありそうだが、やや漠然としている。よく似た個体どうしが、いったいどのように寄り集まって局地的な集合を作るのか？　自然界においては、遺伝的な近縁度、すなわち血縁を通じて作るのが、わかりやすい道筋である。たいていの動物は、集団のランダムなメンバーよりは、自分の兄弟、姉妹、いとこの近くで暮らしていることが多いものだ。これは必ずしも選別を通じてそうなるわけではなく、集団の「粘性」から自動的に生じるものだ。粘性というのは、各個体が自分の生まれ落ちた場所の近くで暮らし続ける一切の傾向を意味する。たとえば、歴史のほとんどを通じて、また世界のほとんどの地域において（たまたま、私たちの住む現代社会においてだけは違うが）、個々の人間が自らの誕生の地から二、三マイル以上遠くまで彷徨い出ることはめったになかった。その結果、遺伝的に近縁なものの局地的な集合が築き上げられる傾向がある。私は、アイルランド西海岸沖の小さな離島を訪れたときのことを思い出す。そのとき、島のほとんどすべての人がジョッキの取っ手のようなとても大きな耳をしているという事実に驚いた。大きな耳がその土地の気候に適しているからという理由はまずありえない（そこでは海に向かって強い風が吹く）。それは、島の住民の大半が密接な血縁関係にあるからだ。

遺伝的な類縁は、単に容貌だけでなく、その他のあらゆる種類の事項に関しても似かよう傾向がある。たとえば、「やられたらやり返す」的に振る舞う（あるいは振る舞わない）遺伝的傾向についてよく似る傾向を持つだろう。それゆえ、全体としての集団のなかで「やられたらやり返す」がまれである場合でさえ、局地的にはなお数が多いという可能性はある。局地においては、「やられたらやり返す」個体が相互協力のおかげで繁栄できるほど十分頻繁に出会える可能性はある。たとえ、集団全体における総体頻度のみを考慮に入れた計算が、彼らの頻度が「ナイフの刃」の臨界より低いと示唆していようとも、だ。

もしこれが起こると、居心地の良い小さな地域集団を成して協力し合う「やられたらやり返す」個体は、非常にうまく繁栄するだろうから、小さな地域集団からより大きな地域集団へと成長する。こういった地域集団が非常に大きくなり、他の地域へも広がっていく可能性がある。そういった地域はそれまで、数のうえでは「常に背信」する個体に支配されていたのだ。このような地域集団を考えるときには、先ほど私が述べたアイルランドの島は、物理的に遮断されているがゆえに誤解を招く対比と言える。それよりむしろ、内部であまり移動がないため、地域全体にわたる交雑がたえず存在する場合でさえ、各個体は遠くにいる隣人とよりもすぐ近くにいる隣人と似かよう傾向を持つような大きな個体群を考えていただきたい。

そうして、「ナイフの刃」まで戻ってくれば、「やられたらやり返す」はそこを越えることができる。必要なのは、小さな地域集団を形成することだけであり、それは自然個体群で自然に起こりがちな類の出来事である。「やられたらやり返す」は、たとえ少数な場合でも、ナイフの刃を越えて自らの側に渡る生得的な能力を持っているのだ。あたかも、ナイフの刃の下を抜ける秘密の通路があるかのようだ。しかしこの通路には一方向にしか通さない弁がある。つまり非対称なのだ。「やられたらやり返す」と違って「常に背信」は、真のＥＳＳであるにもかかわらず、地域的な小集団になることを利用してナイフの刃を渡ることができない。話はまるで逆だ。「常に背信」の地域集団は、互いの存在によって繁栄するにはほど遠く、互いの存在によってとりわけ不都合を被る。平和的に助けあって胴元に出費させるどころか、やっつけ合うのだ。したがって「常に背信」は、「やられたらやり返す」とは違って、集団内で血縁あるいは粘性から助けを得ることは不可能だ。

ゆえに、「やられたらやり返す」は疑問符つきでしかＥＳＳではないのだが、一種の高度な安定性を持っていることになる。これは何を意味するか？　たしかに安定は安定だ。さてここでは、私たちは長期的な展望を考えている。「常に背信」は比較的長期間にわたって侵入に抵抗する。しかし、もっと十分長く、おそらく何千年も待てば、「やられたらやり返す」は、ナイフの刃を向こう側へ乗り越えるに必要なだけの個体数を最終的に獲得して、その集団は全体が「やられたらやり返す」に転じることになるだろう。しかし逆は起こらない。「常に背信」は、すでに見たように、寄り集まることによって利益を得ることができず、この高度の安定性を享受できないのだ。

「やられたらやり返す」は、すでに見たように「気のいい」戦略で、最初に背信することはないが、「寛容」でもない。そしてその非寛容は、過去の悪事に対する短期の記憶しか持っていない。さてここでアクセルロッドのもう一つの喚起力のある専門用語を紹介しよう。「やられたらやり返す」はまた「妬み屋でもない」。アクセルロッドの用語法で言えば、妬み屋であるというのは、絶対的に多額の金を胴元からせしめることよりも、相手のプレイヤーより多くの金額を得ようと努力することを意味する。妬み屋ではないということは、たとえ相手のプレイヤーがあなたと同じだけの金を得たとしても、それによって二人ともがより多くの金額を胴元から得られるかぎり完全に満足するという意味だ。「やられたらやり返す」は、けっして実際にゲームに「勝つ」ことはない。よく考えてみれば、それは報復の場合を除いて背信することはないのだから、どの個別のゲームにおいても「敵」以上の得点を獲得しえないことがおわかりいただけるだろう。せいぜいうまくいって、相手と引き分けられるだけだ。しかし、それは引き分けによってともに高得点を達成する傾向がある。「やられたらやり返す」と他の気のいい戦略を考える場合、「敵」という言葉そのものが不適切である。しかし悲しいかな、心理学者たちが現実の人間のあいだで「反復囚人のジレンマ」ゲームを実施するときには、ほとんどすべてのプレイヤーが妬みの誘惑に屈し、そのため相対的に乏しい金額しか得られない。多くの人々は、おそらくそういう可能性すら考えずに、相手のプレイヤーと協力して胴元をやっつけることよりも、むしろ相手のプレイヤーをやっつけようとする。アクセルロッドの研究はそれがどんな誤りであるかを示している。

それはある種のゲームにおける一つの誤りにすぎない。ゲーム理論家はゲームを「ゼロサム」と「ノンゼロサム」に分ける。ゼロサム・ゲームというのは、一方のプレイヤーの勝利がもう一方のプレイヤーの敗北となるものだ。チェスはゼロサム・ゲームである。なぜなら、それぞれのプレイヤーの目的が相手に勝つことであり、それは他方の敗北を意味するからだ。しかしながら、「囚人のジレンマ」はノンゼロサム・ゲームだ。お金を支払う胴元がおり、したがって二人のプレイヤーは手を組んで、終始胴元をコケにし続けることが可能である。

この、胴元をコケにするという言いかたは、シェイクスピアの楽しい一句を思い起こさせる。

まず第一《でえいち》に、法律家連中を皆殺しにしてえな。
――『ヘンリー六世』第二部第四幕、小田島雄志訳、白水社

民事「紛争」と呼ばれるものに、実際には協力の余地が大いに残されていることがよくある。ゼロサム的な対立のように見えるものを、ちょっとした善意によって双方に利益をもたらすノンゼロサム・ゲームに変えてしまうことは可能なのである。離婚について考えてみよう。良い結婚は明らかにノンゼロサム・ゲームであり、相互協力に満ち溢れている。しかし、それが破綻したときでさえ、二人が協力を継続して、離婚をもノンゼロサム・ゲームとして処理すれば、利益を得られることを示す理由が山ほどある。二人の弁護士に料金を払ってしまえば、まるで子どもの幸福など取るに足らない理由であるかのごとく、家族の財政に痛撃を与えるだろう。ゆえに良識と教養を持ち合わせるカップルであれば、二人いっしょに一人の弁護士に相談に行くところからスタートするに決まっているはずなのだが……。

現実の答えはノーだ。少なくともイギリスでは、そしてごく最近までアメリカ合衆国の五〇州すべてで、法律上の、あるいはより厳密には（そして意味深いことに）、弁護士自体の職業上の規約がそれを許さない。弁護士は依頼人として夫婦のうちのどちらか一人しか受け入れることができない。もう一方はドアの前から追い返され、法律的なアドバイスをまったく受けられないか、別の弁護士のところへ行くことを強いられる。そしてここから茶番が始まる。別々の部屋で、しかし同じ声音で、二人の弁護士はただちに、「私たち」と「彼ら」について語り始める。「私たち」というのが、私と妻のこと

でないのはおわかりいただけるだろうか。それは、妻と妻の弁護士に対立する私と私の弁護士のことを意味している。この訴訟が法廷に持ち出されると、現実に「スミス 対 スミス」と記載されるわけだ。その夫婦が敵対的だと感じていようがいまいが、思慮深く友好的であるよう努めようがいまいが、敵対するものと想定されているのだ。離婚を「私が勝ち、あなたが負ける」戦いとして扱うことによって誰が利益を得るというのか。そう、弁護士たちだけだ。

不幸な夫婦はゼロサム・ゲームへ引きずり込まれてしまった。「スミス対スミス」の訴訟は、弁護士たちにとってはおいしいノンゼロサム・ゲームで、二人の弁護士は手の込んだ規定に従った協力によってスミス夫妻に支払いを持たせて、二人の依頼人の口座から搾り取れるのだ。彼らが協力する一つのやりかたは、相手側が受け入れるはずがないと双方がわかっている提案をすることである。これは、やはり受け入れられっこないと双方がわかっている対案を相手側からも誘発することになる。そして、やり取りが続く。協力し合う「敵対者」のあいだで交わされるあらゆる手紙、電話代金が請求書にどっさりと書き加えられる。運良く、この手順を数ヶ月、いや数年にさえも引き延ばすことができれば、それに比例して料金も嵩《かさ》んでいく。双方の弁護士は、これらすべてのことを成すのに結託するわけではない。その逆に、なんとも皮肉ではあるが、依頼人の出費のもとになされる彼らの協力を実現する主たる手段は、彼らが良心的に連絡を断つことなのだ。弁護士たちは自分たちが何をしているか気づいてさえいないかもしれない。すぐこのあとで触れるチスイコウモリと同じように、彼らは非常によく儀式化された規則に忠実にプレイをしているのだ。このシステムは一切の意識的な監督あるいは管理なしに作動する。それは、すべて歯車仕掛けによって、私たちをゼロサム・ゲームに向かわしめる。依頼人にとってはゼロサムであっても、弁護士にとってはきわめて強くノンゼロサムだ。

では、どうすればいいというのか？　シェイクスピアの選択は混乱を生むだけだ。法律を変えればすっきりするだろう。しかし大部分の国会議員たちは法律にかかわる職業の出で、ゼロサム的な心性を持っている。英国下院以上に敵対的な雰囲気を想像することは難しい（法廷は少なくともまだ論争の礼儀作法を保存している。それももっともで、なぜなら、「我が学識豊かな友と私」つまり法律家どうしは、終始ずっと胴元をコケにするべく、きわめて気のいい協力をし合っているからだ）。善意の立法府の議員や、悔恨の情を持つ弁護士は、ゲーム理論を少しばかり教わると良いのかもしれない。ちょっとばかり公正のために付け加えると、一部の弁護士はまさにこれと正反対の役割を演じて、ゼロサム的な戦いをしようといらだつ依頼人に、法廷外でノンゼロサム的な解決に辿り着いたほうが良いですよと説得するのである。

人々の日常生活における他のゲームについてはどうか？　どれがゼロサムでどれがノンゼロサムなのか。一方で（事実と感じかたは別だから）私たちは人生のどういう側面をゼロサム、あるいはノンゼロサムなものと感じているのか？　人間の生活のどの側面が「妬み」を育み、どの側面が「胴元」に対抗する協力を育むのか？　たとえば、賃金契約交渉と「差別賃金」について考えていただきたい。私たちが賃上げ交渉をするとき、「妬み」によって動機づけられるのか？　それとも実質的に収入を最大にするべく協力するだろうか。私たちは、心理学的な実験におけると同様に実生活においても、そうでない場合に自分がゼロサム・ゲームをプレイしていると想定するのか。ここではただ、こういった難問の提示に留めておこう。それに答えることは本書の範囲を越えてしまう。

サッカーは一種のゼロサム・ゲームである。少なくとも通常はそうだ。しかしときにはノンゼロサム・ゲームになりうる。それがたまたま、一九七七年の英国サッカー・リーグで起こった（サッカーのことを正式にはアソシエーション・フットボールと呼ぶ。ラグビー・フットボール、オーストラリアン・フットボール、アメリカン・フットボール、アイリッシュ・フットボールなど、フットボールと総称される他のゲームも、通常はゼロサム・ゲームだ）。英国のサッカー・リーグは四部に分けられている。各クラブ・チームは自分の部内で他のチームと試合をし、シーズンを通じて勝利ないし引き分けごとの得点を累計していく。一部リーグに入ることはたいへんな名誉で、大勢の観衆を保証してくれるため、クラブにとって儲けにもなる。毎年シーズンが終わると、一部リーグの下位三チームは、次のシーズンには二部に降格させられる。降格はきわめて惨めなため、落ちないために皆が必死になる。

一九七七年の五月一八日は、この年のサッカー・シーズンの最終日だった。一部から降格する三チームのうち二チームはすでに決まっていたが、三つめのチームはまだ競り合っていた。それがサンダーランド、ブリストル、コヴェントリーの三チームのうちのどこかであることははっきりしていた。したがってこれら三チームにとって、この土曜日はすべてを賭けて戦う日だった。サンダーランドは第四のチーム（このチームの一部残留は確実だった）と試合をしていた。ブリストルとコヴェントリーはたまたまぶつかりあって試合をしていた。もしサンダーランドが負ければ、ブリストルとコヴェントリーは引き分けさえすれば互いに一部にとどまれることがわかっていた。しかしもしサンダーランドが勝てば、ブリストルとコヴェントリーの試合の結果どちらが勝つかによって、一方が陥落することになる。この二つの重大な試合は、理論上は同時に行なわれた。しかし実際は、ブリストル対コヴェントリー戦はたまたま五分遅れていた。そのため、サンダーランド戦の結果が、ブリストル対コヴェントリー戦の終了前にわかってしまうことになった。この点に、このややこしい話のすべてがある。

ブリストル対コヴェントリー戦の大半は、当時の新聞の記事によれば、「速く、しばしば激しく」、一種のエキサイティングな（もしあなたがその手のものが好きならば）火花散る熱戦だった。双方に素晴らしいゴールがあり、試合開始後八〇分の時点で得点は二対二だった。やがて、試合終了二分前に、他のグラウンドからサンダーランドが負けたというニュースがもたらされた。すぐにコヴェントリーのマネージャーは、グラウンドの端にある巨大な電光掲示板でこのニュースを速報した。二二人すべてのプレイヤーが読み取れたらしく、全員がもはやどちら側も本気でプレイする必要のないことを了解した。引き分けは、降格を避けるために両チームが必要とすることのすべてだった。実際、得点を挙げようとする戦略はいまや愚策だった。なぜなら、それは防御が手薄になることを意味するので、敗退の危険をもたらすからだ。そこで両チームとも引き分けの確保に専念し始めた。同じ新聞記事を引用すれば、「八〇分にドン・ギリーズがブリストルのために同点のゴールを決めたほんの数秒前までは激しいライバルどうしだったファンたちが、突然いっしょになって祝典の輪に加わったのだ。審判のロン・チャイルズは、選手たちがボールを持っている人間を追い回すこともほとんどなく、彼らがボールを軽く蹴ってパスを回していく様子を、成すすべもなく眺めていた」。それまではゼロサム・ゲームだったものが、外の世界からやってきた一本のニュースのせいで、突然ノンゼロサム・ゲームと化したのだ。先に述べた私たちの議論の言葉で言えば、それはあたかも、外部の「胴元」が魔法のように現れて、ブリストルとコヴェントリーの両チームが、引き分けという同じ結果から利益を得ることを可能にしたかのごとくである。

サッカーのように観客に見せるスポーツが通常ゼロサム・ゲームであることにはしかるべき理由がある。観衆は、選手たちが友好的に共謀するのを見るより、力いっぱい戦うのを見るほうがずっと興奮するからだ。しかし現実の生活は、人間も動植物も観衆のためにお膳立てされているわけではない。事実、実生活の多くの側面はノンゼロサム・ゲームだ。自然がしばしば「胴元」の役割を果たし、個々人（あるいは各個体）は、互いの成功から利益を得る。自分の利益のためには必ずしもライバルを倒す必要があるというわけではない。利己的遺伝子の基本法則から逸脱することなく、基本的に利己的な世界においてさえ、協力や相互扶助がいかにして栄えるようになるのか、私たちには理解できる。アクセルロッドの言う意味で、なぜ「気のいい奴が一番になる」かを理解できるのだ。

　しかし、ゲームは繰り返されないかぎり、これらは何ひとつ作動しない。プレイヤーたちは今やっているゲームが最終回ではないことを知って（あるいは少なくとも「わかって」）いる必要がある。アクセルロッドの常套句で言えば「未来の影」は長くなければならないのだ。だが、どれぐらい長ければいいのか。無限に長い、というのはありえない。理論的な観点からは、ゲームがどれだけ長かろうが問題ではない。重要なのは、どちらのプレイヤーもゲームがいつ終わりになるかを知っていてはならないということだ。私とあなたが対戦していて、ゲームの回数がきっかり一〇〇であることを知っていると想像してもらいたい。そうすると、私たちは二人とも、一〇〇回目が最終ラウンドであり、単純な一回限りの「囚人のジレンマ」ゲームに等しいことを理解している。したがって、私たち二人のどちらにとっても第一〇〇ラウンドにおける唯一の合理的な戦略は「背信」だ。そしてそれぞれ、相手のプレイヤーがそれを勘案すれば、最終ラウンドで確実に「背信」するものと想定できる。こうして、最終ラウンドは予想可能なものとして片づけられる。しかし、そうなれば第九九ラウンドも一回限りのゲームに等しくなり、それぞれのプレイヤーにとって、この最後から二回目のゲームにおける唯一の合理的な選択は、やはり「背信」となる。第九八ラウンドも同じ論理に屈することになり、どんどんさかのぼっていく。二人の厳密に理性的なプレイヤーは、それぞれの相手も厳密に理性的であると想定すれば、もしゲームが何回目で終わるべく定められているかを両方が知っているなら、背信する以外に成すすべがなくなる。この理由によって、ゲーム理論家が「反復囚人のジレンマ」ゲームについて語るときには、彼らは常に、ゲームの終わりは予想不可能か、胴元しか知らないものと仮定しているわけだ。

ゲームの正確なラウンド数が確実にわかっていなくても、現実の生活においては、そのゲームがどれくらい長く続くかを、統計的に推測することはしばしば可能だ。そしてこの評価が戦略の重要な部分になる。もし胴元がそわそわし、時計を見やるのに気がつけば、ゲームが終わりに近づきつつあると十分に推測でき、背信への誘惑にかられるだろう。もし私が、あなたもまた胴元の落ち着きのなさに気づいたことを察したら、あなたも背信してくるに違いないと不安になるはずだ。そして私は、自分が先に背信しなければと焦る。とりわけ、あなたが私の背信を恐れて何かしてくるのではないかと怯えることになる。

一回限りの「囚人のジレンマ」ゲームと「反復囚人のジレンマ」ゲームのあいだに数学者が設けている区別は、あまりにも単純にすぎる。各プレイヤーが、ゲームがどれくらい長く続きそうかについてのたえず更新される推測値を持っているかのように振る舞うと予想することもできるはずだ。その推測値が長ければ長いほど、彼は真の「反復囚人のジレンマ」ゲームに関する数学者の予測により忠実に従う形でプレイするだろう。言い換えれば、より気が良く、より寛容で、より妬みを示さなくなる。ゲームの未来についての推測値が短ければ短いほど、彼は、一回限りのゲームに関する数学者の予測により忠実に従う形でプレイするはずだ。言い換えれば、より意地悪で、より妬み深くなる。

アクセルロッドは未来の影の重要性を示す感動的な実例を、第一次世界大戦中に生じた、いわゆる「われも生きる、他も生かせ」方式という注目すべき現象から引いている。彼が基づいた資料は、歴史家で社会学者のトニー・アシュワースの研究である。クリスマスに、交戦中のイギリスとドイツの部隊が中間地帯で一時的に親しく交わり、いっしょに酒を飲んだことは非常によく知られている。しかし、非公式で暗黙の不可侵協定、「われも生きる、他も生かせ」が、前線のあらゆるところで、一九一四年に始まって少なくとも二年間は立派に通用したという事実はあまり知られていないが、私の意見ではこっちのほうが興味深い。塹壕《ざんごう》に巡視に訪れたとき、自軍の前線の背後のライフル射撃場内部をドイツ兵が歩きまわっているのを見てびっくりした一人の上級将校の言葉が引かれている。「我が軍の兵はまったく気にとめてないように見えた。我が軍が優勢になった暁《あかつき》には、この種のことを廃止しようと私は決意した。このようなことは許されるべきではない。こういった連中は明らかに戦争中だということがわかっていない。両陣営とも〈われも生きる、他も生かせ〉の原則を信じきっているように見えた」

この時代にはまだ「ゲーム理論」と「囚人のジレンマ」は発明されていなかったが、後知恵をもってすれば何が起こっていたかをかなり明瞭に理解できるし、現にアクセルロッドが鮮やかに分析している。当時の塹壕戦においては、個々の小隊にとっての未来の影は長かった。言ってみれば、それぞれの塹壕に立て籠ったイギリスの兵士は、同じドイツ兵の塹壕隊と何ヶ月も対峙することが予測できたのだ。さらに一般の兵士は、仮に部隊の移動がある場合でも、それがいつかを知らされることはなかった。軍の命令は周知のごとく、独断的で、気まぐれで、受け取った人間には理解し難いものだ。したがって、未来の影は「やられたらやり返す」タイプの協力を育むに足るだけ十分に長く、十分に漠然としていた。あとは、囚人のジレンマ・ゲームに対応するような条件がありさえすればいい。

真の囚人のジレンマとしての資格を持つためには、支払いが特定の優劣の順位に従っていなければならなかったことを思い出していただきたい。両陣営とも相互協力（CC）が相互背信（DD）より望ましいと見なしていなければならない。相手の陣営が協力しているときの背信（DC）は、それで罰を受けずに済むのであればCCよりもいい。相手の陣営が背信しているときの協力（CD）は最悪だ。DDは幕僚たちがそうあって欲しいと願うものだ。彼らは自分の兵隊たちが、チャンスさえあればいつでもドイツ兵（あるいはイギリス兵）をつかまえようとする熱心な姿を見たいと願っている。

相互協力は、将軍たちの観点からすれば望ましくない。戦争の勝利に役立たないからだ。しかし、両陣営の兵士の観点ではきわめて望ましい。彼らは撃たれることを望んではいないからだ。誰もが認めるように（そしてまた、このことが、真の囚人のジレンマの状況を作るために必要な他の支払い条件を満たすことになる）、兵士たちはおそらく、戦争に負けるよりは勝つほうが良いと思う点で将軍たちと一致する。しかし、それは一兵士が立ち向かえる選択ではない。戦争全体の帰結が、彼が個人として何を成すかによって実質的な影響を受けるということはありえない。一方、無人地帯を挟んだ向こう側であなたと対峙する特定の敵兵との相互協力は、あなた自身の運命にきわめてはっきりとした影響を与えるのであり、相互協力は相互背信よりもはるかに望ましい。たとえあなたが、もし罰を受けないで済むのなら、愛国的あるいは規律上の理由から、ぎりぎりのところで背信（DC）のほうを好むとしてもだ。この状況は真の囚人のジレンマだろう。そうなれば、「やられたらやり返す」に似たものが生じてくることが予測できるが、それが実際にそうなったわけだ。

塹壕の前線のどこか任意の地点における局地的に安定な戦略は、必ずしも「やられたらやり返す」そのものとは限らない。「やられたらやり返す」は、気が良く、報復はするが寛容という一グループの戦略のなかの一つにすぎず、これらの戦略はすべて、専門的に言えば安定ではないにせよ、少なくとも一度生じてしまえばそれに侵入するのは困難だ。たとえば、当時の記事によると「一発に三発返す」が局地的に生じている。

私たちは夜に塹壕の前へ出かけた。（……）ドイツの作業班も外に出ていたので、発砲は礼儀にかなうとは見なされなかった。本当に底意地の悪いのは小銃榴弾という代物だ。（……）塹壕のなかに落ちれば八人から九人もの人間を殺すことができる。（……）だが我がほうはドイツ軍がよほどやかましく撃ってこないかぎりけっしてそれを使わない。なぜなら彼らの報復は、こちらが一発撃つごとに三発返してくるからだ。

「やられたらやり返す」グループのどの戦略にとっても、プレイヤーが背信によって罰を受けるということが重要だ。常に報復の脅威が存在しなければならない。報復能力の誇示は、「われも生きる、他も生かせ」方式の特筆すべき特徴である。両陣営からの銃撃は、敵の兵士に向けてではなく、敵兵のすぐ近くの動かない標的に向けられたもので、それによって彼らのおそるべき射撃の腕前を誇示する。この（蠟燭《ろうそく》の炎を撃って消すなどのような）テクニックは、西部劇映画でも用いられる。なぜ、最初の二個の実戦用原子爆弾が、鮮やかな腕前で蠟燭を撃ち消すかのように使用されず、二つの都市〔広島と長崎〕を破壊するために使用されたかについては、今までのところ満足のいく回答は得られていないようだ（その開発に責任を持つ指導的な物理学者たちが強く反対したにもかかわらず）。

「やられたらやり返す」と類似の戦略の重要な特徴は、寛容という点だ。これは、すでに見たように、そうでなければ長く傷つけ合うことになる相互やり返し合いの連続になりかねない事態を鎮めるのに役立つ。報復を鎮静化する重要性は、次に示すあるイギリス人将校の回想録に記されている。

私が仲間とお茶を飲んでいるとき、激しい喚き声が聞こえたので見に行った。すると、我が軍の兵士とドイツ兵たちがそれぞれの胸壁に立ち上がっているのが見えた。突然、一斉射撃に見舞われたが損傷はなかった。当然ながら両陣営とも体をかがめ、我が軍の兵士たちはドイツ兵に毒づき始めた。そのとき突然、一人の勇敢なドイツ兵が胸壁の上に立ち上がり、「大変申し訳ない。けが人がなければいいのだが。あれは私たちの責任ではなくて、馬鹿なプロシア砲兵隊のせいなんだ」と叫んだのだ。

この弁明についてアクセルロッドは、「報復を阻止するための単なる手段としての努力をはるかに超えている。信頼の状況が破られたことに対する道徳的な後悔の念を反映しており、また、誰かが負傷したのではないかという配慮を示すものだ」とコメントしている。たしかに称賛すべき、大変に勇敢なドイツ兵だ。

アクセルロッドはまた、相互信頼の安定したパターンを維持するうえで、予測可能性と儀式の重要性をも強調する。これについての楽しい実例は、イギリス軍の砲兵隊が前線の特定の部分に向けて、時計のように正確に定期的に射撃する「夕べの砲撃」である。ドイツ兵の言葉によれば次のようなものだった。

それは七時にやってきた――あまりにも定期的だったので時計の代わりになった。(……) それはいつも同じ目標を狙い、射撃は正確で、標的から横にそれたり、飛び過ぎたり、短過ぎたりすることはけっしてなかった。(……) なかには探求心旺盛な奴もいて、(……) 七時ちょっと前に、その砲撃を見るために這い出して行きさえした。

ドイツ軍の砲兵隊もまったく同じことをした。イギリス軍側から見た次の記述が示すとおりである。

彼ら〔ドイツ軍〕の標的の選択、銃撃の回数、発射される砲弾の数、その他があまりにも規則的だったので、(……) ジョーンズ大佐は (……) 次の砲弾が落下する詳細な場所を知っていた。彼の計算は非常に正確で、その洗礼を受けていない参謀将校にとってはとても大きいと思われる危険を冒すことができた。いま標的となっている場所への砲撃が、彼が着く前に止むことを知っているからだった。

アクセルロッドは、そのような「形式的で型どおりの発砲の儀式には、二重のメッセージが込められている。首脳陣に対しては攻撃を、敵に対しては和平を」と記す。

「われも生きる、他も生かせ」方式は、言葉による交渉によって、またテーブルを囲んで駆け引きする意識的な戦略によっても、実現することができたはずだ。しかし現実はそうではなかった。それは、人々が互いの振る舞いに反応することを通じて、一連の局地的な協定として出現したのだ。個々の兵士はおそらくそのような協定が生まれつつあることにほとんど気づいていなかった。そのことは驚くにあたらない。アクセルロッドのコンピュータに入っている戦略は明確に無意識なものだった。それらを定義するのは、気が良いか意地悪か、寛容か非寛容か、妬み深いかそうでないかといった、その振る舞いだった。それを設計したプログラマーはそういった条件のどれかにあてはまったかもしれないが、それは関係のないことだ。気が良く、寛容で、妬み深くない戦略を、きわめて意地の悪い人間が、簡単にプログラムできる。そしてその逆もまたしかり。戦略の気の良さはその振る舞いによって識別されるのであって、その動機（そもそも動機など持っていない）でも、その作者の性格（プログラムがコンピュータで走らされるときには、背景のなかに姿を消してしまっている）によるものでもない。コンピュータのプログラムは、その戦略に気づくことなく、いや、じつはどんなことにもいっさい気づいていなくとも、戦略的に振る舞うことができる。

もちろん私たちは、無意識の戦略、あるいは少なくとも意識がいずれにせよ関係しないような戦略という考えかたには、すっかりお馴染みになっている。本書のページの端々には、無意識の戦略がふんだんに出てくる。アクセルロッドのプログラムは、私たちが本書を通じて、動物、植物、そしてじつは遺伝子について考えてきたやりかたにとって、一つの見事なモデルである。したがって、彼の楽観的な結論（妬み深くなく、寛容で、気のいい戦略の勝利）が、自然界にも適用できるかどうかと問うのは自然なことだ。答えはイエスで、当然そうなる。唯一の条件は、自然がときどき「囚人のジレンマ」ゲームを設定しなければならないこと、未来の影が長くなければならないこと、そしてそのゲームがノンゼロサム・ゲームでなければならないことだ。このような条件は、生物界のいたるところで確実に満たされている。

バクテリアが意識的な戦略家だなどと言った人は誰もいないだろうが、寄生性のバクテリアはおそらく、その寄主と終わることのない囚人のジレンマ・ゲームを闘っている。そして、彼らの戦略にアクセルロッド流の形容詞——寛容、妬み深くない、など——をあてはめてはいけないという理由は存在しない。アクセルロッドとハミルトンは、通常は無害で利益を与えてくれるバクテリアが、けがをした人間においては意地悪に変わり、致命的な敗血症を引き起こすことがあると指摘している。医者はその人の「自然抵抗力」が負傷によって低下したのだと言うかもしれない。しかし本当の理由はおそらく、囚人のジレンマ・ゲームと関係している。バクテリアは利益を得る可能性があるにもかかわらず、普段は抑制しているのかもしれない。人間とバクテリアのあいだで通常行なわれるゲームでは、

「未来の影」は長い。なぜなら、ゲームをどこから始めるにせよ、普通の人間なら数年間は生きると予想されるからだ。一方、重傷を負った人間は、寄生するバクテリアにとって潜在的にはるかに短い未来の影を与えることになる。「背信への誘惑」が「相互協力による報酬」よりも魅力的な選択肢に見え始めてくる。言うまでもないが、このようなことをバクテリアが、その意地の悪いちっぽけな頭で導き出すわけではない。何世代をもかけた淘汰が、純粋に生化学的な手段によって働く無意識のヒッチハイクのルールを、おそらくはバクテリアの遺伝子に組み込んだのだ。

アクセルロッドとハミルトンによれば、またもや明らかに無意識な形でだが、植物が復讐することさえあるという。イチジクとイチジクコバチは密接な協力的関係を共有している。あなたが食べているイチジクは、本当の果実ではない。さきっぽに小さな穴があり、もしその穴のなかに入っていけば（そのためにはイチジクコバチほど体が小さくなければならない。イチジクコバチはとても小さく、あまり小さいおかげで、イチジクを食べるときに気がつかない）、まわりの壁に何百という小さな花が並んでいるのを見ることができる。イチジクの実は花にとって、真っ暗な屋内温室であり、屋内授粉室である。そして授粉できる唯一の媒介者がイチジクコバチだ。しかしこのハチにとって何の利益があるのか。彼らは小さな花のいくつかに卵を産みつけ、幼虫はその花を食べる。彼らは同じイチジクの実のなかの他の花を授粉させる。イチジクコバチにとって「背信」とは、一つのイチジクの実のなかのあまりにもたくさんの花に卵を産みつけ、そのうちのあまりにもわずかしか授粉させないことだ。しかし、いかにしてイチジクの木は「報復」するのだろうか。アクセルロッドとハミルトンによれば、「多くの例において、もし若いイチジクの実に入ったイチジクコバチが種子を結ぶに足るだけ十分な花を授粉させず、その代わりにほとんどすべての花に卵を産みつけると、イチジクの木はそのイチジクの実の発育を早い時期に停止させる。すると、イチジクコバチのすべての子どもは死滅してしまう」。

自然界における「やられたらやり返す」協定のごとく見える突飛な例が、エリック・フィッシャーによって、雌雄同体のハタ科の魚で発見された。私たちとは違って、これらの魚の性は受精の時点で染色体によって決定されてはいない。その代わりに、どの個体も雌雄両方の機能を実現することが可能だ。一回の放出では、卵か精子のどちらかを出す。一夫一妻的なつがいを形成し、つがいは雄と雌の役割を交代で演じる。さて、どの個体も、もし何の罰も受けずにできるならば、ずっと雄の役割をするほうを「好む」だろうと推測できる。なぜなら、雄の役割のほうが出費が少ないからだ。別の言いかたをすれば、パートナーにほとんどの時間を雌の役割を演じるように仕向けることに成功した個体は、「彼女」の卵への経済的投資の利益のすべてを得る一方で、「彼」には、たとえば他の魚と交尾するなどというような、別の事柄に費せる資源が残されることになる。

じつのところ、フィッシャーが観察したものは、この魚たちがかなり厳密な交替システムを作動させていることだ。それは、もし彼らが「やられたらやり返す」戦略を取っているとすれば予測されるとおりのものである。このゲームは多少込み入ってはいるが、実際に、真の囚人のジレンマのように見えるから、魚たちがそうするのももっともに思える。「協力」のカードを出すということは、自分の番がまわってきたときには雌の役割を演じることを意味する。自分が雌の役割を引き受けるべき順番になったときに雄を演じようとする誘惑は、「背信」のカードを出すことに相当する。「背信」は報復の対象になる。パートナーは次に「彼女」（彼？）がそうすべき順番がきたときに、雌の役割を引き受けることを拒否できる。あるいは単純にすべての関係をおしまいにすることもできる。フィッシャーは実際に不平等な性役割の分担をしているつがいが、崩壊する傾向を持つことを観察している。

社会学者や心理学者がときに発する疑問は、なぜ献血者（イギリスなどの国々では、金が支払われない）は血を提供するのかというものだ。私は、その答えが何らかの単純な意味における互恵性ないしは擬装した利己性にあるとは信じがたいことに気がついた。定期的な献血者が、輸血の必要が生じたときに優先的な扱いを受けられるわけでもあるまい。小さな金の星章すらもらっていない。純真に過ぎるかもしれないが、私はこれこそ、純粋な、利害にかかわりのない利他行動だと見なしたい誘惑にかられている。それはともかくも、チスイコウモリにおける血液の分配は、アクセルロッドのモデルに非常によくあてはまるように思える。このことを、G・S・ウィルキンソンの研究から知ることができる。

よく知られているとおり、チスイコウモリは夜に血を吸って生きている。彼らにとって食事にありつくのは簡単なことではないが、いったんありつけば、おそらくたっぷりと食べられる。夜明けが訪れると、運悪く、まったくの腹ぺこで帰ってくるものもいれば、なんとかして獲物を見つけることができた個体は余分の血までたっぷり吸い込んでくるだろう。次の夜には逆の運命になるかもしれない。そこで、これはちょっとした互恵的利他行動の存在が約束されている事例のように思われる。ウィルキンソンは、ある夜に幸運に恵まれた個体が、その夜あまり運の良くなかった仲間に対し、吐き戻しによって実際に血を分け与えていることを発見した。ウィルキンソンが目撃した一一〇回の吐き戻しのうち、七七回は母親が子どもに給餌したケースとして明らかにできた。これ以外の血液分配の

		あなたがすること 協力	あなたがすること 背信
私がすること	協力	そこそこ良い **報酬** 私は不運な夜に血をもらい、餓死から救われる。幸運な夜にはあなたに献血するが、それは私にとってささいな出費である。	非常に悪い **カモの支払い** 私は幸運な夜にあなたの命を救うという出費をするが、私が不運な夜にあなたは血をくれず、私は餓死の危険にさらされる。
私がすること	背信	非常に良い **誘惑料** あなたは私が不運な日に命を救ってくれる。しかし私は、私の幸運な夜にあなたに献血するというわずかな出費さえしない。	そこそこ悪い **罰金** 私は幸運な夜にあなたに献血するというわずかな出費もしないが、不運な日には本物の餓死の危険にさらされる。

図D　チスイコウモリの献血の方式においてさまざまな結果から私が得る報酬と支払い

事例の多くには、その他の遺伝的類縁性が関与していた。しかしながら、それでもなお血縁のないコウモリのあいだでの血液分配の例がいくつか残った。これらのケースでは、「血は水よりも濃い」という説明は事実にそぐわない。面白いことに、ここで関与した個体はしばしば同じねぐら仲間であるという傾向が見られた。すなわち、彼らは反復囚人のジレンマに要求される、互いに繰り返し作用し合う機会をまさしく持っているのだ。しかし、囚人のジレンマのためのその他の要件は満たされているのか。もしそうであるならば、図Dに示した支払い表は、当然こうなっていると推定していい。

チスイコウモリの経済学は本当にこの表に従うだろうか？　ウィルキンソンは飢えたコウモリが体重を減少させる比率を調べた。これから彼は、満腹したコウモリが飢え死にするまでに要する時間、空腹のコウモリが飢え死にするまでの時間、そしてあらゆる中間段階の時間を計算した。それによって彼は、血液を、引き延ばされる寿命の時間の通貨として利用できるようになった。実際には驚くほどのことではないのだが、彼はこの通貨の交換レートが、コウモリがどれだけ飢えているかによって変わることを発見した。一定量の血液が、あまり飢えていないコウモリより極度に飢えているコウモリに対して、より長時間の延命効果を与える。言い換えれば、献血の行為は献血者が死ぬ確率を増加させるにもかかわらず、その増加は受血者が生き残る確率の増加と比べればわずかだ。そこで、経済学的な言いかたをすれば、チスイコウモリの経済学は囚人のジレンマの規則に従っていると見るのが妥当なように思われる。献血者が与える血は彼女（チスイコウモリの社会集団は雌の集団である）にとって、受血者にとっての同量の血ほど貴重なものではない。自分が不運な夜には、彼女は血の贈り物によって途方もなく大きな恩恵を受けることだろう。しかし幸運な夜には、もしそれによって罰を受けないとしてだが、背信（献血することを拒否すること）からはわずかな利益しか得られないはずだ。「罰を受けない」というのは、もちろん、コウモリたちがある種の「やられたらやり返す」戦略を採用していたときにだけ、何らかの意味を持つ。それでは、「やられたらやり返す」的な応酬が進化するための他の条件は満たされているのか？

とりわけ、これらのコウモリは互いを個体として識別できるのか？　ウィルキンソンは飼育したコウモリで実験して、それができることを証明した。一匹を一晩連れ去り、他の個体にはたっぷり食べさせるあいだ、飢えさせておくというのが実験の基本的発想である。そのあと不運にも飢えさせられたコウモリがねぐらへ戻され、ウィルキンソンは誰かがその個体に食べ物を与えるとすれば、それは誰なのかを観察した。実験は何回も繰り返され、飢えさせられる個体も順番に取り替えていった。肝心な点は、この飼育群が何マイルも離れたところにある別の洞窟から連れてこられた二つの別のグループの混群だったことだ。もしコウモリが自分の友だちを識別する能力があるとすれば、実験的に飢えさせられたコウモリは、自分と同じ洞窟にいたコウモリからだけ餌をもらうと判明するはずだ。

これは実際に起こったこととかなりよく合っている。献血は一三例観察された。その一三例のうち一二例では、献血したコウモリは、飢えた犠牲者と同じ洞窟から連れてこられた「古い友人」だった。一三例のうちわずか一例においてだけ、飢えた犠牲者は「新しい友人」に給餌された。もちろんこれが偶然の一致ということはありうるが、その確率はきわめて低く、五〇〇分の一以下と算定される。コウモリが実際に、異なる洞窟からきた見知らぬ個体より、同じ洞窟出身の古い友人に給餌するほうを好む、という偏りを持つと結論しても問題のない数字と言えよう。

チスイコウモリはさまざまな神話を生み出している。ヴィクトリア朝風ゴシック様式の熱心な愛好者にとっては、チスイコウモリは夜にまぎれて恐怖をふりまき、生命体液を抜き取り、渇きを満たすためだけに罪もない命を犠牲にする邪悪な力だった。これに、「歯も爪も血まみれの自然」というもう一つのヴィクトリア時代の神話が結びついているチスイコウモリこそ、利己的遺伝子の世界についての最も深い畏《おそ》れを具現する者なのではないか？　私に関して言えば、あらゆる神話に懐疑的だ。もし特定の事柄の真実を知りたければ、よく見極める必要がある。ダーウィニズムの体系が私たちに与えてくれるものは、特定の生物についての細かな予測などではない。それはもっと微妙で、もっと貴重な何かを与えてくれる。それは原理を理解することだ。しかし私たちが神話を維持するのであれば、チスイコウモリに関するリアルな現実はまた別種の寓話を語ってくれるだろう。コウモリそれ自身にとって、血は単に水より濃いだけのものではない。彼らは血縁の絆《きずな》を乗り越えて、血の盃を交わした誠実な兄弟分としての永続的な絆を形成するのだ。チスイコウモリは心地良い新しい神話――分配し、相互に協力し合うという神話――の先陣を切ることができる。利己的な遺伝子に支配されている世界でさえ、気のいい奴が一番になれるという慈悲深い考えの先駆者となるだろう。

第13章 遺伝子の長い腕

The long reach of the gene

ある落ち着かない緊張が、利己的遺伝子の理論の核心を掻き乱している。それは遺伝子と、生命の根本的な担い手《エージェント》としての生物個体のあいだの緊張である。一つの見かたとして、私たちには、独立したDNA自己複製子という魅惑的なイメージがある。それは、シャモアのように跳びはねながら自由奔放に世代から世代へと移り、一時的に使い捨ての生存機械に寄せ集められるものであり、それぞれ別個の永遠の未来に向けて前進しつつ、死すべき存在である生物体を次々と果てしなく脱ぎ捨てていく不滅のコイルだ。もう一つ別の見かたは、生物個体の身体そのものである。それぞれの身体は緊密に結びついて統合された、恐ろしく込み入った機械であり、はっきりとした目的の一致を伴っている。生物の身体が、じつは精子や卵子に乗り込んだ巨大な遺伝的ディアスポラ〔原義は離散して世界中を放浪するユダヤ人集団のコミュニティ。ここでは生物の身体の比喩〕として、知り合う間もなく次の旅程に向かう、互いに対抗的な遺伝的担い手たちによる緩《ゆる》い一時的な連合の産物だなどとはとても思えないはずだ。それは、一つの目的を達成するために四肢と感覚器官の協調をコントロールする、忠実な脳を持っている。生物の身体は、それ自体としてかなり見事な主体のように見え、またそのように振舞っている。

本書のいくつかの章では、実際に生物個体を、そのすべての遺伝子を最大限の成功度合いで未来の世代に伝えようと努める、一つの担い手と考えてきた。動物の個体がさまざまな行動方針について、複雑な経済学的「疑似」計算をするかのように、私たちは想定してきた。しかし別の章では、根本的な理由付けは遺伝子の観点から提供された。遺伝子の目で見た生物観なしには、たとえば生物がなぜ、自らの延命よりも自らやその血縁者の繁殖成功度に「心を配る」必要があるのか、特別な理由がなくなってしまう。

生物に対するこの二通りの見かたのパラドックスは、どう解消できるのか。それに関する私自身の試みは、『延長された表現型』に詳しく書いた。この本は、私の学者人生における他のいかなる仕事よりも誇らしく、喜ばしいものだ。この章は、同書で触れた二、三のテーマの簡単なエッセンスなのだが、本当は、今すぐここで『利己的な遺伝子』を読むのをやめて『延長された表現型』に切り替えなさいと言いたいくらいだ。

いずれにせよ賢明な物の見かたに立てば、ダーウィニズム的な淘汰は遺伝子に直接作用することはない。DNAはタンパク質にくるまれ、膜に包まれて、世界から保護され、自然淘汰からは見えなくなっている。もし淘汰がDNA分子を直接に選び出そうと試みても、それを実行するための何らかの基準を見出すのは難しいだろう。すべての遺伝子は、磁気テープと同じように、どれもがみな同じように見える。遺伝子間の重要な違いは、それが及ぼす効果にしか表れない。これは通常、胚発生の過程への、したがって体の作りや行動への効果を意味する。成功する遺伝子とは、一つの共通の胚に属する他のすべての遺伝子から影響を受ける環境において、その胚に有利な効果を及ぼすような遺伝子のことをいう。有利とは、成功しそうな成体、すなわちうまく繁殖し、それとまったく同じ遺伝子を未来の世代に送り渡すことができそうな成体になるように、胚を発生させることを意味する。「表現型」という専門用語は、一つの遺伝子の身体的な表面化、つまり、遺伝子が発生を通じてその対立遺伝子との比較において身体に及ぼす効果に対して用いられる。いくつかの特定の遺伝子の表現型効果は、たとえば緑色の眼を作ることかもしれない。実際にはほとんどの遺伝子は、たとえば緑色の眼と巻毛といった、二つ以上の表現型効果を持っている。自然淘汰は、遺伝子そのものの性質のゆえではなく、その帰結――その表現型効果――のゆえに、ある遺伝子を他の遺伝子よりも優遇する。

ダーウィニストたちの多くは、表現型効果が生物体全体の生存と繁殖に有利あるいは不利に働く遺伝子について論じることを好んできた。彼らには、遺伝子そのものの利益を考慮しない傾向があった。これこそ、この理論の核心におけるパラドックスが、なぜ通常は自覚されないかという理由の一部である。たとえば、ある捕食者の遺伝子は、その走るスピードを改善すれば成功できるかもしれない。捕食者の体の全体は、そのすべての遺伝子を含めて、走るのが速ければ速いほど成功しやすいことになる。ひいては捕食者が子を産む年まで生き延びることを助け、したがって、速く走る遺伝子をも含めてその遺伝子すべてのコピーがより多く伝えられていくことになる。一つの遺伝子にとっての善はすべての遺伝子にとっての善であるがゆえに、ここでパラドックスはうまい具合に解消される。

しかし、もし一つの遺伝子がそれ自身にとっては善だが、体のなかの残りの遺伝子にとっては悪だというような表現型効果を及ぼすとしたらどうなのか。これはけっして単なる空想などではない。そういった事例は、たとえば「マイオティック・ドライヴ（減数分裂駆動）」という興味深い現象で知られている。減数分裂とは、染色体の数が半分になり、卵細胞や精子細胞を生じる特別な細胞分裂であることを思い出していただきたい。正常な減数分裂は、完璧に公正なくじ引きになっている。対立遺伝子のすべてのペアのうちで、運良く精子あるいは卵子に入ることができるのは、そのうちの一方だけだ。しかし、一つのペアのうちのどちらも、入る確率はまったく平等で、もし多数の精子（あるいは卵子）を平均すれば、そのうちの半分が対立遺伝子の一方を、半分がもう一方を含むことが明らかになるだろう。減数分裂はコイン投げと同じく公正だ。コイン投げは、諺《ことわざ》になるほどランダムなものと私たちは考えているが、しかしこれでさえ、風や、厳密にどれほど強くコインをはじくかなど、さまざまな事情に影響される物理的な過程である。減数分裂もまた、物理的な過程に影響されるものだ。もし、眼の色や巻き毛といった目に見えるものに対してではなく、減数分裂そのものにたまたま効果を及ぼすような突然変異遺伝子《ミューテーター》が生じたらどうなるか。たまたま、突然変異遺伝子そのものが、その対立遺伝子のパートナーよりも最終的に卵子に入りやすいような偏りを減数分裂に与えると仮定してみよう。そのような遺伝子は実際にあり、「分離歪曲因子」という。それは悪魔的な単純さを持っていて、突然変異によって分離歪曲因子が生じると、対立遺伝子を犠牲にして集団内に容赦なく拡がっていく。マイオティック・ドライヴと呼ばれるのはこのことだ。体の繁栄、体のなかの他のすべての遺伝子の繁栄に及ぼすその効果が仮に悲惨であっても、それは起こる。

本書を通じて私たちは、生物個体が、微妙な手法で自らの社会的な仲間を「ごまかす」可能性について注意を喚起してきた。ここでは私たちは、単一の遺伝子による一つの生物体を共有する他の遺伝子へのごまかしについて述べようとしている。遺伝学者のジェームズ・クロウはそれを「システムを出し抜く遺伝子」と呼んでいる。最もよく知られている分離歪曲因子の一つは、マウスのいわゆる t 遺伝子だ。一匹のマウスが二つの t 遺伝子を持っていると、子どもは死ぬか不妊になるかのいずれかとなる。したがって t は、ホモ接合の状態では「致死的」だと言われる。もし雄のマウスが t 遺伝子を一つだけ持っている場合には、一つの注目すべき点を除いては正常で健康なマウスである。もし、そのような雄の精子を調べてみると、その九五％が t 遺伝子で、わずか五％だけがその対立遺伝子だということがわかるだろう。これは明らかに予測値からほぼ五〇％もの歪曲である。野生の個体群で、t 遺伝子が突然変異によってたまたま生じれば、それはたちまち燎原の火のように広がっていく。減数分裂のくじ引きにおいて、そのようにはなはだしく不公平な有利さがあるとすれば、そうならないわけがありえようか？　それはあまりにも速く広がっていくので、やがてまもなく、集団内の大多数の個体は t 遺伝子を二つ受け継ぐことになる（すなわち、両親からそれぞれ）。こういった個体は死ぬか不妊になるので、やがてその地域個体群全体が絶滅に追いやられるだろう。いくつかのマウスの野生の個体群が、過去において、t 遺伝子の流行を通じて絶滅したことがあったという証拠がいくつか存在する。

必ずしもすべての分離歪曲因子が、t 遺伝子のように破壊的な副次効果を持つわけではない。にもかかわらず、その大部分は少なくとも何らかの不幸な帰結をもたらす（ほとんどすべての遺伝的副次効果は不利なもので、新しい突然変異は通常、その有利な効果が不利な効果をしのぐ場合にのみ広がる。もし不利な効果と有利な効果がともに生物体全体に適用されるのであれば、差し引きの効果はまだ生物体にとって有利でありうる。しかし不利な効果は生物体に、有利な効果は遺伝子だけに働くとすれば、生物体の立場から見たときの差し引きの効果はまるっきり不利になる）。その有害な副次効果にもかかわらず、もし分離歪曲因子が突然変異によって生じれば、それは確実に集団内に広がるだろう。自然淘汰（これは結局のところ遺伝子のレベルに働く）は、たとえその効果が生物個体のレベルで不利になりそうだとしても、分離歪曲因子を選ぶのだ。

ただし、分離歪曲因子はそれほど頻繁には存在しない。なぜもっと頻繁に見られないのかと問いを続けることもできる。それは、なぜ減数分裂の過程が通常、バランスの正確なコインを投げる場合のように実直に公平なのかを別の形で問うことである。しかしその問いは、そもそもなぜ生物体が存在するのかを理解したとたんに消滅することがわかるだろう。

生物個体の存在は、たいていの生物学者が疑問の余地のないものと見なしている。その理由はおそらく、その各部分がきわめて一体化して統合されたうえで、協調し合うからだ。生物に関する問いは、普通は生物個体に関する問いである。生物学者は、生物個体がなぜこれを成し、またなぜあれを成すかと問う。彼らはしばしば生物個体がなぜ集まって社会を作るかと問う。彼らは――本来そう問うべきはずなのに――なぜ、そもそも生命物質が集まって生物個体を成すのかとは問わない。なぜ海はいまだに、自由で独立した自己複製子たちの原初的な闘争の場ではないのか？　なぜ太古の自己複製子たちは寄り集まって、重々しく動くロボットを造って、そのなかに住みついたのか？　そしてなぜ、そういったロボット――生物個体の体、あなたや私――は、これほど大きく、複雑なのか？

多くの生物学者は、そもそもここに問いがあることさえ理解できない。それは、問題を生物個体のレベルで提起することが彼らの第二の天性になっているからだ。一部の生物学者はもっと先まで行って、DNAを、ちょうど眼が物を見るために生物個体によって用いられる道具であるのと同じように、生物個体が繁殖のために用いる道具と見立てている！　本書の読者は、この態度はとんでもない誤りだとわかるはずだ。それは、まるっきり逆立ちにした真実である。読者はまた、それに代わる態度、すなわち利己的遺伝子という生命観が、それ自体の深刻な問題を持つことをも認められるだろう。その問題――ほとんど正反対の――とは、そもそも生物個体がなぜ存在するのか、とくに、生物学者が真実をあべこべに転倒させてしまうほど大きくて、緊密な目的性を持つ形で存在するのかということだ。この問題を解決するためには、暗黙のうちに生物個体を疑問の余地のないものと見なすような古い態度を私たちの精神から取り除くことから始めなければならない。そうしなければ、問題の要点を回避してしまうことになる。精神を掃除するために私たちが用いる装置は、私が「延長された表現型」と呼ぶ考えかただ。この考えかたについて、そしてそれが意味する内容について、次に述べることにしたい。

一つの遺伝子の表現型効果は、通常、それが属する生物体に及ぼす効果のすべてと見なされる。これが従来の定義である。しかし私たちは今や、一つの遺伝子の表現型効果は、それが世界に及ぼすあらゆる効果として考える必要があると思う。ある一つの遺伝子の効果が、事実の問題として、その遺伝子が代々属していく体に限定されることはあるかもしれない。しかし、仮にそうだとしても、それは単に事実の問題にすぎないだろう。それは、私たちの定義そのものの一部であるべき事柄ではないはずだ。いずれの場合においても、一つの遺伝子の表現型効果というものは、その遺伝子が次の世代に自らを送り込むための道具だったことを思い出してほしい。私がここで付け加えようとしているのは、この道具が生物個体の体壁の外側まで届く可能性があるということだけだ。遺伝子を、それが属する生物体の外側の世界にまで及ぶ表現型効果を持つものとして語ることは、実際的には何を意味するのか？　思い浮かぶ実例は、ビーバーのダムや、鳥の巣や、トビケラの幼虫の巣といった、彼らが造り上げた構築物だ。

トビケラは、どちらかといえば特徴のない淡褐色の昆虫で、川の水面上をかなり無器用に飛ぶために、たいていの人はなかなか気がつかない。これは成虫のときのことで、成虫として現れるまでには、川の底を歩きまわる幼虫としてのかなり長い前段階がある。そのトビケラの幼虫を、特徴がないなどと言うのはとんでもない。彼らは地球上の最も驚くべき動物の一つだ。自分自身で作り出した接着物質を用いて、川の底から拾い上げた材料から筒状の巣を巧みに造る。この巣は持ち運び自由な家で、巻貝やヤドカリの殻と同じようにかついだまま歩く。ただ一つ違うのは、その殻を自分で分泌したり、見つけたりするのではなく、自分で構築するという点だ。トビケラのいくつかの種は巣材として棒切れを用い、他の種は枯れ葉の切れ端を、また別の種は小型の巻貝の殻を使う。しかしおそらく最も目を見張るトビケラの巣は、その土地の石で造るものだ。トビケラは石を注意深く選んで、壁の当面の隙間に大き過ぎたり小さ過ぎたりする石を取り除き、ぴったりとはまるようになるまで、それぞれの石を回しさえする。

ついでながら、なぜこれがそれほど強い印象を与えるのだろうか。もし私たちが、冷静に距離を置いて見てみたら、このトビケラの巣という比較的つつましい構築物よりも、その眼、あるいは肘《ひじ》の関節の構造のほうがもっとすごいものだと感じるはずだ。結局のところ、眼と肘の関節のほうが巣よりもはるかに複雑で、「設計された」ものである。トビケラの眼と肘の関節は私たち人間の眼と肘の関節と同じように発生するが、その構築過程については、母親の胎内でのことは別枠だと言わんばかりに称讃の対象から外れてしまう。したがって私たちは、不合理にも、彼らの造る巣のほうにいっそう強く感銘を受ける。

ここまで脱線したのだから、もう少し先まで進んでしまおう。私たちはトビケラの巣に感銘を受けるかもしれないが、それにもかかわらず逆説的なことに、私たちと近縁な動物のそれに匹敵する達成に対して感じるほどには、強い感銘を受けない。もし海洋生物学者が、自分の体長の二〇倍もの直径を持つ、大きくて複雑な漁網を編むイルカの種を発見したとすれば、新聞に全段抜きのどんな大見出しが出るかを想像してほしい！　しかし私たちは、クモの巣を当然のことと考え、世界の驚異の一つとしてよりは家のなかの厄介物と見なしている。また、丹念に選り分けた石をびっしりと積み、あいだに漆喰《しっくい》を詰め、立派な屋根と囲いを持つ家を建造中の野生のチンパンジーの写真をジェーン・グドールがタンザニアのゴンベ渓流から持って帰ったとしたら、どういう熱狂が待ち受けているかを考えていただきたい！　しかしトビケラの幼虫は、まさにそれくらいのレベルのことをしているにもかかわらず、気まぐれな関心しか引くことがない。ときには、このような差別的な基準を擁護するかのように、クモやトビケラはその建築の偉業を「本能」によって達成する、などと言われる。しかし、だからどうだというのか？　ある意味では、そのほうがかえってすごいとも言えるではないか。

さて、本論に戻ろう。トビケラの巣が、ダーウィニズム的な淘汰によって進化してきた一つの適応であることは、誰も疑わないだろう。それは、たとえばロブスターの硬い殻がそうだったのとまったく同じように、淘汰によって選ばれてきたに違いない。それは体を保護する覆いである。そういうものとして、生物個体およびすべての遺伝子にとって利益をもたらす。しかしいまや私たちは、自然淘汰に関するかぎり、生物個体にとっての利益は付随的なものと見なすべきことを教えられている。現実に考慮に値する利益は、殻に保護的な性質を与える遺伝子にとっての利益だ。ロブスターの場合には、それはごくあたり前の話になる。ロブスターの殻は明らかに体の一部だからだ。だが、トビケラの巣についてはどうか？

自然淘汰は、保有者に効果的な巣を造るように仕向けるトビケラの祖先の遺伝子を選んだ。これらの遺伝子は、おそらく神経系の発生に影響を及ぼすことによって行動に作用した。しかし、遺伝学者が現実に見るのは巣の形状その他の性質に及ぼす遺伝子の効果である。遺伝学者は巣の形状「のための」遺伝子を、たとえば脚の形状のための遺伝子が存在するというのと厳密に同じ意味で認めなければならない。もっとも、実際にトビケラの巣の遺伝学をやっている人間など一人もいない。それをするためには、飼育下で繁殖させたトビケラの細心な家系の記録を取り続ける必要があるが、トビケラの繁殖は難しい。しかし、トビケラの巣に見られる相異に影響を与える遺伝子が存在する、あるいはかつては存在したことを確かめるために、遺伝学を研究しなければいけないわけではない。必要なのは、トビケラの巣がダーウィニズム的な適応であるという正当な理由だけだ。この場合には、トビケラの巣の変異をコントロールしている遺伝子が存在するはずだ。なぜなら自然淘汰は、選択するもののあいだに遺伝的な相異がないかぎり、適応を作り出すことができないからだ。

したがって、遺伝学者はそれを奇妙な考えだと思うかもしれないが、私たちが石の形状、石の大きさ、石の硬さなどの「ための」遺伝子について語るのは理に適ったことだ。この言葉遣いに反対するいかなる遺伝学者も、首尾一貫のために、眼の色のための遺伝子や、豆のしわのための遺伝子などについて語ることにも反対しなければならない。石の場合にこの考えかたが奇妙に思えるであろう理由の一つは、石が生きたものではないということだ。さらに、石の性質に対する遺伝子の影響は、とりわけ間接的なものに思える。遺伝学者は、遺伝子の直接的な影響は、石そのものにではなく、石を選ぶ行動を仲介する神経系へのものだと主張したいのかもしれない。しかし私は、そういう遺伝学者に、神経系に影響を及ぼす遺伝子について語るとき、それがいったい何を意味するのかを慎重に考察するよう要望したい。遺伝子が現実に直接の影響を及ぼせるのは、タンパク質合成だけである。神経系に及ぼす遺伝子の影響は、あるいはついでに言えば、眼の色や豆のしわに及ぼす影響も常に間接的なのだ。遺伝子は、一つのタンパク質のアミノ酸配列を決定し、それがXに影響を及ぼし、それがまたYに影響を及ぼし、それがまたZに影響を及ぼし、そして最終的に種子のしわや神経系の細胞の配線に影響を及ぼす。トビケラの巣は、こういった因果の系列をさらに先まで延ばしたにすぎない。石の硬さは、トビケラの遺伝子の延長された表現型効果なのだ。もし、豆のしわや動物の神経系に影響を及ぼす遺伝子について語ることが正当ならば（すべての遺伝学者はそう考えている）、トビケラの巣の石の硬さに影響を及ぼす遺伝子について語るのもまた正当でなければならない。これはとんでもない考えかたではないか！　しかし、このような推論から逃れることはできない。

これで議論の次の段階に進む用意ができた。すなわち、一つの生物個体中の遺伝子が他の生物個体の体に延長された表現型効果を持つ可能性があるという点だ。この段階に進むまではトビケラの巣が手伝ってくれたが、今度はカタツムリの殻に手伝ってもらおう。殻はカタツムリにとって、トビケラの幼虫の石の巣と同じ役割を果たしている。それはカタツムリ自身の細胞によって分泌されるので、慣習に忠実な遺伝学者たちも幸いに、厚さなどの殻の性質の「ための」遺伝子について語ることができるだろう。しかし、ある種の吸虫類に寄生されたカタツムリは特別に厚い殻を持っていることがわかっている。この厚さは何を意味するのか？ もし、寄生されたカタツムリが特別に薄い殻を持っているのなら、私たちは喜んで、それをカタツムリの体質に対する明白な劣悪化効果として説明できただろう。しかし、厚い殻だって？ 厚い殻はおそらくカタツムリを、より頑丈に保護するのだ。それはまるで、寄生者が寄主に対してその殻を改良することによって、手助けをしているかのようだ。だが本当にそうなのか？

もう少し慎重に考えるべきだ。もし厚い殻が本当にカタツムリにとって有利ならば、なぜ彼らはそもそも厚い殻を持っていないのか？ その答えはおそらく経済性にある。殻を作ることは、カタツムリにとってコスト――エネルギーを要するものだ。それは、容易に得がたい食べ物から摂取しなければならないカルシウムやその他の化学物質を必要とする。これらの資源のすべては、もし殻の物質を作るために費やさなければ、もっとたくさんの子どもを作るなど、何か他のことに費せるだろう。余分に厚い殻を作るために多くの資源を費やすカタツムリは、自分の体のための安全を買ったことにはなる。しかし、どれほどの出費を要するのか？ そのカタツムリは長生きするかもしれないが、繁殖ではそれほど成功せず、その遺伝子を伝えていくことに失敗するかもしれない。伝えることに失敗する遺伝子のなかには、余分に厚い殻を作る遺伝子もあるだろう。言い換えれば、殻にとって、厚過ぎるのは薄過ぎるのと同じだという（歴然とした）可能性がある。そこで、吸虫がカタツムリに余分の殻を分泌させるようにするとき、殻を厚くする経済的コストを吸虫が負担するのでないかぎり、カタツムリに親切な行為をしていることにはならない。そして私たちは、吸虫がそんなに気前の良い生きものではないことを、かなり確実に請け合うことができる。吸虫はカタツムリに何らかの隠された化学的影響を及ぼし、カタツムリが自らの「好ましい」殻の厚さから移行するように強いているのだ。それはカタツムリの寿命を延ばすかもしれないが、カタツムリの遺伝子の手助けをしてはいない。

では、吸虫にとってはどういう利益があるのか？　なぜそんなことをするのか？　他のすべての事情が同じであれば、カタツムリの遺伝子も吸虫の遺伝子もともに、カタツムリの体の生き残りによって利益を得る立場にある。しかし、生存は繁殖と同じことではなく、おそらく一種の交換取引《トレードオフ》がある。カタツムリの遺伝子はカタツムリの繁殖によって利益を得る立場にあるのに対して、吸虫の遺伝子はそうではない。なぜかといえば、どんな吸虫も、自らの遺伝子が現在の寄主の子孫の体に住めるという期待は持てないからだ。あるいは住めるかもしれないが、それはどのライバルの吸虫遺伝子についても同じことだ。カタツムリの寿命が、その繁殖成功度の多少の損失という出費によって贖わなければならないと仮定すれば、吸虫の遺伝子は「喜んで」カタツムリにコストを支払わせる。なぜなら、彼らはカタツムリの繁殖それ自体には何の関心もないからだ。カタツムリの遺伝子はそのコストの支払いを喜ばない。なぜなら、彼らの長期的な意味での将来は自らの繁殖にかかっているからである。したがって私は、吸虫の遺伝子が自らには利益を与えるがカタツムリの遺伝子には出費を強いるような影響を、カタツムリの殻を分泌する細胞に及ぼしていると主張したい。この理論はいまだ検証されていないが、検証は可能だ。

さて、そろそろトビケラの教訓を一般化しておこう。もし吸虫のやっていることについての私の仮説が正しければ、その合理的な帰結として、私たちは、カタツムリの遺伝子がカタツムリの体に影響を及ぼすのとまったく同じ意味で、吸虫の遺伝子をカタツムリの体に影響を及ぼすものとして語ることができる。それはあたかも、遺伝子が「自らの」体の外側まで達して、外界を操作しているかのようだ。トビケラの場合と同じように、この言葉も遺伝学者たちを不安にさせるだろう。彼らは、それが属する体の内部に限られた遺伝子の効果に慣れているのだ。しかし、またしてもトビケラの場合と同じく、遺伝学者が「効果」を持つ遺伝子というのが何を意味しているかをつぶさに考察してみれば、そのような不安は杞憂だということが示される。私たちとしては、カタツムリの殻の変化が吸虫の適応であると認められさえすればよい。もしそうなら、それは吸虫のダーウィニズム的淘汰によって生じたのだろう。私たちは、一つの遺伝子の表現型効果が、石のような生命を持たない対象だけでなく、「他の」生物体へも延長される可能性を示すことができたのだ。

カタツムリと吸虫の話はほんの始まりにすぎない。あらゆるタイプの寄生者は、その寄主に対して驚くほど狡猾な影響を及ぼすことがかなり以前から知られていた。顕微鏡でしか見えない大きさの寄生原生動物である胞子虫の一種（*Nosema*）は、コクヌストモドキ属の甲虫に感染するが、この原生動物は、この甲虫にきわめて特異的な化学物質の製造法を「発見」した。他の昆虫と同じように、この甲虫は幼虫を幼虫のままに保つ「幼若ホルモン」と呼ばれるホルモンを持つ。幼虫から成虫への正常な変化は、幼虫が幼若ホルモンの産生を停止することが引き金になる。寄生者である胞子虫は、このホルモン（に非常によく似た化合物）を合成することに成功したのだ。何百万という胞子虫が力を合わせて、この甲虫の体のなかで幼若ホルモンを大量生産し、それによって、甲虫が成虫になるのを阻止している。甲虫は成長を続ける代わりに、最後には、正常な成虫の二倍以上もの体重のある巨大な幼虫になってしまう。それは甲虫の遺伝子の増殖にとって好ましいことではないが、寄生者たる胞子虫にとっては豊饒《ほうじょう》の角《つの》〔ギリシャ神話に由来する表現。豊かな恵み〕である。甲虫の幼虫の巨大化は、原生動物の遺伝子の延長された表現型効果の一つなのだ。

そしてここに、このピーターパン的甲虫よりももっと強くフロイト的不安を引き起こす一つの事例がある——寄生去勢だ！　カニはフクロムシ（*Sacculina*）という動物に寄生される。フクロムシはフジツボに近縁だが、もし実物を見れば寄生植物だと思うだろう。それは、不運なカニの組織に複雑な根系を深く潜り込ませ、その体から栄養を吸い取る。それが最初に攻撃する器官の一つがカニの精巣あるいは卵巣だというのは、おそらく偶然ではない。それはずっとあとまでカニが生き残るのに必要な器官には——繁殖に必要な器官とは対照的に——危害を加えない。カニはこの寄生によって実質的に去勢される。肥った去勢牛のように、去勢されたカニは繁殖にあてるべきエネルギーと資源を自らの体へ振り向ける——寄生者にとっては、カニの繁殖の犠牲の上に成り立つ豊かな利得だ。私がコクヌストモドキにおける胞子虫、およびカタツムリにおける吸虫について推測したのとまったく同じ話である。これら三つのすべての例において、寄主における変化は、もし、それらが寄生者の利益となるダーウィニズム的適応だと認めるならば、寄生者の遺伝子の延長された表現型と見なさなければならない。したがって、遺伝子は自らの「体」の外まで手を伸ばして、他の生物体の表現型に影響を及ぼすのである。

寄生者の遺伝子と寄主の遺伝子の利害は、かなりの程度まで一致しているかもしれない。利己的遺伝子という生物の見かたからすると、吸虫の遺伝子もカタツムリの遺伝子もともに、カタツムリの体に寄生していると捉えられる。両者とも、同じ保護的な殻に囲まれていることから利益を得る。ただ、彼らが「好む」殻の正確な厚さに関しては互いに利害が異なる。この分岐は根本的には、このカタツムリの体から去り、別の個体の体に入る彼らの方法が異なっているという事実から生じるものだ。カタツムリの遺伝子は、精子か卵子を通じてその個体を去る。吸虫の遺伝子にとっては、それはまったく異なる。詳細（気が滅入るほど込み入っている）には立ち入らないが、問題は、彼らの遺伝子がカタツムリの精子または卵子のなかに入って、カタツムリの体を去りはしないということだ。

いかなる寄生者についても問う必要のある最も重要な問いは次のものだと、私は言いたい。「その遺伝子は、寄主の遺伝子と同じ乗り物《ヴィークル》を通じて未来の世代へ伝えられるのか？」というものだ。もし「ノー」であれば、それは何らかの形で寄主に損害を与えると予測できる。もし「イエス」であれば、寄生者は寄主が単に生き延びるだけでなく、繁殖もできるように、全力を挙げて助けるだろう。長い進化的な時間のうちに、それは寄生者であることを止め、寄主と協力し、最終的には寄主の組織に合体し、もはや寄生者とは言えなくなるのではないだろうか。ひょっとしたら、三一五頁で示唆したように、私たちの細胞もまた、この進化的なスペクトルから生じたものかもしれない。つまり私たちはすべて、太古における寄生者たちの合併の名残りということになる。

寄生者の遺伝子と寄主の遺伝子が共通の退出口を共有するとき、どういうことが起こるのかを考えていただきたい。木に穴を穿《うが》つキクイムシ（*Xyleborus ferrugineus* という種）はバクテリア（アンブロシア菌）に寄生されるが、このバクテリアは寄主の体に住むだけではなく、自らを新しい寄主まで運んでもらう手段として寄主の卵を利用する。そのような寄生者の遺伝子はしたがって、彼らの寄主の遺伝子とほとんど正確に同じ状況から利益を得ることができる。二組の遺伝子は、一つの生物個体中のすべての遺伝子が通常協調し合うのとまさに同じ理由によって、「協調する」と予測できる。そのうちのいくつかがたまたま「キクイムシの遺伝子」で、他のものがたまたま「バクテリアの遺伝子」だというのはこの場合本質的なことではない。両方の組の遺伝子がキクイムシの生き残りと、その卵の増殖に「関心」を抱いている。なぜなら、両者ともキクイムシの卵を自分たちの将来へのパスポートだと「見なしている」からだ。そこで、バクテリアの遺伝子は寄主の遺伝子と共通の運命を共有し、私の解釈によれば、バクテリアはその生活のあらゆる側面において、キクイムシに協力すると予測すべきなのだ。

「協力」というのは控えめな言いかたである。彼らがキクイムシのためにすることは、これ以上ありえないというほど親切だ。キクイムシ類はたまたま、ハチやアリと同じように単・二倍数体(haplodiploid) である（第10章参照）。もし卵が雄によって受精されると、必ず雌が発生し、未受精卵からは雄が発生する。言い換えれば、雄には父親がいない。雄を生じる卵は精子に侵入されることなく、自発的に発生する。しかし、ハチやアリの卵と違って、キクイムシの卵は実際に何物かによって侵入される必要がある。そこにバクテリアが登場する。バクテリアが未受精卵を突き刺して活動を開始させ、雄のキクイムシになるよう発生をうながすのだ。これらのバクテリアは、もちろん、寄生的であることを止めて互恵的になるはずだと私が主張する、まさしくそういう類の寄生者だ。なぜなら、それらはまさしく、寄主の卵のなかへ、寄主「自身」の遺伝子といっしょに伝えられるからだ。究極的には、彼ら「自身」の体は消失し、「寄主」の体に完全に合体してしまうだろう。

ヒドラの種のあいだでは、今日でもなお、一つの啓発的なスペクトルを見出すことができる。ヒドラは淡水のイソギンチャクのような、触手を持つ小型で定着性の動物だが、その組織は藻類(algae)(このgはガ行で発音されなければならない。というのも、なぜだかよくわからないが、一部の、とくにアメリカの生物学者が、近年、Algernonを略すときのAlgyと同様に発音するようになっているからだ。複数形の"algae"——こっちはまだ許せるが——だけでなく単数形の"alga"についてもそうで、こっちは許せない)に寄生される傾向がある。*Hydra vulgaris* と *Hydra attenuata* という種では、藻類はヒドラにとって本物の寄生者で、ヒドラを病気にする。これに対して、*Chlorohydra viridissima* という種では、ヒドラの組織から藻類がいなくなることはけっしてなく、ヒドラに酸素を供給することによって、ヒドラの繁栄にとって有益な貢献をしている。さて、ここに興味深い点がある。*Chlorohydra* においては、まさに私たちの予想どおり、この藻類はヒドラの卵子を介して自らを次の世代に伝える。先の二種ではそうではない。藻類の遺伝子と *Chlorohydra* の遺伝子の利害は一致している。両者とも、*Chlorohydra* の卵子の増産のために全力を傾けることに関心を持っている。しかし、他の二種のヒドラの遺伝子は、自らに寄生する藻類の遺伝子と「意見が一致」しない。いずれにせよ同じ程度に一致することはない。両方の遺伝子の組はともに、ヒドラの体の存続に利害を持っているかもしれない。しかし、ヒドラの遺伝子だけがヒドラの繁殖を気にかける。それゆえ、藻類は親切な協力に向かって進化するよりもむしろ、相手を弱らせる寄生者のままにとどまる。肝心な点なのでもう一度繰り返しておく。自らの遺伝子がその寄主の遺伝子と同じ運命を切望する寄生者は、あらゆる利害を寄主と共有し、最終的には寄生的に作用することをやめるだろう。

この場合、運命とは未来の世代を意味する。*Chlorohydra* の遺伝子と藻類の遺伝子、そしてキクイムシの遺伝子とバクテリアの遺伝子は、寄主の卵子を介してのみ未来に進むことができる。したがって、あらゆる生活分野の最適政策について寄生者が行なうあらゆる「計算」は、寄主の遺伝子が同様な「計算」によって引き出す最適政策と同一の、あるいはほとんど同一のものに収束するだろう。カタツムリとその寄生者である吸虫の場合、それぞれの好む殻の厚さは相違すると私たちは結論した。キクイムシとそのバクテリアの場合には、寄主と寄生者は翅の長さ、その他のキクイムシのあらゆる体の特徴に関して同じ好みを持つことで一致するだろう。これは、この昆虫が翅あるいはその他の何かをどう使うかについての詳細をまるで知らなくとも、予測可能だ。私たちは、キクイムシの遺伝子とバクテリアの遺伝子がともに、同じ将来の出来事――キクイムシの卵子の増殖にとって好ましい出来事――を企むうえで彼らの能力のうちにあるあらゆる手段を講じるだろうという推論から、単純にそう予測できるのだ。

私たちはこの議論を、その論理的な結論まで推し進め、正常な「私たち」の遺伝子に応用できる。私たち自身の遺伝子は協力し合うが、それは遺伝子が私たち自身のものだからではなく、未来への同じ退出口――卵子か精子――を共有しているからだ。たとえば一人の人間といった、一個の生物体に含まれるいかなる遺伝子も、仮に精子あるいは卵子という在来の経路に依存せずに自らを広めるような方法が発見できればその方法を採用するので、協力をしなくなるだろう。なぜかといえば、体のなかの他の遺伝子からもたらされるものとは異なる形の将来の帰結から、利益を得られるはずだからだ。私たちはすでに、自分に有利になるように減数分裂を偏らせる遺伝子の実例を見た。おそらく、精子ないしは卵子という「適切なチャンネル」をすっかりぶち壊し、横道を開拓した遺伝子が、すでに存在しているだろう。

染色体のなかに含まれず、細胞の、とりわけバクテリアの細胞の液性成分のなかを自由に漂い増殖する、DNAの断片が存在する。それらの断片は「ウイロイド」あるいは「プラスミド」など、さまざまな名で呼ばれている。プラスミドはウイルスよりも小さく、通常はごく少数の遺伝子から成っている。一部のプラスミドは、自らを継ぎ目なく染色体につなぎ合わせられる。つなぎ合わせがあまりにもスムーズなので継ぎ目がわからない。つまり、このようなプラスミドは染色体の他のいかなる部分とも区別がつかないのだ。同じプラスミドがもう一度自らを切り離すこともできる。合図とともに、切り離し、つなぎ合わせる、染色体から飛び降り、飛び乗れるというこのDNAの能力は、本書の初版が出たあとに明らかになったきわめて興味深い事実の一つだ。実際、プラスミドに関する最近の証拠は、本書の三一五頁の終わりのほうで述べた仮説（この当時にはまだいささか乱暴な推測と思われた）を支持するじつに美しい証拠と見ることができる。いくつかの観点からすると、これらの断片が侵入した寄生者に由来するか、それとも離脱した反乱者に由来するかは実際のところ問題ではない。それらの断片の振る舞いはおそらく同じになる。私は自分の観点を強調するために、離脱した断片について語ることにする。

次のようなことが可能な、人間のＤＮＡの反乱分子について考えてみてほしい。その反乱分子は、自らをその染色体から切り離し、細胞内を自由に浮遊し、おそらくは増殖して多数のコピーを生み出し、やがて自らを別の染色体につなぎ合わせることができる。未来に向かういかなる例外的な代替ルートが、そのような反乱自己複製子を促進するというのだろうか。私たちは、たえず皮膚から細胞を失っている。家庭内のほこりの大部分は人間から剝がれ落ちた細胞だ。私たちは互いの細胞をいつも吸っているはずだ。あなたが口の内側を指の爪で引っかけば、何百という生きた細胞が剝がれる。恋人たちのキスや愛撫は、互いに多くの細胞をやり取りしていることになる。反乱ＤＮＡ分子は、こういった細胞のどれかにヒッチハイクする。もし遺伝子が別の体に通じる例外的なひと筋のルート（通常の精子あるいは卵子というルートと並んで、あるいはそれに代わって）を発見できれば、自然淘汰がそのご都合主義を優遇し、それを改善するという予測ができる。彼らの用いる正確な方法については、それがウイルスの策動――利己的遺伝子／延長された表現型理論を奉じる人間にとっては完全に予想可能な――と、どこか違わなければならないという理由は存在しない。

寒気がしたり、咳が出たりすると、私たちは通常その症候を、ウイルスの活動の迷惑な副産物だと考える。しかしいくつかの場合には、一人の寄主から別の寄主へ移り渡るための一助としてウイルスによって意図的に工作されたものである可能性のほうがずっと高そうだ。単純に空気中に息から吐き出されることに満足せず、ウイルスは私たちにくしゃみや咳をさせて、ぱっと勢い良く吐き出させる。狂犬病ウイルスは、ある動物が他の動物を咬んだときに唾液に混じって感染する。イヌの場合、この病気の症候の一つとして、通常はおとなしくて友好的な個体が凶暴な咬みつき屋になり、口から泡を吹き出すようになる。さらにまた物騒なことに、普通のイヌのように一マイル四方〔約一・六キロメートル〕かそこらの行動圏にとどまる代わりに、休みなくうろつきまわって、ウイルスを広範囲に撒き散らすようになる。よく知られている水を怖がるという症候も、イヌが口から湿った泡を――それに伴ってウイルスそのものをも――振り落とすのをうながすようにしているのではないかという示唆さえなされている。性的に伝染する病気が感染者の性衝動《リビドー》を高めることを示す直接の証拠を私は何も知らないが、調査に値する。少なくとも、媚薬と称されているものの一つスパニッシュ・フライ〔マメハンミョウ類の甲虫から採取可能。カンタリジンという物質を含む〕が、むずがゆさを生じさせることによって作用を表すと言われているのは確かだ。……そして人々をむずがゆくさせるのは、まさしくウイルスの常套手段である。

反逆したヒトDNAと侵入した寄生的なウイルスを比較するポイントは、両者のあいだにいかなる重要な相異も現実には存在しないということだ。じつのところ、ウイルスは断片になった遺伝子の集まりから生じた可能性も十分ある。もし何らかの区別を設けたいのであれば、精子ないしは卵子という正統的なルートを経て体から体へ移る遺伝子と、非正統的な「横道」ルートを経て体から体へ移る遺伝子のあいだの区別でなければならない。両方の部類とも、「自身の」染色体遺伝子として生じた遺伝子を含んでいるかもしれない。そしてまたどちらも、外部から侵入した寄生者に由来する遺伝子を含むかもしれない。あるいは、本書の三一五頁で私が憶測したように、すべての私たち「自身の」染色体遺伝子は、互いに寄生し合っていると見なすべきかもしれない。私の言う二つの部類の遺伝子のあいだの重要な違いは、それらが将来に利益を得ることになる状況の違いのなかにある。風邪のウイルスの遺伝子と断片化した人間の染色体遺伝子は、互いに自分たちの寄主がくしゃみをするのを「望んでいる」点では一致する。正統的な染色体遺伝子と性交によって伝えられるウイルスとは、自分たちの寄主が性交することを待ち望む点で互いに一致する。両方とも寄主が性的魅力を持つことを望むだろうという考えはなかなか面白い。さらに、正統的な染色体遺伝子と寄主の卵子のなかに入って伝えられるウイルスは、寄主が単に求愛に成功するだけでなく、誠実で、子を溺愛する親、あるいは孫を溺愛する祖父母になるまで、人生の細かな側面のすべてにおいて成功することを望む点で、意見が一致するだろう。

トビケラはその巣のなかで暮らし、ここまで私が論じてきた寄生者たちは寄主の体のなかで生きてきた。したがってこれらの遺伝子は、遺伝子がその通常の表現型に近いところにあるのと同じくらい、それぞれの延長された表現型効果と物理的に近いところにある。しかし遺伝子は、距離が離れていても作用することが可能だ。つまり延長された表現型は、ずっと遠くまで延長することができる。私の思いつく最も遠い表現型は、湖だ。クモの巣やトビケラの巣と同じように、ビーバーの築くダムは世界の真の驚異の一つである。そのダーウィニズム的な目的は完全に明らかなわけではないが、目的を持っていること自体は間違いない。なぜなら、ビーバーはそれを築くために多大の時間とエネルギーを費やすからだ。ダムの造られた湖はおそらく、ビーバーの家を捕食者から守るという役割を果たしているのだ。さらには、移動したり丸太を運んだりするのに都合の良い水路も提供してくれる。ビーバーは、カナダの木材会社が河川を利用し、一八世紀の石炭業者が運河を利用したのとまったく同じ理由で液体の浮力を利用する。それがもたらす利益がどのようなものであれ、ビーバーの湖は景観のなかでよく目立つ特徴的な風物だ。それはビーバーの歯や尾っぽに劣らず、一つの表現型であり、ダーウィニズム的な自然淘汰の影響のもとに進化してきた。ダーウィニズム的な自然淘汰が働くためには、遺伝的な変異がなければならない。ここでの選択は、良い湖とそれほど良くない湖のあいだで成されたに違いない。淘汰は木を運ぶのに適した湖を造るようなビーバーの遺伝子を選ぶだろう。それはちょうど、木を切り倒すのに適した歯を作る遺伝子が選ばれるのと同じことだ。ビーバーの湖はビーバーの遺伝子の延長された表現型効果であり、これらは何百ヤード〔一ヤードは九一・四四センチメートル〕も延長できる。なんと長い腕《リーチ》であることか。

寄生者もまた、必ずしも寄主の体内に住んでいる必要はない。彼らの遺伝子は遠く離れたところの寄主のなかに自らを表現することができる。カッコウの雛はロビンやヨシキリの体内で生きてはいない。彼らはロビンやヨシキリの血を吸ったり組織をむさぼり食ったりはしないが、私たちは彼らに寄生者というレッテルを貼ることにためらいをまったく感じない。里親の行動の操作に向けてのカッコウの適応は、カッコウの遺伝子による延長された表現型の遠隔作用と見なすことができるのだ。

カッコウの卵を温めるように騙された里親に感情移入するのはやさしい。人間の卵採集人もまた、カッコウの卵の、たとえばマキバタヒバリの卵やヨーロッパヨシキリの卵との並外れた類似に騙されてきた（雌のカッコウは品種ごとに、それぞれ違った寄主の種に特殊化している）。理解し難いのは、繁殖期の後期における里親の、ほとんど巣立ち寸前のカッコウの雛に対する行動である。カッコウは通常「親」よりもずっと体が大きく、場合によってはグロテスクなほど大きい。私は今ヨーロッパカヤクグリの成鳥の写真を見ているが、その怪物のような里子に比べてあまりにも小さいために、餌を与えるためにはその背中に乗らなければならないのだ。ここでは私たちは寄主にあまり同情を感じない。その愚かさ、騙されやすさにあきれ果てる。間違いなく、どんなに馬鹿な動物でも、そんな子どもはどこかおかしいと見抜けるはずではないか。

カッコウの雛はむしろ、その寄主を単に「騙す」以上のことを、単に本当の自分ではない何かの振りをする以上のことをしているはずだと私は考える。彼らは寄主の神経系に常習性の麻薬と同じような形で働きかけているように思われる。これは、たとえ麻薬を試したことがない人でも共感できるだろう。男は、女性の肉体の写真で注意を魅きつけられ、勃起さえする。彼はけっして、印刷されたインクのパターンが本物の女性だと思い込むよう「騙されて」いるわけではない。彼は自分が紙の上のインクを見ているにすぎないことを知っているが、それでも、彼の神経系は本物の女性に反応するのと同じように反応してしまう。たとえその相手との関係が長期的に見て誰の利益にもならないことを良心の正しい判断が告げる場合でさえ、特定の異性の魅力には抗し難いことがある。不健康な食べ物の抗し難い魅力にも同じことが言えよう。ヨーロッパカヤクグリはおそらく、長期的に見た自らの最善の利益に対してはっきりとした自覚は持っていない。したがって、その神経系がある特定の種類の刺激を抗し難いものと見なすのは、ずっと簡単なことでさえある。

カッコウの雛が大きく開けた赤い口はあまりにも魅惑的なので、自分の子でもないのに他の巣のカッコウの赤ん坊の口のなかに食べ物を落としている鳥の姿を鳥類学者が見かけるのは珍しくない。この鳥は自分の子どもに餌を運んで巣に戻る途中だったのかもしれない。突然、目の片隅に、まったく違う種類の鳥の巣のなかにいるカッコウの雛の特別大きく開けられた真っ赤な口が飛び込んでくる。鳥はこのよそ者の巣に向かって方向を転じ、そこで自らの子どもの口に入るべき運命にあった食べ物をよそのカッコウの雛の口のなかに落とす。この「抗し難さ説」は、里親が「麻薬中毒者」のようで、カッコウの雛は彼らにとっての「麻薬」だと述べたドイツの初期の鳥類学者たちの見解と一致する。この類の言葉遣いが最近の実験家の一部からはあまり好まれないことを付け加えておくのは公正だろう。しかし、カッコウの開いた口が麻薬のような強力な超刺激だと想定すれば、何が起こっているかをはるかに説明しやすくなる。怪物のような子どもの背中に乗ったちっぽけな親の行動に共感を持てるようになるだろう。けっして馬鹿になったわけではない。「騙される」という言葉遣いは誤っている。その神経系は、あたかもそれが無力な麻薬中毒者であり、あるいはあたかもそのカッコウが里親の脳に電極を差し込む科学者ででもあるがごとき状況のもとで、抗し難くコントロールされているにすぎないのだ。

しかし、たとえ操作される里親にいまや私たちがいっそうの個人的共感を持つようになったとしても、自然淘汰はなぜカッコウをお咎めなしで許してきたのかを、なお問わなければならない。なぜ寄主の神経系は赤い口という麻薬に対する抵抗性を進化させなかったのか？　ひょっとしたらそれが働くだけの時間がまだ足りないのかもしれない。もしかしたらカッコウはせいぜい数百年前から現代の里親への寄生を開始したまでで、ここ二、三〇〇年のうちにはそれらを諦めて、別の種類の犠牲者を求めることを余儀なくされるのかもしれない。この理論を支持する証拠はいくつか存在するが、私は、ここにはそれよりも重要な何かがあるという思いを禁じえない。

カッコウとその寄主となる任意の種とのあいだの進化的な「軍拡競争」においては、失敗の出費の不平等に起因する一種の生来的な不公正が存在する。個々のカッコウの雛は、祖先のカッコウの雛たちの連綿たる系列に由来するもので、この系列に属するすべての個体は、その里親を操作することに成功してきたに違いない。里親に対する支配力を、たとえ一時でも失ったカッコウの雛は死ぬしかなかった。しかし、個々の里親は、その多くが生涯に一度もカッコウに出会ったことがないような連綿たる祖先の系列に由来する。そして、巣のなかに実際にカッコウを産み込まれた親鳥も、それに打ち負かされながらも生きながらえて、次の繁殖期には別の一腹の雛を育てることができただろう。問題は、失敗の出費に非対称性があるという点だ。カッコウの奴隷になることに抵抗し損なう遺伝子は、ロビンやヨーロッパカヤクグリの世代から世代へ簡単に伝わる。これこそ私が「生来的な不公正」および「失敗の出費の非対称性」という言葉で言わんとするところだ。この点は、次のイソップ寓話に要約されている。すなわち「ウサギはキツネより速く走れる。なぜなら、ウサギは命がけで走っているが、キツネはご馳走のためにのみ走っているからだ」。わが同僚のジョン・クレブスと私はこれを「命／ご馳走原理」と名付けた。

命／ご馳走原理のゆえに、ときには動物が、自らにとって最善ではないような形で振る舞い、他のいずれかの動物によって操作されることがありうる。だが実際には、彼らはある意味で自らにとって最大の利益になるように行動している。命／ご馳走原理の全体的な要点は、理論上は操作への抵抗は可能だが、それにはあまりにもコストがかかり過ぎるということだ。おそらく、カッコウによる操作に抵抗するためには、より大きな眼あるいは脳を持つ必要があるのだが、それには間接的な出費をともなう。操作に抵抗する遺伝的性向を持つライバルは、抵抗に要する経済的出費のゆえに、現実には子孫に遺伝子を伝えることにあまり成功しないだろう。

しかし、またしても私たちは、生物をその遺伝子よりも生物個体という観点から見ることに、ついうっかり後退してしまった。吸虫とカタツムリについて語った際、寄生者の遺伝子は寄主の体に対して、あらゆる動物の遺伝子がそれ「自身の」体の表現型効果を及ぼすのと正確に同じ形で、表現型効果を及ぼすことがあるという考えかたに慣れたと思う。私たちは、「自身の」体という考えそのものが、偏見を背負った仮定であることを示したはずだ。ある意味で、一つの体のなかにあるすべての遺伝子は、私たちがそれを体「自身の」遺伝子と呼ぶことを好むか好まないかにかかわりなく、「寄生的」遺伝子なのだ。カッコウは、寄主の体の内部に生きてはいない寄生者の一例としてこの議論に登場した。しかし彼らは内部寄生者とまったく同じように寄主を操作し、その操作は先に見てきたように、体内の薬物やホルモンのように強力で抵抗し難いものだ。内部寄生者の場合と同じように、私たちはいまや、すべての事柄を遺伝子と延長された表現型という観点から述べ直さなければならない。

カッコウと寄主とのあいだの軍拡競争においては、いずれの側の進展も、自然に生じ、自然淘汰によって選ばれる遺伝的突然変異という形を取る。カッコウの開いた口において寄主の神経系に麻薬のように作用するものが何であれ、それは遺伝的な変異として生じたに違いない。この突然変異は、カッコウの雛の開いた口の、たとえば色や形状などに対する効果を通じて働きかけた。しかしこれでさえ、その最も直接的な効果ではない。その最も直接的な効果は、細胞内部における目に見えない化学的な現象に及ぼされるものだった。開いた口の色や形状に対する遺伝子の効果それ自体は間接的なものだ。そして、ここに問題の要点がある。それよりほんのわずか間接的なものは、同じカッコウの遺伝子が正気を失わされた寄主の行動に及ぼす効果である。カッコウの遺伝子がカッコウの開いた口の色や形状に（表現型）効果を持っているというのと厳密に同じ意味で、私たちは、カッコウの遺伝子が寄主の行動に（延長された表現型）効果を持っていると語ることができる。寄生者の遺伝子は、単に寄生者が寄主の体内にいて直接的な化学的手段によって操作できる場合だけでなく、寄生者が寄主から遠く離れて、遠隔操作する場合にも、寄主の体に効果を及ぼすことができる。実際、これから見るように、化学的な影響でさえ体の外側から作用しうる。

カッコウは驚くべき、しかも教えられるところの多い生きものだ。しかし脊椎動物のあいだに見られるほとんどどんな驚異でさえ、昆虫に比べれば負けてしまう。昆虫にはきわめてたくさんの仲間がいるという利点がある。私の同僚のロバート・メイは、適切にも「大ざっぱな近似で言えば、あらゆる種は昆虫である」と述べている。昆虫の「カッコウ」のリストはとても挙げきれない。あまりにもたくさんあり、それらの習性はあまりにも頻繁に再発明されてきた。これから見るいくつかの実例は、お馴染みのカッコウ主義を通り越して、『延長された表現型』が喚起するであろう最も激烈な幻想を満たしている。

鳥のカッコウは卵を産みつけて姿を消す。アリのカッコウのなかには、雌がその存在をもっと劇的な形で気づかせるものがある。私はラテン語の学名はめったに出さないのだが、ここでは、コヌカアリ属の *Bothriomyrmex regicidus* と *B. decapitans* が話の主人公だ。この二種は両方とも他の種類のアリに寄生する。当然ながら、すべてのアリにおいて、子は通常親によってではなくワーカーによって養われるので、カッコウたらんとするものが騙し、あるいは操作しなければならないのはワーカーである。有効な最初の第一歩は、競合する子を作り出す性向を持つワーカー自身の母親を抹殺することだ。この二種では、寄生者である女王がたった一匹で別の種類のアリの巣に忍び込む。この女王は寄主の女王を捜し出すと、その背中に馬乗りになり、そして、そっとあることを行なう。E・O・ウィルソンのなんとも不気味に抑えた表現を引用すれば、「この行為のために、彼女は比類のない特殊化を遂げている。犠牲者の頭をゆっくりと切り落とすのだ」。そのあと、この殺害者は孤児となったワーカーたちによって受け入れられ、ワーカーたちは何の疑いも感じずに、彼女の卵や幼虫の世話をする。一部のものは育てられてワーカーそのものになり、それらが徐々に巣のなかのもとの種類に置き換わっていく。他のものは女王となって、新しい牧草地とまだちょん切られていない新しい女王の頭を探しに飛び出して行く。

しかし、頭をちょん切るというのは、少々嫌な仕事だ。寄生者はもし身代わりを思いのままに動かせるのなら、自分でそんなことをしたくはない。ウィルソンの『昆虫の社会』〔184〕のなかで私が気に入っているキャラクターは、ヒメアリの一種 *Monomorium santschi* だ。この種は、長い進化の過程で、ワーカーというカーストを完全に失ってしまった。寄主のワーカーが寄生者のためにあらゆることをし、あらゆる仕事のうちで最も恐ろしいことさえやるのだ。寄生者である女王の命令によって、ワーカーたちは自分たち自身の母親を殺すという所業を実際に果たすのである。王位強奪者は自らの顎を使う必要がない。マインド・コントロールを用いるのだ。どうやってそうするのかは謎だ。おそらく女王は、化学物質を採用している。なぜならアリの神経系は一般に、化学物質に高度に適合しているからだ。もし彼女の武器が本当に化学物質ならば、それは科学的に知られているあらゆる麻薬と同様に狡猾なものだ。それがやり遂げることを考えてもいただきたい。それはワーカーのアリの脳を満たし、筋肉の手綱を握り、その深く植えつけられた義務を放棄するよう迫り、ワーカーをワーカー自身の母親に敵対せしめる。アリにとって、母殺しは特殊な遺伝的狂気の行為であり、ワーカーをそれに駆り立てる麻薬はまことに恐るべき代物だ。延長された表現型の世界では、動物の行動はいかにしてその遺伝子に利益を与えるかを問うのではなく、それが利益を与えているのは誰の遺伝子なのかを問わなければならない。

アリが、寄生者、それも単に他のアリだけではなく、まるで動物園のように驚くほど多様なスペシャリストの取り巻きたちから搾取されていると聞いてもほとんど驚くに値しない。ワーカーたちは広い範囲から集めた食物の豊かな流れをしずしずと中央の貯蔵所に運び込むが、そこはたかり屋たちが腰を落ち着ける絶好の標的になる。アリはまた優れた保護を与えることもできる。立派に武装しているし数もたくさんいる。第10章のアブラムシは、本職のボディガードを雇うために蜜を支払っていると見なすことができる。何種類かのチョウは幼虫時代をアリの巣のなかで暮らす。一部はまぎれもない略奪者である。その他のものは保護の見返りにアリに何かを与える。これらのチョウには、しばしば保護者を操作するための装備がいっぱいある。*Thisbe irenea* というチョウの幼虫は、頭にアリを呼び集めるための発音器官を持ち、お尻の先っぽ近くには誘惑する蜜をにじみ出させる一対の伸縮自在の噴出口を持っている。肩にはもう一対の噴射口があり、こちらはまるっきり違ったもっと微妙な魔法をかける。その分泌物は食べ物ではなく、アリの行動に劇的な影響を与える揮発性の薬物だと思われる。その影響下に入ったアリは、はっきりと態度が急変する。顎を大きく開けて、攻撃的になり、いかなる動く対象に対しても通常よりはるかに真剣にかかって行き、咬み、刺すようになる。興味深いことに、薬物を投与しているチョウの幼虫だけは例外だ。そのうえ、麻薬をふりまく幼虫の影響下に入ったアリはついには「執着」状態に入る。こうなるとアリは何日ものあいだ幼虫から離れられなくなる。やがてアブラムシと同じように、幼虫はアリをボディガードとして雇うわけだが、こちらはもう一つ先へ行く。アブラムシは捕食者に対するアリの正常な攻撃性に頼るのに対して、チョウの幼虫のほうは攻撃性を呼びさます麻薬を投与し、何か中毒性の執着状態にまで持っていくように思われるのだ。

私は極端な例を選んできた。しかし自然界には、もっと穏やかな方法ながら、同種あるいは別種の他の個体を操作する動物や植物はたくさんいる。自然淘汰によって操作をする遺伝子が選ばれたすべての場合において、それらの遺伝子を、操作される生物の体に（延長された表現型）効果を及ぼすものとして語るのは理にかなっている。遺伝子が物理的にどの生物の体内に位置するかは問題ではない。その操作の標的は同じ体かもしれないし、別の体かもしれない。自然淘汰は自らの増殖を確実にするように世界を操作する遺伝子を選ぶ。これこそが、私が「延長された表現型の中心定理」と呼ぶものにつながる。すなわち、動物の行動は、それらの遺伝子がその行動を取っている当の動物の体の内部にたまたまあってもなくても、その行動の「ための」遺伝子の生存を最大にする傾向を持つ。私は動物の行動という文脈で書いているが、しかしもちろんこの定理は、色、大きさ、形状、その他何にでも応用できる。

そこでようやく、最初に私たちが持ち出した問題、自然淘汰における中心的な役割を演じているものの候補者としてライバル関係にある、生物個体と遺伝子のあいだの緊張の話に立ち戻る時がきた。これまでの章で私は、個体の繁殖は遺伝子の生存と等しいから、両者のあいだには何の問題もないと仮定してきた。そこで私は、「生物個体はそのすべての遺伝子を増殖させるように働く」と言ってもいいし、「遺伝子は累代《るいだい》の生物個体に自らを増殖せしめるように働く」と言ってもいいと仮定した。これは、同じことについての二通りの対等な言いかたで、どちらの表現を選ぶかは好みの問題だと思われたが、緊張は残っていた。

この問題の全体を整理する一つの方法は、「自己複製子」と「乗り物《ヴィークル》（担体）」という用語を使うことだ。自然淘汰の根本的な単位で、生存に成功あるいは失敗する基本的なもの、そして、ときどきランダムな突然変異をともないながら同一のコピーの系列を形成するものが、自己複製子と呼ばれる。DNA分子は自己複製子である。自己複製子は一般に、これから述べるような理由によって、巨大な共同の生存機械、すなわちヴィークルのなかに寄り集まる。私たちが最もよく知っているヴィークルは、私たち自身のような個体の体だ。したがって、体は自己複製子ではなく、ヴィークルなのだ。この点はこれまで誤解されてきたから、とくに強調しておく必要がある。ヴィークルはそれ自身では複製しない。その自己複製子を増殖させるように働く。自己複製子は行動せず、世界を知覚せず、獲物を捕らえたり捕食者から逃走したりはしない。自己複製子は、ヴィークルがそういったことすべてをするように仕向ける。多くの場合、生物学者はヴィークルのレベルを研究対象とするが、別の目的にとっては、自己複製子のレベルに関心を集中させたほうが便利だ。遺伝子と生物個体は、ダーウィンのドラマにおいて同じ主役の座を争うライバルではない。両者は異なったキャストであり、多くの点で同等に重要な、互いに補い合う役割、すなわち自己複製子という役割とヴィークルという役割である。

　自己複製子／ヴィークルという用語法は、さまざまな面で役に立つ。たとえば、自然淘汰の作用するレベルについてのうんざりするような論争を解決してくれる。表面的には、淘汰のレベルを表す一種の階梯において、「個体淘汰《インディビジュアル・セレクション》」は、第3章で主張した「遺伝子淘汰《ジーン・セレクション》」と、第7章で批判した「群淘汰《グループ・セレクション》」の中間に置くのが論理的なように思われるかもしれない。「個体淘汰」は漠然と二つの両極端の中間にあるように見え、多くの生物学者と哲学者がこの誤った道へ誘い込まれ、そのようなものとして扱ってきた。しかしいまや私たちは、それがまったくそういうものではないことを知っている。私たちはいまや、生物個体と個体群はこの物語におけるヴィークルの役割をめぐっての真のライバルではあるが、そのいずれもが自己複製子の役割の候補者ですらないことを知っている。「個体淘汰」と「群淘汰」のあいだの論争は、真に異なるヴィークル間の論争である。個体淘汰と遺伝子淘汰のあいだの論争は結局のところ論争ではない。なぜなら、遺伝子と生物個体は、この物語における異なった、互いに相補い合う役割、自己複製子とヴィークルという役の候補者なのだ。

　ヴィークル役としての個体と個体群のライバル争いは真の争いだが、これについては決着をつけることができる。あいにくだが、私の見解によれば、その結論は生物個体の決定的な勝利だ。個体群は一つの実体としてはあまりにも儚い。シカ、ライオン、あるいはオオカミの群れは、ある種の萌芽的な調和と目的の統一性を持っている。しかしこれは、一頭のライオン、オオカミ、シカの体における調和と目的の統一性に比べればいいかげんなものだ。これが真実であることはいまや広く受け入れられているが、なぜそれが真実なのか。延長された表現型と寄生者が、またしても助けてくれる。

寄生者の遺伝子が互いにいっしょになって、しかし寄主の遺伝子（こちらも互いにいっしょに働く）とは対立的に働くとき、私たちはその理由を、二組の遺伝子が共通のヴィークル、すなわち寄主の体から退出する方法が異なるからだと考えた。カタツムリの遺伝子はカタツムリの精子あるいは卵子を通じて共通のヴィークルを離れる。カタツムリのすべての遺伝子は、どの精子、どの卵子に対しても等しい利害関係を持っているがゆえに、また、すべての遺伝子が同一の党派性《パルチザン》のない減数分裂に参加するがゆえに、共通の利益のためにともに働き、したがって、カタツムリの体を結束させ、目的を持ったヴィークルにする傾向を持つのだ。吸虫がその寄主から明瞭に線引きできる真の理由、その目的およびアイデンティティを寄主のそれと合体させない理由は、吸虫の遺伝子が共通のヴィークルから退出する方法をカタツムリの遺伝子と共有しておらず、カタツムリの減数分裂のくじ引きに参加していないからだ――彼らは独自のくじ引きを持っている。したがってそのかぎりでは、そしてそのかぎりにおいてのみ、二つのヴィークルはカタツムリとその体内のはっきり異なる吸虫として分離されたままにとどまる。もし吸虫の遺伝子がカタツムリの卵子や精子のなかに入って伝えられるとしたら、二つの体は一つの肉体となるよう進化するだろう。そうなれば、二つのヴィークルがあったとさえ言えなくなるはずだ。

私たちのような「単一の」生物個体は、そういった数多くの吸収合併の究極的な統合体である。個体の群れ――鳥の群れやオオカミの一隊――は、単一のヴィークルに合併されることはない。それはまさに、群れのなかの遺伝子は、現にあるヴィークルを脱出する共通の方法を持っていないからだ。たしかにオオカミの群れから出芽のような形で娘群が分離することもある。しかし、親群のなかにあった遺伝子は、すべての遺伝子が等しい分け前にあずかるような単一の容器で娘群に伝えられるわけではない。ある一つのオオカミの群れの遺伝子がすべて、将来における同じ一連の出来事からの利得を約束されているわけではない。一つの遺伝子は、自らがいるオオカミの個体を、他の個体を犠牲にして優遇することによって、自らの将来の繁栄を促進する。したがって、一頭のオオカミはヴィークルの名に値する。だが、オオカミの群れは違う。遺伝的に言って、この理由は、一頭のオオカミの体のなかの生殖細胞を除くすべての細胞が同じ遺伝子を持っており、一方、生殖細胞については、すべての遺伝子がそのなかの一つに入る均等なチャンスを持っていることにある。しかし、オオカミの一つの群れに属する細胞群は同じ遺伝子を持っていないし、それから分かれた娘群の細胞に入るチャンスも同じではない。彼らはすべてを、他のオオカミの体のなかにいるライバルの細胞と闘争することによって、勝ち取る必要がある（もっとも、オオカミの群れが血縁集団であるらしいという事実によってこの闘争は緩和されるだろうが）。

ある物が、実質的な遺伝子のヴィークルとなるためには、次の点が不可欠な属性である。すなわちそれは、内部のすべての遺伝子にとって公平な、未来に向けての退出経路を持たなければならないということだ。これは一頭のオオカミについては真実である。この経路は、減数分裂によって作られる精子あるいは卵子という細い流れである。これはオオカミの群れについては真実ではない。遺伝子は、オオカミの群れの他の遺伝子を犠牲にして、自分自身の個体の繁栄を利己的に促進することによって得られる何かを持っている。ミツバチの一つの巣は、分封するとき、オオカミの群れと同じように異なる個体の集合した出芽によって繁殖するように思われる。しかし、さらに注意深く見てみると、遺伝子に関するかぎり、彼らの運命はおおむね共通であることがわかる。ミツバチの分封群の遺伝子の未来は、少なくとも大部分は、一匹の女王の卵巣のなかに潜んでいる。これこそ、ハチのコロニーが真に統合された単一のヴィークルのように見え、そのように振る舞う理由なのだ。これは、これまでの章のメッセージを表明するもうひとつの方式にすぎないが。

事実の問題として、生命がいたるところで、オオカミの個体やミツバチの巣のような、はっきりと分かれ、個々に別々の目的を持つヴィークルに束ねられているのを私たちは見る。しかし、延長された表現型の学説は、それが必ずしもそうである必要のないことを教えてくれる。基本的には、私たちの理論が予想しうるすべては、遺伝的な未来をめぐって、押し合い、騙し合い、戦う自己複製子たちの戦場なのだということに尽きる。戦いにおける武器は表現型効果で、当初は細胞への直接的な化学的効果だが、最終的には羽、牙、そしてさらにもっと遠隔の効果にさえなる。こういった表現型諸効果が別々のヴィークルに分かれて束ねられるようになるケースがたまたま起こるというのは否定し難い。それぞれのヴィークルは、未来へ送り込む精子あるいは卵子という共通のボトルネック［「隘路」の意］を持つという見通しによって、規制され、秩序立てられた遺伝子を持っている。しかしこれは、当然のことと見なされるべき事実ではない。それはそれ自体として疑問を投げかけられ、驚嘆されるべき事実である。なぜ遺伝子は、それぞれ単一の遺伝的な脱出ルートを持つ大きなヴィークルに寄り集まったのか？　なぜ遺伝子は、徒党を組んで、自分たちが暮らすための大きな体を作るという選択をしたのだろうか？　『延長された表現型』において、この困難な問題に対する解答を出そうと試みた。ここでは、その答えのごく一部だけしか概説できない――もっとも、同書の刊行から七年が経っていることから予想できるとおり、今ではほんの少し先へ進むこともできる。

問題を三つに分けよう。まず、遺伝子はなぜ細胞のなかに徒党を組んだのか？　細胞はなぜ徒党を組んで多細胞体を作ったのか？　そして生物体はなぜ、私が「ボトルネック型」と呼ぶ生活環〔生殖細胞の視点から見た生活史〕を採用したのか？

最初の問いを考えてみる。なぜ遺伝子は細胞のなかに徒党を組んだのか？　太古の自己複製子は、なぜ原始のスープの気ままな自由を放棄し、巨大なコロニーにひしめき合うことにしたのか？　彼らはなぜ協力し合うのか？　今日のDNA分子が、生きた細胞という化学的な工場においてどのように協力し合うかを見ることによって、私たちは答えの一部を理解できる。DNA分子はタンパク質を作る。タンパク質は酵素として働き、特定の化学反応を触媒する。一つの化学反応では有効な最終産物を合成するのに十分ではないこともままある。人間が造った製薬工場においては、一つの有効な化学物質を合成するのに生産ラインが必要である。出発点となる化学物質を望みの最終産物へとただちに変換することはできない。一連の中間産物が厳密な順序で合成されなければならないのだ。化学研究者の創意のほとんどは、出発点の化学物質と、待望する最終産物のあいだにあるべき、中間的な反応経路を工夫することに向けられてきた。これと同様に、生きた細胞のなかの単一の酵素は、通常それ単独では与えられた出発点となる化学物質から有効な最終産物の合成を達成することができない。一つは原材料から最初の中間産物への変換を触媒し、もう一つは最初の中間産物から第二の中間産物への変換を触媒し、次はまたというように、完全なセットとなる酵素が必要なのだ。

酵素のそれぞれは一つの遺伝子で作られる。もし特定の合成経路において六つの酵素の系列が必要だとすると、それらの酵素を作るすべての遺伝子が存在しなければならない。そこで、同じ最終産物に到達するのに二つの相異なる経路が存在し、それぞれが六つの異なる酵素を必要とするが、二つの経路のあいだにはなんら選ぶべき差がないという事態が発生する可能性はきわめて高い。こういった類のことは化学工場においても起こる。どちらの経路が選ばれるかは歴史的な偶然か、さもなくば、化学者の意図的な計画の問題だろう。自然の化学的過程においては、もちろん、選択はけっして意図的なものではなく、自然淘汰を通じて生じるはずだ。しかし、自然淘汰はいかにして、二つの経路が混線せず、適合した遺伝子のグループが出現するよう取り計らうことができるのか？　ドイツ人とイギリス人のボート選手のアナロジーで私が示唆したのと（第5章）まさに同じやりかたによってだ。重要なのは、経路1のある段階のための遺伝子は、経路1の他の段階のための遺伝子群の存在するところでは繁栄するだろうが、経路2の遺伝子群の存在下では繁栄しないという点である。もし、たまたまその集団がすでに経路1のための遺伝子によって優位を占められているとすれば、淘汰は経路1のための他の遺伝子には有利に、経路2のための遺伝子には不利に働くだろう。逆も同じだ。経路2の六つの酵素のための遺伝子が「グループとして」淘汰されていると言いたくなるところだが、それはまったく誤った言いかただ。それぞれは別個の利己的な遺伝子として淘汰されるのだが、他の遺伝子の正しいセットの存在下でしか繁栄しないだけだ。

今日では、この遺伝子間の協力が細胞内にまで及んでいる。それは、原始のスープ（あるいは何であれかつて存在した原始的な生活条件）のなかでの萌芽的な協力から出発したに違いない。細胞壁はおそらく、有効な化学物質をまとめて保持し、こぼれ出ることを阻止するための装置として生じたのだ。細胞内の化学反応の多くは、実際には内部の膜状の構造物の上で進行する。膜がコンベアー・ベルトに試験管の台を組み合わせたもののような働きをするのだ。しかし、遺伝子間の協力は細胞生化学の範囲にとどまらなかった。細胞は寄り集まって（あるいは細胞分裂のあと分離に失敗して）、多細胞の体を作るようになった。

これが、私の三つの疑問のうちの第二の問いに導いてくれる。なぜ細胞は徒党を組むのか、なぜガタガタと動くロボットになったのか？　これは協力に関するもう一つの疑問である。しかし、ここで領域は分子の世界からより大きな規模へ移動する。多細胞生物の体は顕微鏡をはみ出す大きさにまで成長する。ゾウやクジラにさえなることができる。大きいことは必ずしも良いこととは限らない。大半の生物はバクテリアであり、ゾウなどごくわずかしかいない。しかし、小さな生物のために開かれている生活の道がすべて満杯であっても、大型の生物にとって好都合な生活の道は残っているものだ。たとえば、大型の生物は小型の生物を食べることができるし、彼らに食べられるのを避けることもできる。

細胞がクラブを作る特典は体の大きさにとどまらない。クラブのなかの細胞は特化し、それによって、それぞれの特異的な任務をより効率良く果たせるようになる。特化した細胞はクラブ内の他の細胞の役に立ち、同時に、他の専門家の能率的な仕事から利益をも得る。もし多数の細胞があれば、ある細胞は獲物を見つけるセンサーとして特化し、別の細胞はメッセージを伝える神経として、また別の細胞は触手を動かし獲物をつかまえるための筋肉細胞として、獲物を分解する分泌細胞として、さらにはその消化された液を吸収する細胞として特化することができる。少なくとも私たち人類のような現代の生物の体においては、これらの細胞がクローンだということを忘れてはならない。すべて同じ遺伝子を含んでいるが、ただ、特化したそれぞれの細胞ごとに違った遺伝子のスイッチが入るだけなのだ。それぞれのタイプの細胞の遺伝子は、繁殖のために特化した少数派の細胞、不滅の生殖系列の細胞内にある自らの遺伝子のコピーに、直接の利益を与えている。

そこで第三の疑問だ。生物体はなぜ「ボトルネック型」の生活環に参加するのか？

そもそも、ボトルネック型という言葉で私は何を意味しているのか？　一頭のゾウの体にどれだけ多くの細胞があるかにかかわりなく、ゾウはその生涯を単一の細胞、受精卵から始める。この受精卵こそがひとつの狭いボトルネックで、これが胚発生の過程を通じて、一頭のおとなのゾウの何兆、何京《けい》もの細胞に増えていくのだ。そして、どれだけ多くの細胞が、どれだけ多くの特殊化した細胞が協力し合って、おとなのゾウを走らせるという想像もつかないほど複雑な仕事をしようとも、これらすべての細胞の努力は、たった一種の単一細胞（精子または卵子）を再び生産するという最終目標に収斂する。ゾウはその始まりにおいて単一細胞、すなわち受精卵であるだけではない。その目標あるいは最終産物を意味するその目的も、次の世代の受精卵という単一細胞の生産にある。ゾウの幅広く巨大な生活環は、始まりにも終わりにも狭いボトルネックがあるのだ。このボトルネックは、すべての多細胞動物とほとんどの植物の生活環の特徴である。なぜか？　そしてどういう意味があるのか？　もしそれがなかったら生命がどのように見えるかを考察せずには、この疑問に答えられない。

ボトルラックとスプラージュウィードという二種の仮想的な海草を想像していただくとわかりやすいだろう。スプラージュウィードは、海中に不定形の枝をもじゃもじゃと伸ばすことによって成長する。枝はときどきちぎれて漂流する。こういった切り離しは植物体のどんな場所でも起こりうるし、断片は大きいことも小さいこともある。庭の挿し木と同じように、これらの断片はもとの植物とそっくり同じように成長する。このような体の一部の切り離しが、この植物の繁殖法なのだ。お気づきのように、これは成長と現実にはなんら異なるところがなく、ただ、成長部が物理的に離れているという違いがあるにすぎない。

ボトルラックも外見はよく似ていて、同じくもじゃもじゃと成長する。しかし一つだけ決定的な違いがある。これは単細胞の繁殖子を放出することによって繁殖するのだ。繁殖子は海のなかを漂い、成長して新しい植物体となる。これらの繁殖子は、この植物体の他の細胞と同じ細胞にすぎない。スプラージュウィードの場合と同じように、性は介在しない。娘植物体は、親植物の細胞とクローン仲間の細胞から成る。この二種の唯一の違いは、スプラージュウィードは不特定多数の細胞から成る自らのかけらを分離独立させて繁殖するのに対し、ボトルラックは常に一個の細胞から成る自らのかけらを分離独立させて繁殖するという点だ。

この二種類の植物を想像することによって、ボトルネックを持つ生活環とボトルネックを持たない生活環のあいだの決定的な差に照準を合わせることができた。ボトルラックは単一の細胞というボトルネックを、世代ごとにくぐりぬける。スプラージュウィードはただ成長して二つに割れるだけだ。別個の「世代」を持っているとか、あるいは別個の「生物体」を成しているとはとうてい言えない。

ボトルラックについてはどうか？　これから詳しく説明するつもりだが、すでに答えをうすうす理解することはできる。ボトルラックはより明確な「個体らしさ」の感触を持っているようには思えないだろうか？

すでに見たように、スプラージュウィードは成長と同じ過程によって繁殖する。実際、それは繁殖するなどとはほとんど言えない。一方のボトルラックでは、成長と繁殖は明瞭に区別されている。この違いに照準を合わせることもできたかもしれないが、だからどうだというのか。その意味は何なのか？　どうしてそれが問題なのか？　私はこのことについて長らく考えており、自分ではその答えがわかったと思っている（ついでながら、問題が存在するとわかるほうが、答えを考えるよりずっと難しい）。答えは三つの部分に分けられる。そのうちの最初の二つは、進化と胚発生の関係にかかわりがある。

最初は、単純な器官から複雑な器官への進化の問題を考えてみる。いつまでも植物にとどまっている必要はない。動物のほうが明らかに複雑な器官を持っているのだから、議論がこの段階にくれば、植物から動物に切り替えるほうが良いだろう。ここでもまた、性という観点から考える必要はない。有性生殖か無性生殖かを考えることは、注意を本題からそらしてしまう。ここでは、非性的な繁殖子を送り出すことによって繁殖する動物を想像しよう。この繁殖子は単一の細胞で、突然変異を別にすれば、互いどうし、そして体のなかの他のすべての細胞と遺伝的に同一である。

人間やワラジムシ〔ダンゴムシに似ているが、小判形で扁平。石下や床下の湿った所に住む。甲殻類〕のような進んだ動物の複雑な器官は、祖先たちの単純な器官から段階的に進化してきた。しかし祖先の器官は、刀を打って鍬《くわ》の刃にするように、文字通りの意味で子孫の器官に変化していったのではない。単にそうではなかったというだけではない。私が明らかにしたい点は、たいていの場合はそうできなかったということだ。「刀から鍬の刃へ」という方式による直接の変換によって達成する変化の量はごく限られたものでしかない。本当の意味で根本的な変化は「製図板に戻り」、以前の設計を放棄して新たに出発することによってのみ達成できる。技師が製図板に戻って新しい設計を創造するとき、必ずしも、古い設計からの発想を放棄することはない。しかし、彼らは古い物体を文字通り新しいものに変形させようとは試みない。古い物体は、あまりにも重く歴史の混乱を背負わされている。刀を打って鍬の刃に変えることはまだできるかもしれないが、プロペラエンジンを「打って」ジェットエンジンにしようと試みてでもみよ！　そんなことはできはしない。プロペラエンジンは廃棄して、製図板に戻らなければならない。

もちろん生きものは、けっして製図板の上で設計されたりはしなかった。しかし生きものも実際に、新たな出発点に戻る。彼らは世代が替わるごとに新たなスタートを切るのだ。あらゆる新しい世代は単細胞として始まり、新しく成長する。それは祖先の設計の理念をDNAのプログラムの形で引き継ぐが、その祖先の肉体的な器官を引き継がない。それは親の心臓を引き継がず、それを新しい（そして可能なら改良された）心臓に作りなおす。それは単一の細胞として再出発し、親の心臓と同じ設計プログラムを用いて成長し、そこに新しい改善を加えるかもしれない。私が導こうとしている結論がおわかりだろう。「ボトルネック型の」生活環の重要な一事は、製図板に戻るのと同等のことを可能にしたという点なのだ。

生活環のボトルネック化は、第二の、関連した帰結をもたらす。それは、発生の過程の制御に利用可能な「暦《カレンダー》」を提供する。ボトルネックを持つ生活環においては、新たな世代は、そのたびごとにほぼ同じ一連の出来事を経ていく。それは単細胞として始まり、細胞分裂によって成長する。そして娘細胞を送り出すことによって繁殖する。おそらく最終的には死ぬだろうが、そのことは、私たち死すべきものがそう思うほどには重要ではない。この議論に関するかぎり、この生活環は、現在の生物が繁殖し、新しい世代の生活環が始まったときに終わる。理論的には、生物はその成長期のいつかなるときにも繁殖できるのだが、最終的には繁殖に最適な時期が定まると予測できる。あまりにも若過ぎたり、年を取り過ぎてから繁殖子を放出する生物は、力を貯えて人生の最盛期に膨大な数の繁殖子を放出するライバルに比べて、結局は少ない子孫しか持てないだろう。

議論は、規則的に繰り返す定型的な生活環の問題に移りつつある。それぞれの世代は単細胞のボトルネックとともに始まるだけではない。それは、一定の期間にわたる成長期、つまり「幼少期」を持つ。成長期間の一定性、定型性は、あたかも厳密に守られる暦に従うような形で、胚発生の特定の時期に特定の事態が生ずることを可能にする。生物種によって程度は異なるが、発生中の細胞分裂はきっちりと決まった順序で起こり、この順序は生活環の繰り返しごとに再現される。それぞれの細胞は細胞分裂において決まった位置と時間を占めて登場する。ついでながら、いくつかの場合には、それがあまりにも厳密なため、発生学者はそれぞれの細胞に名前を付けることができ、ある個体の任意の細胞について、別の個体の正確に対応する細胞を言い当てることができる。

つまり、定型的な成長周期は、発生学的な出来事の引き金を引くための時計あるいは暦を提供する。地球の日々の自転の周期と一年の公転の周期を、私たちの生活を組み立てて秩序立たせるために、私たち自身がどんなにたやすく利用しているかを考えてもいただきたい。同じようにして、ボトルネックを持つ生活環によって強いられた果てしなく繰り返される成長のリズムは――ほとんど必然的なことのように思える――発生を構築し、秩序立てるのに利用されるだろう。特定の遺伝子のスイッチを特定の時期に入れたり切ったりできる。なぜなら、ボトルネック／成長周期の暦が、特定の時期という代物の存在そのものを保証するからだ。遺伝子の活性のそのような、よく加減された調整は、複雑な組織や器官を作り出すことのできる発生過程の進化にとって不可欠な前提である。ワシの眼やツバメの翼の精密さや複雑さも、いつ何を作るかを決める時計仕掛けの規則なしには出現しえない。

ボトルネックを持つ生活史の第三の帰結は、遺伝的なものだ。ここでは、ボトルラックとスプラージュウィードの例が再び役に立つ。またしても話を単純にするために、両種とも無性的に増殖すると仮定し、どのように進化するかを考えてみよう。進化は遺伝的な変化、つまり突然変異を必要とする。突然変異はどんな細胞分裂期間中にも偶然に起こりうる。スプラージュウィードでは、細胞の系列の先端は幅が広く、ボトルネックとは正反対だ。切り離され、漂い去るそれぞれの枝は、多くの細胞でできている。したがって、娘個体中の二つの細胞の親族関係の隔たりが、それぞれの細胞と親植物中の細胞群との親族関係の隔たりのいずれよりも遠いという事態さえ十分に起こりうる（「親族」という言葉で、私は文字通りの、いとこ、孫、等々のことを指している。細胞はきっちりとした由来の系列を持っており、この系列は次第に枝分かれしていく。したがって、体のなかの細胞についても、別に弁明なしに「またいとこ」といった言葉を使うことができる）。この点で、ボトルラックはスプラージュウィードと画然と異なる。娘植物中のすべての細胞は単一の繁殖子細胞に由来するものであり、それゆえ、一個体中のすべての細胞は互いに、他個体のどの細胞とよりも密接な親戚関係（いとこ、あるいはその他の何であれ）にある。

二種のあいだのこの相異は、重大な遺伝的帰結をもたらす。新たな突然変異遺伝子の運命をまずスプラージュウィードについて、そのあとでボトルラックについて考えてみよう。スプラージュウィードの新しい突然変異は、植物体のどの細胞、どの枝にも生じる。娘植物は、多細胞の出芽によって作られるから、突然変異細胞の直系の子孫たちは、比較的遠い親戚にあたる非突然変異細胞と、娘植物体や孫植物体を共有することがある。一方、ボトルラックにおいては、一つの植物体のすべての細胞の最も新しい共通の祖先は、その植物体のボトルネックの発端を提供した繁殖子より古いものではありえない。もし、その繁殖子が突然変異遺伝子を含んでいれば、新しい植物体のすべての細胞は、突然変異遺伝子を含むことになるだろう。もし繁殖子がそれを含んでいなければ、すべての細胞が含まない。ボトルラックの細胞は、スプラージュウィードの細胞よりも一個体中ではより遺伝的に均一なはずだ（ときどき、逆突然変異があるにせよ）。ボトルラックでは、植物個体は遺伝的な同一性を持つ一つの単位となり、個体の名にふさわしいものとなるに違いない。スプラージュウィードの植物体はより小さな遺伝的同一性しか持たず、ボトルラックの植物体よりも「個体」の名に値しないものとなるだろう。

これは単なる用語法の問題ではない。突然変異が生ずるので、スプラージュウィードの植物体内のすべての細胞は、根底ではけっして同じ遺伝的利害を持つことはないはずだ。スプラージュウィードの細胞内の遺伝子は、その細胞の繁殖を促進することによって利益を得ようとする。それは必ずしも、その植物「個体」の繁殖を促進することによって利益を得ようとはしないだろう。突然変異のため、一植物体内の細胞は遺伝的に同一ではなくなるから、器官や新しい植物体の製造において互いに心から協力し合うことはない。自然淘汰は「植物体」よりも、むしろ細胞のあいだで選択を生ぜしめる。これに対してボトルラックでは、一植物体内のすべての細胞がおそらく同じ遺伝子を持っている。なぜなら、ごくごく最近の突然変異のみが差異をもたらすからだ。したがって、彼らは効率的な生存機械の製造に喜んで協力するはずだ。異なった植物体内の細胞は、異なった遺伝子を持っている可能性が大きい。つまり、異なったボトルネックをくぐりぬけた細胞群は、最も新しく生じた突然変異を除く他のすべての細胞、すなわち大多数の細胞で異なっているのだ。だからこそ、淘汰はスプラージュウィードの場合のようにライバルの細胞間に作用するのではなく、ライバルの植物体のあいだで判定を下すことになる。かくして私たちは、植物体全体に役立つような器官や工夫の進化を期待できるのだ。

ついでながら、とくに専門的な関心を持つ人々向けの話題ではあるが、ここには、群淘汰をめぐる論議とのアナロジーがある。私たちは生物個体を細胞の「群れ」と考えることができる。群内変異に対する群間変異の比率を増加させる方途があれば、一種の群淘汰が作用する。ボトルラックの繁殖習性には、まさしくこの比率を増加させる効果がある。そしてスプラージュウィードの習性はまさにその正反対の効果がある。他にも、「ボトルネックを持つこと」と本章を特徴づける他の二つの考えかたのあいだには類似点がある。それらは啓発的かもしれないが、ここでは詮索しない。一つは、寄生者は、その遺伝子が寄主の遺伝子と同じ生殖細胞に入って（同じボトルネックをくぐりぬけて）次の世代へ伝えられるかぎりにおいて、寄主と協力するだろうという考えだ。第二の点は、有性的に繁殖する生物体の細胞は、減数分裂が実直に公正だと言えるかぎりにおいてのみ、互いに協力し合うという考えである。

要約すれば、ボトルネック型の生活史が、なぜ、はっきり区別された単一のヴィークルとしての生物個体の進化を促進するかという三つの理由を見てきたことになる。この三つはそれぞれ、「製図板に戻る」「秩序正しく時間の決まった周期」「細胞の均一性」というラベルを貼ることができよう。ボトルネックのある生活環と、はっきり区別される生物個体は、どちらが先にやってきたのだろうか？私としては、両者はいっしょに進化したものと考えたい。じつのところ私は、生物個体を本質的に定義する特徴は、「始めと終わりに単細胞のボトルネックを持つ単位《ユニット》」というところにあると思っている。もし生活環がボトルネックのある型になれば、生命物質は、はっきりと区別された単一の生物個体に閉じ込められるようになる運命にあると思われる。そして生命物質がはっきり区別される生存機械にますます閉じ込められれば閉じ込められるほど、その生存機械の細胞たちは、彼らと共通の遺伝子を、ボトルネックをくぐりぬけて次の世代に運ぶように運命づけられた特別な部類の細胞のために、ますます大きな努力を傾注するようになる。ボトルネックを持つ生活環とはっきり区別される生物個体という二つの現象は、手に手を取って進んできた。一方が進化すると、それが他方をさらに強化する。両者は、ちょうど進行中の恋愛の過程における男と女の螺旋的に昂《たかぶ》っていく感情のように、相互に高め合っているのだ。

『延長された表現型』は長大な本で、その議論を簡単に一章に詰め込むことはできない。ここでは私は、圧縮版で、かなり直観的な、印象派的とさえ言われそうなスタイルを採用することを余儀なくされた。にもかかわらず、議論の香りを伝えることには成功したと信じたい。

最後に、簡単な宣言をもって締めくくりとしよう。それは利己的遺伝子／延長された表現型という生命観の全体についての要約である。それは、宇宙のどんな場所にいる生物にも適用される生命観だと、私は主張する。あらゆる生命の根本的な単位であり原動力であるものは、自己複製子だ。自己複製子とは、宇宙にあるどんなものであれ、それからその複製《コピー》が作られるもののことだ。最初に、偶然に生じた小さな粒子のランダムなひしめき合いによって、自己複製子が出現する。一度、自己複製子が存在するようになれば、それは自らの複製を果てしなく作り出していける。しかしながら、どんな複製過程も完全ではなく、自己複製子たちの集団は互いに異なったいくつかの変異を含むようになる。そういった変異のあるものは自己複製の能力を失い、彼ら自身が消滅したときに、その仲間は消滅してしまう。別の変異はまだ複製を作ることはできるが、ずっと効率が悪くなっている。そこにたまたま、新しく巧妙なやりかたを獲得した変異が表れた。自分の祖先や同時代のものよりずっと効率良く自己複製できる。集団のなかで優勢になるのはもちろん彼らの子孫である。やがて時間の経過とともに、世界は最も強力で巧妙な自己複製子によって埋め尽くされるはずだ。

良き自己複製子となるためのますます洗練された手法が、徐々にだが発見されていったであろう。自己複製子は、自らの固有の性質のおかげだけではなく、世界に対してそれがもたらす帰結のおかげによっても生き残る。そういった帰結はきわめて間接的なものでもある。必要なのはただ、どんなにまわりくどく間接的なものであれ、最終的に自己複製子が自らを複製する際の成功率にフィードバックし、影響を与えるような帰結であることだけだ。

ある自己複製子がこの世で成功するかどうかは、それがどういう世界——既存の条件——かにかかっている。そういった条件のなかで最も重要なのは、他の自己複製子とそれがもたらす帰結だろう。イギリス人とドイツ人のボート選手の例と同じように、利益を与え合う自己複製子どうしは、互いの存在のもとで優位を占めるようになるはずだ。私たちの地球上の生物進化のどこかの時点で、共存可能な自己複製子どうしのそのような集結が、はっきりと区別されるヴィークル——細胞、そしてのちには多細胞生物体——の創造という形を取り始めた。ボトルネックのある生活環を持つヴィークルが繁栄し、よりいっそうはっきり区別されるよりヴィークルらしいものになっていった。

生命物質を区分けされるヴィークルへ包み込むことは、あまりにも頻出する際立った特徴となったため、生物学者がこの世に登場し、生物に関する問いを発し始めたとき、彼らの問いはもっぱらヴィークル、つまり生物個体を対象とするものとなった。生物学者の意識にはまず生物個体がのぼり、自己複製子（現在では遺伝子として知られている）は、生物個体が用いる仕掛け《マシナリー》の一部と見なされた。生物学をもう一度正しい道に戻し、歴史においてだけでなく重要性においても自己複製子が最初に来るということを肝に銘じるためには、意識的な精神の努力が必要である。

肝に銘じる一つの方法は、今日においてさえ、一つの遺伝子の表現型効果が必ずしもすべて、それが位置する個体の体の内部に限定されていないことを思い起こせばいい。原理的に言って確実に、そして事実においてもまた、遺伝子は個体の体壁を通り抜けて、外側の世界にある対象を操作する。対象の一部は生命のないものであり、またあるものは他の生物であり、またあるものははるか遠く離れたところにある。ほんのちょっとの想像力がありさえすれば、放射状に伸びた延長された表現型の力の網の目の中心に位置する遺伝子の姿を見ることができる。世界のなかにある一つの対象物は、多数の生物個体のなかに位置する多数の遺伝子の発する影響力の網の目が集中する焦点である。遺伝子の長い腕《リーチ》に、はっきりした境界はない。あらゆる世界には、遠くあるいは近く、遺伝子と表現型効果をつなぐ因果の矢が縦横に入り乱れている。

実践的には付随的と呼ぶにはあまりにも重要過ぎるが、必然と呼ぶには理論上必ずしも十分ではない事実を一つ追加しておこう。それは、こうした因果の矢が束ねられるようになってきたことだ。自己複製子はもはや海のなかに勝手に散らばってはいない。彼らは巨大なコロニー（個体の体）のなかに包み込まれている。そして表現型効果の帰結は、世界全体に一様に分布しているのではなく、多くの場合その同じ個体に凝結してきた。しかし、この地球でお馴染みのような個体の体の存在は不可欠なものではなかった。宇宙のどんな場所であれ、生命が生じるために存在しなければならなかった唯一の実体は、不滅の自己複製子なのだ。

40周年記念版へのあとがき

学者には誤りを愉しむことが許されるが、政治家には許されない。意見を変えようものなら豹変したと非難される。トニー・ブレアは「私にバックギアはない」と言い放ったものだ。科学者であれば誰でも、自分の考えの正しさが証明されるのを見届けたいと望んでいる。しかし時には、意見を変えることによって尊敬される場合もある。認知度の高い研究の場合はとくにそうだ。意見を変えた廉《かど》で誹謗中傷を受けた科学者がいるなどとは聞いたことがない。

私はといえば、実は本書『利己的な遺伝子』の中心的な主張を撤回する道はないものかと、模索しているのである。ゲノム学の領域では、新しい刺激的な展開がひっきりなしに続いている。であるなら、四〇年も経ってしまえば、タイトルに「遺伝子」という単語を含む書物など破棄すべきとは言わないまでも、抜本的な改訂が不可避なはずだと思われるのではないか。本書で使用される「遺伝子」という言葉が、特別な意味——発生学との関連ではなく進化を扱うものとして特化させた意味——で使用されていなかったら、実際そのようになったはずである。「遺伝子」という言葉を、私は、ビル・ハミルトン、ジョン・メイナード＝スミスとともに、すでに故人となってしまったG・C・ウィリアムズに従って、集団遺伝学的な意味で定義している。「遺伝子とは、自然淘汰の単位として機能するに十分な期間にわたって維持される可能性がある、染色体の任意の部分」というものだ。私はこの定義をもとにいくぶんかふざけて、次のように書いた。「厳密に言うなら、この本には（……）『いくぶん利己的な染色体の大きな小片とさらに利己的な染色体の小さな小片（*The slightly selfish big bit of chromosome and the even more selfish little bit of chromosome*）』という題名を付けるべきだった」〔本書八四頁〕。遺伝子が表現型にどのように影響するかと問うのは発生学的な関心である。しかし我々のネオダーウィニスト的な関心は、集団における実体の頻度の変化に向けられている。ウィリアムズの言う遺伝子はそんな実体のことなのだ（のちにウィリアムズは、codex という言葉でそれを表現している）。遺伝子は数えることができる。集団中の頻度が、その遺伝子の成功の指標だ。個体はこの特性を示さないというのが本書の中心的なメッセージの一つである。個体には一の頻度しかない。ゆえに「自然淘汰の単位として機能」しえないのである。個体はここで言う遺伝子と同じ意味をもつ「複製子」でもありえない。個体を自然選択の単位として扱うのであれば、「遺伝子の乗り物」というまったく別の意味になるだろう。この場合の成功の尺度は、個体に乗り合わせている遺伝子の未来世代における頻度ということになる。ここで個体が最大化を目指すのは、ハミルトンが「包括適応度」と定義した量である。

集団内におけるある遺伝子の成功は、その遺伝子が、個々の個体に及ぼす表現型効果を通して達成される。成功する遺伝子は、長期間にわたり多くの個体において効果を発現する。その遺伝子は、置かれた環境のもとで、しっかり生き延びて繁殖できるよう個体を支援するのである。ここで言う環境とは、たとえば樹木や水、捕食者などといった、個体の体の外部にある環境だけではない。体内の環境、とくにその利己的遺伝子が、集団の内部で、世代を超えて代々の個体を共有してゆく他の遺伝子群もまた、環境だ。繁殖集団のなかで、（環境としての）他の遺伝子群とともに繁栄する遺伝子群が、自然選択で選ばれてゆくのである。遺伝子は、本書が普及させる意味においてまさしく「利己的」であると同時に、現在存在している個体だけでなく、種の遺伝子プールから将来にわたって生み出されてゆく個体をも広く共有する他の遺伝子群と、協力的な存在でもあるということになる。有性生殖する個体群は、相互に適合的で協働的な遺伝子群の連携組織《カルテル》のようなものだ。それらの遺伝子群がいま協働的に機能できるのは、祖先から現在に至る多世代にわたり、よく似た個体における協働を通して繁栄してきたおかげである。ここで重要なのは（なかなか理解されないのだが）、遺伝子の協働が自然選択に有利になるのは、特定の遺伝子グループがまるごと自然選択で選ばれたためではないということなのだ。協働が有利になるのは、個々の遺伝子が、（生殖を通して）同じ体を共有する可能性のある他の遺伝子群、すなわち当該種の遺伝子プール内の他の遺伝子群を背景として、それぞれが独立に自然選択された結果なのである。ここで言う遺伝子プールとは、有性生殖する種に属するすべての個体が、それぞれの体の遺伝子群をサンプルとして抽出することになる、遺伝子の母集団を指す。同じ種の遺伝子群は、世代を経てつながってゆく個体を介して、互いにずっと出会い続け、互いに協働してゆく存在なのだ（他種の遺伝子ではそうならない）。

　有性生殖を生み出した力は何か、本当のところ、私たちはまだ理解できていない。しかし有性生殖の帰結の一つが、互いに協調可能な遺伝子群の作り上げる遺伝子カルテルの場としての種という存在なのだ。本書の第13章「遺伝子の長い腕」で説明したことだが、遺伝子群間の協働の鍵となっているのは、同じ体のなかにある遺伝子群は、世代が切り替わっても、未来の世代に向かって船出する「ボトルネック」ルート、つまり、精子、あるいは卵子を共有するということである。ゆえに本書は、『協働する遺伝子（*The Cooperative Gene*）』というタイトルにしてもよかったのだ。『利己的な遺伝子』をこのように変えたところで、本文の内容に変更の必要はまったくないはずだ。そうしておけば、山のような見当違いの批判を回避できたのではないかとも思っている。

『不滅の遺伝子（*The Immortal Gene*）』というタイトルでもよかったかもしれない。その方が「利己的」という表現より詩的であるし、そもそも本書の核心部分をより適切に表現できている。突然変異はまれで、DNAの複製はきわめて正確であるという事実が、自然選択による進化にとって決定的に重要だからだ。複製が正確なため、遺伝子という存在は、正確な情報コピーという形で何百万年も生き延びることができる。自然選択に有利な遺伝子はそうなる。もちろん不利な遺伝子は、定義からしてもそうならない。遺伝情報の潜在的な寿命が短命なら、自然選択に有利であっても、そもそも意味がない。視点を変えて言えば、生存する個体はすべて、その発生過程を通して、遠い過去の世代まで、それを構成した膨大な数の個体を通して系譜を辿ることのできる遺伝子群によって造り上げられている、ということだ。現存する動物はどれも、膨大な数の祖先たちの生存を支えたのと同じ遺伝子群を引き継いでいる。動物たちが、生き、繁殖するために、それぞれ特異な資質を見せるのも同じ理由による。捕食者か被捕食者か、寄生者か寄主か、水生か陸生か、地下生活者か樹冠生活者なのか、それぞれに特異な資質は種ごとに異なるが、原則は同じことだ。

本書の中心的な話題の一つは利他主義の進化である。いまだその死を受け止めきれずにいる偉大な友人、ビル・ハミルトン〔一九三六―二〇〇〇〕が解明したものだ。動物たちは自らの子どもだけでなく、遺伝的につながりのある親戚も世話をすると期待される。この事態を説明する明快な方式は「ハミルトンの規則（Hamilton's Rule）」と呼ばれるもので、私も気に入っている。次のような規則だ。利他主義を発現させる遺伝子は、利他的な者が被《こうむ》るコストCが、受益者の得る利益Bを両者の血縁係数r（〇から一の値をとる）で割り引いた値より小さければ、自然選択によって頻度を増す。血縁係数は、一卵性双生児では一、実子や両親を共有する兄弟姉妹では〇・五、孫や、一方の親だけを共有する兄弟姉妹、甥、姪では〇・二五、いとこでは〇・一二五という値になる。では、どこまでゆくと〇《ゼロ》になるのか。そしてこの場合、ゼロというのは何を意味するのか。なかなか難しく重要な問題なのだが、本書の初版では十分な説明になっていなかった。この値がゼロであるということは、両者が遺伝子をまったく共有しないということを意味するものではない。すべての人間は互いに九九％以上の遺伝子を共有している。人間がマウスと共有する遺伝子は九〇％以上、魚と共有する遺伝子は四分の三に達している。これらの値の高さを引き合いに出して血縁淘汰を誤解する人々が、著名な科学者を含めて少なくない。しかし、ここに挙げた数字は、ハミルトンの規則における血縁係数rの値ではない。たとえば、私と兄弟の血縁係数が〇・五ということは、背景となる集団からランダムに選ばれる、私と競争する可能性のある個体と、私とのあいだの血縁係数がゼロということなのだ。利他主義の進化に関する理論化の観点からすれば、いとことのrの値は、私が属する同種の背景集団の他の個体として、私の利他行動の受け手、食物や生活空間を巡る私の競争者になるかもしれない任意の個体（r＝〇）との比較において、〇・一二五になるというだけのことである。rの値として示される数字（〇・五、〇・一二五など）は、背景集団を構成する任意個体（r＝〇に近づく）とのrに、上積みされる血縁の度合いを示しているのだ。

G・C・ウィリアムズが定義するところの遺伝子は、世代ごとにその数を数えることができる存在だ。遺伝子の分子としての性質は問題ではない。たとえば、遺伝子は、表現型に影響する一連の「エクソン」が、たんぱく質合成の情報をもたない不活性な「イントロン」によって空間的に分断される配置をしているといったようなことなどは、ここでは問題ではない。分子遺伝学はまことに興味深い分野ではあるが、本書の中心テーマである「遺伝子の視点」で進化を考えるアプローチに大きく影響するわけではないのだ。どこか他の星で、DNAとは関係のない遺伝子による進化が起こっているとしても、本書の利己的遺伝子の視点は、その進化の妥当な説明になっているはずだ。とはいうものの、DNA分子に関する精緻な研究を進める現代の分子遺伝学の詳細な知見が、遺伝子の視点のもとで再整理され、その成果が私の生命観への疑義ではなく、保証となるような展開もあるのだ。これについてはあとで触れることとして、まずは一気に話題を変えさせていただく。極めて個人的な話から始めてみたい。あとで取り上げる同種の問いの、わかりやすい見本になるはずだからだ。

さて、あなたとエリザベス女王は、どのくらいの近さの親戚だろうか。驚いたことに、私は、女王の二世代違いの一五次のいとこである。私たちの共通祖先は、第三代ヨーク公、リチャード・プランタジネット(一四一一—一四六〇)だ。その子息の一人がエドワード四世で、エリザベス女王はその子孫。私は、別の子息、クラレンス公ジョージ(言い伝えではマルムジー・ワインの樽に落ちて溺死)の子孫なのだ。気づいていないだけで、あなたと女王は、一五次のいとこよりも近い関係かもしれず、私もそこの郵便配達人も同じことが言える。人はさまざまな経路で誰かの遠縁だ。さまざまな形で親戚同士なのである。私は、妻の二世代違いの一二次のいとこでもある(共通祖先は初代ハンティンドン伯爵、一四八八—

一五四四)。しかし、未知の他の経路(お互いの祖先のさまざまな経路)を通して、実はもっと近い親戚の可能性もある。さらに多様な経路を通して、さらなる遠い親戚関係にあることもまた、疑いのないこと。我々は誰も皆そうなのだ。あなたと女王は、六世代違いの九次のいとこであると同時に、四世代違いの二〇次のいとこであり、八世代違いの三〇次のいとこの可能性もある。世界のどこに暮らしていても、私たちはお互いに親戚というだけではない。さまざまに異なる経路で親戚なのだ。これは私たち誰もが、血縁係数がゼロに近い関係にある個体の集団の一員だという事実の別表現でもある。記録のある経路を使って、私と女王の血縁係数を計算することは可能である。しかしその値は、定義からいって極めて小さく、ゼロとほとんど変わりがない。

親戚関係がかくも複雑怪奇になってしまうのは、性別があるからだ。私たちには親が二人、祖父母が四人、曾祖父母が八人、ずっと辿れば天文学的な人数になる。この調子で、ウィリアム一世の時代まで祖先を倍々で計算してゆけば、あなたの(ということは私や、エリザベス女王や、郵便配達人の)祖先の総数は、少なくとも一〇億人規模となり、当時の地球の人口を超えてしまう。この計算から明らかになるのは、出身地がどこであれ、私たちは多くの祖先を共有し、幾重にもわたる親戚関係にあるということだ。十分に過去まで辿れば、私たちは、祖先のすべてを共有することになる。

しかし、個体の視点(生物学者たちの普通の見かた)ではなく、遺伝子の視点(本書においてさまざまな方式で提唱されている)で親戚関係を見ることにすれば、以上のような複雑さは雲散霧消する。私は、妻と(女王と、郵便配達人と)どんな親戚関係なのかと問うのはやめて、代わりに、一つの遺伝子の観点から同じ問いを立ててみる。たとえば私の眼の色を青くする遺伝子〔以降「青眼遺伝子」と表記する〕は、郵便配達人の青眼遺伝子とどのような関係にあるのか。ABO血液型に見られる多型は古い歴史をもち、類人猿やサル類とも共有されている。人間のA型遺伝子は、人間のB型遺伝子よりも、チンパンジーのA型遺伝子と近い親戚関係にある。Y染色体上にあって雄性を決めるSRY遺伝子は、カンガルーのそれに近縁だ。私のSRY遺伝子はカンガルーのSRY遺伝子を身内と思うのだ。

ミトコンドリアの視点から血縁関係を見ることもできる。ミトコンドリアはすべての細胞のなかに多数存在し、生存に不可欠な微小体だ。自由に生活していた太古のバクテリアに由来するミトコンドリアは無性的に繁殖し、独自のゲノムを保持している。G・C・ウィリアムズの定義に従えば、ミトコンドリアは、ゲノム全体を一つの遺伝子と見なすことができる。ミトコンドリアは母親だけから伝達されるので、仮にあなたのミトコンドリアは女王のミトコンドリアとどのくらい近縁なのかと問うとすれば、答えは一通りしかないことになる。体全体を問題にする場合に数百の経路があるのとは異なり、女王とあなたのミトコンドリアは、どんな経路か詳細はわからないとしても、母系というただ一つの経路でつながっているのである。個体を単位として祖先を辿る場合は分岐し続ける系譜ができあがってしまうのだが、母系だけを通して世代を超えて祖先を辿る場合は、あなたはその一本の細いラインを辿ればいい。女王についても同じように、母系のラインだけを過去に向かって辿ってみると、あなたの母系のラインと、女王の母系のラインは、遅かれ早かれ出会うことになる。そこで二本のラインに沿って世代を数えさえすれば、あなたと女王のミトコンドリアの親戚関係は確定できるのだ。

ミトコンドリアについて実行できることは、原理的には任意の遺伝子にもあてはまる。個体の視点ではなく、遺伝子の視点ということだ。個体の視点で言えば、あなたには二人の親がいて、四人の祖父母がおり、八人の曾祖父母等々がいる。しかし個々の遺伝子は、ミトコンドリアと同様、一つの親遺伝子、一つの祖父母遺伝子、一つの曾祖父母遺伝子等々を持つのである。私は青眼遺伝子を二つ持っている。女王は青眼遺伝子を二つ持っている。原理的に言えば、世代をさかのぼることで、私の青眼遺伝子と、女王の二つの青眼遺伝子それぞれの親戚関係を辿ることができるはずだ。二つの遺伝子の共通の祖先は、「合着点（coalescence point）」と呼ばれる。「合着分析（coalescence analysis）」は遺伝学の発展目覚ましい新分野で、非常に魅力的でもある。この分野が、本書の採用する「遺伝子の視点」とどれほど相性がよいか、理解していただけるだろうか。ここでは利他行動が問題なのではない。遺伝子の視点は、別分野――ここでは祖先を探求する分野――でしなやかな力を発揮するのである。

同じ個体の二つの対立遺伝子について、合着点を調べることもできる。チャールズ皇太子は青い眼をしているので、15番染色体の対抗する位置に二つの青眼遺伝子を持っていると推定される。一つは父方から、もう一つは母方から。それぞれの遺伝子は互いにどれほど近縁なのだろうか。このケースについては可能な答えが一つある。一般の系図と異なり、王室の系図は詳細な記録があるからだ。ヴィクトリア女王の眼は青かった。その女王からチャールズ皇太子への系譜は、二つのルートがある。一つは母方のエドワード七世を介したルート。もう一つは父方のヘッセン大公妃の、アリス王女のルートだ。ここで、ヴィクトリア女王の青眼遺伝子のいずれかが二つのコピーを作り、その一つが息子のエドワード七世に、もう一つがアリス王女に伝達される可能性は五〇％である。この二つの同胞遺伝子のコピーが世代を経て伝えられ、一方でエリザベス女王二世に、他方でフィリップ殿下に至り、チャールズ皇太子において再結合した可能性があるのだ。これが実際のケースだとしたら、チャールズ皇太子の二つの青眼遺伝子の合着点は、ヴィクトリア女王だということになる。チャールズ皇太子の二つの青眼遺伝子について、以上の話が真実だとわかっているわけではないし、そもそも確定できるはずもない。しかし統計的に言えば、チャールズ皇太子の対立遺伝子群のなかに、ヴィクトリア女王を合着点とするペアが多数存在することは確実だ。そしてあなたの体のなかにある遺伝子ペアについても、私の体のなかの遺伝子ペアについても、同じ推理があてはまる。たとえチャールズ皇太子の場合のようなしっかりした家系図がなくても、あなたの体のなかにあるどの遺伝子ペアについても、両者の共通の祖先、すなわち両者が同一の祖先遺伝子から最初に分かれた合着点を見つけることが、原理的には可能だ。

ここから、さらに興味深い展開がある。私の体のなかにあるどの特定の対立遺伝子のペアについても、正確な合着点を決めることはできないのだが、遺伝学者は、任意の個人の全対立遺伝子を対象とし、それらの由来するすべての経路について過去にさかのぼり（あまりに多くなるので、実際にはそのうちの一部について統計的に扱うのだが）、ゲノム全体にわたる合着のパターンを導出することができる。ケンブリッジ大学サンガー研究所のヘン・リーと、リチャード・ダービンの仕事は注目に値する。一個体のゲノムから抽出された遺伝子対を対象として作成される合着パターンから、当該個体の属する種の過去の歴史の特記すべき時点について、人口動態的な詳細を再構成するにあたって十分な情報が得られるのだ。

父母それぞれに由来する対立遺伝子間の合着関係を論ずる際に使用される「遺伝子」という言葉は、

分子生物学者が普通に使う「遺伝子」とは少し異なる意味を持っている。合着関係を扱う遺伝学者の使う遺伝子は、ある意味では私の言う、「いくぶん利己的な染色体の大きな小片とさらに利己的な染色体の小さな小片」に近い意味を持っている。合着分析の対象となるDNA片は、分子生物学者が理解する単一遺伝子より、大きな場合もあれば小さな場合もあるものの、特定の過去世代において同一の共通祖先の断片に由来するという意味で、相互に親戚のような関係にある。

以下、それを「遺伝子」と呼ぶことにして、その遺伝子に由来する二つのコピーが、二個体の子どもに一つずつ伝達されるとすれば、これら二つのコピーの子孫の断片は、突然変異に由来する差異を蓄積してゆくことだろう。これらの差異は表現型の差に反映されず、外観から捕捉できない可能性がある。突然変異に起因するその差異の量は、両者が分離した時点からの経過時間に比例する。これは「分子時計」という名前で、生物学者たちに広く利用されている、長大な時間に適用できる事実である。親戚関係を計算できる対の遺伝子は、同じ表現型効果を持つ必要もない。私は、父由来の青眼遺伝子と、母由来の茶色眼遺伝子を持っている。異なる効果を示すこれらの遺伝子も、過去のどこかの時点において、合着点を持っているはずなのだ。それは、私の両親が共有する祖先の個体において、祖先となる特定遺伝子が一つのコピーを一人の子どもに、別のコピーを別の子どもに伝達されたときである。この場合の合着点は、ヴィクトリア女王の二つの青眼遺伝子のコピーの場合とは異なり、さらに遠い過去となるだろう。差異を蓄積する時間も長大となり、それぞれが発現に関与する眼の色まで異なるようになったというわけだ。

さてここで、個体のゲノムから得られる合着パターンから、有史以前の人口動態の詳細を再構成することもできるという話に移りたい。どんな個体のゲノムでもよいのだが、実は私はゲノムが完全解読されている人間の一人だ。そのデータを利用して、二〇一二年にチャンネル4で放映された、私が協力したテレビ番組「性と死、生命の意味」で、その課題に取り組んでもらった。担当は『祖先の物語』（垂水雄二訳、小学館、二〇〇六）の共著者、ヤン・ウォンだ。合着理論とその周辺に関する私の知識はすべて彼から教えてもらった。彼は私のゲノムデータだけを利用して、人類史に関する推論を進めるのに必要な、リー／ダービン方式の計算を実行した。その結果判明したのは、かなりの数の合着点が、六万年前に集中しているという事実だった。これは、私の祖先の含まれていた人類の繁殖集団のサイズが、六万年前にはかなり小規模だったことを意味している。そのころの人口は少なかったので、現存する遺伝子がその時期の共通祖先において合着点を持つ確率が高いと考えられる。三〇万年前を見ると、合着点はかなり少ないので、当時の有効な集団のサイズはより大きかったと推定できる。これらの数字を利用すると、有効な集団のサイズと時間の関係をグラフに示すことができる。図は、ヤン・ウォンが明らかにしたパターンだ。これは、この分析方法の創始者たちが、任意のヨーロッパ人のゲノムから予想されるとしているパターンと一致する。

黒の実線は、私のゲノムから（父と母に由来する遺伝子群の合着点群から）推定される有効な集団のサイズと時間の関係だ。六万年ほど前、祖先集団の有効な集団のサイズが急減していることがわかる。破線は、ナイジェリアの男性のゲノムを用いて推定されたパターンだ。こちらも同時期に有効な集団のサイズは縮小しているが、前者ほど大きな低下ではない。有効な集団のサイズの縮小を引き起こした原因が何であれ、その度合いはヨーロッパより、アフリカの方が弱かったということだろう。

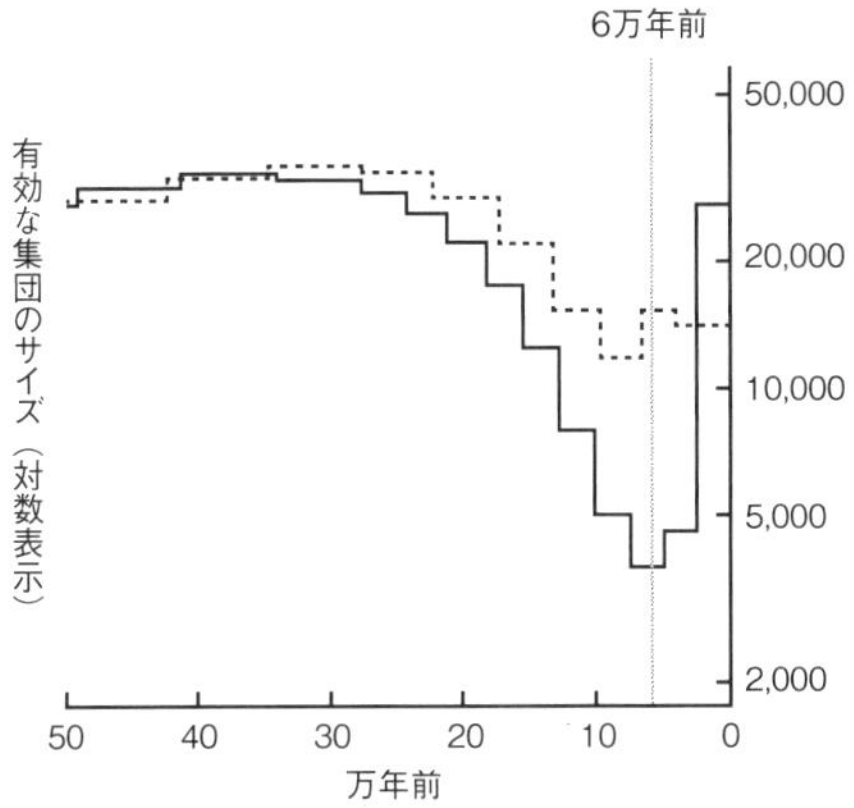

From R. Dawkins and Y. Wong (2016) *The Ancestor's Tale*, 2nd edition (Image courtesy of Y. Wong)

実はヤン・ウォンは、オックスフォード大学のニューカレッジ時代、私の学生だったことがある。まだ私が彼から学び始める前、彼は私から学んでいた。その後、大学院に進学したヤンは、アラン・グラフェンの下で学んだ。グラフェンが学部生のころ、私は彼のチューターで、のちに彼は私の大学院生になったのだが、最終的には「いまや彼は私の知的な指導者だ」と、私が記す関係にもなっている。というわけで、ヤンは私の学生であると同時に孫弟子でもある、ということになる。これは、私が強調したい複雑多様な相互関係の、一つのミーム的な見本になるだろう。もっとも文化的な遺伝の方向は、こんな単純な例よりもさらに複雑だが。

要点をまとめよう。本書の中心テーマである遺伝子の視点による生命観は、本書のこれまでの版が扱ったように利他主義や利己主義の進化に光を当てるばかりでなく、遠い過去の歴史にも光を当てるものだった。本書の初版を執筆したときには思いもよらなかったこの展開については、『祖先の物語　第2版』（原書二〇一六年、第2版は未邦訳）において、共著者のヤンが主に執筆した関連箇所でさらに詳しく解説されている。ここでも遺伝子の視点は強力で、一個人のゲノムを素材とするだけで、歴史的な人口動態に関する定量的かつ詳細な推論が可能になってしまうのだ。さらなる可能性もある。ナイジェリア人との比較で示唆されたように、今後、世界の異なる地域の人々のゲノムを分析することで、過去の人口動態に関する情報に、地理的な次元が拓かれてゆくことになるのではないか。

遺伝子の視点は、さらに別の方法でも、遠い過去を透視させてくれないだろうか。私は過去に何冊かの著書において、「遺伝子版　死者の書」という呼称でアイディアを提示してきた。種の遺伝子プールは、遠かろうが近かろうが過去の特定の環境を生き抜いてきた遺伝子群の、相互支援的な連携体でもある。十分な洞察力を備えた遺伝学者であれば、特定の動物のゲノムから、その祖先たちが生き抜いてきた環境を読みとることができるのではないか。原理的に言えば、たとえばヨーロッパモグラの体内のDNAは、湿潤にして暗黒の地下、ミミズや朽ちてゆく葉、コガネムシの幼虫などの匂いに満ちた地下の世界を、雄弁に伝える情報を備えているかもしれない。ヒトコブラクダのDNAには、私たちが読解法をマスターすれば、太古の祖先たちが住んでいた砂漠や砂嵐、砂丘、厳しい渇きなどについての記述があるのではないか。バンドウイルカのDNAには、いつの日か解読されるかもしれない言語で、大海や、高速の魚群追跡や、シャチからの逃避などのことが書き込まれていて、さらにその同じイルカのDNAには、その遺伝子群が生き抜いてきた太古の世界、たとえば祖先たちがティラノサウルスやアロサウルスの目を逃れて繁殖した陸上生活のころの記述も含まれている可能性もある。となれば、そのDNAの一部には、さらに昔の大海で、まだ魚だったころの祖先が、サメや、さらには巨大な海サソリに追われながらも生き延びたことさえ記載されているはずなのだ。「遺伝子版　死者の書」に関する研究の興隆は未来の課題だ。さて、本書『利己的な遺伝子』の五〇周年記念版のあとがきは、そんな話題で彩られるだろうか。

補注

（以下の注記は、初版で書いた第11章までを対象とする。
本文の該当箇所には、章ごとの通し番号で＊1と記す）

第1章　人はなぜいるのか

＊1　一八五九年以前には、この疑問に答えようとする試みはすべて無価値だった（……）
一部の人々は、非宗教的な人々でさえ、このシンプソンからの引用に腹を立てた。最初に読んだときに、それが、ヘンリー・フォードの「歴史は多かれ少なかれ、たわごとにすぎない」という言葉とちょっとばかり似た、恐ろしく俗物的で、無神経で、狭量な響きを感じるであろうことには、私も同意する。しかし宗教的な解答（これについては私はよく知っている。切手収集と同じようにね）を別にして、もしあなたが、「人間とは何か？」「生命には意味があるのか？」「私たちは何のためにいるのか？」といった問いに対するダーウィン以前の解答を考えるという難題に現実に取り組むとしたら、実際のところあなたは、（かなりの）歴史的な興味の他になお何か価値を認められるような解答を思いつくだろうか？　そこには、まったくどうしようもなく誤った代物が存在するだけであり、まさに一八五九年以前には、これらの問いに対するあらゆる解答はそうだったのだ。

＊2　私は進化に基づいた道徳を主張するつもりではない。
批評家たちはしばしば、『利己的な遺伝子』を、私たちがどう生きるべきかという原理として利己主義を宣伝するものだと誤解してきた！　他の人々はおそらく、タイトルを読んだだけか、最初の二ページ以上は読まなかったためだろうが、利己性やその他の意地の悪いやりかたは、好むと好まざるとにかかわらず私たち人間の本性の逃れがたい一部だ、と私が言っていると捉えたのだろう。あなたが遺伝的「決定」を最終的なもの、つまり絶対的で不可逆的なものと考えたなら（多くの人々が不思議なことにそう見ているように思えるのだが）、簡単にこの誤りに落ち込んでしまう。実際には、遺伝子は統計学的な意味でのみ行動を「決定する」のだ（九〇～九四頁）。一つのうまいアナロジーは、「夕焼け空は羊飼いの喜び」という広く認められた一般的推論である。真っ赤に燃える日没が翌日の晴天の予兆だというのは統計的事実かもしれないが、それに大金を賭けはしないだろう。私たちは、天候が多くの原因によってきわめて複雑な形で影響を受けることを完全によく知っている。どんな天気予報も誤りを免れない。それは統計学的な予報にすぎないのだ。私たちは、夕焼けを翌日の晴天を動かし難く決定するものと見なすことはない。それと同様に私たちは、遺伝子を、何ごとかを動かし難く決定するものと見なすべきではない。遺伝子の影響を他の影響によって容易に逆転させることができないという理由は存在しない。「遺伝的決定論」についての詳しい議論と、なぜ誤解が生じたかという理由については、『延長された表現型』の第2章、および私の論考「社会生物学――新しいから騒ぎ」

〔51〕を参照されたい。私は、人類が基本的にはみなシカゴのギャングだと主張しているといって非難されてさえいるのだ！　しかし、私のシカゴのギャングのアナロジー（四一頁）は、もちろんこういうことだ。

ある人間が成功をおさめてきた世界がどういう類のものかの知識は、その男について何ごとかを教えてくれる。それはシカゴ・ギャングたちの個人的な特性と何の関係もない。私はこのアナロジーを、英国国教会のトップに昇りつめた人物についても、あるいは学芸の殿堂に選出された人物についても、同じように用いることができる。いずれにせよ、私のアナロジーの対象となっているのは個人ではなく、遺伝子たちだ。

私は、文章を超えたあれこれの誤解について、「利己的遺伝子の弁護」〔44〕という論文で論じたが、右記の引用はその論文からのものだ。

この章で折に触れて述べた政治的な余談のために、一九八九年において不愉快な読み直しがされていることを付け加えておく必要がある。「近年イギリスの労働者について〔利己的な欲望を抑制して集団全体の崩壊を防ぐ必要性が〕何度言われてきたことか？」（四九頁）は、まるで私がトーリー党員であるかのように聞こえる。一九七五年に私がそれを書いたときには、その選出に私が一票を投じた社会主義者の政府は、二三％のインフレと絶望的な闘いを続けており、高賃金要求に著しい関心を寄せていた。私の所見は、当時の労働党政府のどの大臣の演説からでも取ることができただろう。いまやかのイギリスは、ニュー・ライトの政府を擁しており、この政府は卑劣さと利己性をイデオロギーの地位にまで高めており、私の言葉は、その関連で、遺憾ながら一種の下劣さを獲得するに至っている。私は自分の言ったことを撤回したいのではない。利己的な近視眼は今なお、私が述べたような望ましからぬ結果をもたらす。しかし今日では、イギリスにおいて利己的な近視眼の実例を探すとき、最初に労働者階級に目を向けることはないだろう。本音を言えば、おそらく、科学の本に政治的な余談などはいっさい載せないほうが良かったのだ。なぜなら、そういう話題は驚くべき速さで時代遅れになるからだ。一九三〇年代の政治的意識に目覚めていた科学者——たとえばJ・B・S・ホールデンやランスロット・ホグベン——の書いたものは、今日では、その時代錯誤的な悪口雑言によって、はなはだしく損なわれている。

＊3　雄は雄の頭を食べることによって、雄の性行為を活発化する。

私が昆虫の雄に関するこの風変わりな事実を最初に聞いたのは、トビケラの研究をしている同僚が研究講演をしたときのことだった。彼はトビケラを飼って繁殖させたいのだが、なかなか彼らを交尾させることができないと語った。これに対して、最前列にいた昆虫学の教授が、まるで最も自明な事柄を見過ごしていると言わんばかりに、大声でこうがなり立てた。「頭を切り落としてみたんですか？」

＊4　私は、淘汰の、したがって自己利益の基本単位が、種でも、集団でも、厳密には個体でもないことを論じるつもりだ。それは遺伝の単位、遺伝子である。

遺伝子淘汰についての宣言を書いて以来、進化の長い期間のあいだに折に触れて働く一種の高レベルの淘汰もあるのかどうかについて考えなおしてみた。取り急ぎ付け加えておくが、私が「高レベル」と言うとき、「群淘汰」とのなんらかのかかわりを意味するのではない。私の意図はいささか微妙で、興味深いものだ。私が今感じているのは、他の個体より生存しやすい個体がいる、というだけでなく、全体として見たときにある階層集団よりも〈進化〉しやすい階層集団があるかもしれないということだ。もちろん、ここで進化と言うときには依然として、これまでと同様に、遺伝子にかかる淘汰を通じての古典的な進化のことを語っている。突然変異は、なお、個体の生存と繁殖成功度に及ぼす影響のゆえに選択を受ける。しかし、基本的な胚発生の設計《プラン》における新しい一つの大きな突然変異によって、来たるべき何百万年にわたる適応放散的な進化の新たな水門が開かれるかもしれない。胚発生の設計には進化しやすさが高まる方向への——すなわち進化可能性にとって有利な——一種の高レベルの淘汰が存在する可能性がある。この種の淘汰は、群淘汰ではありえないような形で、累積的で、それゆえ前進的でさえあるかもしれない。この考えかたについては、私の「進化しやすさの進化」〔52〕という論文で詳しく説明した。これは概ね、進化の様相をシミュレートするコンピュータ・プログラム「ブラインド・ウォッチメーカー」で遊んでいて思い浮かんだものだ。

第2章　自己複製子

＊1　これから述べる（生命の起源についての）単純化した話は、真実からそれほどかけ離れてはいないだろう。

生命の起源については多数の説がある。『利己的な遺伝子』においては、それらをくどくど論じるよりもむしろ一つだけ選んで、その主要な考えかたを示すほうを選んだ。しかし私は、これが唯一の候補だという印象を与えたいとは望んでいなかったし、最善のものだという印象さえ与えたくはなかった。実際、『盲目の時計職人』〔50〕の同じ状況においては、私は意図的にA・G・ケアンズ＝スミスの粘土説という別の説を選んだ。どちらの本においても、私は選んだ特定の仮説に加担していない。もし私が別の本を書く機会があれば、おそらく、もう一つ別の観点、すなわちドイツの数理化学者マンフレート・アイゲンと彼の同僚の観点についての説明を試みるだろう。私が常に念頭に置いていたのは、いかなる惑星上の生命の起源であれ、それに関する優れた理論の核心になければならない根本的な性質についてであり、とりわけ自己複製的な遺伝的実体という観念についてである。

＊2　見よ、処女ははらみ（……）

聖書の預言で「若い女」を「処女」と誤訳した件については、何通かの困惑した手紙が寄せられ、私は返答を要求された。宗教的な感受性を傷つけることは今日では危険な仕事なので、私はそれに応えるべきであった。実際にはそれは喜びだった。というのも、科学者が本当の学問的な脚注作りのために、図書館で心ゆくまで埃まみれになることなど、そう度々はできないからだ。じつのところ問題の点は、聖書学者にはよく知られており、彼らのあいだに論争はない。この語のイザヤ書におけるヘブライ表記は**עלמה**（almah）で、これが「若い女」を意味し、処女性という含意をまったく持たないことには議論の余地がない。もし「処女」と言うつもりなら、**בתולה**（bethulah）を代わりに使うことができたはずだ（曖昧な英語の maiden は、この二つの意味がいかに簡単に移行し合うものかを例証している）。「突然変異」は、七十人訳聖書というキリスト以前のギリシャ語訳で、almah を *παρθένος*（parthenos）と翻訳したときに起こった。この語は通常、本当に処女を意味する。マタイ（もちろん、イエスの同時代人の、十二使徒の一人ではなく、ずっと後世の福音書作家だ）は、七十人訳から派生したと思われる本からイザヤ書の文章を引用して（二五のギリシャ語単語のうち二つを除いてすべて同じ）こう述べている。「それゆえ、わたしの主が御自らあなたたちにしるしを与えられる。見よ、おとめ〔英語版では virgin〕が身ごもって、男の子を産みその名をインマヌエルと呼ぶ」（新共同訳「イザヤ書」第七章一四節）。処女懐胎によるイエスの誕生という物語が後世の挿入であることはキリスト教学者のあいだで広く認められている。おそらくは（誤訳された）預言が成就されたように思わせるために、ギリシャ語を話す使徒によって挿入されたものであろう。*New English Bible* のような最近の版では、イザヤ書のなかで正しく「若い女」とあてている。同じように正しく、マタイによる福音書のほうは「処女」のままに残している。というのも、これはギリシャ語訳からの翻訳によるものだからだ。

＊3　いまや彼らは、外界から遮断された巨大で無様なロボットのなかに巨大な集団となって群がり、（……）

この派手な一節（私にしてははめずらしい——いや、かなりめずらしい——遊び）は、私の過激な「遺伝的決定論」のお誂《あつら》え向きの証拠として、何度も引用されてきた。問題の一部は、「ロボット」という単語についての通俗的な、しかし誤った連想に責任がある。私たちは電子工学《エレクトロニクス》の黄金時代に生きており、ロボットはもはや、頑固で融通のきかない愚か者ではなく、学習し、思考し、創造する能力を持っている。皮肉なことに、カレル・チャペックが「ロボット」という言葉を作った一九二〇年という昔でさえ、それは、最終的には恋に落ちるといった人間の感情を持つに至る機械的な存在だった。ロボットは定義からして人間よりも「決定論的だ」と考える人は、頭が混乱しているのだ（どんな場合においても常に、人間を単なる機械となることを否定するなんらかの自由意志を神から授けられていると主張する信心深い人でないかぎり）。もしあなたが、私の「無様なロボット」のくだりを批判するたいていの人と同じように、信心深くないのであれば、次の問いに直面する必要がある。すなわち、あなたは、非常に複雑なものではあるが、もしロボットでないとしたら、自分をいったい何だと考えるのか？　こういったことのすべては『延長された表現型』（邦訳四一～四五頁）で論じた。

この誤りは、もう一つの効果的な「突然変異」によって増幅されてきた。イエスが処女から生まれなければならないというのが神学的に必然だと思えるのとまさに同様に、有効な「遺伝的決定論者」は誰もみな遺伝子が私たちの行動のあらゆる側面を「制御」していると信じなければならないというのが、悪魔学的な必然であるように思える。私は遺伝的自己複製子について、「彼らは私たちを、体と心を生み出した」（六六頁）と書いた。この一節も当然のこととはいえ、誤って、「［彼らは］私たちを、体と心を制御する」（傍点筆写）と引用されてきた（たとえば、ローズ、カミン、ルウォンティンの*Not in Our Genes*〔154〕の二八七頁、およびそれ以前ではルウォンティンの学術的な論文において）。この章の文脈では、私が「生み出した (created)」という言葉で意味しているところは明白であり、「制御（control）」とは大幅に異なる。事実の問題として、遺伝子が「決定論」として批判されるような強い意味でその創造物を制御したりはしないことは、誰にも理解できることだ。私たちは避妊手段を用いるたびに、何の努力もなしに（そう、かなり簡単に）、それらを否認している。

第3章　不滅のコイル

＊1　個々の遺伝子の分担を区別するのがほとんど不可能なほど入り組んだ協同事業である。

この部分の記述と、一五九～一六四頁の記述は、遺伝的「原子論」という批判に対する私の回答である。厳密には、答えではなく予測だ。なぜなら、それは批判より先に書かれたのだから！　自分の書いたものを長々と引かなければならないのは遺憾だが、『利己的な遺伝子』の当該の文章は、心配になるほど簡単に見過ごされてしまうように思えるのだ！　たとえばＳ・Ｊ・グールドは、

「利他的な集団と利己的な遺伝子」〔文献76『パンダの親指』所収、文庫上巻一三〇頁、櫻町翠軒訳〕において、次のように述べている。

> あなたの左の膝頭とか、あなたの指の爪といった、目に見えるある一部分の形態の〝ため〟の遺伝子などというものは存在しない。体は個々の遺伝子がそれぞれつくりあげるような、多数の部分に分解できるものではない。何百という遺伝子が協同して、からだのほとんどの部分をつくりあげるのである。

グールドはこれを『利己的な遺伝子』に対する批判として書いた。しかしここで、私が実際にどう述べているかを見ていただきたい（七二頁）。

> 体を構築するということは、個々の遺伝子の分担を区別するのがほとんど不可能なほど入り組んだ協同事業である。一つの遺伝子が、体のさまざまな部分に対してそれぞれ異なる効果を及ぼしうる。また、体のある部分が多数の遺伝子の影響を受ける場合もあれば、ある遺伝子が他の多数の遺伝子との相互作用によって効果を表すこともある。

そして、再度こうも述べている（九〇頁）。

> 独立した自由な遺伝子が世代から世代へ旅をするのだが、それらは胚発生の制御においてはあまり自由な因子でも独立した因子でもない。それらはとてつもなく込み入った方法で、お互いと、また外部環境と協力し、相互作用を行なっている。「長い肢の遺伝子」「利他的行動の遺伝子」などというような表現はわかりやすくするための比喩で、重要なのはそれが意味するものを理解することだ。長いにせよ短いにせよ肢を自力で作る遺伝子はない。肢の構築は、複数の遺伝子の協同事業である。外部環境の影響も不可欠である。つまり、肢は実際に食物から作られるのだ！　しかし、他の条件が同じであれば、他の対立遺伝子の影響下にあるよりは肢を長くする傾向を持つ、単一の遺伝子があるかもしれない。

私はその次の段落において、コムギの成長に及ぼす肥料の影響というアナロジーをもって、問題点をさらに詳しく論じた。グールドは、前もって、私が素朴な原子論者であるに違いないと、あまりにも確信し過ぎていたためとしか思えないのだが、彼がのちに主張するのと正確に同じ相互作用論者の立場を明らかにしたこの長い文章を見逃したのだ。

グールドはこう続ける〔前掲『パンダの親指』上巻一三一頁〕。

> ドーキンスにはもう一つ、こんな隠喩が必要だろ

う。多数の遺伝子が議員総会を開き、同盟を結び、条約に加盟するチャンスを狙い、起こりそうな状況を予測しているのだと。

私はボート選手のアナロジー（一六〇〜一六二頁）ですでに、のちにグールドが推奨するのとまったく同じことを成し遂げていた。また、このボート選手のくだりをよく読めば、私たちは多くの点で一致しながらも、グールドがなぜ、自然淘汰は「複雑に相互作用をしているいろいろの部分が一組」になってその生物に有利さを与えるがゆえに、「生物体を全体として受けいれたり、はねつけたりする」（前掲『パンダの親指』上巻一三〇頁）と言い張る点において、誤っているかも理解できる。遺伝子の「協同性」の真の説明は次のようになる（一六〇頁）。

遺伝子は、それ単独で「優れたもの」としてではなく、遺伝子プール内の他の遺伝子を背景にして働く際に優れたものとして淘汰に残る。優れた遺伝子は他の遺伝子と両立し、補足し合って、何世代にもわたって体を共有していくものでなければならない。

遺伝的原子論という批判に対する私の全面的な応答は、『延長された表現型』の、とくに、一一六〜一一七（邦訳二一九〜二二一）頁と二三九〜二四七（邦訳四四三〜四六二）頁に書いた。

＊2　私が使いたいのは、G・C・ウィリアムズの定義だ。　『適応と自然淘汰』〔181〕におけるウィリアムズの正確な言葉は以下のとおり。

私は遺伝子という用語を、「かなりの頻度で分離し、組み換えするもの」として定義する。（……）遺伝子は、その内発的変化率の数倍ないしは何倍もに等しい有利または不利な淘汰バイアスがかかっている何らかの遺伝情報と定義することができよう。

ウィリアムズの本はいまや正当にも、広く古典として認められるに至っており、「社会生物学者」からも社会生物学の批判者からも同じように尊重されている。ウィリアムズがその「遺伝子淘汰主義」において、自らが何か新しい、あるいは革命的なことを宣言しようとこれっぽっちも考えていなかったことは明らかだと、私は思うし、一九七六年に私も同じくそんなことは考えていなかった。私たちは二人とも、一九三〇年代における「ネオダーウィニズム」の創設者であるフィッシャー、ホールデン、ライトの基本的な原理をただ単に再確認していただけだ。にもかかわらず、おそらくは私たちの妥協のない言葉遣いのためだろうが、シューアル・ライトその人を含めた何人かの人々は、「遺伝子が淘汰の単位である」という私たちの見解に異議を唱えているように思われる。彼らの基本的な理由は、自然淘汰は生物個体を相手にしており、その内部の遺伝子が相手ではないということだ。ライトのような批判に対する私の応答は、『延長された表現型』の、とくに二三八〜二四七（邦訳四四二〜四六二）頁にある。「進化生物学における還元主義の擁護」〔183〕における、淘汰の単位としての遺伝子への疑問についてのウィリアムズのごく最近の思考は、これまでより以上に透徹したものだ。近年、たとえばD・L・ハル、K・ステレルニー、P・キッチャー、M・ハンプ、S・R・モーガンといった哲学者たちもまた、「淘汰の単位」という問題を明らかにするうえで、有益な貢献を果たしている。残念ながら、問題を混乱させてきた他の哲学者たちも存在する。

＊3　個体は（……）あまりに大き過ぎ、はかな過ぎる遺伝単位である。

私はウィリアムズに従って、生物個体が自然淘汰において自己複製子の役割を果たしえないという私自身の主張に際しては、減数分裂の断片化効果を重視してきた。今ではこれは話の半分でしかないと見ている。もう半分は、『延長された表現型』（邦訳一九〇〜一九五頁）と、私の論文「自己複製子とヴィークル」〔48〕に述べられている。もし減数分裂における断片化効果が話のすべてだったなら、雌のナナフシのような無性生殖する生物体は、真の自己複製子、一種の巨大な遺伝子ということになる。しかし、もしナナフシに変化がおきても——たとえば肢を一本失うといった——、その変化は、未来の世代に伝えられない。有性生殖だろうと無性生殖だろうと、遺伝子だけが世代を伝わっていくことができる。したがって、遺伝子は本当に自己複製子なのだ。無性生殖をするナナフシの場合、ゲノムの総体（そのすべての遺伝子のセット）が一つの自己複製子である。しかし、ナナフシそれ自体は自己複製子ではない。ナナフシの体は、前の世代の体の複製《レプリカ》として形作られるわけではない。いかなる世代の体も、そのゲノムの指示のもとに、卵から新しく成長する。そのゲノムは前の世代のゲノムの複製だ。

本書の印刷されたすべての本は、互いに同一である。これらは複製と言えようが複製子ではない。これらは、互いにコピーしたがゆえに複製なのではなく、すべてが同じ刷版をコピーしたがゆえに複製なのだ。それらは、ある本が他の本の祖先であるという形での、一連の系列の複製ではない。もし、一冊のあるページをコピーし、それをまたコピーし、それをまたコピーするという形式を続けていくのなら、コピーの系列が存在することになる。このコピーの系列においては、実際に祖先／子孫の関係が存在することになるだろう。この系列のどんなところにできた新しい汚れも、その子孫たちとは共有されるが、祖先には共有されないだろう。この類の祖先／子孫の系列は進化する潜在的可能性を持っている。

表面的には、ナナフシの体の継続する世代は一系列の複製を成すように思える。しかし、もしあなたがこの系列の一員に実験的に変化をくわえた場合（たとえば、肢を一本取る）、その変化がこの系列を伝わることはない。対照的に、あなたが実験的にゲノムの一員に変化をくわえた場合（たとえば、X線によって）、その変化はこの系列を伝わっていくだろう。これは、減数分裂の断片化効果よりもむしろ、生物体が、「淘汰の単位」ではない、つまり真の複製子ではないことの基本的な理由である。これこそ、遺伝の「ラマルク説」が誤りだという、普遍的に認められている事実の最も重要な帰結の一つである。

＊4　ピーター・メダワー卿の提唱するもう一つの説は、（……）

この老化の理論をG・C・ウィリアムズよりもむしろ、P・B・メダワー卿に帰したことについて私は非難を受けてきた（非難してきたのはもちろん、ウィリアムズ自身でも、彼の知り合いでさえもなかった）。多くの生物学者、ことにアメリカの生物学者は、この理論を主としてウィリアムズの一九五七年の論文「多面発現、自然淘汰、老衰の進化」〔180〕を通じて知っている。ウィリアムズがこの理論をメダワーの扱いよりはるかに洗練されたものに仕上げたのもまた事実だ。にもかかわらず私自身は、一九五二年の『生物学における未解決の問題』〔134〕と、一九五七年の『個体の特異性』〔135〕において、メダワーは基本的な核心を述べていると判断している。ぜひ付け加えておくべきは、ウィリアムズによる理論の発展は非常に有益であるということだ。なぜなら、それが議論における必要なステップ（多面発現すなわち多重遺伝子効果の重要性）を明らかにしたからであり、この点は、メダワーがはっきりと強調しなかったところだからだ。その後、W・D・ハミルトンは「自然淘汰による老衰の形成」〔84〕という論文において、この類の理論をさらに進展させている。ついでながら、私は医者たちからたくさんの興味深い手紙をもらったが、自分の宿っている体の年齢について遺伝子を「騙す」ことに関する私の推測（九七頁）についての論評は一つもなかったように思う。このアイディアは、私にはまだ、まったくばかばかしいものとは思えず、そしてもしそれが正しいとすれば、むしろ医学的に、より重要なのかもしれない。

＊5　性の長所はいったい何なのだろうか？

思考を喚起するいくつかの本、とくにM・T・ギースリン、G・C・ウィリアムズ、J・メイナード＝スミス、G・ベルによるもの、およびR・ミコッドとB・レヴィン編による一冊などが出版されているにもかかわらず、性が何のためにあるのかという問題は今でも人々を悩ませている。私にとって最も興味を掻き立てられる新しいアイディアはW・D・ハミルトンの寄生説で、これは、ジェレミー・チャーファスとジョン・グリビンの『過剰な雄』〔36〕において、専門用語を使わずに説明されている。

＊6　余分なDNAを最も単純に説明するには、それを寄生者、あるいはせいぜい（……）無害だが役に立たない旅人だと考えればよい。（三一五頁も参照）

余分な、翻訳されないDNAが利己的な寄生者ではないかという私の示唆は、分子生物学者（オーゲルとクリックの論文〔145〕、およびドゥーリトルとサピエンサの論文〔63〕を参照）によって取り上げられ、「利己的DNA」というキャッチフレーズのもとに発展させられた。S・J・グールドは『ニワトリの歯』〔77〕において、（私にとって）腹立たしい主張を展開している。すなわち、利己的DNAの歴史的な由来にもかかわらず、「利己的な遺伝子説と利己的なDNA説は、それらをはぐくむ説明体系においてこれ以上ないほど異なっている」〔文庫上巻二五五頁、渡辺政隆・三中信宏訳〕と言っているのだ。この彼の論理は誤っているが、偶然にも、彼が通常いかに鉱脈を見つけるかをご親切にも教えてくれた点で、私にとって興味深いものであることを知った。「還元主義」と「階層構造《ヒエラルキー》」についての前置き（これは、いつものことながら、私には誤りであるとも、興味深いとも思えなかった）のあと、こう続ける〔前掲上巻二五六頁〕。

ドーキンスの言う利己的な遺伝子は、体になんらかの効果をおよぼして生存競争を生きぬくのを助けることで、その頻度を増加させるのである。利己的なDNAの頻度がふえるのはそれとはまさに逆の理由による、すなわち、はじめから体にはなんの効果もおよぼさず、そのために体という高次レベルでは排除されないからである。

グールドの区別はわかるが、私には、根本的な区別だとは思えない。逆に、私はいまだに利己的DNAが利己的遺伝子の理論全体の特別なケースだと考えており、それこそまさに、利己的DNAという考えがそもそも生まれてきた理由だ（利己的なDNAが特別なケースだという点は、ドゥーリトルとサピエンサが引用している本書の一〇一頁の文章よりも、三一五頁の文章のほうが明瞭かもしれない。ついでながら、ドゥーリトルとサピエンサは、そのタイトルに「利己的DNA」ではなく「利己的遺伝子」を用いている）。グールドに対して次のアナロジーで答えてみよう。ハチに黄色と黒の縞模様を与える遺伝子は、この「警告」色が他の動物の脳を強力に刺激するがゆえに頻度を増加させる。トラに黄色と黒の縞模様を与える遺伝子は、「まさに正反対の理由で」頻度を増加させる。すなわち、理想的にはこの「隠蔽」色が他の動物の脳をまったく刺激しないがゆえにである。ここにはたしかに、グールドの区別に非常に類似した（異なった階層構造のレベルで！）区別があるが、細部における軽微な区別にすぎない。この二つのケースが「それらをはぐくむ説明体系においてこれ以上ないほど異なっている」と主張したいとは、誰もまず望まないはずだ。オーゲルとクリックは、利己的DNAとカッコウの卵を類比させたとき、核心を衝いていたのだ。カッコウの卵は、結局のところ、寄主の卵とそっくりに見えることによって発見を免れるのだから。

ついでながら、『オックスフォード英語辞典（OED）』の最新版には、「利己的（selfish）」に、「遺伝子あるいは遺伝物質について（……）表現型に何の効果も及ぼさないが、永続する、あるいは広まる傾向」という新しい意味が付け加わっている。これは「利己的DNA」についての見事に簡潔な定義であり、そこの文例として挙げられている二番目のものは、実際に利己的DNAに関するものだ。しかし私の意見では、「表現型に何の効果も及ぼさないが」という文句は適切ではない。利己的遺伝子は表現型に効果を及ぼさないこともあるが、しかし多くのものは及ぼすからだ。辞書編纂者がこの意味を「利己的DNA」に限定するつもりだったと主張するのは許されるだろう。実際それは表現型効果を持たないからだ。しかし最初に挙げられている文例は私の『利己的な遺伝子』からのもので、表現型効果を持つ利己的遺伝子を含んでいる。しかしながら、OEDに引用されるという名誉に異議を唱えるつもりは毛頭ない！

利己的DNAについては、『延長された表現型』（邦訳二九五〜三一〇頁）においてさらに詳しく論じた。

第4章　遺伝子機械

＊1　脳は機能上コンピュータに似たものと考えられる。

こういった類の陳述は、文字通りの解釈をしたがる批評家を困らせる。もちろん、彼らが脳は多くの点でコンピュータと異なるというのは正しい。たとえば、脳の内在的な作動の方法は、私たちの技術が発展させた特定の種類のコンピュータとは、たまたま非常に異なったものである。だが、そのことは、それが機能上似ているという私の陳述の真実性をなんら損なうものではない。脳は機能的に、内蔵されたコンピュータとそっくり同じく、データ処理、パターン認識、短期・長期のデータ蓄積、作業の調整（オペレーション・コーディネーション）などの役割を果たしている。

私たちはコンピュータについて言っているのだが、それに関する私の意見は満足すべきことに――あるいは、あなたの見かたからすれば恐るべきことに――、時代遅れになってしまっている。私は「一個の頭骨にはわずか数百個のトランジスタしか詰め込めない」と書いたが（一〇七頁）、今日のトランジスタは集積回路（IC）になっていて、一個の頭骨に詰め込めるトランジスタ相当物の数は数十億に達するだろう。また私は、チェスをするコンピュータは、うまいアマチュアの水準に達している

（二二二頁）とも述べた。今日では、きわめて真剣な相手以外は打ち負かしてしまうチェスのプログラムは、安価な家庭用コンピュータでどこにでもあるし、世界一強いプログラムは、やがて名人（グランドマスター）に本格的に挑戦することになるだろう。たとえば、一九八八年一〇月七日付の『スペクテイター』紙に、チェス担当記者レイモンド・キーンの発言がある。

> 今のところまだ、タイトルを持つ選手がコンピュータに負かされるとちょっとした騒ぎになるが、おそらくそういうことは長くは続かない。これまで人間の脳に挑戦してきた最も恐るべき金属製の怪物は、「ディープ・ソート（深い考え）」という古風な名を付けられているが、これはまぎれもなく、小説家ダグラス・アダムスに敬意を表した名である。ディープ・ソートの最近の殊勲は、八月にボストンで開催された全米オープン選手権で、並みいる人間の相手たちを縮みあがらせたことだ。ディープ・ソートを格付けする総合成績を私はまだ入手してはいないが、それがあれば、スイス・オープン・システム競技会における成績の試金石となるだろう。しかし私は、強敵のカナダ人、イゴール・イワノフに対する驚くほど印象的な勝利を目にしている。イワノフは、カルポフを一度破ったことのある人間なのだ！ 刮目せよ。これがチェスの未来かもしれないのだ。

このあとに、ゲームの一手一手ごとの解説が続く。次に掲げるのは、ディープ・ソートの二二手目に対するキーンの反応である。

> 素晴らしい手だ。（……）この着想はクイーンを中央に持ってこようとするものだ。（……）そして、この構想はおどろくほど速やかな成功を導く。（……）目を見張るような成果だ。黒のクイーン側の陣営はいまや、クイーンの進出によって徹底的に破壊されている。

これに対するイワノフの応手は次のように表現されている。

> 絶望的な突進だが、コンピュータは小馬鹿にしたようにあしらってしまう。（……）このうえない屈辱。ディープ・ソートはクイーンの奪還を無視し、その代わりに素早いチェックメイトに向かう。（……）黒は撤退する。

ディープ・ソートは、チェスの世界的トップ・プレイヤーの一つというだけではない。私にとってそれより衝撃的だったのは、この解説者が使わなければならないと感じている人間の意識を示す言葉遣いである。ディープ・

ソートはイワノフの「絶望的な突進」を「小馬鹿にしたようにあしらってしまう」。ディープ・ソートは「攻撃的」と描写されている。キーンはイワノフが何らかの成果を「望んでいる」と述べるが、彼の言葉遣いは、ディープ・ソートにも「望む」といった単語を同じように喜んで使うであろうことを示している。個人的には私はむしろ、コンピュータ・プログラムが世界選手権を勝ち取ることを期待したい。人間性《ヒューマニティ》は謙虚《ヒューミリティ》のなかに教訓を必要としているのだ。

＊2　二〇〇光年の彼方のアンドロメダ座に、ある文明が存在する。

『アンドロメダのA』とその続編『アンドロメダ突破』は、途方もなく遠距離にあるアンドロメダ銀河のことを意図しているのか、それとも私が言うようにアンドロメダ座のなかにある地球に近い一恒星を意図しているかについては、首尾一貫していない。最初の小説では、この天体は、二〇〇光年離れたところに位置しており、十分に私たちの銀河系の内部に収まる。けれども、続編では、同じ地球外生物がアンドロメダ銀河にいることになっているが、これは二〇〇万光年離れたところにある。本書の一一四頁を読む読者は、趣味に応じて、「二〇〇」を「二〇〇万」と置き換えてかまわないだろう。そうしても、私の趣旨におけるこの物語の妥当性は、いささかも損なわれない。

この二つの小説の著者フレッド・ホイル翁は高名な天文学者でもあり、あらゆる空想科学小説のなかでもとくに私のお気に入りの『暗黒星雲』の著者だ。彼の小説で展開されている卓越した科学的洞察力は、C・ウィクラマシンハとの共著で近年続々と出版されている本とは痛ましいほど対照的である。彼らのダーウィニズムに対する誤解（純粋な偶然のみに拠る理論と見なしている）と、ダーウィンその人に対する意地の悪い攻撃は、星間における生命の起源に関するその他の点では（説得力は乏しいが）興味深い推論にとって何の助けにもなっていない。出版社は、学者のある分野における名声が他の分野における権威を意味するという考え違いを正すべきだ。そうした考え違いが存在するかぎり、名声のある学者はそれを悪用するという誘惑に抵抗しなくてはならない。

＊3　（……）生きるための一般戦略や一般的方便（……）

あたかも動物や植物あるいは遺伝子が、成功率を増加させる最善の方法を意識的に考え出そうとしているかのような――たとえば、「雄は賭け金が高く危険も大きいギャンブラー、雌は堅実な投資家」（一一九頁）といった表現――戦略的なものの言いかたは、実践的な生物学者のあいだではありふれたものとなってきている。このような言いまわしは、それを理解する十分な資格を備えていない（あるいはそれを誤解する十分な資格を備えたというべきか？）人間の手にたまたま落ちるということさえなければ、無害な簡便語法である。たとえば私は「フィロソフィー」という雑誌で『利己的な遺伝子』を批判した、メアリー・ミッジリーとかいう人物による論文〔138〕を、それ以外の方法で理解することができない。そのことは、その最初の文章に典型的に表れている。すなわち、「遺伝子は利己的でも非利己的でもありえない。原子がやきもち焼きだったり、ゾウが抽象的だったり、ビスケットが目的論的だったりすることがありえない以上に」だ。同じ雑誌の次の号に私が書いた「利己的遺伝子の弁護」は、このたまたま極度に節度に欠け、悪意に満ちた論文に対する全面的な回答である。哲学という道具を教育によって過剰に賦与された一部の人々は、それが役に立たない場合にもその学問的装置でつつき回す誘惑に抵抗できないように思われる。私は、「しばしば高度な文学的・学問的趣味を持ち、しかし分析的思考を実行する能力をはるかに超えた教育を受けてきた膨大な数の人々」に対する「哲学的絵空事《フィクション》」の魅力についての、P・B・メダワーの意見を思い起こす。

＊4　おそらく、意識が生じるのは、脳による世界のシミュレーションが完全になって、それ自体のモデルを含めなければならないほどになったときだろう。

　世界をシミュレートする脳という考えを、私は一九八八年のギフォード講義「ミクロコスモスのなかの世界」〔53〕において論じた。それが本当に意識そのものという深遠な問題について私たちの助けになるかどうかは、今でも私には確信がないが、カール・ポパー卿がダーウィン講演においてそれに関心を寄せておられたことを喜んでいると白状する。哲学者のダニエル・デネットは、コンピュータ・シミュレーションという隠喩をさらに推し進めた意識の理論を提出している。彼の理論を理解するためには、コンピュータの世界からやってきた二つの専門的な考えかたを把握する必要がある。すなわち、仮想機械（virtual machine）という概念と、シリアル（連続的）・プロセッサーとパラレル（並行的）・プロセッサーの区別だ。私はまずこの厄介物について、説明しなければならないだろう。

　コンピュータは本物の機械であり、箱に入ったハードウェアである。しかしいかなる特定の時点においても、それはもう一種の機械、つまり仮想機械に見えるようにするプログラムを走らせている。これは長いあいだ、すべてのコンピュータについてあてはまってきたが、最近の「ユーザー・フレンドリー」なコンピュータは、この点をとくに鮮やかに痛感させることになった。本書執筆の時点で、ユーザー・フレンドリー性に関する市場のリーダーは、衆目の一致するところアップルのマッキントッシュである。その成功は、この本物のハードウェア――そのメカニズムは、他のあらゆるコンピュータと同じく、恐ろしいほど複雑で、人間の直感とはきわめて相容れがたい――を、別種の機械、すなわち人間の脳と人間の手にぴったり合うように特別に設計された仮想機械のごとく見せる一連の内蔵プログラムのおかげである。マッキントッシュ・ユーザー・インターフェースという仮想機械は、まぎれもない機械だ。押すことのできるボタンがあり、高音質オーディオ機材のようなスライド・コントローラーを持っている。しかしそれは仮想機械だ。ボタンとスライダーは金属やプラスチックではできていない。それらは画面上の図であり、あなたは画面上を仮想的な指を動かして押したりスライドさせたりする。一人の人間として、あなたはコントロールの主体だと感じる。なぜなら、あなたは物事を自分の指で動かすことに慣れているからだ。私は二五年間にわたって、さまざまな種類のコンピュータの熱心なプログラマーでありユーザーであったが、マッキントッシュ（あるいはその模倣機種）を使うことは、以前のいかなるタイプのコンピュータを使うのとも質的に異なる体験だと証言できる。それは無理のない自然な感情であり、ほとんど、この仮想機械が自分自身の体の延長であるかのごとき感覚だ。仮想機械は、驚くべき程度まで、あなたにマニュアルを眺める代わりに直感を使うことを許してくれる。

次に、私たちがコンピュータ・サイエンスから借用する必要のある他の背景となる考えかた、シリアル・プロセッサーとパラレル・プロセッサーという考えかたに話を転じよう。今日のコンピュータはほとんどシリアル・プロセッサーだ。単一の中枢的な計画装置（mill）、あらゆるデータが操作されるときに通過しなければならない単一の電気的なボトルネックを持っている。それは、あまりにも迅速なので、多数のことを同時に行なっているという幻影を生み出すことができる。シリアル・コンピュータは二〇人の相手と「同時に」対戦しているチェスの名人のようなものだが、実際には順に相手を回っている。チェスの名人と違って、コンピュータはきわめて素早く、静かにその仕事を成し遂げていくので、人間のユーザーのそれぞれは、コンピュータが自分だけに関心を払ってくれているという幻影を持つことになる。しかしながら、基本的には、コンピュータはそのユーザーたちに連続的に（serially）関心を払っているのだ。

最近、これまで以上に高速の処理を追求する姿勢の表れとして、技術者たちは本当にパラレル・プロセスをする機械を創り出した。そうしたものの一つがエディンバラ・スーパーコンピュータで、私は先日これを見学する特典を得た。それは数百の「トランスピュータ」の並列から成っていて、トランスピュータの一つひとつは、能力の点で今日のデスクトップ・コンピュータに匹敵する。このスーパーコンピュータは、与えられた課題を個別に取り組むことのできる小さな仕事に分割し、その仕事を一団のトランスピュータに請け負わせる。トランスピュータは分割された課題を持ち去り、それを解決して答えと報告を提出しては、新しい課題を待つ。一方、他の一団のトランスピュータもそれぞれの解答を報告しつつあり、かくして、このスーパーコンピュータ全体としては、通常のシリアル・コンピュータよりも桁違いに速く最終的な解答を得ることになる。

通常のシリアル・コンピュータは、その「関心」を十分に素早く多数の仕事にめぐらしていくことによって、パラレル・プロセッサーの幻影を生み出すだろうと私は述べた。そこには、シリアルなハードウェアの頂点に位置する仮想的なパラレル・プロセッサーが存在すると言うこともできよう。人間の脳はまさにそれと正反対のことをする、というのがデネットの考えだ。脳のハードウエアは、エディンバラのコンピュータと同じように、基本的にパラレルだ。そして、シリアル・プロセッシングという幻影を生むべく設計されたソフトを走らせる。つまり、パラレルな構築物の頂部にシリアル・プロセッシングを行なう仮想機械が乗っかっているのだ。思考の主観的な体験の特徴は、連続的に「次から次へと」押し寄せる、「ジョイス風の」意識の流れであると、デネットは考える。彼は、ほとんどの動物はこのシリアルな体験を欠いており、その脳を直接、素朴なパラレル・プロセッシングの様式に用いていると信じている。人間の脳もまた、複雑な生存機械を維持するという多数の日常的な仕事に対して、そのパラレルな構築物を直接用いていることは疑いない。しかし、それに加えて人間の脳は、シリアル・プロセッサーの幻影をシミュレートするソフトウエアの仮想機械を進化させたのだ。意識の連続的な（シリアルな）流れをともなう心は、一つの仮想機械、脳を体験する「ユーザー・フレンドリー」な一方法であり、ちょうど「マッキントッシュ・ユーザー・インターフェース」が、その灰色の箱の内部の物理的なコンピュータを体験する「ユーザー・フレンドリー」な一方法なのと同じようなものだ。

他の生物が飾り気のないパラレルな機械でまったく満足しているように見えることからすれば、なぜ人間の脳がシリアルな仮想機械を必要とするのかは明瞭とは言えない。野生の人類が直面する困難な仕事には、何か本質的にシリアルなところがあるのかもしれない。あるいは、デネットが、私たちだけは別と考えたのが誤りかもしれない。彼はさらに、シリアルなソフトウエアの発達はおおむね文化的な現象だと信じているが、またしても私には、なぜこれだけが特別にそうでなければならないのかはっきりしない。しかし私がこれを書いている時点ではデネットの論文はまだ発表されておらず、私の記述は一九八八年のロンドンにおける彼のヤコブソン講演の記憶に基づいていることを、付け加えておく必要がある。読者は、私の間違いなく不完全で印象に基づく——ひょっとすれば潤色してさえいるかもしれない——記述よりもむしろ、デネット自身の記述が発表されたときにそちらにあたられることをお勧めしたい。

心理学者のニコラス・ハンフリーもまた、シミュレーションの能力の進化がいかにして意識の発生を導くかについて、魅力的な仮説を発展させている。著書『内なる目』〔99〕においてハンフリーは、私たちやチンパンジーのような高度に社会的な動物が、優れた心理学者にならなければならないという説得力ある主張を展開している。脳は他人を欺いたり、世界の多様な側面をシミュレートしたりする必要があるからだ。しかし世界のほとんどの側面は、脳それ自体に比べてかなり単純である。社会的動物は他者から成る世界、潜在的な交尾の相手、ライバル、パートナー、敵から成る世界に生きている。そのような世界で生き残り、栄えるためには、そういった他個体が次に何をしようとしているのかをうまく予想できるようになる必要がある。無生物の世界で何が起ころうとしているかを予想することは、社会的な世界において何が起ころうとしているかを予想するのに比べれば朝飯前だ。科学的な研究をしている専門の心理学者は、本当は人間の行動を予測するのが秀でて得意というわけではない。微細な表情筋の動きやその他の微妙な手がかりを用いる社会的な仲間は、心を読み、行動を先読みするのに驚くほど優れていることがしばしばである。ハンフリーは、この「天性の心理学的」技能が社会的動物において高度に進化しており、ほとんど追加の目あるいは他の複雑な器官のごとくになっていると信じている。「内なる目」は、外の目が視覚器官であるのと同じように、進化した社会・心理学的な器官なのだ。

ここまでは、私はハンフリーの理論付けは説得力があると思った。彼はさらに続けて、この内なる目が自己査察によって働くと主張する。個々の動物は他者の気分と感情を理解する手段として、自らの気分と感情をのぞき込む。この心理学的器官は自己査察によって働くのだ。これが意識の理解にとって助けになると同意してもいいものかどうか、私には確信がないが、ともかくハンフリーは見事な書き手であり、彼の本には説得力がある。

＊5　利他的行動のための遺伝子

人々はときに、利他主義あるいはその他の一見複雑に見える行動の「ための」遺伝子について、まるっきり混乱した受け取りかたをする。彼らは（誤って）、行動の複雑さが何らかの意味で遺伝子のなかに含まれているはずだと考える。遺伝子の成しうることが、タンパク質の鎖を暗号化するだけなら、いかにして、利他主義のための単一の遺伝子が存在しうるのかと、彼らは問う。しかし、何ものかの「ための」遺伝子について語ることは、その遺伝子の変化が当の何ものかの変化の原因になると言っているにすぎない。単一の遺伝的な差異は、細胞内の分子の細部を変えることによって、すでにして複雑な発生過程に変化を生じ、それゆえ、たとえば行動の差異を生じるのである。

たとえば、鳥類における兄弟間利他主義の「ための」一つの突然変異遺伝子が、それだけで、一つのまったく新しい複雑な行動パターンを生じさせるものでないのは確かだろう。そうではなくて、それは既存の、おそらくはすでにして複雑な行動パターンに変更を加えるのだ。この例の場合、最も可能性の高い祖型パターンは親の養育行動だ。鳥類は、自分の子に給餌し、世話をするために必要な複雑な神経装置を持っているのが常である。ひるがえってこの装置も、その祖型から、何世代もかけて一歩一歩ゆっくりと、築き上げられたものだ（ついでながら、兄弟による世話のための遺伝子に対する懐疑論者たちはしばしば、首尾一貫していない。彼らはなぜ、同じように複雑な親による世話のための遺伝子に対して同じように懐疑的にならないのだろう）。既存の行動パターン――この場合には親による世話――は、「巣のなかで鳴き喚《わめ》き、口を開けているものすべてに給餌せよ」といった便宜的で、大まかな規則によって実現することができよう。そこで、「妹や弟に給餌するための」遺伝子は、この大まかな規則が成長過程で成熟する年齢を早めることによって、その機能を働かせることができる。兄弟の世話をする遺伝子を、新たな突然変異として持つ雛は、単に、その「親による世話の」大まかな規則を、ほんの少しばかり早く活性化させたにすぎない。それは、親鳥の巣のなかで鳴き喚き、口を開けているもの――自分の妹と弟――を、あたかも自らの巣のなかで鳴き喚き、口を開けているもの――自分の子――であるかのように扱うのだ。「兄弟の世話をする行動」は、まったく新しい、複雑な行動の開花などとはほど遠いもので、既存の行動の発達におけるわずかな変形として独自に生じるだろう。私たちが進化の基本的な漸進性、すなわち適応的な進化は、既存の構造あるいは行動の小さな一歩ずつの変更によって進むという事実を忘れるときに、しばしば誤りが生じる。

＊6　非衛生的に見えるミツバチ

もし、初版に脚注を付けることにしていれば、その一つは、ハチの結果がそれほどうまく、きちんとしたものではなかったことの説明に――ローゼンブーラー自身が念入りに成し遂げたように――あてられたことだろう。理論に従えば、衛生的な行動を示さないはずの多数のコロニーのなかで、一つだけは衛生的行動を示したのだ。ローゼンブーラー自身の言葉によれば、「どれだけそうしたいと思っても、私たちはこの結果を無視するわけにはいかない。しかし、私たちの遺伝的な仮説はこれ以外の他のデータには支持されている」。例外的なコロニーにおける突然変異というのも考えられる説明ではあるが、可能性はきわめて低い。

＊7　それは、広く言って「コミュニケーション」と名付けられる行動である。

今では私自身は、動物のコミュニケーションのこの取り扱いに満足していない。ジョン・クレブスと私は二つの論文において、たいていの動物の信号が単に情報伝達でも詐欺的でもなく、むしろ操作的なものと見るのが最も良いと主張した。信号とは、ある動物が他の動物の筋肉の力を利用する一手段だ。ナイチンゲールの歌は情報ではないし、他を欺く情報でさえない。それは誘因的で、催眠的で、呪縛的な雄弁である。この類の議論は『延長された表現型』における論理的な結論におもむくことになる。その結論の一部は、本書の第13章に要約してある。クレブスと私は、信号は私たちが読心と操作と呼ぶものの相互作用から進化すると主張する。動物の信号全般にかかわる驚くほど特異なアプローチはアモツ・ザハヴィによるものだ。私は第9章への注で、本書の初版におけるよりもはるかに大きな共感をもってザハヴィの見解を論じている。

第5章　攻撃　安定性と利己的機械

＊1　進化的に安定な戦略（……）

今では私はむしろ、ESSの基本的な概念を、「ESSとは自分自身のコピーに対してうまく対抗できる戦略のこと」と、より簡略な形で表現したいと考えている。その根拠を以下に述べる。成功する戦略とは、個体群のなかで支配的となる戦略だ。したがって、それ自身のコピーと出会うようになる。したがってまた、それは自分自身のコピーにうまく対抗できなければ、成功した状態に留まることができないだろう。この定義はメイナード＝スミスの定義ほど数学的に厳密ではなく、実際には不完全なものであるがゆえに、これを彼の定義に置き換えることはできない。しかし、この定義には基本的なESSの概念を直感的に包含しているという長所がある。

ESSの考えかたは、この章が書かれたときに比べて、生物学者のあいだでずっと広く見受けられるようになってきた。メイナード＝スミス自身は、その『進化とゲーム理論』〔127〕において、一九八二年までの発展を要約している。この分野におけるもうひとりの中心的な貢献者ジェフリー・パーカーは、それよりもう少し新しい報告を書いている。ロバート・アクセルロッドの『つきあい方の科学』〔12〕はESS理論を使っているが、ここではそれについて述べない。なぜなら、一九八九年に『利己的な遺伝子』の第2版を刊行したときに新しく第12章と第13章を追加したのだが、第12章「気のいい奴が一番になる」は、アクセルロッドの仕事の解説にあてられているからだ。本書の初版が出て以降の、ESS理論に関する私の著作としては、「善い戦略か進化的に安定な戦略か」〔46〕という論文と、あとで論じるアナバチについての共著論文がある。

＊2　（……）報復派だけが進化的に安定であることがわかる。

この見解は残念ながら間違いだった。メイナード＝スミスとプライスのもともとの論文に誤りがあり、私は本書でその誤りを踏襲し、あまつさえ、試し報復派が「ほぼ」ESSであるというさらに愚かしい発言をすることによって、誤りに油を注ぎさえしたのだ（もし、ある戦略が「ほぼ」ESSであるならば、ESSでないのだから侵入を受けることになる）。報復派は、表面的にはESSのように見える。なぜなら、報復派の個体群内では、他のどんな戦略もそれより成功することがないからだ。しかし、報復派の個体群内では、ハト派も同じようにうまくやっていける。なぜなら、その行動からハト派と報復派を区別することができないからだ。したがってハト派は、この個体群に入り込むことができる。問題は、次に何が起こるかである。J・S・ゲールとL・J・イーヴズ師は、コンピュータによるダイナミック・シミュレーションによって、モデル動物の一個体群に膨大な数の世代の進化を行なわせた。彼らは、このゲームにおける真のESSは、タカ派とあばれん坊派の安定した混合であることを示した。このタイプのダイナミック処理によって暴露された初期のESS文献の誤りは、これが唯一のものではない。もう一つの見事な実例は、私自身がおかした誤りで、それについては第9章の注で論じる。

＊3　残念ながら、現在、自然界の諸現象のコストと利益に実際の数値をあてはめるには、あまりにもわかっていることが少な過ぎる。

現在では私たちは、自然界におけるコストと利益についての、野外における優れた計測値をいくつか持っており、それらは、特定のESSモデルにはめ込まれている。最良の例が、北アメリカのアナバチの一種で得られた。アナバチ類は、秋にジャム壺に寄ってくるお馴染みの社会性のスズメバチやアシナガバチなどとは違って、不妊の雌がコロニーのために働くことはない。それぞれの雌は単独で生活しており、自ら幼虫の世代継承のために、食物と保護を与えることに一生を捧げる。典型的なもので言えば、雌は土中に長い穴を掘り進めることから始め、穴の底は中空の部屋にする。次に、獲物（このアナバチの場合はキリギリス類）を狩りに出る。獲物を見つけると、針で刺して麻痺させ、自分の巣穴まで引きずってくる。キリギリスが四〜五匹溜まると、積み上げた獲物のてっぺんに卵を一個産みつけ、巣穴に栓をする。卵からは幼虫が孵化し、キリギリスを食べる。ついでながら、獲物が殺されずに麻痺させられることの利点は、獲物が新鮮なうちに生きたまま食べられることだ。近縁のヒメバチについて、ダーウィンをして「私は、恵み深き全能の神が明確な意図を持って、イモ虫の生きた体の内部を食べ進むようヒメバチを造られたとは、確信できない」と書かしめたのは、この無気味な習性だった。彼は、風味を損なわないようロブスターを生きたまま茹でるフランスのシェフを例に出してもよかったのだ。雌のアナバチの生活に話を戻せば、同じ地域で他の雌が独立に活動していないかぎりは単独生活者だ。ときどきは、新しい穴を掘るという労を厭って、むしろ互いに他の雌の巣穴を占拠し合うことがある。

ジェーン・ブロックマン博士は、ハチ研究におけるジェーン・グドールとも言える女性である。彼女はアメリカのオックスフォードから私のところへ研究しにきたのだが、個体識別された雌のアナバチの二つの完全な個体群の生活に起こったほとんどすべての出来事についての膨大な記録を携えてきた。これらの記録はまったく完璧なもので、個々のハチの時間の割り当て表を作ることができる。時間は経済的な商品だ。生活のある一部に時間を費やせば費やすほど、他の部分に使える時間は少なくなる。アラン・グラフェンが私たち二人に加わり、時間コストと生殖上の利益についての正しい考えかたを教えてくれた。私たちは、ニューハンプシャーの一個体群の雌のアナバチのあいだで演じられるゲームが真の混合ESSだという証拠を見つけた。ただし、ミシガンのもうひとつの個体群ではそのような証拠を見出すことができなかった。要約すれば、ニューハンプシャーのアナバチは自分自身の巣を「掘る」か、さもなくば他のアナバチが掘った巣に「侵入する」。私たちの解釈によれば、アナバチは侵入によって利益を得られる。なぜなら、いくつかの巣がもともと掘ったハチによって放棄され、再使用できるからだ。居住されている巣に侵入するのは割に合わないが、侵入者はどの巣が居住されており、どれが放棄されているかを知るすべを持たない。侵入者は数日間二重居住の危険を冒し続け、その最後には、巣に帰ってみると巣穴に栓がされているのを見つけるかもしれない。これで彼女のすべての努力が無駄になってしまうだろう。——他の居住者が卵を産み終えて、利益を得ていることだろう。もし、一つの個体群内であまりにも多くの侵入が起こると、利用できる巣穴が乏しくなっていき、二重占拠の確率が上昇するため、穴を掘るというコストを支払っても元が取れるようになる。逆に、もしたくさんのアナバチが穴を掘っていれば、巣穴を高い確率で利用できるので、侵入に有利に働く。個体群内には、穴掘りと侵入が同等の利益を与えるような臨界的な侵入の頻度が存在する。もし実際の頻度が臨界頻度以下であれば、自然淘汰は侵入に有利に働く。なぜなら、利用可能な放棄された巣穴の十分な供給があるからだ。もし実際の頻度が臨界頻度より高ければ、利用できる巣穴が不足し、自然淘汰は穴掘りに有利に働く。そこで、一つの平衡が個体群内で維持される。詳しい定量的な証拠によれば、個々のアナバチは穴掘りと侵入を一定の確率で行なっているのであり、個体群が穴掘りと侵入のスペシャリストの一定の混合を含んでいるのではない。これは真の混合ESSであることを示唆している。

＊4　この型の行動的非対称で私が知っている最も見事な実例に（……）

ティンバーゲンの「先住者がいつも勝つ」現象よりさ

えもさらに明快な実証が、N・B・デイヴィスのあるチョウ（*Parage ageria*）の調査から得られる。ティンバーゲンの研究はESSの理論が発明される以前に行なわれたものであり、本書の初版におけるESS的解釈は後知恵によってなされたものだった。デイヴィスはチョウの研究をESSの理論の光に照らして表現している。彼はオックスフォード近郊のワイタムの森では雄のチョウがそれぞれ、日だまりを防衛していることに気づいた。雌は日だまりに引き寄せられるので、日だまりは闘い獲るに値する有効な資源である。日だまりの数よりも多くの雄が存在し、あぶれた者たちは樹冠でチャンスをうかがっている。雄を次から次へとつかまえては放してやることによって、デイヴィスは、二匹の個体のうちどちらであろうと、最初に日だまりに放されたほうが、双方から、「所有者」として扱われることを示した。どちらであろうと、二番目に日だまりに到着した雄は「侵入者」として扱われた。侵入者はほとんど例外なく、ただちに敗北を認め、所有者の独占にまかせた。とどめの一撃（coup de grâce）というべき最後の実験で、デイヴィスは首尾良く、両方のチョウに自分たちが所有者で、相手が侵入者だと「思わせる」ように「騙す」ことができた。このような状況下においてのみ、本物の真剣で長時間にわたる闘いが始まった。ついでながら、これらのすべてのケースにおいて、私は話を単純にするために、そこに二匹だけのチョウがいたかのように述べたが、当然のことながら、実際に存在したのは何組もの二匹から得られた統計的なサンプルだ。

*5　逆説的ESS

逆説的ESSを現在代表するであろう出来事は、ロンドンの『タイムズ』紙（一九七七年一二月七日付）に掲載されたジェームズ・ドーソン氏からの手紙に、以下のように記録されている。「この何年か私は、旗竿を見晴らし台にしている一羽のカモメが、必ずと言っていいくらい、その場所に舞い降りようとする他のカモメに道を譲り、それも二羽の体の大きさに無関係に道を譲ることに気づいた」

私の知るかぎり、逆説的戦略の最も満足すべき実例には、スキナー箱の家畜ブタが関わっている。この戦略はESSと同じ意味で安定だが、DSS（developmentally stable strategy　発生的に安定な戦略）と呼ぶほうが良いだろう。なぜなら、それは動物の進化的な時間を通じてというより、その動物自身の生涯を通じて生じるものだからだ。スキナー箱というのは、動物がレバーを押して自分で餌を取ることを学習する装置であり、すると自動的に餌がシュートから落とされる。実験心理学者たちは、ハトやネズミを小さなスキナー箱に押し込むことに慣れ親しんでいる。入れられた動物はすぐに、食べ物という報酬のためにデリケートなレバーを押すことを学習する。ブタも、とてもデリケートとは言いがたい鼻づらで押す方式のレバーの付いた巨大なスキナー箱で同じことを学習することができる（私はその研究用映画を何年も前に見たことがあり、思い出してはほとんど笑い死にしそうになる）。B・A・ボールドウィンとG・B・ミーズはブタをスキナー豚箱で調教したのだが、この話にはもう一ひねりがある。鼻づらで押すレバーは豚箱の一端にあり、食物供給器は反対の端にある。そこでブタはレバーを押したあと、獲物を得るために豚箱の反対の端に向かって走り、そしてまたレバーのところへ大急ぎで戻り、また同じことを繰り返す。これですべて非常に申し分ないように聞こえるが、しかしボールドウィンとミーズはペアにしたブタを装置のなかに入れた。いまや一頭のブタが他方のブタを搾取することができる。「奴隷」ブタは行ったり来たり走りまわりながらバーを押す。「主人」ブタは食べ物が出てくるシュートの前に座って、食べ物が与えられると食べる。ペアのブタは実際にこの種の安定した「主人／奴隷」パターンに落ち着き、一方が働き走り回り、もう一方はもっぱら食べること専門である。

さてそこで逆説だ。「主人」と「奴隷」というラベルはまったくあべこべに逆転すべきものである。一組のペアが安定したパターンに落ち着いたときにはいつでも、「主人」すなわち「搾取する」役割を演じることになったブタは、他のすべての点で劣位の個体だった。いわゆる「奴隷」ブタ、あらゆる仕事をしたブタは通常、優位の個体だった。ブタたちを知っている人間は誰でも、逆に、優位のブタが主人でほとんどを食べ、劣位のブタがきつい仕事をしてめったに食べられない奴隷になっていると予想したことだろう。

このような逆説的な逆転はいかにして生じたのか？ひとたび、安定な戦略という観点から考え始めると、容易に理解できる。私たちがしなければならないのは、思考を進化的な時間から発生的な時間、つまり、二個体間の関係が発達してくる時間の尺度へとずらすことだけである。「もし優位なら餌桶《えさおけ》のそばに座れ、もし劣位ならレバーを押せ」という戦略は賢明なものに響くが、安定ではないだろう。劣位のブタはレバーを押したあと全速力で走ってきても、前脚をしっかりと桶に入れた優位のブタを見つけるだけのことで、追い立てることはできない。劣位のブタはすぐにレバーを押すことを諦めるだろう。なぜなら、その習性は何の報酬ももたらさないからだ。しかしここで逆の戦略、「もし優位ならレバーを押せ、もし劣位なら餌桶のそばに座れ」を考えてみよう。これは、たとえ劣位のブタが食べ物のほとんどを得るという逆説的な結果さえ生じるとしても安定であろう。優位のブタが豚箱の一方の端から突進してきたときに、いくらかの食べ物さえ残されていればいいのだ。優位のブタは到着するやいなや、劣位のブタを桶から追い出すのに何の苦労もない。報酬となる食べ物のかけらが存在するかぎりレバーを押すという習性が、したがって無意識のうちに劣位のブタを満腹させることが続くのである。

そして、桶のそばで怠惰に横たわる劣位のブタの習性もまた、報酬を受ける。そこで、「もし優位ならば〈奴隷〉として振る舞い、もし劣位ならば〈主人〉として振る舞う」という戦略の全体が報酬を受けるので、安定なのだ。

＊6 〔……〕〔コオロギの〕ある種の順位制〔……〕

当時私の学生だったバークは、コオロギにおけるこの類の疑似的な順位制のさらなる証拠を見つけた。彼はまた、雄のコオロギは、最近に他の雄との闘いに勝ったばかりのときには雌とより交尾しやすいことをも示した。これは「マールバラ公効果」とでも呼ぶべきか。それは、初代マールバラ公爵夫人の日記にある次のような記述にちなむものだ。すなわち、「閣下は今日戦いからお戻りになり、乗馬靴を履いたままで妾《わたし》を二度もお悦《よろこ》ばせになった」。名前の別の案は、男性ホルモンのテストステロンのレベルの変化についての『ニュー・サイエンティスト』誌に載った次の報告からも考えられよう。「大試合前の二四時間におけるテニス・プレイヤーのテストステロンのレベルは二倍になる。そのあと勝者のレベルはそのままにとどまるが、敗者では急落する」

＊7 ESS概念の発明を、ダーウィン以来の進化論における最も重要な進歩の一つとして振り返るようになるだろう。

この文章は少々言い過ぎている。私はこの頃、当時の生物学の文献、とくにアメリカではESS概念が広く無視されていたことに対して過剰反応したのだろう。たとえばE・O・ウィルソンの大著『社会生物学』のどこにもこの言葉は出てこない。しかし、それはもはや無視されてはおらず、私は、いまや慎重で冷静な見かたを取ることができる。十分に明快な思考をしさえすれば、あなたは実際にESSの用語を使わなければならないわけではない。しかしそれは、とくに、詳しい遺伝的知識が利用できないようなケースでは——実際上はたいていのケースがそうだ——、明快な思考の大きな助けとなる。ときには、ESSモデルは生殖が無性的であることを前提にしていると言われることもあるが、この言いかたは、有性生殖ではなく無性生殖がとくに必要があって前提とされているのだと受け取られるのなら、誤解のもとである。ESSモデルは遺伝的システムの細部についてはあえて関与しないというのがむしろ真実だ。その代わりに、ある種の漠然とした意味で、似た者は似た者を生じるということを前提とする。多くの目的に関してこの前提は適切だ。実際のところ、その曖昧さは好都合でさえある。なぜなら、それは精神を本質に集中させ、遺伝的優劣といった細部から目をそらせられるからだ。特定のケースについての細部はわかっていない。ESSの考えかたは、否定的な役割において最も役に立つ。それは、そうでなければ陥りがちな理論的誤りを回避する助けになるからだ。

＊8　進化とは、たえまない上昇ではなくて、むしろ安定した水準から安定した水準への不連続な前進の繰り返しであるらしい。

この一文は、今日よく知られている断続（区切り）平衡説という理論の一つの表現法についての、見事な要約になっている。恥ずかしながら、この推測を書いたとき、私は、当時のイギリスの多くの生物学者と同様に、この理論についてまったく知らなかったと言わなければならない。ただし、この理論はその三年前にすでに発表されていた。それ以後は、たとえば『盲目の時計職人』を書いた頃は、区切り平衡説が吹聴し過ぎてきたやりかたについて――おそらく過剰に――多少いらだちを感じるようになっていた。もしこのことが誰かの気持ちを傷つけていたとすれば遺憾である。それらの人々に、少なくとも一九七六年には、私の気持ちは穏やかであったということを記せば喜んでもらえるかもしれない。

第6章　遺伝子道

＊1　私は、これらの論文がエソロジストたちになぜこれほど無視されてきたのか理解できない。

ハミルトンの一九六四年の論文はもはや無視されてはいない。その初期における無視とその後の認知の歴史は、それ自体で、一つの興味深い定量的研究、つまり、一つの「ミーム」のミーム・プールへの取り込みに関する一つの事例研究を成すものである。このミームについては、第11章の注でその進展を跡付ける。

＊2　遺伝子プール全体のなかで数の少ない遺伝子について述べるものとしよう。

私たちが全体としての個体群のなかで数の少ない（まれな）遺伝子について語っているふりをするという方策は、近縁度の計算を説明しやすくするための、ちょっとしたインチキだ。ハミルトンの主要な功績の一つは、彼の理論が当該の遺伝子が少ないか多いかに無関係にあてはまることを示した点だ。やがてこの点は、この理論のなかで人々が理解するのが難しいと感じた一つの側面であることが判明する。

近縁度の計算という問題は、以下のような形で私たちの多くを誤らせる。一つの種のいかなる二個体も、同じ家族に属していようがいまいが、通常は九〇％の遺伝子を共有している。だとすれば、兄弟間の近縁度が1/2、いとこ間の近縁度が1/8などといったことを私たちが語るとき、いったい何について論じているのか？　答えは、兄弟は、あらゆる個体がいずれにせよ共有している九〇％（あるいはその数値がどうであれ）を除いた残りの遺伝子の1/2を共有しているということだ。一つの種のすべてのメンバーによって共有される一種のベースライン近縁度が存在する。じつを言えば、程度こそ劣れど、他の種のメンバーにも共有されているのである。利他主義は、ベースラインがどうであれ、近縁度がベースラインより高い個体に向けられることが予測されるのだ。

初版では、数の少ない遺伝子について述べるというトリックを使うことによって、問題を回避した。これは、そのかぎりでは正しいのだが、十分な役には立たない。ハミルトン自身が「同祖的」遺伝子について書いているが、それもまた、アラン・グラフェンが示したように、それはそれで困難を生じる。他の論者たちは問題があることさえ認めておらず、共有された遺伝子の絶対的なパーセンテージについて語るだけだが、それは疑問の余地ない明瞭な誤りである。そのような不注意な発言は、実際に重大な誤解を導いた。たとえば、ある高名な人類学者は、一九七八年に発表した「社会生物学」に対する辛辣な攻撃のなかで、次のような主張を試みている。すなわち、もし私たちが血縁淘汰説をまじめに取り上げるならば、すべての人類は互いに利他的に振る舞うと予想すべきだ。なぜなら、すべての人類は九九％以上の遺伝子を共有しているからだというのだ。この誤りについては、「血縁淘汰説一二の誤解」〔45〕（の第5の誤解にあたる。『延長された表現型』の訳者補注を参照）に簡単な回答を示しておいた。他の一一の誤解についても、一読の価値がある。

アラン・グラフェンは、「近縁度の幾何学的な見かた」〔79〕において、近縁度の計算という問題に対する決定的な解決となりうるものを示しているが、ここで詳しく論じるつもりはない。またもう一つの「自然淘汰、血縁淘汰、群淘汰」〔78〕という論文において、グラフェンは、さらに普遍的で重要な一つの問題、すなわちハミルトンの「包括適応度」という概念の広く行き渡った誤用を明らかにしている。彼はまた、遺伝的な近縁度に対するコストと利益の計算の正しい方法と誤った方法についても述べている。

＊3　アルマジロ（……）これは誰か南アメリカへ行って一目見てくる価値がありそうだ。

アルマジロ戦線については、新しい事態の進展は何も報告されていないが、もう一つの「クローン」動物のグループ――アブラムシ――については、いくつかの驚くべき新事実が明らかになった。もしあなたがある植物に付いたアブラムシの群れを見たとすれば、おそらくそれらは、同じ一つの雌のクローンのメンバーであり、一方、隣の植物に付いているものは別のクローンのメンバーだ。理論的には、このような条件は血縁淘汰による利他主義の進化に理想的なものである。しかしながら、一九七七年（本書の初版に登場するにはあまりにも遅過ぎた）に青木重幸によって日本のアブラムシで不妊の「兵隊」アブラムシが発見されるまで、アブラムシにおける実際の利他行動は知られていなかった。以来青木は、多数の異なる種においてこの現象を見つけており、それが少なくとも四つの異なるアブラムシのグループで独立に進化したという確かな証拠を得ている。

青木の話を要約すればこうなる。アブラムシの「兵隊」は、アリのような伝統的な社会性昆虫のカーストとまったく同じように、解剖学的に異なったカーストである。兵隊は完全な成虫まで成熟することのない幼虫で、したがって不妊である。兵隊は見かけにおいても行動においても兵隊ではない同年齢の幼虫と似ていないが、遺伝的には同じだ。兵隊は通常、兵隊でないアブラムシより大きい。そして特別に大きな前脚を持っており、まるでサソリのように見える。頭には前に突き出した鋭い角がある。兵隊はこれらの武器を使って、捕食者となるものと戦い、殺す。この過程で死ぬことがよくあるが、しかしたとえそうしなくても、兵隊たちは不妊であるがゆえに遺伝的に「利他的」だと考えるのはなお正当だ。

利己的遺伝子の観点から、ここでは何が起こっているのか？　どの個体が不妊の兵隊になりどの個体が正常な繁殖力を持つ成虫になるかを、何が決めているかについて、青木は詳しく述べていないが、それが遺伝的な差異ではなく環境的なものに違いないと言っても、まず大丈夫だろう。なぜなら、明らかに、一本の植物に付いている不妊の兵隊と正常なアブラムシとは、遺伝的に同一だからだ。しかしながら、この二つの発生学的な経路のどちらに入るかを環境的にスイッチする能力を持つ遺伝子は存在するだろう。たとえそのうちの一部が最終的に不妊の兵隊の体に入り、したがって子孫に伝えられないとしても、なぜ自然淘汰はこれらの遺伝子を優遇するのか？　なぜなら、兵隊のおかげで、それとまさに同じ遺伝子のコピーが繁殖する兵隊でないアブラムシの体のなかに貯えられてきたからである。この理由付けは、すべての社会性昆虫の場合と同じだ（第10章を参照）。ただし、アリやシロアリのような他の社会性昆虫では、不妊の「利他行動者」は不妊ではない繁殖個体のなかの自らのコピーを助ける統計学的なチャンスしか持ち合わせていないという点だけは異なる。兵隊は利益を与える対象である繁殖する姉妹のクローン仲間だから、アブラムシの利他的な遺伝子は統計学的な見込みよりはむしろ確実性を享受することができる。いくつかの面で青木のアブラムシは、ハミルトンの考えの威力に一番ぴったりとした実在の例証を与えるものだ。

それなら、アブラムシは、伝統的にアリ、ハチ、シロアリの砦だった真の社会性昆虫の排他的なクラブに入会を許されるべきなのか？　昆虫学的な保守主義は、さまざまな根拠からアブラムシを排斥するだろう。たとえば、彼らは長命な女王を持っていない。さらに、真のクローンであるため、アブラムシはあなたの体の細胞以上に「社会的」ではない。植物を食べている一匹の動物がいるだけなのだ。それはたまたま、その体を物理的に分離されたアブラムシに分割し、そのうちの一部が、人体のなかの白血球とまさに同じように防衛的役割に専門化しているだけなのだ。「真の」社会性昆虫は同じ生物体の部分ではないのにかかわらず協力し合うが、青木のアブラムシは同じ「生物体」に属しているがゆえに協力する、という具合に議論は進む。この意味論的な論議について私はあまり意欲を掻き立てられない。アリで何が起こっているかをあなたが理解しているかぎりは、アブラムシと人間の細胞を社会的と呼ぼうが呼ぶまいが自由で、好きなようにすればいいと、私には思える。私自身の好みを言えば、青木のアブラムシは一つの生物体の部分と呼ぶよりもむしろ社会的な個体と呼ぶべきだとするいくつかの理由を持ち合わせている。一つの生物体としての決定的ないくつかの特質というものがあるが、一匹のアブラムシがそれを保有しているのに対して、アブラムシのクローンはそれを保有していない。この議論は、『延長された表現型』の第14章「生物体を再発見する」、および本書の第13章「遺伝子の長い腕」において、詳しく論じてある。

＊4　血縁淘汰は断じて群淘汰の特殊な例ではない。

群淘汰と血縁淘汰の相違をめぐる混乱は、まだ解消されていない。むしろ悪化してさえいるかもしれない。私の意見は、さらに何倍もの強調を込めて揺るがない。ただし、配慮に欠けた言葉の選択のために、私自身が本書の初版でまったく別種の誤りをおかした点だけは除く。初版では私はこう言っていた（第2版本文で訂正したわずかな箇所のうちの一つ）。「またいとこは子孫や兄弟の1/16の利他主義を受ける傾向があると考えられる」〔初版の邦訳『生物＝生存機械論』一五〇頁〕。S・アルトマンが指摘しているように、これは明白な誤りである。それは、この時点で私が主張しようとしていた論点と何の関係もないというただ一つの理由によって誤っている。もし一頭の利他的な動物が近縁者に与えるべきケーキを持っていたとしても、切る大きさを近縁度の大きさで決めて、それをすべての近縁者に一切れずつ与えるべき理由はまったくない。実際には、他種の個体はさておき、同種のすべてのメンバーは少なくとも遠い親戚であり、したがって慎重に計り分けたひとかけらを要求できるのだから、これでは馬鹿馬鹿しい話になってしまう！　反対に、周辺に密接な近縁者がいれば、遠い親戚たちにケーキを一切れだって与える理由はないだろう。収益逓減《ていげん》の法則のような他の複雑な条件に左右されて、ケーキは手近にいる密接な近縁者に与えられるべきものだ。もちろん私がここで言おうとしたのは、「またいとこは、子どもや兄弟に比べて利他主義を受ける可能性が1/16になると予想されるだけのことだ」ということであり、今回は修正されている（一七四頁）。

＊5　彼は故意に子を除外している。子は血縁に数えられていないのだ！

私は、E・O・ウィルソンが将来の著作において、彼の血縁淘汰の定義を、子をも「血縁」に含めるよう、変更してほしいという希望を表明した。彼の『人間の本性について』〔186〕では、「子以外の」という気にさわる文句が実際に省略されている（これに関して謝辞を要求しているのではない！）ことを報告できるのは嬉しい。彼は、「血縁は子を含めるように定義されているが、血縁淘汰という用語は通常、少なくとも兄弟・姉妹・両親などの他の近縁者も影響を受ける場合にのみ用いられる」と付け加えている。これは遺憾ながら、生物学者たちの一般的な使いかたについての正確な発言である。それはひとえに、多くの生物学者が、血縁淘汰が基本的にどういうものかについての本質的な理解をいまだに欠いている、という事実を反映している。彼らはいまだに、それを何か特別で深遠な、通常の「個体淘汰」の他のものと誤って考えている。そうではない。血縁淘汰は、夜の次に昼がくるのと同じように、ネオダーウィニズムの基本的な前提から自然に出てくるものなのだ。

＊6　あわれな生存機械が急いで計算するには複雑過ぎる！

血縁淘汰説が動物による非現実的な計算の離れ業を要求するという誤った意見は、いっこうに衰えることなく、累代の研究者によって何度も復活させられている。それも、単に若い研究者だけでない。高名な社会人類学者のマーシャル・サーリンズによる『生物学の利用と誤用』〔158〕は、「社会生物学」への「縮みあがらせるような攻撃」として喝采を受けていなければ、寛大な曖昧さのなかにとどめておくこともできた。次の引用は、血縁淘汰が人類に作用するのかどうかという文脈でなされたものだが、真実であるには、話があまりにもでき過ぎている。

> ところでここで、r すなわち近縁係数の計算のための言語上の支援の欠如が引き起こす認識論的な問題が、血縁淘汰説に重大な弱点をもたらすことに注意を促しておく必要がある。分数というのは世界の言語においては非常にまれにしか見られないもので、インド＝ヨーロッパ語および、中近東の古代文明に現れるが、一般にいわゆる未開民族には欠如している。狩猟採集民は一、二、三以上の計数システムを持っていない。動物たちがいかにして〔自分のいとこの〕$r=1/8$であることを計算すると考えているのかというさらに重大でさえある問題についての論評は差し控えておく。

このきわめて啓発的な文章を私が引用したのは初めてではない。そして、それに対する私自身のかなり手厳しい返答を、「血縁淘汰説 一二の誤解」から引用しておくのが良いだろう。

サーリンズが、動物がどうやってrを計算すると考えているのかについて、「論評を差し控える」という誘惑に屈したのは、彼にとって残念なことだった。彼があざけろうと試みた観念が彼にはあまりに馬鹿げたものに思えたので、心に警鐘が鳴ってしまったのだろう。カタツムリの殻は完璧な対数らせんを描くが、カタツムリがいったいどこに対数表を持っているというのだ？　実際にどのようにしてそれを読むのか？　カタツムリの眼のレンズはm、すなわち屈折率を計算するための「言語上の支援」を欠いているのだから。また、どうやって緑色植物はクロロフィルの公式を「計算」するというのだ？

事実はこうだ。もしあなたが行動だけではなく、解剖、生理、あるいはほとんどいかなる生物学の側面についてであれ、サーリンズのやりかたによって考えてしまえば、彼と同様に架空の問題に辿りつくことになるだろう。一個の動物体あるいは植物体のどんな小さな部分の個体発生も、それを完璧に記述しようとすれば複雑な数学を必要とするが、それは、その植物あるいは動物自身が頭の良い数学者であることを意味するわけではない！　非常に背の高い木は通常、幹の基部から巨大な板根を翼のように張り出している。ある一つの種のなかでは、木の背丈が高くなればなるほど、相対的により大きな板根を持つ。こういった板根の形と大きさは、木を直立に保つための実用的な最適値に近似していることは広く認められているのだが、それを実証するために、技術者はきわめて精緻な数学を必要とする。サーリンズであれ、他の誰であれ、板根問題を説明する理論を、単に木が計算のための数学的な専門知識を欠いているというだけの理由で疑うということはけっしてないはずだ。それならばなぜ、血縁淘汰によって生じた行動という特別なケースだけに問題が生じるのか？　それが解剖学的なものに対立する行動であるがゆえということはありえない。なぜならば、サーリンズがその「認識論的な」異議を唱えることなくいそいそと認めるような他の行動（血縁淘汰によって生じた行動以外のという意味）の実例は、たくさんあるからだ。たとえば、投げ上げられたボールを捕るときに私たちがしなければならないある意味で複雑な計算について、私が挙げた実例（一七六〜一七七頁）を考えていただきたい。自然淘汰説には一般的にまったく満足しているが、彼らの学問の歴史に根源を持つのかもしれないまったく見当外れの理由から、血縁淘汰説に都合の悪い何か——何であれ——を見つけ出そうと必死になる社会科学者は出てくるだろう。

＊7　（……）実際に動物が、誰が自分の近縁者なのかをどのように判断しようとしているかを考えなければならない。私たちが誰が身内かを知っているのは、人から聞く

からであり（……）

この本が書かれて以来、血縁認知という問題全体が熱狂的に流行るようになった。私たち自身をも含めて動物は、近縁者と非近縁者を、しばしば匂いによって区別する驚くほど繊細な能力を示すように思われる。最近刊行された『動物における血縁認知』〔177〕という本は、現在知られていることを要約している。パメラ・ウェルズによる人間についての章は、前述のような見解（「私たちが誰が身内かを知っているのは、人から聞くからであり」）が補強される必要のあることを示している。少なくとも、私たちが近縁者の汗の匂いを含めたさまざまな非言語的手がかりを用いるという状況証拠が存在する。私にとってこの問題全体は、彼女が冒頭に掲げている引用に要約されている。

すべての良き仲間を言い当てることができる
その利他主義的な匂いによって
――e・e・カミングス

近縁者は利他主義以外の理由からも互いに認知し合う必要があると思われる。また、彼らは、次の注に見るように外婚と内婚のあいだのバランスを取りたいと願っているかもしれない。

＊8　それはおそらく、近親交配によって表れる潜性遺伝子の有害な効果と関係がある（いくつかの理由から、多くの人類学者はこの説明を好まないが）。

致死遺伝子とはその保有者を殺す遺伝子である。潜性の致死遺伝子は、他のあらゆる潜性遺伝子と同じように、量が二倍にならないかぎり効果を及ぼさない。潜性致死遺伝子は遺伝子プールのなかで生き残る。なぜなら、ほとんどの個体はその遺伝子のコピーを一つしか持たず、したがって悪影響を及ぼすことはないからだ。どの致死遺伝子もまれである。もし数が多くなっていくと、それ自身のコピーと出会い、その保有者を殺してしまうからである。にもかかわらず、さまざまに異なるタイプの致死遺伝子がどっさりあり、私たちはすべて、いまなおそれらに蝕まれるのだ。人間の遺伝子プールに潜んでいる致死遺伝子がどれほどの数あるかについては、いろいろ異なった計算がある。いくつかの本では、一人あたり平均して二つもの致死遺伝子があると計算している。もし任意の男が無作為に選ばれた女と結婚すれば、その致死遺伝子は彼女の致死遺伝子と合致せず、子どもが被害を被ることはないだろう。しかし兄が妹と、あるいは父親と娘が結婚すれば、事態は不穏に変化する。私の潜性致死遺伝子が大きな個体群のなかでどれだけまれだろうと、そして私の妹の潜性致死遺伝子が大きな個体群のなかでどれだけまれだろうと、私の致死遺伝子と彼女の致死遺伝子が同じである確率は心配になるほど高い。計算すれば、私が持っている潜性致死遺伝子一つごとに、もし私が妹と結婚すれば私たちの子どもの1/8は死産か幼いうちに死ぬであろうことが判明する。ついでながら、思春期に死ぬのは、遺伝学的な言いかたをすれば、死産よりもずっと「致死的」でさえある。死産の子どもは親の大切な時間とエネルギーをそれほど無駄にしないのだ。しかし、それをどういう形で考察しようとも、近親相姦は単に緩やかに有害なだけではない。それは潜在的に破滅をもたらすものだ。積極的な近親相姦の回避への淘汰は、自然界でこれまで計測されてきたいかなる淘汰圧に劣らず強力なものでありうる。

近親相姦回避のダーウィニズム的な説明に反対する人類学者は、おそらく、自分たちがどれほど強力なダーウィニズム的主張に反対しているのかに気づいていない。彼らの論拠はときにはあまりにも薄弱で、絶望的な特別弁論を思わせる。たとえば、一番多い言いかたはこうだ。「もしダーウィニズム的な淘汰が本当に私たちのなかに近親相姦に対する嫌悪を組み込んでいるのなら、それを禁止する必要はないだろう。タブーは、近親相姦への渇望があるがゆえにのみ生じるのである。したがって、近親相姦を禁止する規則が〈生物学的〉機能を持つことはありえず、それは純粋に〈社会的〉なものに違いない」。この反論は次の言いかたとかなりよく似ている。「自動車はドアにロックがあるのでイグニション・スイッチのロックは必要ない。したがって、イグニション・ロックは泥棒除けの装置ではありえない。それは何らかの純粋に儀式的な意義を持っているのだろう」。人類学者たちはまた、異なる文化が異なるタブー、実際に異なった血縁の定義を持っているということを強調するのも好きだ。彼らはまた、これが近親相姦回避を説明しようとするダーウィニストの野心をくじくと考えているように思われる。しかし、異なる文化が異なる体位で交接することを好むからといって、性的欲望がダーウィニズム的適応ではありえないということも同じように言えるのではないだろうか。人類における近親相姦回避が、他の動物におけるのに劣らず強力なダーウィニズム的淘汰の帰結であるというのは、私にはきわめてありうべきことのように思える。

遺伝的にあなたにあまりにも近い人と結婚するのだけが悪いわけではない。あまりにも離れた人との外婚もまた、異なる血統間の遺伝的不適合のゆえに悪いことがあるかもしれない。理想的な中間がどのあたりにくるか、正確なことを予測するのは簡単ではない。あなたはいとこと結婚すべきなのか？　またいとこ、あるいはまたまたいとことだろうか？　パトリック・ベイトソンは日本のウズラについて、彼ら自身の好みがスペクトラムのどのあたりに位置するのかを求めようと試みた。アムステルダム装置と呼ばれる実験的な装置のなかで、ウズラは、ミニチュアのショウ・ウィンドウの後ろに並んだ異性のメンバーのなかから相手を運ぶようにさせられた。彼らは兄弟や血縁のない個体よりもいとこを好んだ。さらなる実験は、若いウズラは同じ巣仲間の特徴を学習し、年取ってから、巣仲間ととてもよく似てはいるが、あまりにも似過ぎてはいない配偶者を選ぶことを示唆している。

したがって、ウズラはいっしょに育った個体に対する欲求を内的に欠くことによって、近親相姦を回避しているように思われる。他の動物は社会的な法、社会的に強いられた分散の規則を守ることによって、それを成し遂げる。たとえば、思春期の雄ライオンは、彼らを誘惑する近縁の雌が留まっている親の群れ《プライド》から追い立てられてしまい、自分で別の群れを強奪できたときにだけ交尾できる。チンパンジーやゴリラの社会では、交尾の相手を求めて他の集団《バンド》へ出ていくのは若い雌のほうだという傾向がある。両方の分散パターンとも、ウズラの方式と同じように、私たち人類のさまざまな文化のあいだで見出すことができる。

＊9　彼ら〔カッコウに托卵される小鳥〕は自種のメンバーに托卵されるおそれはないので〔……〕

これはおそらく、ほとんどの種の鳥についてあてはまる。にもかかわらず、自種の巣に寄生する一部の鳥を見つけたとしても驚くにあたらない。そしてこの現象は現実に、次第に数多くの種で発見されつつある。これはとりわけ最先端のもので、誰と誰が近縁なのかを確認するために新しい分子技術が導入されつつある。実際には、利己的遺伝子の理論からは、それがこれまで私たちの知る以上に頻繁に起こっていると予測されるだろう。

＊10　〔ライオンの血縁淘汰について〕これが、動物による近縁度の見積もりと、優秀なナチュラリストによる見積もりがほぼ同じであると私が言ったことの意味だ。

ライオンにおける協力の原動力として血縁淘汰を強調したバートラムの見解は、C・パッカーとA・ピュージーから異議を唱えられている。二人は、多くの群れでは、二頭の雄ライオンは近縁ではないと主張する。そして、ライオンの協力の説明としては、互恵的利他主義が少なくとも血縁淘汰と同程度に可能性があることをほのめかす。おそらくどちらの陣営も正しい。第12章では、互恵主義（「やられたらやり返す」）が、最初に互恵主義者の数が臨界値を超えれば進化が可能なことを強調している。このことは、将来パートナーたるべき個体が互恵主義者であるかなりの確率を持つことを保証する。血縁は、これが起こるための最も明白な方法なのだろう。近縁者は当然ながら互いによく似る傾向があるから、たとえ全体としての個体群において臨界頻度まで達していなくとも、家族の内部では達していることがある。ライオンにおける協力は、バートラムが示唆した血縁効果を通じて始まり、それが互恵主義が有利になるために必要な条件を提供したのだろう。ライオンをめぐるこの意見の不一致は事実によってのみ決着をつけられるのだが、事実は、いつものことながら、特定のケースについてしか教えてくれず、全般的な理論的背景について教えてはくれない。

＊11　Cと私が一卵性双生児であれば（……）

一卵性双生児が――その双生児が本当に一卵性であることが保証されているかぎりは――あなたにとって、理論的にはあなた自身と同等の価値を有することは広く理解されている。それほど広く理解されていないのは、保証された一夫一婦制の母親にも同じことが言えるということだ。もしあなたが、あなたの母親があなたの父親の子どもを、そしてあなたの父親の子どもだけを産み続けることが確実だとすれば、あなたの母親は遺伝学的にあなたにとって一卵性双生児、あるいはあなた自身と同等の価値を持つ。あなた自身を子ども製造機械と考えてもらいたい。そうすると、あなたの一夫一婦制の母親は（両親が同じ）兄弟製造機械であり、両親の同じ兄弟はあなたにとって遺伝学的にあなた自身の子どもと同等の価値がある。もちろん、これはあらゆる種類の実践的考慮点を無視している。たとえば、あなたの母親はあなたより年を取っている。ただし、このことが、特定の状況に依存して、将来の繁殖について彼女の賭け率をあなた自身よりも有利にするか不利にするかについては、一般的な規則を与えることはできない。

この議論は、あなたの母親が、誰か他の男との子どもではなく、あなたの父親の子どもだけを産み続けると、あてにできることを前提にしている。彼女がどの程度まであてにできるかは、その種の配偶様式によって決まる。もしあなたが乱交を常習とする種のメンバーであれば、明らかに、あなたの母親の子どもをあなたと両親を同じくする兄弟と期待することはできない。理想的な一夫一婦制の条件のもとでさえも、あなたの母親の賭け率をあなた自身よりも不利にするであろう一つの避けがたい事態がある。父親の死だ。もしあなたの父親が死ねば、どうがんばっても、あなたの母親が彼の子どもを産み続けることはほとんど期待できないのではないか？

しかし実際問題として、彼女は産み続けられるのだ。これが生じるような状況は、血縁淘汰説にとってきわめて興味深いものだ。私たち哺乳類は、交接のあと比較的短い一定の期間をおいて出産するという考えかたに慣れ親しんでいる。人間の雄は死後に子どもの父親になることができるが、死後九ヶ月以上経つとできない（精子銀行で冷凍するという手段を除いて）。しかし、雌が生涯にわたって精子を体の内部に蓄え、時間の経過とともに、しばしば交尾の相手が死んでずっとのちに、それを取り出して、卵を受精させる昆虫のグループがいくつかある。もしあなたが、これをする種のメンバーなら、あなたは、母親がたえず潜在的に良き「遺伝的賭け率」の対象であり続けることを、非常に強く確信できる。雌のアリは、生涯の初期における一回の結婚飛行〔三〇一頁訳注参照〕でしか交尾しない。そのあと雌は翅を失い、二度と交尾しない。ついでながら、アリの多くの種は結婚飛行において数匹の雄と交尾する。しかし、もしあなたがたまたま、常に雌が一夫一妻を守るこうした種の一つに属しているとすれば、あなたは母親を、少なくともあなたがあなた自身にとってそうであるのと同じくらい、良き遺伝的賭け率を持つと見なすことが本当にできるだろう。若い哺乳類と異なり、若いアリであることとの重要な点は、あなたの父親が死んでいるかどうかが問題ではないことだ（実際、彼はほとんど確実に死んでいる）。あなたは、あなたの父親の精子が彼の死後も生き続け、母親が両親の同じ兄弟を産み続けられることを、かなりの程度で確信できるのである。

もし、兄弟による世話や昆虫の兵隊のような現象の進化的起源に関心があるのなら、私たちは、雌が生涯にわたって精子を蓄える種を特別に注目するべきだ。アリ、ハチでは、第10章で論じたように、特別な遺伝的特異性――単・二倍数性――があり、これが彼らを高度に社会的に仕向けたのかもしれない。ここで私が論じているのは、単・二倍数性はそう仕向ける唯一の要因ではないということだ。生涯にわたる精子貯蔵の習性は少なくともそれと同じほど重要かもしれない。理想的な条件のもとでは、それは、母親を一卵性双生児と同等に、遺伝的に価値あるもの、「利他主義的な」援助に値するものにできる。

＊12　社会人類学者はおそらく興味深い事実をご存じなのではないか。

この記述はいまや私をきまりの悪さで赤面させる。このあと私は社会人類学者が「母の兄弟の効果」について言うべきことを持っているだけでなく、その多くが数年間、それ以外のことをほとんど語っていないということを知ったのだ！　私が「予言した」効果は多数の文化にある経験的な事実であり、何十年も前から人類学者にはよく知られているのだ。さらに、「夫婦の不貞度の高い社会では、母方のおじは「父親」より利他的に違いない。おじのほうがその子との近縁度に対する確信にはっきりした根拠があるからだ」（一九一頁）という特別な仮説を示唆したとき、遺憾ながら私は、リチャード・アレグザンダーがすでに同じ示唆をしていたという事実を見過ごしていた（このことに対する謝辞は、本書の初版のあとの刷りでは脚注として挿入してある）。この仮説は、他の誰にもまして、アレグザンダー自身によって、人類学の文献からの定量的な計算を用いて検証されており、結果はこの仮説に有利なものである。

第7章　家族計画

＊1　この原因は、群淘汰の見解を流布させた第一の責任

者たるウィン＝エドワーズにある。

ウィン＝エドワーズは、学会の異端者としては通例より好意的な処遇を受けてきた。彼の疑問の余地のない誤りのおかげで、淘汰に関する人々の考えかたが明快になったという評価がもっぱらなのだ（個人的に言えばこの評価は少々度が過ぎていると思う）。一九七八年には、彼自身も自説を撤回する大物ぶりを見せ、次のように述べている。

> 個体適応度を増大させる利己的遺伝子の迅速な蔓延を、群淘汰のゆっくりした進行によって抑え込めるような確かなモデルは作れない、というのが現時点での理論生物学者たちの一致した見解である。この際私も、彼らの意見を受け入れることにしたい。

これはたしかに度量のある見直しだった。しかし残念ながら彼はその後、第三の見解を抱いてしまった。最新の著書で、この見直しをさらに見直してしまったのだ。

誰もが長きにわたって了解していた意味における、群淘汰に対する生物学者たちの評判は、本書初版の出版当時にもまして、かんばしいものではない。しかし逆の印象を持つ読者がいてもやむをえない事情もある。このあいだに、とくにアメリカを中心にして、〈群淘汰〉という名前をアメ玉のようにばら撒いて歩く世代が育ったからだ。彼らは、明らかにまったく別の、たとえば血縁淘汰として理解されてきた（そして彼ら以外の学者はいまもそう理解している）ようなあらゆる事例に、群淘汰という言葉を振りあてた。しかし、用語法をてこにしたその種の成り上がりに必要以上に関わり合うのは不毛だと私は思う。群淘汰をめぐる全問題は、一〇年前に、ジョン・メイナード＝スミスらの手で、十分納得のいくかたちで決着をつけられており、現在にいたって私たちが、共有言語の違いだけを根拠にして二つの世代、二つの国の様相を呈しているのは腹立たしい。とりわけ残念なのは、この分野に遅れて参入した哲学者たちが、最近のこの気紛れな用語法に攪乱《かくらん》された状態で仕事を始めてしまったことだ。私は、明快な思考の見本として、そしていま最も信頼できる新・群淘汰問題の分析として、アラン・グラフェンの論文「自然淘汰、血縁淘汰、群淘汰」［78］を推薦しておく。

第8章　世代間の争い

＊1　この問題を手際良く解決したのはR・L・トリヴァースだった。

ロバート・トリヴァースの一九七〇年代初期の一連の論文は、本書の初版を書くにあたって私にとっては最も重要なインスピレーションの源泉の一つであり、とくに第8章には彼のアイディアがふんだんに盛り込まれている。その彼が、ようやく『生物の社会進化』〔173〕を書き下ろしたのでここに推薦したい。内容ばかりでなく、スタイルが良い。明晰な思考、学術的に厳密でありながら同時にお歴々をからかうのにちょうど手頃なくらいの擬人主義的無責任、そして自伝風の独白というスパイスも効いている。その一つをここに引用しておかないわけにはいかない。これがまさにトリヴァース流だ。ライバル関係にある二頭の雄のヒヒの関係をケニアで観察した時の興奮を記す場面である。「私が興奮したのはもう一つ理由があったからだ。私は無意識にアーサーに自己同一化していた。アーサーは壮年期の見事な若ヒヒで（……）」。親子間の葛藤に関するトリヴァースの新しい章では主題が現代化されている。とはいっても実際は、新事例が追加された他は一九七四年の彼の論文に付け加えるべきものはほとんどない。彼の理論はこの間の時代のテストに耐えたのだ。言葉に頼るところも多かったトリヴァースの議論だが、その後、詳細な数学的・遺伝学的モデルが駆使され、現代のダーウィン派の理論から実際に誘導可能なものであることが確証されている。

＊2　彼（アレグザンダー）は、常に親が勝つはずだと言う。

　親子の対立で親が勝つのはダーウィン派の根本的な前提から必然的に引き出される結論だ、というアレグザンダーの議論は誤りだった。一九八〇年の著書『ダーウィニズムと人間の諸問題』〔文献3、原書三九頁〕で、彼もそれを率直に認めている。しかし、世代間の争いでは親の側が子どもに対して不釣り合いに有利な立場にあるとする彼の理論は、現在は別の論議から支持される主張であるように私には思えてきた。その議論を私はエリック・チャーノフから学んだ。

　チャーノフのその論議は社会性昆虫の不妊階級の起源に関連したものだったが、議論自体はもっと一般性のあるものなので、一般的な用語に置き換えて以下に紹介してみよう。単婚性の種の、まさに成熟に達する時期にある若雌を一個体想像してほしい（別に昆虫である必要はない）。彼女は、巣を離れて自分で繁殖するか、それとも親の巣に留まって弟妹を育てるか、いずれを選ぶべきかのジレンマにおかれる。彼女の属する種は単婚性なので、母親の生む弟妹はその後もずっと全同胞だと彼女は信じることができる。ハミルトンのロジックに従えば、この場合、彼女にとって弟妹は、実の子どもとまさに同じ「遺伝的な価値」を持つことになる。遺伝的な血縁度だけが問題なら、当該の若雌は二つの選択肢に関して無関心なはずだ。つまり、巣から出ようが、留まろうが、同じなのだ。しかし親のほうは、娘の選択に関して無関心ではいられない。彼女の母親から見れば、子が育つか、孫が育つかの選択である。この場合、遺伝的に見て、新しく生まれる子どもは、新しく生まれる孫の二倍だけ価値がある。巣を離れるか、それとも巣に残って親の子育てを手伝うかという子どもの行動をめぐって親子のあいだに対立があるというふうに言うなら、チャーノフの視点は親の楽勝を示唆するものだ。その事態を利害の対立と見るのは、実は親だけ、ということになるからだ。

この事態は、一方の選手は勝ったときに限って一〇〇〇ポンドの賞金、他方の選手は勝敗に関係なく一〇〇〇ポンドを確約されている、という状況下での競争に少し似ているところがある。この場合、前者のほうが一生懸命走るに違いなく、他の点で両選手が同格なら、おそらく前者が勝つはずだ。ただし、全力疾走のコストはさほど大きいものではないので、賞金の有無にかかわりなく走る人々もたくさんいるかもしれない。チャーノフの視点は、実はこの比喩が示唆するよりも強く親の勝利を支持する。問題のダーウィン的ゲームにおいては、そのようなオリンピック的な理想主義はとても通用しないからだ。ある方面に努力を傾けることは、常に別の方面の努力の減少を引き起こす。それは、あるレースに力を入れてしまうと、疲労のために将来のレースの勝ち目が減ってしまう、という事態に似ていると言っていい。

種ごとに諸条件はさまざまなので、ダーウィン流のゲームの結末をいつも予測できるとは限らない。しかし、遺伝的血縁の度合だけに注目し、かつ単婚性の繁殖システムを前提とするなら（つまり娘はその弟妹が全同胞だと期待できる状況なら）、母親は成熟に達した娘に操作を及ぼして巣に留まらせ、母親の子育てを支援させるのに成功するはずだと予想できる。そのことによって母親の得る利益はじつのところ大きく、一方、娘は可能な選択肢のいずれを選んでも遺伝的には同じことなので、母親の操作に抵抗する理由がないからだ。

これは、「他の条件が等しいとすれば」云々という類の議論の一つであることを改めて強調しておくのも重要だろう。ただし、他の条件は同じではないのが一般的だとしても、チャーノフの論理は、アレグザンダーであれ他の誰であれ、親による子の操作理論を唱導する人々にとって有用なものだということに変わりはない。いずれにせよ、親の勝利を予測するにあたってアレグザンダーが引き合いに出した「親のほうが大きく、強く、云々」という現実的な議論には十分に根拠があったことになる。

第9章　雄と雌の争い

＊1　（……）血縁関係にない配偶者間の争いはどれほど激しくなることか。

じつに頻繁にあることだが、第9章の冒頭のこの文章にも、「他の条件が同じなら」という前提が隠されていた。言うまでもなく、配偶者は互いに協力することによって大きな利益を得ることができるのであり、この事実は第9章に繰り返し登場する。そもそも配偶者は一方にとっての利益がそのまま他方の損失になるようなゲームではなく、協力によって双方が利益を得ることができるようなノンゼロサム・ゲームを演じる可能性が高い（第12章で詳説してある）。本書には生命に関して利己的でシニカルな見かたを強調し過ぎた箇所がいくつもあるのだが、先の記載もその一例だった。しかし、これを記した当時は、動物の求愛に関して逆の見かたが強調され過ぎていたので、利己性の強調が必要と思われたのだ。実際当時は、配偶者というものは互いに惜しみなく協力し合うものと、ほとんどの人々が無批判に広く信じていた。配偶者が相手を搾取するなどとは考えられもしなかったのだ。そのような歴史的な文脈からすれば、私の冒頭の文章の明らかなシニシズムも理解していただけるだろう。しかしいま書き直すなら、私はもっと穏やかな調子を採用するはずだ。同様に、この章の末尾に記した人間の性的役割に関する私の見解も、今となっては表現が単純過ぎる。人間の性差の進化については、マーティン・デイリーとマーゴ・ウィルソンの『性、進化と行動』〔40〕、およびドナルド・サイモンズの『人間の性の進化』〔167〕の二冊が詳細に論じている。

＊2　（……）雄が作れる子どもの数には実質的に限界がない。雄による雌の搾取の出発点はここにある。

　精子と卵子の大きさの違いが性役割の基礎であると強調したのは、今から見ると誤解のもとだったように思われる。個々の精子は小さく安上がりだとしても、膨大な数の精子を生産し、しかもあらゆる競争に抗してそれらをうまく雌に注入するのはけっして安上がりなことではない。現時点では、雄と雌の根本的な非対称性は、次のようなアプローチで説明するほうが良いと思っている。

　雄や雌の特異な属性をいっさい備えていない二つの性がある、という仮定から出発することにしよう。両者は、A、Bという中立的な名前で呼んでおく。ここではすべての交配がAとBのあいだで起こるということだけを約束しておけばいい。この条件のもとでは、雄であれ雌であれ、すべての個体が二者択一を迫られる。すなわち、ライバルとの闘争に時間と努力を費やしてしまえば、現存の子どもの世話を焼くのにその同じ時間や努力を当てることはできず、もちろん逆も真なり。つまり、どの動物もそれら二つの分野に割り当てる努力のバランスを取るに違いない。ここで私は次のように考えたい。そのバランス点がA型とB型とで異なるのではないか。そしていったん異なってしまえば、両者の相違はますますエスカレートする可能性がある。

　この点を確かめるためにA型とB型の二つの性を仮定する。それらのあいだには、繁殖成功度を高めるうえで、子どもへの保護を手厚くしたほうが有利という考えと、闘争に投資したほうが有利という考えとで、相違が最初から存在するものとしておこう（ここで言う「闘争」は同性間のあらゆる直接的な競争を指すものと考えてほしい）。

この場合、最初の相違は微々たるものでかまわない。それが自動的に拡大してしまうというのが私の主張だからだ。さてスタートの段階では、A型は闘争するほうが子どもの保護を選ぶよりも繁殖成功度に大きく貢献し、反対にB型は、闘争するよりも保護行動を選んだほうが繁殖成功度の分散がやや大きくなるものとしよう。もちろんA型も保護行動を強めれば繁殖成功度が上がりはするのだが、保護に成功したA型個体と失敗したA型個体の成功度の差は、闘争に勝ったA型個体と負けたA型個体の成功度の差よりも小さいと仮定しておく。B型のあいだでは事情はちょうど前述の逆になる。すなわち、同じ努力量なら、Aは闘争したほうが有利であり、Bは闘争を避けて子どもの保護に努めたほうが有利なのだ。

世代を重ねるにつれて、A型は親世代よりも闘争傾向が強まり、B型は親世代よりも闘争傾向が弱まって保護傾向が強まるだろう。もちろん、闘争に関して最上位のA型個体と最下位のA型個体の繁殖成功度の相違はますます拡大し、保護行動に関して最上位のA型個体と最下位のA型個体の相違はいっそう縮小する。このため、A型の個体では、闘争に努力を傾けることによる利益はますます大きくなり、保護に努力を向けることによる成功はますます小さくなる。B型に関しては、世代を経るにつれて事情はまったく逆の方向に進む。ここで重大なのは両性間の最初のわずかの相違が自己増幅される、という点だ。すなわち初期のわずかな相違に自然淘汰が作用し始めると、相違はますます拡大され、やがてA型は私たちの言う雄に、そしてB型は私たちの言う雌になってしまう。初発の相違は、偶然の変異で生じるくらいの微細さで足りる。そもそも、両性の最初の条件がまったく同じということもありえないのだ。

読者もお気づきのように、これは、パーカー、ベイカーそしてスミスが、始原的な配偶子の精子・卵子への分化を説明するために提出した理論（二五一頁に論議がある）によく似ている。しかし、ここで私が示した論議のほうが一般性は高い。精子・卵子への分化はもっと根本的な性役割の分化の一つの側面にすぎない。精子・卵子の分化こそ第一義と見て、雌雄のすべての特性をそれに由来するものと考えるのではなく、いまや私たちは、精子・卵子の分化も他のすべての側面と同じ枠組みで説明可能だ。ここで前提にしなければならないのは、互いに交配する二つの性があるということだけだ。この際、互いに交配するという以外に前提は不要である。私たちはこの最小限度の前提から出発して、両性が初期の段階でいかに似ていても、やがて対極的で相補的な繁殖戦略を特化させる方向に分化していくと強く予想できる。精子・卵子への分化はこの一般的な分離の一つの徴候にすぎず、その原因ではない。

＊3　メイナード＝スミスが攻撃的な争いの分析に用いた方法を、性の争いの問題に応用することにしよう。

一方の性における進化的に安定な混合戦略に対応して、他方の性に形成される進化的に安定な混合戦略がどのようなものになるかを探ろうというこの発想は、その後メイナード＝スミス自身によって、また彼とは独立に、しかし同じ方向性でアラン・グラフェンとリチャード・シブリーによってさらに追究されてきた。グラフェンとシブリーの論文は専門的に高度な内容のもので、メイナード＝スミスの論文のほうが言葉で説明するのが簡単だ。要約すると、雌雄双方が採用する可能性のある二つの戦略、「保護」戦略と「遺棄」戦略を仮定するのがメイナード＝スミスの出発点である。雄には「誠実」戦略／「浮気」戦略、雌には「恥じらい」戦略／「尻軽」戦略という仮定を置いた私のモデルの場合と同様、この場合の興味の焦点は、雌の戦略のどのような混合配置に対して、雄の戦略のどのような混合配置が安定なものになるかだ。答えは、問題とする種の経済的な諸状況をどう仮定するかによっている。ここで面白いのは、経済的な条件をいかに大きく変化させても、両戦略の安定な混合率の変化しうる範囲は、連続的な可変域の全域には及ばないことだ。このモデルは、たった四つしかない安定解のどれかに収斂する傾向を示す。この四つの安定解には、それぞれそれを代表する動物の名前が付いている。第一はアヒル解（雄は遺棄戦略、雌は保護戦略）、第二はトゲウオ解（雌は遺棄戦略、雄は保護戦略）、第三はショウジョウバエ解（雌雄とも遺棄戦略）、そして第四はテナガザル解（雌雄とも保護戦略）だ。

このモデルには、じつはさらに興味深いことがある。第5章で、ＥＳＳは同等に安定な二つの状態のいずれに落ち着くことも可能だ、と述べたことを思い出していただきたい。メイナード＝スミスのこのモデルについても同じことが言える。とくに面白いのは、先の四つの解のうちの特定のペアは、同じ経済条件下において同時に安定解になりうることだ。たとえば、ある条件のもとでは、アヒル解とトゲウオ解の両方が安定である。二つのどちらが実現するかは運による。正確に言えば初期条件を形成する進化史の偶発的な事態に依存する。同様に、別の条件のもとでは、ショウジョウバエ解とテナガザル解の両方が安定である。この場合も、任意の種においていずれの解が実現するかは歴史的な偶然による。しかし、テナガザル解とアヒル解が同時に安定解となりうるような条件は存在せず、またアヒル解とショウジョウバエ解が同時に安定解になる状況も存在しない。ＥＳＳの適合的、非適合的な組み合わせに関するこの「安定配偶者（stablemate ――これは駄洒落の類の造語だが）」分析は、私たちの進化史理解に興味深い影響を及ぼす。たとえば、その結果から言えば、進化の歴史において、ある種の繁殖システムのあいだでの転移は可能だが、別の型のあいだでの転移は不可能と予想できる。メイナード＝スミスは動物界の繁殖様式のパターンを簡単に総覧した論文でそのような歴史的なネットワークを検討し、その末尾を次のような印象的な発言で締めくくっている。「哺乳類の雄はなぜ乳を分泌しないのか」

＊4　（……）私はあたかも限りなく振り子が揺れ続くかのように事態を説明してきた。しかし前例と同様、実際にはそうではないことが証明できる。このシステムは、ある安定状態に収斂していく。

遺憾ながらじつはこの発言は誤りだった。しかしこの誤りは興味深いものなので、訂正はせずに、代わりにここでいくらかの解明を試みておくことにしたい。この誤りは、ゲールとイーヴスがメイナード＝スミスとプライスの原論文のなかに見出したものと事実上同じ種類のものだ。私の誤りについては、オーストリアで仕事をしている数理生物学者、シュスターーとジークムントが指摘している。

「誠実」型と「浮気」型の雄、および「恥じらい」型と「尻軽」型の雌の比率に関する私の計算は間違っていなかった。その比率のもとでは、両タイプの雄の成功度は等しく、また両タイプの雌の成功度も等しい。これはたしかに一つの平衡点である。しかし、それが安定的な平衡点なのかどうかを、私は確認せずにいた。それは安定した谷底のような平衡点ではなく、ナイフの刃の縁のような不安定な平衡点かもしれないのだった。平衡点の安全性を調べるためには、平衡点からのわずかなずれを作った場合に何が起こるかを確認しなければならない（ナイフの刃の縁からボールを押せば落ちてしまう。谷底から押し上げればボールはまた戻って来る）。私の設定した数値例では、雄の平衡点は「誠実」型5/8、「浮気」型3/8だった。では、「浮気」型の比率が偶然によってほんの少しだけ平衡値より大きくなったら何が起こるだろうか。その平衡点が安定なものであり自己調節的なものであるためには、この場合、「浮気」型の成功度はただちに下がり始めなければならない。残念なことに、シュスターーとジークムントが示したように、事態はそのようにならない。反対に、「浮気」型はますます有利になり始めた。個体群中における彼らの頻度は、自己安定化的であるどころか、自己増大化の様相を見せたのだ。しかしその増加は無際限ではなく、限度がある。今回私が試してみたようにこのモデルの動きをコンピュータでシミュレートしてみれば、無限に反復するサイクルが表れる。皮肉なことにこれは、二六五〜二六八頁に私が仮説的に記述したサイクルそのものだ。ただしその際の私は、「ハト」「タカ」問題を扱った場合と同じように単に説明のための道具としてそれを持ち出したにすぎなかった。「ハト」「タカ」問題からの類推で私は、問題のサイクルは単に仮説的なもので、システムは実際には安定的な平衡点に落ち着くと考えてしまったのだ。シュスターーとジークムントの批判は決定的で、反論の余地はない。

これらから以下二つの結論を引き出すことができる。

(a)両性間の闘いには、捕食と共通した性質がたくさんある。

(b)恋人たちの行動は月のように変動し、天気のように予測し難い。

これに気づくのに、かつて人々は微分方程式など必要としていなかった。

＊5 父親が子のために献身する例は鳥や哺乳類ではきわめてまれだが、魚ではそれがかなり一般的に見られる。これはいったいなぜか。

タムシン・カーライルがこの問題に関して学部生の時に思いついた仮説の妥当性は、全動物界の保護習性の網羅的な総説をまとめていたマーク・リドレーが比較データによって検討した。彼の論文は驚異の力技というべきで、しかもカーライルの仮説と同様、私に宛てて提出されるべき学部コースの論文としてスタートしたものだった。ただし、リドレーの結果は、カーライルの仮説にとって有利なものではなかった。

＊6 ある種の不安定で一方的な過程

R・A・フィッシャーがきわめて簡単に述べた性淘汰のランナウェイ理論(歯どめのない一方的な過程)は、最近、R・ランデ他の手で数学的な形にまとめられた。おかげでこの理論はきわめて難解な主題になってしまったが、十分なスペースが与えられさえすれば、非数学的な言葉でも説明できる。しかし、それにはたっぷり一章分くらいのスペースが必要であり、『盲目の時計職人』という私の著書で実際に一章(第8章)を費やしたので、ここでは触れない。

その代わりここでは、これまでの私の著書のなかでは十分に触れたことのなかった、性淘汰に関する別の一つの問題を取り上げてみる。それは、必要な変異はいかにして維持されるのか、という問題である。ダーウィン的な自然淘汰は、遺伝的な変異が十分に供給されてはじめて機能できる。たとえば耳を長くする方向にウサギを改良しようとすれば、最初はうまくいく。野生の個体群の平均的なウサギは中程度のサイズの耳を持っている(もちろんウサギの基準で見てのことだ。ヒトの基準からすればそれはとんでもなく長い)。一部のウサギは平均以下のサイズの耳を持ち、別の一部の耳は平均より長い。これらのうち、最も耳の長い個体だけを繁殖させることにすれば、後代の耳の長さの平均値を上昇させることができる。しかしそれはしばらくのあいだのことで、最も耳の長い個体だけを繁殖させ続けていると、やがて必要な変異が喪失する時がくる。どのウサギもみな最長の耳の持ち主になってしまい、進化は停止してしまうのだ。通常の進化においてはこのような事態は問題にならない。ほとんどの環境は、一つの方向に向かって一貫したゆるぎない淘汰圧を加え続けるようなことがないからだ。「現在の平均サイズにかかわらず、平均サイズより少し大きなもの」が常に「ベスト」なサイズであるなどということは、動物のどの部分をとっても普通はありえない。「ベスト」の長さは、三インチなどと決まっている可能性のほうが大きい。しかし性淘汰は、たえず一方向に向かって変化する「最適」を追うやっかいな性質を持ちうる。現状の個体群の耳の長さがどうだろうが、雌のあいだの流行が常にもっと長い耳を求め続ける可能性はある。この場合には変異は実際に枯渇するかもしれない。しかし性淘汰は、実際に機能し続けてきたように見える。私たちは実際に、きわめて誇張された雄の装飾を目にすることができる。これは、変異消失のパラドックスとでも呼ぶべき一つのパラドックスのように思われる。

このパラドックスに対するランデの解答は突然変異である。持続的な自然淘汰を可能にするだけの十分な突然変異が常に存在すると彼は考えた。このような考えかたがこれまで疑問視されていたのは、人々が一遺伝子で考えていたからだ。任意の一遺伝子座における突然変異率は非常に低く、変異消失のパラドックスを解決することはできない。しかし、性淘汰が作用する「尾」やその他の形質は、無数の異なる遺伝子、すなわちそれぞれの小さな効果が加算される「多数同義遺伝子（ポリジーン）」の影響を受けるのだということをランデは私たちに思い出させてくれた。さらに言えば、進化の過程で重要なのは、推移途上にある多数同義遺伝子の集合である。すなわち、「尾の長さ」に関する変異に影響する遺伝子セットには、新しい遺伝子が次々に参入し、またそこからは古い遺伝子が除去されていくだろう。この推移途上の大きな遺伝子セットの任意の遺伝子に、突然変異は影響を及ぼしうる。かくして変異消失のパラドックス自体が消失してしまう。

このパラドックスへのW・D・ハミルトンの解答は異なっている。彼の解答は、最近彼が多数の問題に対して持ち出しているのと同じ解答である。すなわち、「寄生生物」。ウサギの耳の問題に戻って考えよう。ウサギの耳の最適長は、おそらく各種の音響学的な要因に依存しているのだろう。それらの要因が、世代の経過にともなって一つの方向に一貫して持続的に変化していくという特別な理由は期待し難い。それゆえ、ウサギにとっての最適な耳の長さが絶対的にある値に決まっているというわけはないにしろ、自然淘汰が特定の方向に大きく進んで、耳の最適長が、現存の遺伝子プールから容易に形成される変異幅の外に迷い出ることなど起こりそうにない。とすれば、変異消失のパラドックスは存在しないことになる。

しかしここで、寄生生物によってもたらされる激しい変動環境に注目してみよう。寄生生物が充満している世のなかでは、それらに対する抵抗性を有利にする強い自然淘汰が働くだろう。自然淘汰は、周囲に登場する寄生生物に最も侵されにくいウサギ個体に有利に働くはずだ。重要なのは、そのような寄生生物がいつも同じ種類ではないということだ。疫病は移り変わる。今年は粘液腫症、来年はウサギ版のペスト、そして再来年はウサギ版エイズ等々。そしてたとえば一〇年経って、また粘液腫症に戻るのかもしれない。あるいは粘液腫症のウイルス自身が進化して、ウサギの発達させるあらゆる対抗適応に対処できる方向に進化するかもしれない。ハミルトンは、対抗適応と反・対抗適応のサイクルは終わることなく変転し続け、「最良の」ウサギの定義はたえずひねくれた形で更新され続けると考える。

この見かたの重要な結論は、病気への適応が、物理化学的な環境への適応と大いに異なる側面を持っているということだ。ウサギの脚にはしかるべき「最良」の長さがあるのだろうが、病気への耐性に関しては固定的な「最良の」ウサギなどというものはない。そのときどきの最悪の疾病が変われば、それに合わせて「最良」のウサギも変わる。このような淘汰作用を及ぼすのは果たして寄生生物だけなのか。たとえば、捕食者や被食者はどうなのだろう。これらも基本的には寄生生物に似ているとハミルトンは同意している。しかし捕食者・被食者は寄生生物の多くのように迅速には進化しえない。また、寄生生物は捕食者や被食者などに比べて、さらに詳細な遺伝子対遺伝子の対抗適応を進化させやすい。

寄生生物の周期的な挑戦に注目したハミルトンは、それを破格の大理論の基礎にしている。それは、この世に性が存在するのはなぜか、という問題に関する理論である。しかしここでは、性淘汰の変異消失のパラドックスを解くのにハミルトンが寄生生物をどのように利用したかに注目することにしたい。彼の信ずるところでは、雄を選ぶ際に雌が利用する最も重大な選別基準は、雄間に見られる遺伝的な対疾病耐性である。疾病のもたらす損失は非常に大きいので、潜在的配偶者の疾病を診断する能力は、何であれ雌にとって大変に有利なものだろう。有能な医者のように振る舞い、最も健康な雄だけを配偶者として選択するような雌は、子どもたちのために健康な遺伝子を手に入れることになるだろう。ところが「最良のウサギ」の定義はたえず変化してしまうので、雄を見比べて選択する際、雌にとって何か重要な手がかりになるものが常に存在するのではないか。「良い雄」と「悪い雄」がいつも存在するはずなのだ。何代にもわたって淘汰を受けても、それで雄がすべて「良い雄」になれるわけではない。そのあいだに寄生生物も変化してしまい、したがって「良いウサギ」の定義も変化してしまうはずだからだ。ある系統の粘液腫症ウイルスに耐性を示す遺伝子群は、突然変異で登場した別の系統のウイルスにはうまく対抗できないだろう。進化を続ける疫病の際限のないサイクルを通して、同様なことが続く。寄生生物は手をゆるめてはくれない。だから雌も、健康な配偶者をきびしく選別するのをやめるわけにはいかない。

医者のように精査を加える雌に対して、雄はいかに反応するか。健康なふりをするように仕向ける遺伝子は淘汰に有利になるのだろうか。最初はそれも可能かもしれない。しかし、その後は淘汰によって雌の診断能力に磨きがかかり、本当に健康な雄と偽者を判別するようになってしまうだろう。そして最終的には雌はきわめて有能な医者となり、雄は、もし宣伝するのなら正直に宣伝せざるを得なくなるとハミルトンは信じている。この見かたによれば、雄において性的な宣伝が誇張されることがあれば、それは正直な健康指標だからこそ誇張されているのだ。すなわち、雄は、自分が健康なら、それを雌にわかりやすくするよう進化してしまう。本当に健康な雄は喜んで真実を宣伝するだろう。健康でない雄はもちろんそうはしない。しかしでは何ができるというのか。仮にそのような雄たちが健康保証書を見せようとすらしないのであれば、雌は最悪の判断を下すだろう。ところで、医者の比喩から雌は雄を治療することに関心があると判断されては困る。雌は診断することにだけ関心があり、しかもこれは利他的な関心ではない。というわけで、「正直な」や「結論を下す」などというメタファーの使用について弁解する必要はないと私は思っている。

宣伝の話に戻ろう。雄は、雌に強いられて、あたかもずっと口に差し込んだままの体温計を、しかも明らかに雌に読んでもらうために、進化させるかのように見える。ではその「体温計」とはどんな代物なのか。たとえばゴクラクチョウの長大な尾を思い浮かべてほしい。この優雅な装飾の進化に関するフィッシャーの優雅な説明はすでに紹介した。ハミルトンの説明はもっと泥臭いものだ。鳥類における疾病の共通の特徴は下痢である。もし鳥の尾が長ければ、下痢になると尾が汚れる。下痢で苦しんでいることを隠したいなら、最良の手段は尾を長くしないことだ。同じ理屈で、もし下痢で苦しんでいないことを宣伝したければ、最良の方法は、長大な尾を持つことだ。そうすることで、尾が清潔だという事実がより鮮明になるからである。雄の尾が非常に短ければ、雌はそれが清潔か不潔か判定できず、最悪の評価を雄に下すだろう。ゴクラクチョウの尾の長さそのものに関する説明としては、あるいはハミルトンはこの特殊な説明を採用しないかもしれないが、これは彼が好む説明のスタイルの良い見本だ。

雌は診断を下す医師で、雄は体中を体温計にして雌の診断を助ける、というのが私の利用した直喩だった。ここで血圧計や聴診器のような診断用具を想起すると、人間の性淘汰に関してさらに若干の考察が可能だ。真実味よりも面白さが勝《まさ》る、といった代物だが、手短に紹介しておこう。第一の考察は、人間の陰茎骨喪失を説明する理論である。勃起した人間のペニスは非常に硬くなりうるもので、本当に骨はないのかというジョークがあるほどだ。事実、多くの哺乳類は勃起を支援するためにペニスに剛直性を与える陰茎骨を持つ。それは私たちの近縁であるサル類にも一般的に見られ、最も近縁なチンパンジーにさえある。ただしチンパンジーのものは、きわめて小さく、消滅に向かう進化の途上にあるものかもしれない。サル類には陰茎骨が縮小する傾向があるようで、他の少数のサル類とともに、人間はそれを完全に喪失するに至った。さて、先祖においてペニスの堅強化に役立ったはずの骨を喪失した私たちは、加圧ポンプ方式という高コストにして遠まわりと思わざるをえない方式に全面的に依存することになった。しかし周知のように、勃起は不調に終わることがある。これは、少なくとも野生生活の男性の遺伝的成功にとっては憂うべきことだ。自明な改善策は何か。もちろんペニスに骨を入れることだ。それなのになぜ私たちは陰茎骨を進化させせないのか。この件に関しては「遺伝的束縛」派の生物学者たちも「必要な遺伝的変異が生じなかっただけさ」と言い逃れるわけにはいかない。最近まで私たちの先祖はまさしくそのような骨を持っていたのであり、実際にはそれを喪失する道を辿ったからだ。なぜか？

人間の勃起は血液の圧力だけで達成される。しかし、勃起の硬さは男性の健康度を測るために女性が血圧計の代替として利用するのだ、とは残念ながら言いにくい。しかし私たちは血圧計の比喩に縛られる必要もない。理由は何であれ、勃起の失敗はある種の肉体的・精神的な健康障害の鋭敏な初期徴候だとするなら、別の形で同様な理論を打ち立てることが可能だ。女性は診断に役立つ道具なら何でもいい。定期検診で医師が勃起テストをすることはなく、代わりに舌をとがらせてほしいと言うだろう。しかし、勃起不順は糖尿病やある種の神経疾患の初期徴候としてよく知られている。さらに、それは鬱、不安、ストレス、過労、自信喪失等々、各種の心理的な要因によって頻繁に引き起こされる（自然状態では、集団内の序列の低い雄がそのような状況に置かれると予想されよう。サルの仲間には勃起したペニスを威嚇の手段とする種も知られている）。となれば、自然淘汰によって診断能力に磨きをかけられた女性が、勃起の硬さや持続性から、男性の健康さやストレスへの抵抗力に関するあらゆる種類の情報を収集できるという可能性も否定できないはずだ。しかし、ここで骨が介入する！ ペニスに骨を発達させてしまえば、とくに健康でタフである必要はない。だからこそ、女性の行使する淘汰圧は男性の陰茎骨を消滅させる方向に作用したのではないか。骨がなければ、本当に健康な、あるいは強壮な男性だけに実際に堅強な勃起が可能になり、女性は妨害なしに診断を下せるようになるからだ。

この説には一部に反論の余地がある。たとえば、淘汰圧をかける女性の側は感知した堅強さが骨に由来するのか血圧に由来するのかをどうして区別できるのか、という疑問が生じうる。そもそも私たちの議論は、人の勃起の堅強さはまるで骨があるようだという観察から出発したのだ。しかし私には、女性がそれほど簡単に騙されるとは思えない。女性もまた淘汰を受けているのだ。この場合、淘汰は骨を喪失する方向にではなく、判断の正確さを向上させる方向に作用する。そしてこの際、女性は同じペニスの勃起していない状態も知っていることを忘れないでほしい。両者の対比はまことに目覚ましいものがあるはずなのだ。骨は（収納されることはできても）萎縮することはできない。ペニスのこの驚異的な二重生活こそが、おそらく、男性の加圧能力宣伝の真実性を保証している。

次は「聴診器」の話だ。寝室における別の悪名高い問題、いびき、を考えよう。現代ではこれは単に社会的な迷惑にすぎないかもしれないが、大昔は、生死の問題だったかもしれない。静まり返った夜の闇のなかでは、いびきは非常に大きな音だ。四方八方そしてかなたから、当のいびきをかいている個体と彼の仲間たちのところへ捕食獣をおびきよせる。にもかかわらず、なぜ、多くの人々はいびきをかくのか。鮮新世のどこかの洞窟で寝ている御先祖の集団を想像してほしい。男性たちはそれぞれ別の調子でいびきをかき、女性たちは眠らずに成すべなくそれを聞いている（男性のほうがいびきをかきやすいというのは事実と仮定しておく）。果たして男性たちは、女性たちに、わざわざ拡大された形で聴診器情報を宣伝しているのだろうか。男性のいびきの詳細な音色は、彼の呼吸器の健康度を診断する手がかりになっているのか。ここで私は、いびきは体調の悪いときにだけ出る、と言うつもりはない。むしろいびきは、ときをわきまえず唸《うな》り出すラジオの搬送波のようなものだと思う。それは、鼻腔や咽喉の状態によって、診断にかかりやすい形で変調された、明晰な信号なのではないか。雌は障害物のない気管の発するトランペット調の音のほうが、ウイルスに影響されたいびきよりも好きだ、という見解はもっともなものだろう。いびきをかく男性を積極的に選ぶ女性はいささか想像し難いというのが私の率直な見解でもある。とはいえ、個人の直感の頼りなさは周知のことだ。この問題は、少なくとも不眠症の医師には一つの研究課題を提供するかもしれない。そう思い立ってくれる女医がいれば、彼女はいびきに関する他の理論をテストするうえでも有利な位置を占めることになるのだが。

以上述べた二つの思弁はどうかあまり真剣に受け取らないでほしい。これらの例を挙げることで、雌の健康な雄選びに関するハミルトンの理論の原理がわかりやすくなれば、そこで私の思弁は成功だった、ということなのだ。これらに関して最も興味深いのは、ハミルトンの寄生生物理論とアモツ・ザハヴィのハンディキャップ理論の関連が示唆されることである。私のペニス理論のロジックに従うなら、男性は陰茎骨の喪失によってハンディキャップを被っており、しかもそれは単なる偶発事態ではない。勃起における加圧能力の宣伝は、ときとして勃起は不調になるからこそ効果を示すのだ。ダーウィン派の読者は言うまでもなくこのハンディキャップがらみの含意を察しておられたに違いなく、あるいは大きな疑念を抱いておられるかもしれない。しかし、ハンディキャップ原理そのものに関する新しい視点を論ずる次の補注を読み終わるまで、判断は保留してほしい。

＊7 〔ザハヴィの〕とてつもなくひねくれた考えかた〔……〕

　本書の初版に、「私はザハヴィの理論を信じていない。もっとも、私の懐疑に対しては、私自身、初めてこの理論を聞いたときほど確固たる自信を持っているわけではない」と書いた。そこに「もっとも」と書き加えておいたのは良かった。当時に比べ、ザハヴィの理論ははるかにもっともらしいと思われるようになったからだ。最近、有名な理論家たちの一部も彼の理論を真剣に検討し始めた。もっとも困った事態は、私の同僚のアラン・グラフェンもその一人だということだ。前にも書いたことがあるが、「彼にはいつも正しいことを言うというきわめて困った習性がある」。彼はザハヴィの言語モデルを数学的モデルに翻訳し、妥当性ありと宣言したのだ。これは他の研究者たちが行なってきたようなザハヴィの理論の空想的、衒学《げんがく》的な曲解の類ではなく、ザハヴィのアイディアそのものの直接的な数学的翻訳だ。ここではグラフェンが最初にまとめたＥＳＳ型のモデルを紹介する。グラフェンは目下、全面的に遺伝的なモデルを研究中であり、それはＥＳＳ型のモデルより優れた点があるはずだ。しかしこれはＥＳＳモデルが誤りだというわけではない。ＥＳＳモデルは良い近似である。実際、本書に示したものを含めて、すべてのＥＳＳモデルは同じ意味において近似だ。

　ハンディキャップ理論は、潜在的には個体が他の個体の質を判定するあらゆる状況に関連する。しかしここでは、雌に向かって宣伝をする雄、という配置で話を進めることとする。これは議論を明晰にしたいだけのものだ。これは代名詞の性区分が実際に有用性を発揮するケースの一つである。ハンディキャップ原理に関しては少なくとも四つのアプローチがある。これらは、資格型ハンディキャップ（ハンディキャップの存在にかかわらず生存できている雄は他の側面に関して大いに優れているに違いなく、雌はそれらの雄を選択する）、示現型ハンディキャップ（雄はそうでなければ隠されている諸能力を示すためにやっかいな行為を実行して見せる）、条件型ハンディキャップ（質の良い雄だけがハンディキャップを発達させる）、そしてグラフェンが好み、戦略選択型と彼が呼ぶ解釈である（雄は自分の質に関して雌に内緒で情報を持っており、ハンディキャップを発達させるかどうか、またハンディキャップの大きさはどの程度にするべきかを決めるにあたってその情報を利用する）。グラフェンの戦略選択型ハンディキャップは、ＥＳＳ分析を頼りとする。この場合、雄の発達させる宣伝が高コスト、すなわちハンディキャップ的であるという先見的な前提は存在しない。逆に、正直であれ嘘つきであれ、高コストであれ低コストであれ、どんな宣伝でも自由に進化していいことになっている。しかし、出発点でのこの自由さにもかかわらず、グラフェンによれば、ハンディキャップ・システムが進化的に安定なものとして登場してしまうのだ。

グラフェンの出発点での仮定は次の四点である。

1．雄の質には実際的な変異がある。ここで言う質は、過去の学寮や親交に基づく無思慮なプライドのように曖昧かつ俗物的な代物ではない（以前私が読者から受け取った手紙の一つには、最後に以下のようなことが書かれていた。「この手紙を傲慢と思わないでください。じつは私、オックスフォード大学バリオル学寮の出身者です」）。グラフェンにとっての質とは、雌が交配相手として良い雄を選び悪い雄を避けると遺伝的に利益を得る、という意味での良い雄／悪い雄がいるということだ。それは筋肉の力や、走るスピードや、餌となる動物を発見する能力や、良い巣を造る能力のようなものだ。私たちは雄の最終的な繁殖成功度を問題にしているのではない。これは雌が実際にその雄を選ぶかどうかに左右されるからだ。この段階で繁殖成功度を問題にしてしまうのは論点の先取りである。繁殖成功度は当該のモデルから結果として生ずることもあり、生じないこともあるような量だ。

2．雌は雄の質を直接感知することはできず、雄の宣伝に頼らざるをえない。この段階ではその宣伝が正直なものかどうかは問題にしない。正直さは当該のモデルから生じるかもしれないし、生じないかもしれない。モデルはそもそも、そのように利用されるものなのだ。たとえば、雄は実際より体のサイズと強靭さを大きく見せるために、いかり型の肩を発達させるとしよう。そのようなごまかしの信号が進化的に安定するか、それとも自然淘汰は上品で、正直で、信頼性のある宣伝基準を強制するのか、それを教えてくれるのがモデルの仕事だ。

3．見る側の雌と異なり、雄はある意味で自分の質を「知って」いる。そして宣伝のための一定の戦略、すなわち自分の質に照らして条件的に宣伝を行なうルールを採用するものとする。いつものことだが、「知っている」というのは、知覚的に知っていることを意味してはいない。雄は、自分の質に応じて条件的に活性化される遺伝子群を持つと仮定されている（自分の質に対して雄が特別のアクセスを持っているというのは筋の通らない仮定ではない。雄の遺伝子群は実際に彼の体内の生化学的な状況に浸っており、したがって自分の質に反応するのに雌の遺伝子群よりもはるかに有利な立場にある）。異なる雄は異なる規則を採用する。たとえばある雄は、「自分の実際の質に比例したサイズの尾を誇示せよ」というルールに従い、別の雄は逆のルールに従うかもしれない。このため、異なるルールを採用するように遺伝的にプログラムされている雄のあいだに淘汰が働き、自然淘汰がルールを調整する機会を手に入れる。宣伝の度合いは、本当の質に比例する必要はない。雄は逆のルールを採用することも可能だ。仮定する必要のあるのは、雄は自分の本当の質を「探る」ための何らかの種類の規則を採用し、これをもとに宣伝のレベル――尾や角のサイズなど――を選ぶようにプログラムされている、ということだ。そのような可能なルールのうち、いったいどれが進化的に安定なものになるのか。モデルはそれを探るために利用されるのだ。

4．雌もまた雄と並行して独自のルールを採用する自由を持つ。雌の場合のルールは、雄の宣伝の強さを基礎にしてどのように雄を選択するかに関するものだ（雌には、というよりはその遺伝子には、自分の質を知ることができる雄の場合の特権のようなものはないことを思い出してほしい）。たとえば、ある雌は「雄をまるごと信用する」というルールを採用するかもしれない。別の雌は「雄の宣伝は完璧に無視する」というルールを、さらに別の雌は「雄の宣伝することの反対が事実と仮定する」ルールを採用するかもしれない。

かくして、自分の質と宣伝のレベルをいかに関連させるかについてさまざまなルールを持ちうる雄と、雄の宣伝のレベルに対して配偶者選択をどのように関連させるかについてさまざまなルールを持ちうる雌、という構図ができる。雌雄いずれについてもルールは遺伝的影響のもとに連続的に変化する。これまでの議論では、雄は自分の質と宣伝を関連させるいかなるルールでも選ぶことができ、雌は雄の宣伝と選択すべき雄の関係についていかなるルールでも選べることになっている。これら可能性のある雄・雌のルールのスペクトルのなかから、私たちは進化的に安定な雌雄のルールのペアを探そうというのだ。これは「誠実／浮気」「尻軽／恥じらい」モデルと少しばかり似ている。そのモデルでも、私たちが探究したのは進化的に安定な雄のルールと進化的に安定な雌のルールだった。そこで言う安定は相互安定性である。すなわちいずれのルールもそれ自身と他のルールの存在下で安定なのだ。そのような意味で進化的に安定な雌雄のルールの対が発見できれば、そのようなルールに基づいて行動する雌雄の構成する社会における暮らしがどのようなものかを調べることができる。たとえば具体的に、それは果たしてザハヴィ風のハンディキャップの世界だろうか。

グラフェンが自らに課した課題は、そのような相互的に安定な規則の対を発見することだった。もしも私がその仕事をする身なら、おそらく面倒なコンピュータ・シミュレーションをこつこつ進めていただろう。まず自らの質と宣伝を対応させるルールを異にする一連の雄を、コンピュータに入力する。同時に、雄の宣伝レベルと対応させていかに雄を選ぶかというルールを異にする一連の雌を入力する。次いでコンピュータのなかで雄・雌を走りまわらせ、衝突させ、雌の選択基準が満たされれば交配が起こり、雌雄のルールはそれぞれ息子と娘に伝わることにする。もちろん個々の個体はそれぞれが受け継いだ「質」に従って生存をまっとうしたり、しなかったりする。世代の経過に沿って、雄の諸ルール、雌の諸ルールの成功度が変転する様子は、集団におけるそれぞれのルールの頻度の変化として表れる。そしてときどき私はコンピュータをのぞき、安定な混合が成立していないかどうかを確かめる。

この方法は原理的には機能するが実際にはいくつも困難が生じる。幸いなことに、一群の方程式を立てて、それらを解くことによって、数学者はシミュレーションと同じ結論に到達できる。グラフェンが実行したのはこれだ。ここでは彼の数学的な理論展開を再現することも、また彼のさらに詳細な諸仮定なども持ち出さないでおく。代わりに私は、ただちに結論に飛ぶ。彼は事実、進化的に安定なルールの対を発見したのだ。

そこでいよいよ大問題である。グラフェンのESSが作り上げる世界は、ザハヴィがハンディキャップと誠実さの世界と認めるようなものだろうか。答えはイエスだ。グラフェンは進化的に安定な世界が実際に存在しうることを発見したのだ。その世界は以下のようなザハヴィ的な特性を組み合わせたものである。

1．宣伝レベルに関して自由な戦略的選択が可能であるにもかかわらず、雄は彼らの本当の質を正確に表示するレベルを選択する。彼ら自身の本当の質が低いことを暴露してしまう場合ですらそうする。言い換えれば、ESSの状態では、雄は正直である。

2．雄の宣伝に対して自由な戦略的選択が可能であるにもかかわらず、雌は「雄を信じる」戦略を採用するに至る。ESSの状態では、雌はまさしく「信じやすい」。

3．宣伝は高価である。すなわち、個体の質や魅力の効果を何らかの形で無視できるなら、雄は宣伝をしないほうが有利だ（そうしたほうがエネルギーの節約になり、目立たないので捕食もされにくい）。しかし宣伝は高価なだけではない。じつは高価だからこそ、その宣伝システムは選択される。ある宣伝システムが選ばれるのは、まさにそのシステムが――他の条件が同一なら――、宣伝者の〔生存、繁殖上の〕成功度を実際に減少させる効果を持つためだ。

4．宣伝は質の劣る雄にとっていっそう高価である。同じレベルの宣伝をすると、強い雄より弱い雄のほうがリスクが高くなる。高価な宣伝をすると、質の低い雄のほうが質の高い雄よりも深刻なリスクを招く。

これらの特性、とくに第三の特質は正真正銘ザハヴィ流だ。現実性のある条件のもとでそれらが進化的に安定になることを示したグラフェンの証明は、非常に説得力がある。しかし、ザハヴィの理論は進化のうえで無効だと主張して本書の初版に影響を与えたザハヴィ批判派の論議も、そもそも同じように説得的だったはずだ。ザハヴィ批判派たちの意見は（もし誤ったのだとしたら）いったいどこで誤ったのか。それを十分理解できた、という状態になってからでなければ、私たちはグラフェンの結論に喜ぶべきではないだろう。批判派たちが別の結論に至ったのはいったいどんな前提をおいたためなのか。批判派たちは、仮説上の動物が、一連の連続的な戦略群から戦略を選択するという状況を想定しなかった。これが解答の一部であろうと思われる。これは、批判派たちが言語によるザハヴィの理論提示を、しばしばグラフェンの言う四つの解釈のはじめの三つ（資格型ハンディキャップ、示現型ハンディキャップ、条件型ハンディキャップ）のいずれかと解釈していたことを示唆している。四番目の解釈である戦略選択型ハンディキャップが何らかの形で考慮された形跡はない。その結果、批判派たちはハンディキャップ原理はまったく機能しないと結論したり、あるいはハンディキャップ原理は、数学的に抽象的な特殊な条件のもとでのみ機能する、ザハヴィ的な逆説の香りを欠くものと結論する羽目になった。さらに言えば、ハンディキャップ原理の戦略選択型解釈の本質的特徴の一つは、質の高い雄も、低い雄も、すべて「正直に宣伝する」という同じ戦略を採用することだ。しかし従来のモデル研究者たちは、質の高い雄と低い雄は別の戦略を採用し、したがって別の宣伝を発達させると仮定していた。しかしグラフェンの見かたはこれとは逆で、ＥＳＳ状態においては、すべての雄が同じ戦略を採用するからこそ高い質と低い質を信号で表示する雄の区別が発生し、また、信号表示のルールによって質の違いが正直に表現されるからこそ、雄間の宣伝に違いが生ずるのである。

　実のところ私たちは、信号がハンディキャップでありうることをずっと認めてきた。私たちは、ハンディキャップであるにもかかわらず、とくに性淘汰の結果として極端なハンディキャップが進化し得たと、ずっと理解してきたのだ。ザハヴィの理論のなかで私たちが揃って反対したのは、そういった信号が淘汰で有利になったのはまさに発信者にとってその信号がハンディキャップであるからこそ、という彼の考えだった。しかしアラン・グラフェンはまさにその考えの正しさを証明してしまったように見える。

　グラフェンが正しければ（私は正しいと思う）、その結論は動物界における信号の研究全体に非常に重要な意義を持つ。それは、行動の進化に対する私たちの見かた全体の根本的な転換を不可避なものにするかもしれない。本書で扱った諸問題の多くに関する私たちの視点は大幅に変わらざるを得なくなるかもしれないのだ。性的な宣伝は宣伝全体のなかの一部にすぎない。もし正しければ、ザハヴィ－グラフェン理論は、同性のライバル個体間、親子間、敵対する異種個体間の関係に関する生物学者たちの見解に逆転的な転換をもたらすだろう。この見通しはまことに困ったことである。そうなってしまえば、ほとんど限りなく奇妙奇天烈な諸理論も、常識に反するという基準で拒否するわけにはいかなくなるからだ。たとえばライオンから逃げる代わりに逆立ちをするなどという真実ばかげた行動をする動物を観察したとしても、それは雌に見せびらかすための行為なのかもしれない。それどころかその行為はライオンそのものへの宣伝かもしれない。「ほら、ぼくはこんなに高く跳べるぞ。こんなに元気で健康なガゼルを捕まえるのは君には無理だ。ぼくほど高くは跳べない連中を追っかけたほうが利口だぞ」（二九六頁）

ある事態が私たちにどれほど奇怪奇天烈に見えても、自然淘汰は別の見かたをしているかもしれない。よだれをたらして近づく捕食者の群れに直面した動物は、そうすることによる危険度の増加より、その危険条件下での宣伝効果のほうが大きければ、バック宙返りを繰り返す、などということになるかもしれない。その種のしぐさに宣伝の力を与えるのは、その危険さそのものだ。もちろん自然淘汰は、際限なく危険なものを有利にするはずはない。顕示性が身も蓋もない愚かさに転じたところで、それは罰を受ける。危険に満ちたコストの高い振る舞いは私たちには無謀に見えるかもしれない。しかし本当に問題なのは私たちの感想ではない。判断する資格のあるのは自然淘汰だけなのだ。

第10章　ぼくの背中を掻いておくれ、お返しに背中を踏みつけてやろう

＊1　それ（不妊ワーカーの進化）が実際に起こったのは社会性昆虫においてのみだったようだ。

以前は誰もがそう考えていた。しかし私たちはハダカデバネズミを見落としていた。ハダカデバネズミは無毛かつほとんど盲目の小型齧歯類で、ケニア、ソマリア、エチオピアの乾燥地域に大きな地下コロニーを作って暮らしている。彼らは哺乳類の世界における真実の「社会性昆虫」であるように見える。ケープタウンに近いステレンボス大学の飼育集団で先駆的な研究をしたのはジェニファー・ジャーヴィス。次いでロバート・ブレットがケニアで野外観察を加えた。現在アメリカでは、リチャード・アレグザンダーとポール・シャーマンが、飼育集団を用いたさらに詳しい研究を進行中だ。この四人の研究者は共著を出版すると約束済みで、私はそれを心待ちにしている一人だ。そこで以下の説明は、すでに出版されているわずかな論文の記載と、ポール・シャーマン、ロバート・ブレットの研究講演で聴講した内容に基づくものである。なお、哺乳類担当のキュレーターだったブ

ライアン・バートラムの好意でロンドン動物園のハダカデバネズミ飼育集団を見せてもらうこともできた。

ハダカデバネズミは地下に広く張りめぐらされたトンネル網で暮らしている。コロニーの典型的なサイズは七〇～八〇頭だが、数百頭に達することもある。一つのコロニーの専有するトンネル網は全長二～三マイルにもおよび、毎年三～四トンの土を掘り出している。トンネル掘りは集団作業である。先頭の作業個体が歯を使って土を掘り、その土は、半ダースほどの小さなピンク色の動物たちがごった返す生きたベルトコンベアーによって後方に運ばれる。先頭の作業個体はときどき後方の個体と交代する。

コロニーのなかで繁殖する雌は、数年にわたって一頭だけである。ジャーヴィスは社会性昆虫の用語を援用して、その雌を女王と呼んだ（これは妥当だと私は思う）。女王は二、三頭の雄とだけ交尾し、他の個体は雌雄にかかわらず非繁殖個体だ。そして女王を除去すると、多くの社会性昆虫の場合と同様、それまで不妊だった雌たちの一部が繁殖状態になり、女王の座をめぐって闘争する。

非繁殖個体は「ワーカー」と呼ばれている。適切な呼称だと思う。ワーカーはシロアリの場合のように（そして雌だけがワーカーになるアリやハナバチ類やスズメバチ類などとは異なり）、雌雄両方の個体を含む。ハダカデバネズミの活動の内容は個体のサイズに依存している。ジャーヴィスが「頻繁なワーカー」と呼んだ最小の個体たちは、土を掘り、運び、子どもに餌を与え、おそらくは女王が子育てに専念できるようにしている。女王は、齧歯類の同サイズの雌の通例よりも多くの子どもを産み、これも社会性昆虫の女王を髣髴《ほうふつ》させる。最も大型の非繁殖個体たちは寝て食べる他ほとんど何もしないように見え、中間的なサイズの非繁殖個体は大型・小型の中間的な振舞いを示す。つまり、多くのアリに見られるような非連続的なカーストではなく、ミツバチの場合のような役割の連続性が認められる。

ジャーヴィスは当初、最大サイズの非繁殖個体たちをノン・ワーカーと呼んでいた。しかし本当に何もしないのだろうか。今では室内・室外の観察から、彼らはじつは兵隊であり危険にさらされたコロニー（主な捕食者はヘビ）の防衛にあたるのだ、という示唆が得られている。さらに、彼らはミツアリ（二九七頁）と同じように「食物桶」の働きをしている可能性もある。ハダカデバネズミはホモコプロファガス（同質糞食性）である。これは互いの糞を食べ合う性質をやや上品に表現したものだ（決定的にというわけではないにしろ、これは世界の法則に大いに抵触するだろう）。もしかすると大型個体は、食物が豊かなときに体のなかに糞を貯え、食物不足時に緊急食物貯蔵庫という貴重な役割（便秘型物資補給部というわけだ）を果たすのかもしれない。

ハダカデバネズミに関して私が最も不思議に思うことは、彼らがさまざまな点で社会性昆虫によく似ているのに、アリやシロアリの若い有翅繁殖虫に相当するカーストを欠いているように見えることだ。彼らにはもちろん繁殖個体がいる。しかし、その繁殖個体たちは、飛び立って、新しい土地に遺伝子を分散させることを最初に仕事にするわけではない。知られているかぎりでは、ハダカデバネズミのコロニーは地下のトンネル・システムを拡大しながら周辺に広がるだけだ。遠距離に分散する個体、つまり有翅繁殖虫に相当する個体をコロニーが放出することはないように見える。私のダーウィン派的な直感からするとこれは非常に驚くべきことで、思弁の対象にしてしまいたくなる。私には、これまで何らかの理由で見逃されていた分散相がいずれ見つかるだろうという予感がある。分散相の個体が文字通り翅を生やすというのは期待過剰かもしれないが、分散相の個体はさまざまな点で地下生活ではなく、地上生活に適した特徴を備えているかもしれない。たとえば彼らは裸でなく毛深かったりするかもしれない。また、ハダカデバネズミは通常の哺乳類のような様式で個体ごとに体温を調節しているのではない。彼らはむしろ「冷血」の爬虫類に似ている。ハダカデバネズミたちはコロニーの温度を社会的にコントロールしているのだろうか。もしそうならそれはシロアリやハチの仲間とよく似た性質の一つだ。それとも、良好な地下室には付きものである温度の定常性を利用しているのか。いずれにしろ、私の仮説上の分散個体は地下のワーカーと異なり、常識どおりの「温血性」を示すはずだ。既知の毛深い齧歯類で、これまでまったく別の種とされていたものが、じつはハダカデバネズミの行方不明のカーストだったという事態さえあるかもしれない。

この種の事態にはじつは先例がある。たとえばローカスト（移住性トノサマバッタ）がそうだ。ローカストは形の変わったバッタ（グラスホッパー）で、普通はバッタ類の通例どおり、単独性で、隠蔽色で、あまり目立たない生活をしている。しかし、ある種の特殊な条件のもとで彼らは恐ろしい存在に豹変する。隠蔽色は消えて鮮やかな縞模様が表れる。あたかも警告色かと思われるほどだ。だとしたら、これは生半可な警告色ではない。行動も変化するからだ。彼らは単独生活を棄てて集合し、恐るべき結果をもたらす。聖書の伝説上の災厄から現代までを通覧して、人類の富の破壊者としてこれほど恐れられた動物はいない。無数の大群が巨大な収穫機となり、ときには一日に数百マイルの速度で数十マイル幅の農地を襲い、一日二〇〇〇トンの穀物を食い尽くして、あとに飢餓と廃墟を残すのだ。さて、そこでハダカデバネズミとの比較である。ローカストの孤独相と集合相の個体は、アリの二つのカーストほども違っている。しかも、いま私たちがハダカデバネズミに「行方不明のカースト」がいると仮定しているように、一九二一年までは、バッタのジキル博士とハイド氏は別種に分類されていたのだ。

ただし残念なことに、今日に至るまで哺乳類の専門家たちがそんな誤解を続けているなどとは思えない。さらにまた、通常の変形していないハダカデバネズミがときに地上で目撃され、普段よりかなり遠くまで移動しているらしいという情報も付言しておかなければならないだろう。しかし「変形型繁殖個体」仮説を完全に諦めてしまう前に、ローカストからの類推が示唆するもうひとつの可能性を考えておこう。すなわち、ハダカデバネズミはたしかに変形型繁殖個体を作り出すのだが、それはある種の――ここ数十年来、発生したことがないような――条件下に限られているという可能性だ。アフリカや中東では、バッタの災害はいまだに聖書の時代と同じように大きな脅威である。しかし北米では事情が異なる。北米のバッタの一部は、集合相を発生させる能力を備えている。しかし、明らかに条件が整わなかったために、今世紀北米ではバッタの災害は生じていない（ただし北米ではバッタとはまったく別の害虫であるセミがいまだに周期的に大発生し、アメリカの口語ではこの昆虫のこともローカストと呼ぶ）。しかし、現代のアメリカで本当のローカストの被害が生じたとしても、特別に驚くべきことというわけではない。火山は休止しているだけで死火山になったわけではないからだ。しかし、私たちが歴史の記録を持たず、また世界の他地域の情報を知らなければ、それは大変な驚きとなるだろう。人々が知っているかぎりでのローカストは単独性で無害な普通のバッタにすぎないからだ。では、ハダカデバネズミがアメリカのバッタと同様ならどうだろう。特別の分散用のカーストを生み出す能力は持っているのだが、それは特殊な条件下でだけのことであり、その条件は何らかの理由で今世紀にはまだ生じていないとしたら……。一九世紀の東アフリカでは、「ケブカデバネズミ」が地上をレミングのように移動して大変な災害に苦しんだのだが、記録が何も残っていないのかもしれない。いや、地方部族の伝説や英雄物語のなかにじつはちゃんと記録されているのかもしれない。

＊2　（……）膜翅目の雌の場合、父母を共有する姉妹に対する彼女の血縁の濃さは、自分の子ども（雌雄問わず）に対する彼女の血縁の濃さを上まわる。

膜翅目という特殊ケースに関するハミルトンの「血縁度3/4仮説」の印象的な巧妙さは、皮肉なことに彼のより一般的で根本的な理論の評判を混乱させている。単・二倍数体における血縁度3/4の仮説には少々の努力で誰にも理解できるやさしさがあり、しかし同時にそれを理解できると大いに嬉しくなって、ぜひ他人にも教えたくなるほどには難しい。つまりそれはじつに良い「ミーム」なのだ。ハミルトンに関する読者の知識が彼の著作ではなく、酒場の会話からのものであれば、読者は単・二倍数性以外については何も聞いていない可能性が非常に高い。今では生物学のどんな教科書でも、血縁淘汰の扱いがいかに小さくても、ほぼ決まって血縁度

3/4問題に一パラグラフが割かれている。いまや大型哺乳類の社会行動に関する世界のエキスパートの一人と見なされている私の同僚の一人は、ハミルトンの血縁淘汰説とは血縁度3/4仮説のことで、それ以外ではないと数年にわたって思い込んでいたと私に白状したことがある。そんな事情が高じた結果、血縁度3/4仮説の重要性に疑問を投げかけるような新事実が登場すると、人々はそれをもって血縁淘汰理論全体に対する反証であるかのように受け取る傾向が生じてしまった。これは、偉大な作曲家が独創的な長編シンフォニーを作曲したが、その曲の中盤に短くて目立ち、覚えやすい旋律があるので、街を練り歩く行商人たちがみんなその短い旋律を口笛で吹くようになってしまった、というような話だ。やがてシンフォニーはその旋律ひとつと同じものと思われるようになり、そしてその旋律に倦きた人々は、シンフォニー全体が嫌いになったと思い込むわけだ。

たとえば、最近『ニュー・サイエンティスト』誌に掲載されたハダカデバネズミに関するリンダ・ガムリンの、他の面では大変有用な論文〔73〕を取り上げよう。この論文は、ハダカデバネズミやシロアリは単・二倍数体ではないという事実だけを根拠に、それらの存在はハミルトンの理論にとって不都合なはずとほのめかす調子に貫かれているのだ！　著者がハミルトンの古典的な二編の論文を一瞥した可能性すら私には信じることができない。ハミルトンの五〇ページの論文のうち、単・二倍数性問題はたったの四ページを占めるにすぎないからだ。彼女は二次文献を頼ったに違いない。どうかそれが本書ではありませんように。

もう一つの見本は、第6章の補注で紹介した兵隊アブラムシに関わるものだ（四九〇頁）。そこで説明したように、アブラムシは一卵性双生児のクローンを形成するので、利他的な自己犠牲が非常に生じやすいと期待される。一九六四年にハミルトンはこれに言及しているのだが、その際は、クローン性の動物に利他行動への顕著な傾向が（当時までの知見では）見られないという困った事実を説明しようと少々苦労していた。兵隊アブラムシが発見されたとき、ハミルトンの理論にこれ以上完璧に合致する例はありえなかった。しかしその発見を公表した最初の論文は、兵隊アブラムシは単・二倍数体ではないので、ハミルトンの理論にとって難題であるという扱いをしていた。何という皮肉だろうか。

ハミルトンの理論にとってこれもまたしばしば厄介な存在と見なされる、シロアリについても皮肉な事情がある。なぜなら、シロアリの社会性の獲得に関する最も巧妙な理論の一つを一九七二年にハミルトン自身が示唆しており、しかもそれは単・二倍数性仮説の見事な相似形と見なせるからだ。循環的同系交配理論とでも言うべきその理論は、一般的にはハミルトンが最初にそれを発表してから七年後のS・バルツの業績とされている。まことに彼らしいことだが、「バルツ理論」を最初に思いつていたのは自分だということをハミルトンはすっかり忘れており、彼に信用させるために、私は彼自身の論文をハミルトンの鼻先に突きつけなければならなかった！　先取権の問題はさておき、その理論は大変面白く、初版でそれを論じなかったのが悔やまれる。そこで以下に欠如を補っておくことにする。

この理論は単・二倍数性仮説の見事な類似型だ。それは次のような意味である。社会進化の観点から見ると、単・二倍数体の動物の本質的な特徴は、雌の個体が、子どもより弟・妹に遺伝的に近くなりうるということだ。これは、雌が、親の巣を離れて自分の子どもを産み育てるよりも、親の巣に留まって弟・妹を育てようとする傾向をうながす。ハミルトンは、シロアリの場合も兄弟間のほうが親子間より遺伝的に近くなりうる理由を考察した。手がかりは同系交配である。動物がその兄弟と交配するとその子孫たちは遺伝的にさらに均一になる。ラット（シロネズミ）はどんな研究所の系統であれ遺伝的にほとんど一卵性双生児に近いほど均一になっている。それらの個体は連綿と同胞（兄弟姉妹）間の交配を繰り返して生まれてきたからだ。専門用語で言うなら、それらの個体のゲノムは同型接合の程度がきわめて高い。すなわち遺伝子座のほとんどにおいて二つの遺伝子は同一になっており、同時にその系統の他のすべての個体の同じ遺伝子座の遺伝子群とも同一になっている。私たちは自然のなかで近親結婚的な交配の長い連鎖に出会うことはあまりない。しかし一つ重大な例外がある。それがシロアリだ！

典型的なシロアリの巣は、王アリと女王アリのロイヤル・ペアによって創設される。ペアは一方が死亡するまで互いに相手とだけ交尾する。一方が死亡するとその代わりに子どもがおさまり、生き残った親個体と近親交配を行なう。一代目のペアが揃って死亡した場合は、雌雄の子孫個体が近親結婚的なペアを作り、その位置を埋める、等々。成熟したコロニーはすでに数代にわたって女王と王を失ってきている可能性があり、数代を経たあとの子孫個体たちは実験室のラットと同じように同系交配の度合がきわめて高くなっている。年を経て、女王・王の繁殖ペアがその子孫に次々に入れ代わっていくにつれ、平均的な同型接合の度合や、平均近縁係数はどんどん高くなる。しかしこれはハミルトンの議論の第一段階にすぎない。彼の卓抜なアイディアはこの次の段階なのである。

社会性昆虫のコロニーの最終生産物は、どの場合も、親のコロニーから飛翔して交尾し、新しいコロニーを創設する有翅の繁殖虫である。これらの新しい王と女王が交尾する際には、その交尾は同系交配でない可能性が高い。実際、おそらくは異系交配をうながすため、一定地域の異なるシロアリの巣が同じ日に有翅繁殖虫を放出するように仕立てる特殊な同調機構のようなものがあるように見える。そこで、Aコロニー由来の若い王とBコロニー由来の若い女王の交尾の、遺伝的な帰結を考えることにしよう。両者はそれぞれ強い同系交配の結果生まれた個体である。すなわち両者は同系交配を繰り返す実験室内のラットと同じような存在だ。しかし、両者は互いに異なる独立の近親交配プログラムの産物なので遺伝的に異なっているだろう。ちょうど別の研究室に属するラットの系統と同じようなものだ。両者が交配すると、生まれる子どもはきわめて強い異型接合の状態となる。ただしすべての個体が一律にそうなのだ。異型接合とは、多くの遺伝子座で二つの遺伝子が互いに異なる状態であることを指す。一律に異型接合的であるというのは、ほとんどすべての子孫個体がまったく同じ状態の異型接合になっているということだ。彼らは兄弟姉妹どうしそれぞれ遺伝的にほとんどまったく同じであり、しかし同時に極度に異型接合的なのだ。

さて、ここで一気に時間を進めてみよう。創設ペアを擁するコロニーはかなり大きくなった。内部には、遺伝的に同一でかつ異型接合的な若いシロアリたちが多数暮らしている。ここでロイヤル・ペアの一方あるいは両方が死亡するとどうなるか。かつての近親婚のサイクルが再び始まり、目覚ましい効果が表れる。近親交配によって生み出された最初の世代は、前の世代に比べて一気に変異を増す。兄弟姉妹間の交配だろうと、父娘間あるいは母息子間の交配だろうと、事情に変わりはない。どの場合も原理は同じだ。しかし、兄弟姉妹の交配を考えるのが一番単純だ。雌雄が同胞で、同一の異型接合状態にある場合、その子孫は組み換えによって遺伝的にきわめて多様な存在となる。これは初歩的なメンデル遺伝学から導かれるもので、原理的にはシロアリだけでなくすべての動植物にあてはまる。同一の異型接合状態の個体を、互いに、あるいは同系接合の親系統の一方と交配すると、遺伝的な意味で活字箱が壊れたような状態になる。遺伝学の初歩的な教科書を見ればどれにもその理由は書かれているので、ここで解説はしないでおく。私たちの当面の視点から重要なのは、シロアリのコロニーの発達のこの段階では、個体は潜在的な子どもより、同胞(兄弟姉妹)ととくに遺伝的に近くなっていることだ。そしてこれは、単・二倍数体の膜翅目のケースで見たように、利他的な不妊のワーカー・カーストの進化の前提条件になりうる。

しかし、個体が子どもより同胞に遺伝的に近いと期待すべき特別の理由はなくても、個体が同胞に対して子どもと同じくらい近縁だと期待できる良い理由がしばしばある。これが真実であるための唯一の必要条件は、ある程度の単婚傾向が存在することだ。ある意味では、弟・妹の面倒を見る不妊のワーカーの存在する種がもっとたくさんいないことこそ、ハミルトンの視点から見て驚くべきことだ。広く見受けられるのは不妊ワーカー現象の水割版の一種とでも言うべき「巣のヘルパー」だということが、ますます明らかになってきた。鳥や哺乳類のなかには、自分の家族を作るために独立する前の若い個体が、一、二シーズンにわたって親元にとどまり、弟・妹の養育を手伝う種がたくさんいる。このような行動をうながす遺伝子のコピーは弟・妹の体におさまって伝えられる。利益を受けるのは全同胞（半同胞ではなく）だとするなら、一頭の同胞に投資された一オンスの食物は、遺伝的に見て、一頭の子どもに投資されたのとちょうど同じだけの見返りをもたらす。しかし、これは他の事情が等しければという話だ。巣の手伝い現象がある種で生じて他の種で生じないことを説明しようと言うのなら、等しくない事情に注目しなければならない。

たとえば、樹洞《じゅどう》に営巣する鳥を考えてみよう。樹洞のある木は、供給が限られているので貴重である。もしあなたが若い成鳥で両親がまだ生存しているとすれば、彼らはまだ貴重な樹洞のある木を専有しているだろう（少なくとも最近までは一つ専有していたはずだ。そうでなければあなたはこの世にいない）。あなたも、おそらくは繁栄する樹洞に暮らしており、その生産的な繁殖場を新たに占拠する子どもたちはあなたの全同胞たち、すなわち、遺伝的にはあなたの子どもたちと同じくらいあなたに近い個体である。あなたが巣を離れ、自分で繁殖しようとしても、樹洞を入手できる確率は非常に低い。仮にうまくいったとしても、あなたの育てる子どもたちは、遺伝的に言うと妹や弟よりあなたに近いわけではない。同じ量の努力を投資するなら、親鳥の樹洞に投資したほうが、あなたが自分で樹洞を確保しようとするよりも見返りが大きいのだ。こうした条件が同胞の世話、すなわち「巣のヘルパー」を有利なものにするのだ。

こういった事情にもかかわらず、一部の個体（あるいはときにはすべての個体）は巣を離れて自分で樹洞（別種ではそれに相当するもの）を探す必要がある、というのも真実だ。第7章の、子作り／子育ての区別に従うなら、誰かが何がしかの子作りはしなければならない。そうでなければ子育ての対象となる子どもが存在しないことになるからだ。ここで重要なのは、「そうでなければ種が滅んでしまうから」とは言っていないということだ。そうではなく、純粋な子育てだけをうながす遺伝子の卓越した集団では、子作り遺伝子が有利になるということなのだ。社会性昆虫ではその有利な位置を占めるのが女王と王である。彼らは「樹洞」を探しに世間に飛び出す個体だ。だからこそ、ワーカーには翅のないアリでさえ、女王と王は翅を持つのである。これらの繁殖カーストは生涯にわたって特殊化した存在で、巣で手伝いをする鳥や哺乳類は、それを別の形で行なっている。この場合、個々の個体は生涯の始まり（最初の一、二回の繁殖シーズン）を「ワーカー」として過ごして妹や弟の養育を手伝い、残りの生涯は自ら「繁殖個体」たらんと志す。

前項で紹介したハダカデバネズミの場合はどうなっているか。彼らは繁栄する「樹洞」の原理を完璧に例示するものだ。ただし彼らの繁栄する樹洞は文字どおりの樹洞ではない。この話の鍵になるのは、サバンナの地下の彼らの食物源がパッチ状の分布をしていることだ。彼らの主食は地下の塊茎で、塊茎には巨大で地下深くに存在するものがある。そのような種類の塊茎は一つでハダカデバネズミ一〇〇〇匹分を超す重量があり、いったん発見されれば、コロニーを数ヶ月、いや数年にわたって養うことができる。しかし塊茎はサバンナ全域に散発的・偶発的に分布している。問題はそのような塊茎をいかにして発見するかだ。ハダカデバネズミにとって、食物源は発見は困難だがいったん発見されれば非常に値打ちの高いものだ。ロバート・ブレットの計算によれば、ハダカデバネズミが一頭で塊茎を探しにかかると非常に長時間を要し、土掘りで歯は擦り切れてしまうだろうという。頻繁にパトロールの行き来する数マイルものトンネルを持つ巨大な社会性コロニーはじつに効果的な塊茎発掘坑である。個々のハダカデバネズミは坑夫仲間の組合に加盟していることで経済的に豊かになっているのだ。

ところで、協力的な数十の労働者を配置した巨大なトンネル・システムは、私たちの仮説上の「樹洞」と同じように、いやそれ以上に、繁栄する企業である。繁栄の続く共同洞窟に暮らし、母親は依然として全同胞の弟妹を産み続けているとすれば、巣を離れて自分で家族を作ろうという誘惑は非常に小さなものになるだろう。仮に生まれてくる幼獣の一部が半同胞〔親の一方だけを共有する兄弟〕だとしても、「繁栄する企業」の論理は、若者を巣に留めさせるに十分な力をなお行使することができるだろう。

＊3　彼らの見出した値は、（……）理論から予測される、雌と雄が三対一という比に、かなりの信頼度で適合するものだった。

リチャード・アレグザンダーとポール・シャーマンはトリヴァースとヘアの方法と結論を批判する論文〔5〕を書いた。彼らは雌に偏った性比が社会性昆虫で一般的なことには同意したが、それが三対一によく適合するという主張に反対した。雌に偏る性比に彼らは別の説明を加えようというのだ。それは、トリヴァースとヘアの説明と同様に、ハミルトンによってすでに示唆されていたものだ。私の見るところ、アレグザンダーとシャーマンの議論は大変説得的である。しかし同時に、トリヴァースとヘアの論文〔174〕のような美しい仕事がすべて誤りなはずはないという直感のようなものも感じてしまう。

膜翅目の性比に関して私が初版で与えた説明にはさらに困った問題点のあったことを、アラン・グラフェンが教えてくれた。彼の指摘については、『延長された表現型』で説明しておいた。一部を以下に引用する。

個体群の性比が考えられるどのようなものであれ、それでも潜在的なワーカーは同胞を養おうと自分の子どもを養おうと、なおかつどちらでもかまわない。たとえば個体群の性比が雌に偏っているとしてみよう。トリヴァースとヘアの予想した三対一に一致していると考えてもいい。その場合、ワーカーは自分の兄弟あるいはどちらの性であれ、自分の子どもよりも自分の姉妹とより血縁が近いので、そのような雌に偏った性比が与えられれば、自分の子どもよりも同胞を「好む」ように思えるだろう。彼女が同胞のほうを選べば、価値の高い姉妹（とごく少数の比較的価値の低い兄弟）をほとんど得ることにならないのか、というわけだ。しかし、この理屈はそうした個体群では希少性の結果として雄の繁殖価が比較的大きいということを無視している。ワーカーは自分の兄弟たちの各々とはそれほど血縁が近くないにしても、雄が全体として個体群中にまれであれば、それらの兄弟の各々はその希少性の程度に従って、将来の世代の祖先にきわめてなりやすいだろう。

＊4　もしもある集団が、それ自体を絶滅に追い込むような進化的に安定な戦略に到達してしまえば、たしかに絶滅してしまうだろう。これはただもう運が悪いと言うしかない。

　高名な哲学者だった故J・L・マッキーは、「ごまかし屋」の個体群も、「恨み屋」の個体群もいずれも安定になりうるという事実が生み出す興味深い帰結に関心を持ってくれた。それ自体を絶滅に追い込むような進化的に安定な戦略に到達してしまえば、運が悪いと言うしかないのだが、マッキーはこれに、ある種のESSは他のESSに比べて個体群を絶滅させやすい、という視点を加えた。今述べた例で言えば、「ごまかし屋」も「恨み屋」も進化的に安定である。すなわち個体群はごまかし屋の平衡状態に達することもあるし、恨み屋の平衡状態に達することもある。この場合、たまたまごまかし屋の平衡状態に達した個体群のほうがその後絶滅しやすいのではないか、というのがマッキーの論点だ。つまり、互恵的利他主義に有利に作用するような、ESS間に作用する高次の淘汰があるのではないか、と問うているのだ。この視点は、通常の群淘汰の諸理論とは別の、実際に機能しうる一種の群淘汰を支持する論議に発展させられるだろう。この論議は、「利己的遺伝子の弁護」という論文に書いた。

第11章　ミーム　新たな自己複製子

＊1　私はある基本原理に自分の持ち金を賭けるだろう。すべての生物は、自己複製する実体の生存率の差に基づいて進化する、というのがその原理である。

　宇宙のどこであれ、生命はすべてダーウィン流に進化したはずだという私の賭けは、「普遍的なダーウィニズム」という論文〔49〕と、『盲目の時計職人』の最終章にもっと詳しく述べて、理屈を付けておいた。ダーウィニズムに代わるものとして過去に登場したすべての理論は、生命の組織された複雑さを説明することが原理的にできない、ということを私は示しておいた。その論議は、私たちの知っている生命に関する特殊な事実に基づくものではなく、普遍的なものだ。そういう性質のものなので、科学における発見法は熱した試験管を相手に（あるいは冷たい泥まみれの長靴で）あくせく働くしかないと考える科学の歩行主義者たちから批判されてきた。批判者の一人は、論議が「哲学的だ」と苦情を呈した。そう言うだけで十分な非難になっていると思っているらしい。しかし、哲学的だろうが、そうでなかろうが、私の主張に欠陥があるとは誰も指摘できていないのが事実である。そしてじつは、私の展開したような「原理的な」論議は、現実の世界と無縁であるどころか、個々の事例研究に基づく論議よりはるかに強力でありうる。もし正しければ、私の論議は宇宙のあらゆる場所における生命について重大なことを語っているはずだ。実験室や野外での研究は、現在ここで私たちが取り上げる生命について語っているだけだ。

＊2　ミーム

ミームという言葉はどうやら良いミームだったようだ。いまやこの言葉はたいへん広く使われるようになり、一九八八年には『オックスフォード英語辞典』の将来の版への収録候補用語の公式リストにも加えられた。おかげで、人間文化に関する私の構想はゼロに近いくらいささやかなものだということを、改めて強調しておきたくなった。私の真の野心が大きいのは確かだが、まったく別の方角を向いているからだ。宇宙のどこで生まれようが、ほんの少し不正確に複製を作る実体が登場すると、その威力はほとんど無限だ、というのが私の主張である。なぜならそれはダーウィン流の淘汰の基礎となり、十分な世代を経れば、きわめて複雑なシステムを累積的に構築する傾向を示すからだ。適切な条件があれば、複製子は自動的に集合してシステムあるいは機械を作り、その機械は複製子を持ち運んでその持続的な複製作業を援助するべく働くようになると私は信じている。本書のはじめから第10章までは、ただ一種の複製子、すなわち遺伝子だけを扱っている。初版の最終章でミームを論じたのは、複製子を一般的に扱おうとするためであり、遺伝子は複製子という重要な類の唯一のメンバーではないことを示すためだった。人間文化という環境が、ある種のダーウィン流の進みかたを示すようなものなのかどうか、私に確信があるわけではない。しかしいずれにせよその問題は私の関心にとっては副次的なものだ。ＤＮＡ分子だけがダーウィン流の進化の基礎となる実体ではない、という印象を持って読者が本書を閉じてくれれば、第11章は成功だったと言えるだろう。私の目的は、人間文化についての大理論を作り上げることではなく、遺伝子をそれにふさわしいサイズに小さくすることだった。

＊3　ミームは、比喩としてではなく、厳密な意味で生きた構造と見なされるべきだ。

ＤＮＡはハードウェアの自己複製断片の一つである。個々の断片は独自の構造を持っており、それぞれがライバルのＤＮＡ断片と異なっている。脳のなかのミームが遺伝子と相似なものならば、それらは自己複製的な脳構造、すなわち脳から脳へと再構成されるような神経回路の具体的な型に違いない。この意見をはっきり表明しようとすると、私はいつも落ち着かない気持ちになる。脳に関して私たちは遺伝子よりもはるかに少しのことしか知らず、その構造がいったいいかなるものかに関して、どうしても曖昧にならざるをえないからだ。そんな状態なので、最近ドイツ・コンスタンツ大学のユアン・デリウスの興味深い論文〔58〕を受け取ったときは、救われた気持ちになった。私と違ってデリウスは言い訳がましく感じる必要がない。私は脳科学者でさえないが、彼は優秀な脳科学者だからだ。彼は、ミームの神経的なハードウェアがどのようなものでありうるかについての詳細な構図を実際に発表して、肝心の問題を徹底的に強調する大胆さを見せた。おかげで私は大いに嬉しかったのだ。彼の興味深い他の仕事の一つは、私よりもはるかに徹底的にミームと寄生生物、もっと正確に言えば悪性の寄生生物を一方の端とし、良性の「共生生物」を他方の端とするスペクトルとミームとのアナロジーを追究したことである。私自身、寄生生物の遺伝子が寄生生物に及ぼす「延長された表現型」効果（本書第13章と、『延長された表現型』の第12章を見よ）に関心があるので、彼のアプローチには非常に興味がある。ところで、デリウスは、ミームとその（表現型）効果の明確な区別を強調している。また、ミームの相互的な適合性が淘汰のうえで有利になるような、共適応的なミーム複合の重要さを繰り返し強調してもいる。

＊4　オールド・ラング・サイン

「オールド・ラング・サイン」とは、期せずしてまことに見本的な、幸運な例を選んだものである。この歌は突然変異のためにほとんど普遍的に一ヶ所が誤ったものに変形されているからだ。リフレインの部分は、今ではいつも変わらず、‘For the sake of auld lang syne’と歌われる。しかし作詞者のロバート・バーンズは、じつは‘For auld lang syne’と書いていたのである。ミームを意識したダーウィン派なら、挿入された‘the sake of’という句の生存価は何なのかとただちに疑問に思うだろう。ここでは、その歌を変形版で歌うことによって人々の生存がうながされるようになる様式を探っているのではない、ということを思い出そう。私たちが探しているのは、問題の変形それ自身の生存率をミーム・プールのなかで上げるような様式だ。私たちは皆、この歌を幼少期に覚えた。バーンズを読んでではなく、大晦日に歌われるのを聴いて覚えたのだ。昔は誰もが正しく歌っていたのだろう。‘For the sake of’ はまれな突然変異として生じたに違いない。しかし、初期にはまれだったその突然変異が知らないうちにミーム・プールの標準になるほど増えてしまったのは一体どういうわけか。それが問題だ。

おそらく答えは遠くにあるのではない。歯擦音《しさつおん》の「s」は耳につくことで有名だ。練習の際、教会の聖歌隊は「s」の音をできるだけ軽く発音するよう指導される。そうしないと教会中に歯擦音が響きわたってしまうのだ。大教会の祭壇で口ごもって説教をする司祭の声を本堂の後ろで聴いていると、散発的なスッ、スッ、スッという音にしか聴こえないことがある。‘sake’ のなかにあるもう一つの子音の「k」も同様に耳につく音だ。さて一九人は正しく ‘For auld lang syne’ と歌っているのに、部屋のどこかで二〇人目が ‘For the sake of auld lang syne’ と間違って歌ってしまった、と想像してほしい。そこにその歌を初めて聴いた一人の子どもがいて、言葉がよくわからないままにいっしょに歌いたがったとする。すると、ほとんどの人は ‘For auld lang syne’ と歌っているにもかかわらず、「s」と「k」の音は子どもの耳に到達し、次のリフレインでは彼も ‘For the sake of auld lang syne’ と歌ってしまうのだ。突然変異したミームはかくして別の乗り物を獲得したのである。そこに他の子どもが同席していたり、あるいはおとなでも歌詞に自信のない人がいれば、次のリフレインで彼らもまた変異型のミームに同調してしまう可能性が高い。それらの人々が変異型のミームを「好んだ」わけではない。彼らは本当に歌詞を知らず、一生懸命勉強しようとしているだけだ。歌詞をちゃんと知っている人々がおごそかな調子で、しかも思い切り大きな声で（私のように！）‘For auld lang syne’ と歌っても、正しい言葉には目立った子音がなく、一方変異型のほうは、自信なさげに小さな声で歌われてもはるかに聴こえやすい。

‘Rule Britannia’ も似たようなケースだ。コーラス第二句の正しい歌詞は ‘Britannia, rule the waves’ である。しかし非常に頻繁というわけではないが、これはしばしば ‘Britannia rules the waves’ と歌われるのだ。この場合は、ミームのしつこく歯擦音を発する「s」がさらに別の要因の支援を受ける。作詩者（ジェームス・トンプソン）の意図した意味は、おそらく命令法（大英帝国よ、進出し海を支配せよ）か、仮定法（大英帝国に海を支配させたまえ）であろう。しかしちょっと見ただけでは、直説法（大英帝国は、実際に海を支配している）と簡単に誤解されやすい。つまりこの突然変異型のミームは、元の形に対して二つの別の生存価を持っている。発音が目立つことと、理解しやすいことである。

仮説の最終的な検証は実験によるべきだ。ミーム・プールのなかに、歯擦音を含むミームを低頻度でわざと紛れ込ませておき、その後、それ自身の生存価でそれが増加していくのを観察する。たとえば、一部の人々が、'God saves our gracious Queen'などと歌い出したらいったいどうなるだろうか。

＊5　問題のミームが科学的なアイディアである場合、その繁殖は、それが科学者集団にどの程度受け入れられるかに依存するだろう。この場合は、発表後の科学雑誌における被引用回数が、そのアイディアの生存価の大まかな尺度と見なすこともできよう。

この文が、科学的なアイディアが受容される際の唯一の基準は「人目を引きやすいこと」だと主張しているかのように受け取られたとしたらきわめて遺憾である。つまるところ、科学的なアイディアには実際に正しいものと誤ったものがあるからだ！　それらの正誤はテストにかけ、論理も細かく検討することが可能である。それらは実際は、流行歌や、宗教や、パンクスたちの髪形のようなものではない。しかし科学には、論理と同時に社会学がある。しばらくのあいだであれば、間違った科学的アイディアが広く行き渡ってしまうこともある。一方、良いアイディアであるにもかかわらず、注目されて科学のイマジネーションの領域に広がるまで数年にわたって休止状態のままというようなものもある。休止状態に続いて急激な伝播が生じた代表的な事例の一つが、じつは本書の主要なアイディアのなかにある。ハミルトンの血縁淘汰理論だ。この論文の被引用回数を数えることによってミームの拡大を測定してみるというアイディアを試すのに、うってつけの事例だと私は考えた。初版で私は次のように書いた。「一九六四年の彼の二つの論文は、これまでに書かれた社会エソロジーの文献のうち、最も重要なものに数えられる。私は、これらの論文がエソロジストたちになぜこれほど無視されてきたのか理解できない（彼の名前は、一九七〇年に出たエソロジーの二大教科書の索引にすら載っていないのだ）。幸い、最近彼の仕事が見直され始めている」（一六八頁）。これを書いたのは一九七六年である。このミーム回復の過程をその後の一〇年を含めて辿っておこう。

『科学引用索引（*Science Citation Index*）』は少し奇妙な出版物だ。そこには出版された論文がすべて載っていて、しかもその論文を引用した出版物の数が、年度ごとに挙げられている。これは、特定の話題に関して文献を辿る手助けとなるのが目的だ。しかし、大学の人事委員会は人事採用の際に応募者の科学的な業績を大まかにかつ手っ取り早く比較するための手段としてこれを利用する癖をつけてしまっている。ハミルトン論文の被引用回数を、一九六四年以降年ごとに数えることによって、私たちは彼のアイディアが生物学者の意識のなかに浸透していった過程を近似的に辿ることができる（図1）。初期は休止状態にあったことがはっきりわかる。次いで、一九七〇年代に血縁淘汰への関心が劇的に上昇したように

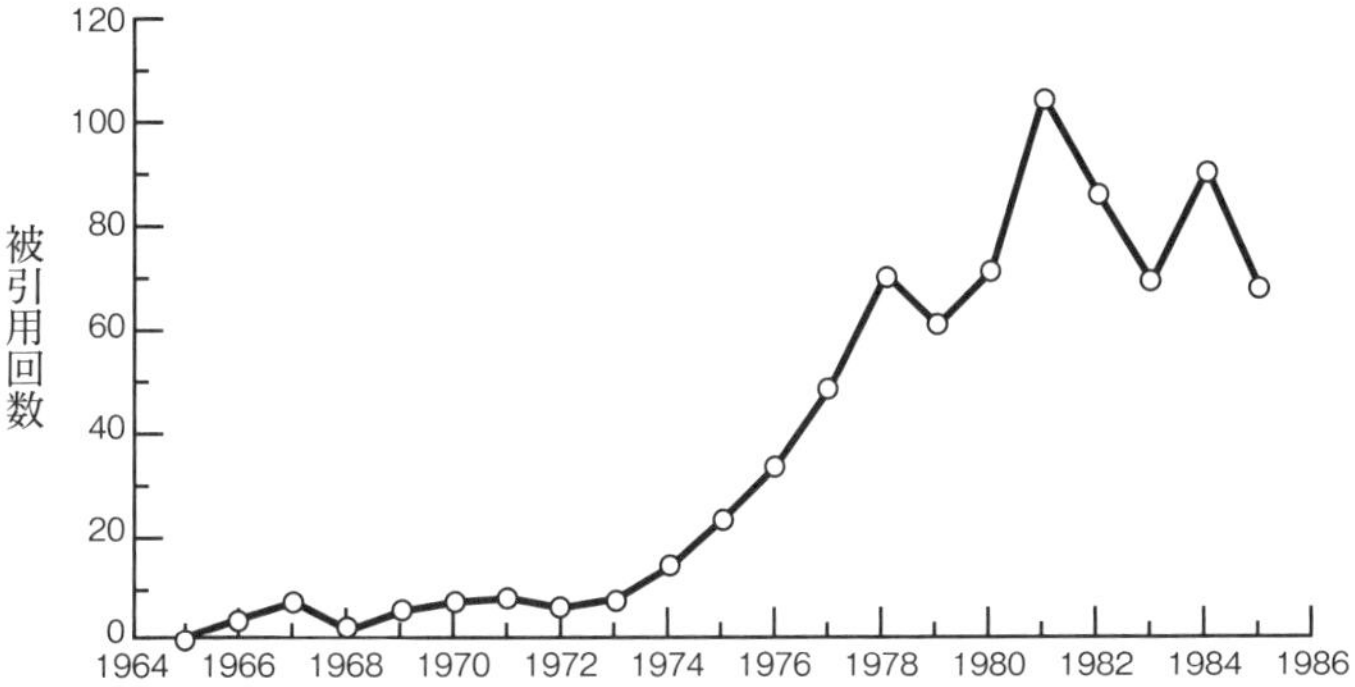

図1　『科学引用索引』に収録されているハミルトン論文（1964）の年度別被引用回数

見える。上昇の始まった時点を決めるなら、それは一九七三年から七四年のあいだと思われる。上昇傾向は一九八一年まで勢いを増して、その後年度別被引用回数は高原値のまわりを不規則に変動している。

血縁淘汰への関心の急増はすべて一九七五年と一九七六年に出版された本によって引き起こされたのだというミーム神話ができあがってしまった。しかし、一九七四年に立ち上がりを見せているグラフは、この考えが誤りであることを示しているように見える。逆に、証拠はまったく別の仮説を支持するものとも受け取れる。すなわち私たちは「うわさになっていて」、「ようやく時を迎えた」アイディアの一つを扱っているのだという考えかただ。この見かたに従えば、一九七〇年代半ばの二冊の本は、流行の原因というよりは、その徴候だったことになる。

実際私たちは、ずっと早期に始まっていながら、長期的で、立ち上がりが遅い、指数関数的に増加する流行を扱っているのかもしれない。この単純な指数関数増加仮説をテストする一つの方法は、累積被引用回数を対数座標に画き込んでみることである。その時点までに到達された量に比例する速度で増加する過程はすべて指数関数増加と呼ばれる。流行病は典型的な指数関数増加過程である。個々の人は数人にウイルスを撒き散らす。撒き散らされた人はまた一人あたり同じ人数の他者にウイルスを撒く。こうして犠牲者はますます大きな数で増えていく。指数関数曲線と判定できる特徴の一つは、対数座標で画くと直線になることだ。必須なわけではないが、そのような対数グラフを画くときには、通常は累積値を用いると便利だ。ハミルトンのミームの拡大が実際に勢いを増す流行病のようなものであれば、累積値の対数グラフは直線に乗るはずだ。では実際にそうなるだろうか。

図2の直線は、累積値のすべての値に統計的に言って最も適合した直線である。一九六六年から六七年にかけての急増は、データを対数で打つ際に誇張されてしまいがちな信頼性の低い少数サンプルの効果として無視されるべきものかもしれない。その点を除けば、些細な追加的なパターンも見られはするものの、直線近似は悪くない。私の指数関数増加解釈が受け入れられるなら、私たちが扱っているのは、一九六七年から八〇年代後半にかけて、関心がゆっくり爆発していく過程である。個々の論文や著書は、この長期的な傾向の徴候であり、また原因でもあるのだろう。

ところで、この増加パターンを必然的なものでつまらないとは捉えないでほしい。累積カーブは、年度別の被引用回数がたとえ同じでももちろん増加する。しかし、そんなカーブは対数座標では増加率が逓減する。すなわち頭打ちのカーブになってしまうのだ。図3の一番上の太い実線のカーブは、毎年の被引用回数が同じ（ハミルトンの実際の年平均被引用回数である三七件／年の値を用いてある）場合の理論カーブだ。この頭打ちカーブと、指数関数増加を示す図2の実際に観察された直線の違いを比較してほしい。私たちが扱っているのは増加に増加を重ねる現象であり、被引用回数一定のケースではない。

もう一つ、指数関数的な増加という点に関しては、必然とは言わないまでも、少なくとも当然それを予想させるような事情がある、と考える人がいるかもしれない。科学論文の出版点数全体が、したがって他の論文の引用機会そのものが、指数関数的に増加するのではないだろうか。もしかしたら科学者社会も指数関数的に増大しているのではないか。ハミルトンのミームが特別であることを示す最も簡単な方法は、他の著作に関してハミルトンと同じグラフを画いてみることだ。図3にはこのために三つの他の著作の累積引用回数を対数で画いておいた（ちなみにいずれも本書の初版に大きな影響を与えた著作だ）。ウィリアムズの一九六六年の著書『適応と自然淘汰』〔181〕、トリヴァースの一九七一年の互恵的利他主義に関する論文〔170〕、そしてESSの考え方を導入したメイナード＝スミスとプライスの一九七三年の論文〔131〕である。全期間について言うとどの著作も指数関数的ではないカーブを見せている。しかしどの著作も、年度別被引用回数は一律とはほど遠く、一部の期間に関しては指数関数的でさえある。たとえばウィリアムズのカーブは対数座標で一九七〇年以降ほぼ直線的であり、影響力が指数関数的に拡大する相に入ったことを示唆している。

ハミルトンのミームが拡大するうえで特定の著書が果

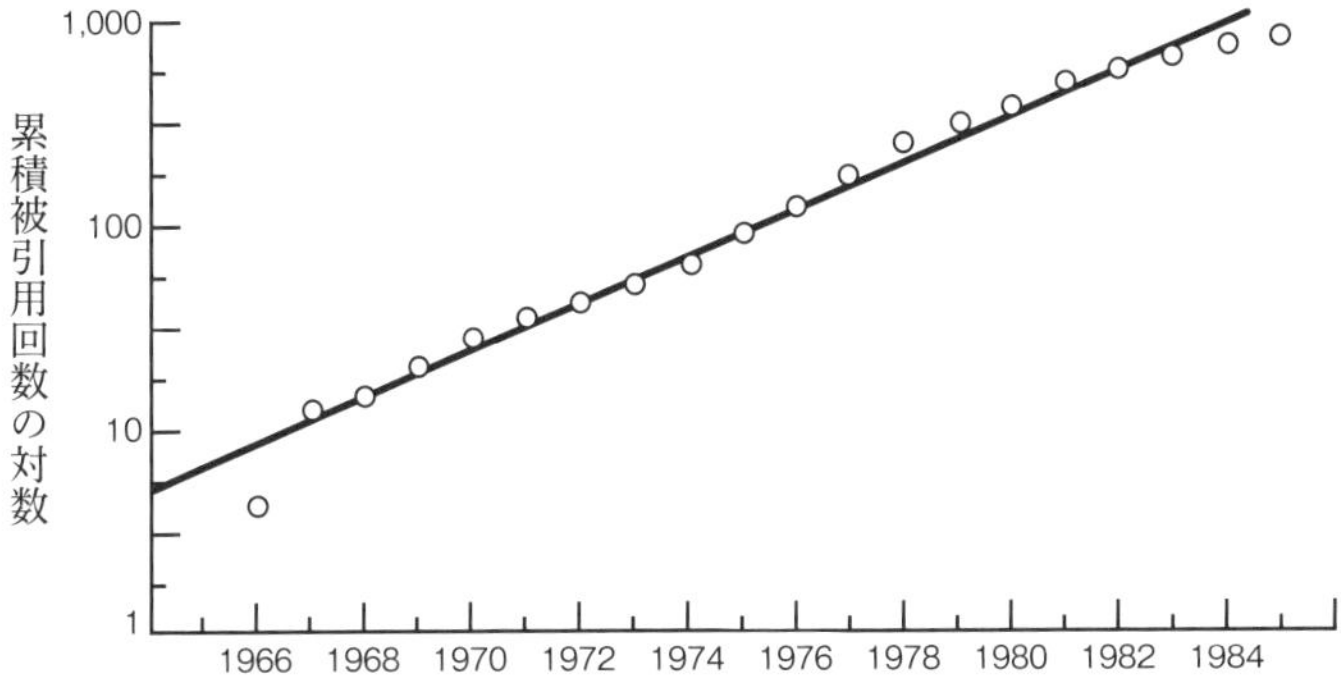

図2　ハミルトン論文（1964）の累積被引用回数の対数表示

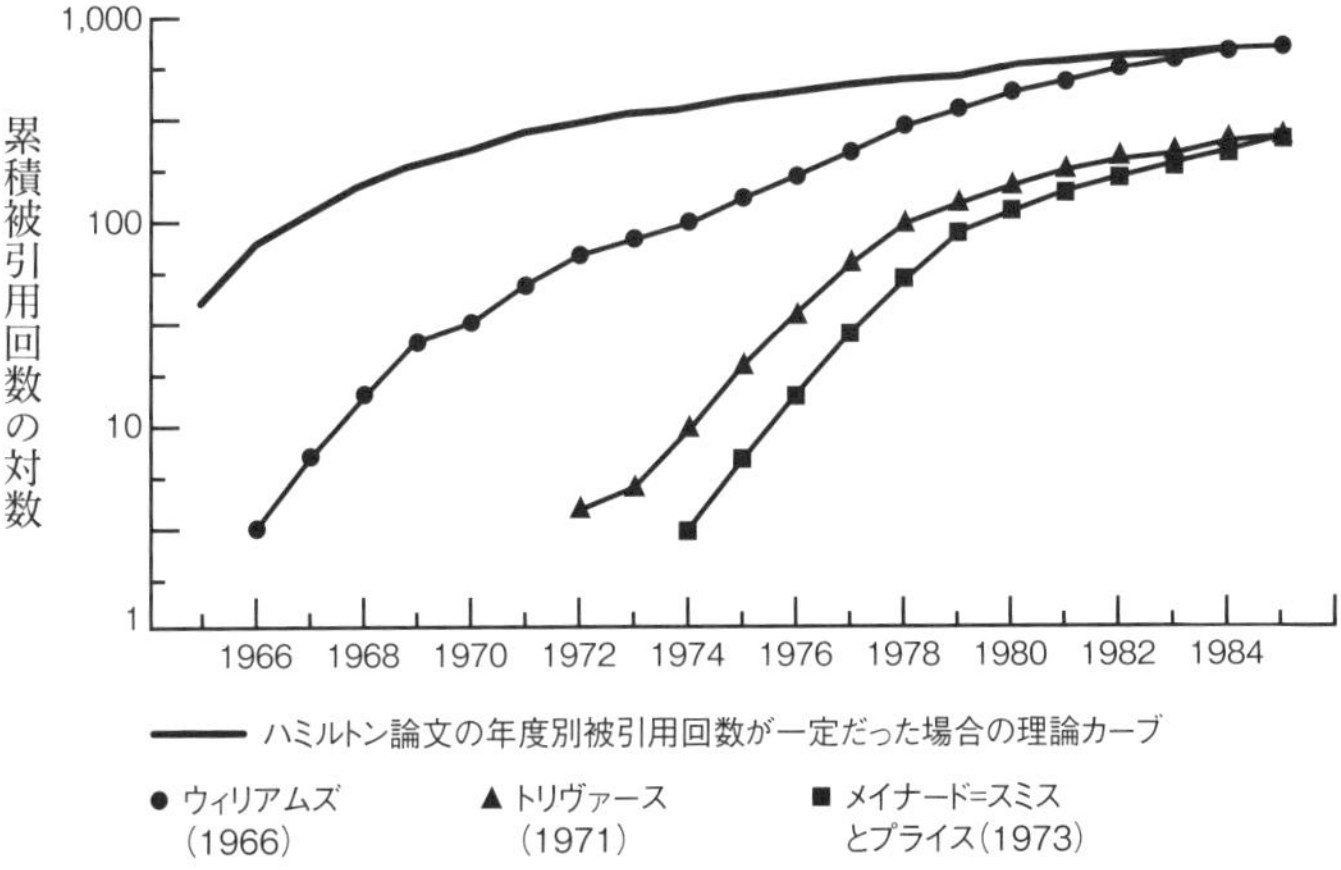

図3　ハミルトン以外の3つの著作の累積被引用回数の対数値と、ハミルトンの論文の被引用回数累積値の（被引用回数一定とした場合の）理論カーブ

たした影響力を、私は控え目に見てきた。しかし、このささやかなミーム分析には、明らかに示唆的なあとがきが一つある。'Auld Lang Syne'や'Rule Britannia'の例と同じような示唆的な突然変異的な過誤がここにも一つ存在するのだ。ハミルトンの一九六四年の論文の正しいタイトルは「社会行動の遺伝的進化」〔83〕だ。しかし一九七〇年代の半ばから末にかけて、『社会生物学』や『利己的な遺伝子』を含めて盛んに出版された著作群は、誤ってそれを「社会行動の遺伝的理論」と引用している。ジョン・シーガーとポール・ハーヴェイはこの変異型ミームの最初の登場を突き止めようとした〔161〕。科学的な影響を辿るうえで、この変異型ミームがちょうど放射性ラベルと同じように手頃なマーカーになると考えたのだ。彼らは一九七五年に出版されたE・O・ウィルソンの影響力甚大な著書『社会生物学』に辿りつき、この系譜を示唆する間接的な証拠も発見した。

私はウィルソンの力作を賞賛するが（人々がもっとこの本自体を読み、この本の評判だけを読むのを控えてほしいものだが……）、彼の本が私の著作に影響を与えたという完璧に間違った示唆に出会うといつも毛を逆立ててしまう。しかし、問題の変異型の引用（つまり「放射性ラベル」）は私の著書にも含まれているので、少なくとも一つのミームはウィルソンから私に移転した可能性が高いと思われてしまいそうだ。もしそうだとしても、さして驚くにはあたらないように見えてしまう。『社会生物学』が英国に到着したのは、私が『利己的な遺伝子』をまさに書き上げるころ、つまり私が文献表のまとめにかかっていた時期だったのではないか。ウィルソンの本の大部の文献目録は、図書館での時間を節約させてくれる神の贈り物と見えたのではないか。こんな憶測がありうるので、一九七〇年のオックスフォードにおける講義の際に私が学生たちに渡した古い謄写版刷りの文献表に出会ったときは、無念が喜びに変わった。そこにはまぎれもなく、「社会行動の遺伝的理論」と記されていた。ウィルソンの出版よりもまる五年早い。おそらくウィルソンは一九七〇年の文献表を見るわけにはいかなかっただろう。ウィルソンと私が、独立に同じ変異型のミームを導入したことに、疑問の余地はない。

そんな偶然がどうして起こり得たのか。ここでも、それらしい説明は遠くで探す必要がない。R・A・フィッシャーの最も有名な本は『自然淘汰の遺伝的理論』〔69〕である。このタイトルは世界の進化生物学者のあいだで非常によく知られたものになっているので、私たちが最初の二語(the genetical)を聞くと自動的に第三の言葉をつなげずにいるのは難しいのだ。おそらくウィルソンも私も、まさにそうしてしまったに違いない。これは関係者すべてにとって幸せな結論だ。フィッシャーの影響を受けていると認めるのを気にする者はいないからだ。

＊6　人間の脳は、ミームの住みつくコンピュータである。

工場で作られる電子的なコンピュータもやがて情報の自己増殖的なパターン、つまりミームのホストになるだろう、という予測も自明だった。コンピュータはますます複雑なネットワークで結ばれて情報を共有しつつある。それらの多くは文字通り回線でつながれて、電子通信を交換している。そうでないものも、使用者がフロッピー・ディスクを貸し借りすれば情報を共有する。自己増殖的なプログラムが栄え広がるうえでコンピュータは完璧な環境だ。本書の初版を執筆していたときの私は大変単純だった。望ましくないコンピュータ・ミームは正式なプログラムがコピーされる過程で自然のミスで生じるしかないはずで、そんな事態は起こりがたいと考えてしまっていた。あのころはなんと無邪気な時代だったことだろう。しかしいまや、世界のコンピュータ使用者のあいだでは、悪質なプログラマーが意図的に放った「ウイルス」や「ワーム」が日常的な危険となってしまっている。私のハードディスクもこの一年に判明したかぎりで二度、ウイルスに感染した。コンピュータのヘビー・ユーザーのあいだでは、これはごく標準的な体験である。ウイルスの固有名は挙げない。不潔で幼稚な下手人たちに、不潔で幼稚な満足を与えたくないからだ。彼らの行動は、病気にかかる人々を嘲おうと、飲料水にわざと病原菌を入れ流行病の種をまく微生物学研究室のエンジニアと道徳的には区別がつかない。だから「不潔」と言おう。そうした下手人は精神的に幼稚である。だから「幼稚」と言うのだ。コンピュータウイルスを設計するのに賢さはいらない。中途半端な能力のプログラマーでも可能だ。そして現代の世の中では、中途半端な能力のプログラマーは二束三文の存在である。私自身もその一人だ。コンピュータウイルスがどのように作動するのか説明するのもやめておく。自明なことだからだ。

容易でないのはそれらとの闘い方を知ることだ。残念なことに、非常に熟練したプログラマーたちが、ウイルス発見プログラムや免疫形成プログラム（「弱毒系統の」ウイルスを注入する点に至るまで、医学的なワクチン療法との類似性が驚くほど高い）などを作るために貴重な時間を無駄遣いせざるをえない状況である。ただし、ウイルス防止策が発展するたびに対抗的な新ウイルス・プログラムが作られてしまい、軍拡競争が進んでしまう危険性もある。これまでのところ、ほとんどの対ウイルス・プログラムは利他主義者の手で作成され、無料のサービスで提供されてきた。しかし、今後はまったく新しい職業が発展する可能性がある。それは、黒のバッグに診断・治療用のフロッピー・ディスクを詰め込んで待機する「ソフトウエア・ドクター（医師）」とでも言うべき職業で、他の専門職と同様に、商売になる分野に分化していくだろう。私は「医師」という言葉を使ったが、実際の医師は自然の問題を解くのであって、人の悪意によって意図的に組み立てられた問題を扱うのではない。私たちのソフトウエア・ドクターは、そもそもは存在しなかった人為的な問題を解くという点で、一面では弁護士のような存在になるだろう。ウイルス制作者に認知可能な動機があるのだとすれば、彼らは無政府主義者を気取っているのだろう。彼らに言いたい。君たちは新しい特権的な職業を作るための露払いを本当に果たしたいのか。もしそうでないなら、愚かなミーム遊びは止めて、ささやかなプログラム能力をもっと良い目的のために活かしてほしいものだ。

＊7　やみくもな信仰心は一切を正当化できる。

私の信仰批判に抗議して、信仰の犠牲者から私宛てに予想どおりたくさんの手紙が届いた。信仰はそれ自身に都合の良い見事な洗脳者だ。とくに子どもたちへの洗脳は見事で、その拘束から解放するのは難しい。しかし結局のところ信仰とは何なのか。それは、証拠がまったくない状況のもとで、人々に何か（それが何かは問題ではない）を信じさせてしまう心の状態だ。十分な証拠がある場合は、信仰は余分である。いずれにせよ証拠が私たちに信じることを強いるだろうからだ。だからこそ、しばしばオウムのように繰り返される「進化それ自身が信仰の問題」という主張はばかげている。人々が進化を信じるのは、彼らが恣意的に信じたいと思うからではなく、公に入手可能な膨大な証拠があるからだ。

信仰心の篤い人々が何を信じるかは問題でない。人々はとんでもなくふざけた人為的なものさえ信仰の対象にする。たとえばダグラス・アダムスの愉快な著書『ダーク・ジェントリー全体論的探偵事務所』に出てくる電動修道師のようなものだ。彼はあなたに代わってあなたの信仰を貫くように作られており、見事に仕事を果たす。私たちが彼と会ったその日は、彼はあらゆる反証にもかかわらず、世界のすべてはピンクだと断固として信じている。特定の個人が信仰の対象とするものは必ず正気を逸していると主張するつもりはない。そういうこともあるし、そうでないこともある。問題は、それらを信仰の対象とすべきか否かを決める方法、そしてあるもののほうが他のものよりも信仰対象として望ましいと決める方法が、存在しないことだ。証拠を論ずることを意識的に避けるからだ。実際、本当の信仰が証拠を必要としないという事実は、信仰の最大の徳とされている。だからこそ私は、十二使徒のなかで唯一賞賛に値する人物として、不信のトマスの物語を引用したのだ。

信仰で山を動かすことはできない（子どもたちはいつの時代もこれと逆のことを恭《うやうや》しく告げられ、そう信じ込む）。しかし信仰は人々をそのような危険な愚行に駆り立てることはできる。だから私には、信仰は精神疾患の一つとしての基準を満たしているように見える。どんな対象であれ信仰は人々を強く帰依させ、極端な場合はそのためにそれ以上の正当化の必要なしに人を殺し、自らも死ぬ覚悟をさせてしまうのだ。「ミームに取り憑かれて自分の生存も危うくするに至った犠牲者」を呼ぶのにキース・ヘンソンは「ミーメオイド」という新語を作った。「ベルファストやベイルート発の夕方のニュースにはそのような人々がたくさん登場する」。信仰はきわめて強力で、同情や、寛大さや、上品な人間的な感情へのあらゆる訴えかけにも人々は動じなくなる。それどころか、市長を殺せばすぐに天国へ行けると信じ込んでしまえば、恐怖に対しても動じなくなる。なんという武器だろうか。軍事技術年鑑には、大弓や軍馬や戦車や水爆と同格で、宗教的な信仰についても一章が割かれて然るべきだ。

＊8　この地上で、唯一私たちだけが、利己的な自己複製子たちの専制支配に反逆できるのだ。

この結論の楽天的な調子に対して批判者たちから疑問が寄せられた。本書の他の部分の内容と整合しないと受け取られたようだ。批判の一部は、遺伝的影響の重大さを熱心に防衛しようとする教条的な社会生物学者たちからのものだった。これとはまるで反対に、かのお気に入りの魔神的偶像を熱心に防衛する左翼の高僧たちからも批判がきた！　ローズ、カミン、ルウォンティンは共著 *Not in Our Genes* のなかに「還元主義」という私的な妖怪を住まわせている。そこでは優れた還元主義者はすべて「決定論者」、さらに望ましくは「遺伝的決定論者」だと想定されている。

還元主義者たちにとって、脳は、決定論的な生物学的存在であり、私たちの目撃する行動や、その行動から私たちが推定する思考や意図の状態は、脳の特性によって生み出される……。そのような見かたは、ウィルソンやドーキンスによって提供された社会生物学の諸原理と完璧に整合する、あるいは整合すべきものだ。しかしながら、そのような見解に立つことで、彼らはジレンマに陥る。すなわち、リベラルな人物である彼らにとっては明らかに不快な人間行動（意地悪、教化されやすさ、等々）の多くをまずは生得的だと主張してしまうので、次には、「では他のすべての行動と同様に生物学的に決定されているかもしれないはずの犯罪行動の責任問題をどうするのか」というリベラルな倫理的憂慮に絡め取られてしまうのだ。この問題を避けるために、ウィルソンやドーキンスは、私たちが望めば遺伝子の専制に反抗することも可能にする自由意志なるものを持ち出すのだ……。これは本質的に、恥しらずなデカルト主義、すなわち二元論的な「デウス・エクス・マキナ」〔機械仕掛けの神。ギリシャ劇で混乱した劇の筋を解決するために登場する〕への回帰である。

ローズとその仲間たちは、私たちがケーキを食べてしまったはずなのになおケーキを抱えていると糾弾しているらしい。私たちは「遺伝的決定論者」なのか、そうでなければ「自由意志」の信者でなければならない。同時に両者であることはできないはずだと言うのである。しかし私たちが「遺伝的決定論者」なのは、ローズとその仲間たちにそう見えるだけのことだ（これは私と、そしておそらくはウィルソン教授のために言っておく）。一方で遺伝子は人間の行動に統計的な影響力を行使すると考え、しかし他方で、その影響力を他の影響力によって変形させたり、克服したり、あるいは逆転したりできると信ずることは完璧に可能だ。しかし彼らは、これが理解できないらしい（信じがたいが、どうやらそのようだ）。遺伝子は自然淘汰によって進化したどのような行動パターンにも一定の統計的影響力を行使している。ローズとその仲間たちも、何ものにせよ自然淘汰によって進化するという意味では、人間の性欲も自然淘汰によって進化したものだということに同意するだろう。であるならば、彼らも、何ものにせよ遺伝子の影響は及ぶという意味において、性欲に影響する遺伝子が存在してきたことには同意するはずだ。しかしそんな彼らも、社会的にその必要があるときには性欲の抑制に何の困難もないはずだ。そのどこが二元論だというのか。そんなものはありはしない。そしてもちろん「利己的な自己複製子たちの専制支配に反逆」することを提唱する私も、同様に二元論者などではない。私たち、つまり私たちの脳は、遺伝子に対して反逆できるほどには十分に、遺伝子から分離独立した存在だ。すでに記したように、私たちは避妊手段を講じる際、ささやかにその反逆を実行している。もっと大規模に反逆してはいけない理由は、何もない。

書評抜粋

公共の利益のために

ピーター・メダワー卿
『スペクテイター』一九七七年一月一五日

動物における、利他的あるいはともかくも非利己的に見えるような行動に直面したとき、生物学の素人、多くの社会学者を含む一群の人々は、その行動が「種の利益のために」進化したと言いたいという誘惑にきわめて簡単に引っかかってしまう。

たとえば、レミングは、何千頭もが断崖から飛び込んで海に姿を消すことによって個体数を調節している（明らかに私たちよりもその必要性を知っている）という、よく知られた神話がある（のちにこのレミング大量自殺は「神話」に過ぎず、誤解だったことが判明した）。どんなに間抜けなナチュラリストでも、この大がかりな人口学的死刑執行において、それを指令する遺伝的成分は持ち主とともに消滅したはずだということを考えれば、そのような利他行動が、いかにしてその種の行動レパートリーの一部になり得たのかをきっと自問したはずだ。しかしながら、これを神話として退けることは、遺伝的に利己的な作用が、ときに無私のあるいは利他的な振る舞いとして「表れる」（臨床医が言うように）ことがあるという事実を否定するものではない。孫に対するお祖母さんの態度として、冷たく無関心にするのではなく、甘やかすよう指令する遺伝的要因が進化で広まるかもしれない。なぜなら、優しいお祖母さんは、孫のなかにある自分の遺伝子の一部分の生存と増殖を利己的に促進することになるからだ。

リチャード・ドーキンスは、新世代の生物学者のなかでも最も才気溢れる一人であり、利他行動の進化をめぐって社会的生物学でもてはやされている妄説のいくつかについて、穏やかにしかも巧みに、その偽りを暴露していく。しかし、これを暴露本の類とけっして考えてはならない。正反対に、これは社会的生物学の中心的問題を、遺伝学的な自然淘汰の理論という観点から、非常に巧妙に再編成したものである。それにもまして、この本は学識と機知に富み、まことに良く書けている。リチャード・ドーキンスを動物学の研究に引きつけたことの一つは、動物が持つ「全般的な好ましさ」だった――すべての優れた生物学者が共有する視点であり、それが本書全体を通じて光り輝いている。

『利己的な遺伝子』は論争的な性質の本ではないが、ローレンツの『攻撃』、アードリーの『社会契約』やアイブル＝アイベスフェルトの『愛と憎しみ』のような本の言い分をへこませることが、ドーキンスの計画の非常に重要な部分だった。「これらの本の難点は、その著者たちが全面的にかつ完全に間違っていることだ。彼らは、進化の働きかたを誤解したために間違ってしまったのだ。進化において重要なのは、個体（ないし遺伝子）の利益ではなくて、種（ないし集団）の利益だという誤った仮定をしている」

「ニワトリは卵がもう一つの卵を作る手段だ」という生徒たちの格言には、数多くの教訓に値する十分な真実がある。リチャード・ドーキンスはそのことをこう述べている。

この本の主張するところは、私たち、およびその他のあらゆる動物は、遺伝子によって創り出された機械にほかならないというものだ。（……）私がこれから述べるのは、成功した遺伝子に期待される特質のうちで最も重要なのは非情な利己主義である、ということだ。この遺伝子の利己主義（gene selfishness）は通常、個体の行動における利己主義を生み出す。しかし、いずれ述べるように、遺伝子が個体レベルにおけるある限られた形の利他主義を助長することによって、自分自身の利己的な目標を最も達成できるような特別な状況も存在する。この文の「限られた（limited）」と「特別な（special）」という語は重要な言葉だ。そうでないと信じたいのはやまやまだが、普遍的な愛とか種全体の繁栄とかいうものは、進化的には意味をなさない概念にすぎない。

私たちがこうした真実をどれだけ嘆こうとも、それが真実であることに変わりはないと、ドーキンスは言う。けれども、遺伝的過程の利己性についてより深く理解すればするほど、私たちは、寛大に協力し合い、そしてなによりも共通の利益のために働くことの利点を教えるのに、よりふさわしい資格を持つことになるだろう。ドーキンスは、人類における文化的、すなわち「遺伝子以外による」進化の特別な重要性について、たいていの人よりもはるかに明快に説明している。

最後のそして最も重要な一章〔改訂版以降では第11章〕において、ドーキンスは、すべての進化的なシステムに間違いなく適用できる——ひょっとしたら、珪素《けいそ》原子が炭素原子に取って代わった生物、人類のようにほとんどを非遺伝的な回路を通じて進化したような生物にさえ適用できる——一つの根本的な原理を打ち出すことに挑戦している。その原理とは、自己複製する実体が得る繁殖上の利益の、総計を通じて、進化は起こるというものだ。通常の状況下にある普通の生物にとっては、そうした実体は、DNA分子のなかにあって、「遺伝子」という名で呼ばれている。ドーキンスにとっては、文化的伝達の単位は、彼が「ミーム」と名付けたものであり、この最終章で彼は、ダーウィニズム的なミーム理論が実際にはどのようなものかを説明している。

この痛快なドーキンスの本に対して、私は一つだけ脚注を加えたい。すなわち、すべての生物にとって記憶機能の保有が一つの基本的な属性であるという考えは、一八七〇年にオーストリアの生理学者エヴァルト・ヘリンクが最初に提唱したということだ。彼は、その単位を言語学的な正確さを意識して「ムネーム」と呼んだ。この問題についてのリチャード・シーモンの解説（一九二一年）は、まったく当然のことながら、完全に非ダーウィニズム的なものであり、いまや時代遅れの遺物としか見なしようがない。ヘリンクの予見的な考えの一つは、好敵手だった自然哲学の教授J・B・S・ホールデンによって笑いものにされた。その考えとは、現在デオキシリボ核酸、つまりDNAが持つとされる性質と、まさに同じ性質を持つ化合物が存在するはずだ、というものだった。

Published in *The Spectator*, 15th January 1977 issue

自然が演じる芝居

ウィリアム・D・ハミルトン
『サイエンス』一九七七年五月一三日（抜粋）

この本はほぼすべての人に読まれるべきものであり、また読むことができる。進化の新しい局面がきわめて巧みに記述されている本だ。近年、新しい、しかし時として誤った生物学を大衆に売り込んできた、あまりごたごたとしない軽妙なスタイルを多分に保ちながらも、本書は、私の意見によれば、きわめて本格的な内容になっている。最近の進化思想の、かなり難解でほとんど数学的とも言えるいくつかのテーマを、専門用語を使わずやさしい言葉で提示するという一見不可能とも思える課題を、見事に成し遂げているのだ。それらのテーマを広い視野に位置づけた本書を読み通すと、最後には、そんなことはとっくに知っていると思ってきたかもしれない多くの生物研究者にさえも、驚きと活力を与えることだろう。少なくとも評者にとってはそうだった。しかし、繰り返しておくが、本書は科学に対する最小限の素養さえあれば、誰にでもたやすく読めるものになっている。

お高くとまるつもりはなくとも、自分の研究上の関心に近い分野の啓蒙書を読んでいると、ほとんどあら探しばかりを強いられるものだ――その例はお門違いだ、その点はまだはっきりしていない、その考えは間違っていて、何年も前に放棄されたといった具合に。だが本書は私の目から見て、ほとんどどこにも傷がない。ただし、誤っている可能性がないと言っているわけではない（ある意味で、手持ちの材料が推測しかないような仕事においては、誤りの可能性がないはずがない）が、その生物学は全体としてしっかりと正しい道を歩んでおり、疑わしい発言があっても、少なくとも独断的なものとは言えない。自らの考えに対する著者の穏当な査定は批判の矛先《ほこさき》を和らげる傾向があるが、読者は本書のそこここで、示されたモデルが気に入らなければ、もっと良いモデルを考え出したらどうかという提案に接して、嬉しい気持ちにさせられるだろう。啓蒙書でそのような誘いを真面目にすることができるという事実が、本書の主題の新しさを端的に反映している。不思議なことに、これまで検証されたことのない単純なアイディアが、進化の古くからの謎を簡単に解決してしまうという可能性は実際に存在するのだ。

それでは、進化論における新しい局面というのは、何のことだろう。それは、シェイクスピアについての新解釈といくぶん似たところがある。すべては台本に書かれているが、なぜだか見過ごされてきた。けれども、付け加えておくべきは、問題の新しい見かたは、進化についてのダーウィンの台本には、自然の台本におけるほど深く隠れていたわけではなく、気がつかなかった期間は一〇〇年ではなく、むしろ二〇年という物差しだったということだ。たとえば、ドーキンスは、私たちが今日かなりよく知っている変異のある二重らせんの分子から話を始めるが、ダーウィンは、染色体についてさえも、有性生殖の際に染色体が見せる不思議なダンスについてさえも知らなかったのだ。しかし、二〇年といえども、予期せぬ驚きをもたらすには十分に長い。

第1章は、本書が説明しようとする現象の特徴をおおまかに述べ、人間の生活におけるその哲学的、実践的な重要性を示している。いくつかの魅力的で人を驚かせるような動物の実例が私たちの目を引く。第2章は、原始のスープのなかの最初の自己複製子にさかのぼる。そうした自己複製子が増殖し、より精巧になっていくのを見ることになる。それらの分子は基質をめぐって競争を開始し、闘い、相手を溶かし、食べさえした。彼らは防御壁のなかに自分の身と、獲物と武器を隠した。こうした壁は、競争相手や捕食者の方策から身を守るためだけでなく、自己複製子が徐々に進出していけるようになった環境の物理的な困難から身を守るのにも使われるようになった。かくして、彼らは結集し、定着し、奇妙な農場を作り出し、浜に溢れ出て、陸地を横断して、砂漠や万年雪の土地まで向かった。久しく生命がそこを越えて達することができなかったそのようなフロンティアにはさまれた内部で、原始のスープは何百万回と繰り返し鋳型に注ぎ込まれたが、その鋳型は、次第により変わったものへと多様化していき、おしまいには、アリやゾウや、マンドリルやヒトといった鋳型にも注ぎ込まれることになる。この第2章は、こうした太古の自己複製子の連合体の究極的な子孫についての考察をもって締めくくられている。「彼らの維持こそ、私たちの存在の最終的な論拠だ。（……）いまや彼らは遺伝子という名で呼ばれており、私たちは彼らの生存機械なのである」

　力強く刺激的だ、と読者は思うかもしれない。しかし本当にそれほど新しい考えなのか？　まあ、これまでのところでは、おそらくそうではない。しかし、もちろん、進化は私たちの体で終わりになるわけではない。さらに重要なことに、ひしめき合う世界で生き延びる方策が、予想外に微妙なものであり、生物学者が種の利益のための適応と呼ぶ、古くて廃《すた》れたパラダイムのもとで想像しようとしていたものよりもはるかに微妙なものだということが判明するだろう。本書の残りの部分のテーマは、大ざっぱに言って、この微妙さである。単純な例として、鳥のさえずりを取り上げてみよう。それは非常に効率の悪い手筈《てはず》に見える。たとえば、ツグミ属のある種が、どんな方策で厳しい冬、食物の不足、その他を生き延びるのかを探し求めている素朴な唯物論者には、その方策が雄によるけたたましいさえずりだというのは、降霊会のエクトプラズムと同じほどありえないことに思えるだろう（さらに考えるうちに、彼はこの種に雄が存在するという事実がまったく同じようにありえないことだと思うかもしれない。そして実際に、これが本書のもう一つの主題であり、さえずりの場合と同じように、性の機能が過去におけるよりもはるかに平易な形で論理的に説明されている）。しかし、どんな鳥の内部でも、自己複製子のチーム全体が、このパフォーマンスのための精巧な概要を定めることに関心を寄せてきた。ドーキンスはどこかで、ザトウクジラのさらに並外れた歌を引用している。それは海のどんな場所にいても聴くことができるかもしれないのだが、この歌が何であって、誰に向けたものなのかについて、私たちはツグミ属のさえずりのことと比べたら、知っていることはきわめて少ない。証拠の指し示すかぎりでは、それが実際は、クジラ目が人類に対抗して団結を呼びかける聖歌なのかもしれない——もしそうなら、クジラ類にとって素晴らしいことかもしれない。もちろん、いま交響曲を合奏しているのは、いくつもの自己複製子のチームから成る別のチームである。そしてこれらの合奏はきっと、ときに海を横断することがあるだろう（さらにそれより複雑なチームから出される計画に従って作られ、旋回している宇宙の天体によって反響される）。もしドーキンスが正しければ、手品師が鏡を使ってやってのけることと、凝固した原始のスープほどにしか見込みのない最初の材料で自然がやってのけることは比較にならない。はるか遠い未来にまで拡張されたこうした生命がやがて、細部はともかく本質において（宗教的な人間やネオ・マルクス主義的な人間は、そのほうが自分たちに都合が良ければ、このくだりをあべこべにするかもしれない）、より明確な形で、ごく単純な細胞壁、ごく単純な多細胞生物の体、そしてブラックバード（クロウタドリ）のさえずりを含めた一つの包括的なパターンを成していくだろうという希望に輝いている見かたなのだと言えば、本書やその他の最近の本（E・O・ウィルソンの『社会生物学』のような）における新しい生物学の見かたを特徴付けるのに役立つはずだ。

　しかし、本書がある種の大衆版、ないしは廉価版の『社会生物学』であるという印象を持つのは避けるべきだ。第一に、本書には数々の独創的な考えが含まれており、第二に、ウィルソンがほとんど言及しなかった社会行動のゲーム理論的な側面を強く強調することによって、ウィルソンの大著のある種の不均衡の釣り合いをとっている。「ゲーム理論的」というのはそれほど適切な言葉ではなく、とくに、低次レベルでの社会進化について述べるときには不適切だ。なぜなら、遺伝子そのものは操作の方法について合理的な判断をすることはないからだ。にもかかわらず、あらゆるレベルで、ゲーム理論の概念的な構造と社会進化の概念的な構造のあいだに有益な類似性が存在する。ここではほのめかされているような知識の交流は新しいことで、目下進行中のものでしかない。たとえば私は、ゲーム理論が「進化的に安定な戦略」におおむね対応するような概念にすでに名（「ナッシュ平衡」）を与えていたことを、ごく最近になって知った。ドーキンスは、進化的に安定という概念を、彼の社会的生物学の新たな概要にとってきわめて重要な概念として正しく扱っている。社会行動ならびに社会的適応におけるゲーム理論的な要素は、いかなる社会的状況においても、ある個体の戦略の成功が、その個体と相互作用する相手の戦略に依存することに由来するものだ。与えられた条件のもとで全体的な利益とは無関係に最大の利益を得るような適応の追究は、ある種の非常に驚くべき結果をもたらすことが起こりうる。たとえば、魚類では他の大部分の動物とは逆に、雌雄どちらか一方が卵や稚魚の保護をするとき、雄がそれをすることが多いのはなぜかという重大な問題が、どちらが先に配偶子を水中に放出することを余儀なくされているかという些細な事柄に依存しているなど、誰がいったい想像し得ただろう。しかし、ドーキンスと共同研究者は、R・L・トリヴァースのアイディアを追究することで、そのようなタイミングの差が、たった数秒という小さな違いでさえ、この現象全体にとって決定的だということを鮮やかに論証している。さらにまた私たちは、雄の助けという恩恵を受けている一夫一婦制の鳥の雌は、一夫多妻の種よりも大きな一腹産卵数を持つと予想するのではないだろうか。実際にはその逆だ。ドーキンスは、「雄と雌の争い」といういささか人を驚かせる章において、もう一度、搾取（この場合には雄による）に対する安定という考えかたを適用するが、すると突然、この奇妙な関係が自然なものに見えるのだ。この考えは、彼の他の考えの多くと同じように、まだ証明されておらず、他のもっと重大な理由があるかもしれないが、彼が示している理由は、彼が獲得した新しい視点からきわめて容易に理解できるものであり、注目する必要がある。

ゲーム理論の教科書には、現代幾何学の教科書に円と三角形があまり出てこないのと同じように、ゲームはあまり出てこない。一見したところ、すべてがまるで代数学だ。ゲーム理論は一貫して技術的な学問である。したがって、本書がしているように、数式に頼ることなしに、内部の詳細は言うまでもなく、ゲーム理論的な状況について、これほど多くのことを伝えるというのは、たしかに文学的な離れ業だ。R・A・フィッシャーは、進化に関する彼の大著の序章において、「私の持てるあらゆる努力を傾けたにもかかわらず、この本を読みやすいものにすることができなかった」と書いている。この本では、数式が雨のように降り注ぐなかで、文章は簡潔かつ深遠で、読者はすぐにボロボロにされ、沈黙させられてしまう。『利己的な遺伝子』を読み終わったあと、フィッシャーはもう少しなんとかできたのではないかと私は思った。ただし、彼が違った種類の本を書かなければならなかったのは認めざるをえない。古典的な集団遺伝学の数式的な考えかたでさえ、日常的な文章で、これまでよりもずっと面白く仕立て上げられるのではないだろうか（実際に、この点では、ホールデンはフィッシャーよりもいくぶんうまくやってのけることができたが、それほど深遠なものではなかった）。しかし、真に注目すべきは、ライト、フィッシャー、およびホールデンという先達のあとに従う集団遺伝学の主流から生まれたかなり退屈な数学のうちのどれほど多くが、現実の生物に対する新しく、より社会的なアプローチのなかで回避することができるか、ということだ。私は、フィッシャーが「二〇世紀最大の生物学者」（珍しい見かただと私は思っていた）だという私の評価をドーキンスが共有していることを知ってかなり驚いた。しかし同時に、彼がどれほどわずかしかフィッシャーの本を繰り返す必要がなかったかに気づいて、驚きもした。

最後に、最終章〔改訂版以降では第11章〕において、ドーキンスは文化の進化という魅力的な主題に到達する。彼は「遺伝子」に対応する文化的因子に「ミーム」(*mimeme* を簡略化したもの）という用語を提案する。この用語の範囲を限定するのは難しいが——遺伝子も限定は難しいが、それよりも難しいのは間違いない——、私はこれがすぐに生物学者によって一般的に使われるようになると推測している。さらには、哲学者、言語学者、その他の人々にも使われることを期待し、広く受け入れられて、「遺伝子」という単語と同じように、日常会話にまで入り込むかもしれない、と思っている。

W. D. Hamilton, *Science* 196: 757-59 (1977)

遺伝子とミーム

ジョン・メイナード＝スミス

『ロンドン・レヴュー・オヴ・ブックス』一九八二年二月号

（『延長された表現型』の書評から抜粋）

『利己的な遺伝子』は、一般向けに書かれたにもかかわらず、生物学に独自の貢献を果たしたという意味で異例の本で、その貢献自体も異例なものだ。デイヴィッド・ラックの古典『ロビンの生活』（これもまた一般向けに書かれた本でありながら独自の貢献を果たした）と違って、『利己的な遺伝子』は新しい事実を何一つ報告していない、何らかの新しい数学的モデルを含んでいるわけでもない――そもそも数学がまったく含まれていない。この本が提供しているのは、一つの新しい世界観だ。

広く読まれ、好評を得てきている本書だが、強い敵意も掻き立ててきた。その敵意のほとんどは誤解、あるいはむしろ複数の誤解に基づいていると、私は思う。そのなかで、最も根本的なものは、この本が何についてのものなのかが理解できていないケースだ。この本は、進化的な過程についての本であり、道徳、あるいは政治、あるいは人文科学についての本ではない。もしあなたが、進化がいかに生じたかに関心がなければ、あるいは、人間の諸問題以外の何かに対してどれほど本気で考えることができるか、そこに思いが及ばないのであれば、この本を読まなければいい。読めば、不必要に腹を立てるだけだろう。

しかしあなたが進化に関心を持っていれば、一九六〇年代から七〇年代にかけて、進化生物学者のあいだで交わされてきた論争がどのような性質のものだったかを把握するためには、ドーキンスがやろうとしていることを理解するのが良い手段だ。この論争は、「群（集団）淘汰」と「血縁淘汰」という二つの互いに関連のある話題にかかわるものだった。「群淘汰」論争は、ウィン＝エドワーズによって口火を切られた。彼は、行動的な適応は「群淘汰」によって進化した、つまり、ある集団が生き残り、別の集団が絶滅することを通じて進化するのではないかと提案したのである。

ほとんど同じ時期に、ウィリアム・D・ハミルトンが、自然淘汰の働きかたについてもう一つ別の疑問を提起した。彼は、もしある遺伝子がその持ち主に、数個体の近縁者の命を救うために自らの命を犠牲にするように仕向けるとすれば、のちにその遺伝子のコピーは、犠牲にしなかった場合に比べてより多く存在するのではないかと指摘した。（……）この過程を数量的なモデルにするために、ハミルトンは「包括適応度」という概念を導入した、（……）包括適応度には、その個体自身の子どもだけでなく、その個体の助けによって育てられた近縁者の子どももすべて、その近縁度に応じた適切な比率を掛けて、含められる（……）。

ドーキンスはハミルトンに負うところが大きいと謝辞を述べていながら、適応度の概念を身につけるための最後の努力で、誤りをおかしたのではないかと述べ、進化についての正真正銘の「遺伝子瞰図的見かた〔遺伝子の立場からの視点〕」を採用するほうが賢明だったかもしれないと述べている。彼は、「自己複製子」（繁殖の過程でその厳密な構造が複製される実体）と、「ヴィークル」（死を免れず、複製されないが、その性質は自己複製子によって影響を受ける実体）のあいだの根本的な違いを認識するように、私たちに強く訴える。私たちがよく知っている主要な自己複製子は、遺伝子および染色体の構成要素である核酸分子（普通はＤＮＡ分子）だ。典型的なヴィークルは、イヌ、ショウジョウバエ、そして人間の体だ。そこで、眼のような構造を観察すると仮定してみよう。眼は明らかに見ることに適応している。眼が進化したのは誰の利益のためだったのかという問いを発するのは理に適っているだろう。唯一の合理的な答えは、眼は、その発達の原因となった自己複製子の利益のために進化したというものではないかと、ドーキンスは言う。どちらにせよ私と同様に、説明のためには、彼は集団の利益よりも個体の利益で考えるほうを強く好み、自己複製子の利益だけで考えることが好きなのだろう。

初版への訳者あとがき

動物に見られる一見「道徳的」な行動——たとえば同種の仲間を殺したり傷つけたりすることを避けるとか、親が労をいとわず子を育てるとか、敵の姿に気づいた個体が自分の身にふりかかるリスクをもかえりみず警戒声を発するとか、働きアリや働きバチがひたすら女王の子孫のために働くとか——をどのように解釈するかは、長いあいだの問題だった。とくに、自己犠牲的な利他行動がいかにして進化し得たかということは、説明が困難だった。

たとえば、鳥には「擬傷」と呼ばれる行動をするものがいる。雛を育てている巣の近くに捕食者が現れると、親鳥は巣から出て、いかにも翼が折れて飛べないようなふりをしながら、捕食者の前を逃げていく。捕食者は得たりとばかりに親鳥を追う。親は必死に走って逃げるかっこうで、捕食者を巣からずっと遠くへ引っ張って行ってしまう。十分遠くまで行ったところで親鳥は突然飛びたち、サッと巣へ戻ってくる。こうして、雛を守るのである。もっとも、この擬傷というのは、親が自分の子どもを守るための行為であり、より多くの子どもを残すことが個体にとっての利益だと見るならば、この行為もとくにきわだった利他行為とは見られないかもしれない。ところが、本書にも詳しく紹介されているように、ミツバチなどには、もはや完璧としか言いようのないような自己犠牲的な利他行動が見られる。働きバチたちは、遺伝的には雌であるにもかかわらず、自ら卵を産み育てることをせず、もっぱら妹の養育に専念するのだ。しかも、ひとたび巣が危険にさらされると、働きバチたちは自らの命を投げ出して巣の防衛にあたる。そのような行為によって、彼女たちが通常の意味での利益（子どもをより多く残す！）を何ら得ていないことは明白である。

このような利他行動は、その種にとって当然好ましいものに違いないが、そのようなリスクの大きい行動がなぜ進化し得たのか？　利他的に振る舞う個体は、そうでない個体より大きなリスクを負うのだから、死ぬ確率は高くなる。したがって、そのような個体の遺伝子は残りにくいのではないか。もし利他行動をさせる遺伝子というものがあるとすれば、それはたえずふるいおとされていくはずなので、利他行動が進化することはなさそうに見える。けれど、現実には多くの利他行動が進化してきている。

この矛盾を解決しようとする一つの考えかたが群淘汰説である。淘汰は個体にではなく、集団に働くのだと、この説では考える。利他行動によって互いに守り合うような集団は、そうでない集団より、よく生き残っていくだろう。

この説は直観的にたいへんわかりやすいけれど、理論的に詰めていくと、多くの難点を含んでいる。個体にとっては危険で損になるが集団としては有利な行動が残っていくということを説明するのは、たいへんに難しい。

もう一つの説は、この本でドーキンスが述べている遺伝子淘汰説である。淘汰はやはり個体、いや正しくは（とドーキンスは言う）遺伝子に働くのだと言うのである。その論拠はこの本で詳しく展開されているから、ここでそれを拙劣に繰り返すこともあるまい。

この説に立って考えると、このあとがきのはじめに例を挙げたような「道徳的」行動、利他的行動は、まったく別の形で理解されることになってくる。大ざっぱに言えば、すべての利他的行動は、本来利己的で自分が生き残ることだけを「考えている」遺伝子によって指令された完全に利己的な行動に他ならないのだ。これはいささか逆説めいて聞こえるが、この考えかたによると、動物たちのやっていることがよくよく説明できそうに見えることも確かである。

リチャード・ドーキンスは、高名なニコ・ティンバーゲン（一九七三年にノーベル賞受賞）の弟子で、オックスフォード大学における動物行動研究グループ（Animal Behaviour Research Group, ABRG）の指導的研究者の一人であるばかりか、現代エソロジーの世界的俊才である。彼の思索の鋭さ緻密さは定評のあるところだが、彼の妻マリアン・ドーキンスもまた優れた才能の持ち主だ。リチャード・ドーキンスはこの遺伝子淘汰理論をわかりやすく解説することから出発し、それに基づいて動物の社会に見られる多くの問題を検討している。それはたいへん興味深いものである。読み進んでいくうちに、読者は思わず「なるほど」とうなずいたり、あるいは言い知れぬ不快感を味わったりすることだろう。この本がヨーロッパ、アメリカでたいへんな話題作となり、広範に読まれているのも当然だと思われる。

残念ながら、ドーキンスにしてなお、ときに間違いと思われるところを残している。巻末の訳者補注2に記した1/2と2倍の問題はその一例で、これの一部は新しい版では訂正されているが、訂正されずにいるところもある。なお、些細なことではあるが、この誤りに関連した誤解が、一部本文中の記述にも波及していて、これらも訂正されていない。近縁度が二倍の個体に対しては、世話も二倍施すべきだ、というような表現（一九〇頁など）がそれで、誤解の原因は前述の数字の問題と同根のようだ。訳者補注を参照していただきたい。

いずれにせよ、この本に書かれた内容を完全に理解するためには、数学の言葉が必要である。ドーキンスはそれを、ややこしい数学を使わずに見事に展開してくれた。現在、進化の論議がどのような形で進められているかを知るうえで、たいへん優れた本と言うべきだろう。

翻訳は、第1章から第6章までを羽田・日高が、第7章から第11章までを岸が担当した。のち岸と日高で全体を再検討し、岸が訳者補注を付けた。

訳文中、「淘汰」という言葉がたくさん出てくる。これは当然ながらselectionの訳である。この訳語は本来「ふるいおとす」というニュアンスの強い言葉だが、この本ではむしろ「自然淘汰の過程で生き残る」という意味に使っている。その点留意していただきたい。

岸・羽田両氏の訳稿は早くにできていたのだが、私が多忙をきわめたため、出版が大幅に遅れ、紀伊國屋書店と編集担当の水野寛氏には多大のご迷惑をかけた。心からお詫び申し上げる。

リチャード・ドーキンスにも、一九七七年、西ドイツ・ビーレフェルトにおける第一五回国際行動学会議の際、近々の出版を約束しておきながら、一九七九年、ヴァンクーヴァーでの第一六回同会議でまた同じことを言わなければならなかった。たいへん心苦しく思っている。

一九八〇年二月　日高敏隆

第2版への訳者あとがき

著者の「第2版のまえがき」にあるような経緯で、この改訂版が出版された。

新しく加えられた第12、13章は垂水が担当し、補注は第6章までは垂水が、第7章以降は岸が受け持つことにした。ぼく自身はあまりにも忙しいからということで、新しいまえがきを訳すだけで勘弁してもらい、あとで訳稿を通読した。訳にはほとんどまったく手を入れる必要はなかったので、これはたいへん楽な仕事だった。

いずれにせよ、今、この分野で興味を持たれている「囚人のジレンマ」から筆を起こして、利己的遺伝子論の主張者としてのドーキンスが最も気にしているらしい「協力」の問題を詳しく論じた第12章は、なかなかの出来である。

第13章は、同じ著者による『延長された表現型』（日高敏隆、遠藤彰、遠藤知二訳、紀伊國屋書店）の見事な要約であり、利己的遺伝子論をさらに押し進めたらどうなるかを手短に知りたい人に、ぜひ読んでいただきたい。

The Selfish Gene という原書タイトルが人に知られるにつれて、この本の邦訳を探す人が増えてきた。それが『生物＝生存機械論』という、普通には思いもつかない日本語タイトルで出版されたため、この本も日本の読者も、ずいぶん損をしたと思う。そうなった経緯には触れないで、この度の第2版からは、邦訳のメイン・タイトルを原題そのままに『利己的な遺伝子』とすることになった。混乱は少しは減るかもしれない。

一九九一年一月　訳者を代表して　日高敏隆

30周年記念版への訳者あとがき

リチャード・ドーキンスの処女作にして代表作『利己的な遺伝子』の30周年記念版（日本では〈増補新装版〉とした）の訳書をお届けする。原書の初版が出たのが一九七六年のこと。その三〇年後になっても新版が出版されるということは、この本がいかにインパクトのあるものだったかを示している。

30周年記念版の原書が第2版と異なるところは、

(1) ドーキンスによる序文「30周年記念版に寄せて」書き下ろし
(2) 初版にあり、第2版では削除されていたロバート・L・トリヴァースの「序文」の再録
(3) ピーター・メダワー、ウィリアム・D・ハミルトン、ジョン・メイナード＝スミスによるきわめて重要な書評の収録

の三点である。ドーキンスの新しい序文と三名の書評の翻訳は、今回垂水氏にお願いした。

その日本語版である本書は、上記三点はそのまま翻訳して収録した以外に、

(1) すべて新組みにし、とりわけ本文は活字を一回り大きくし、生物学用語をはじめ、読みにくいと思われる漢字にルビを付した
(2) ごく一部の訳の手直しを、訳者である岸氏と垂水氏の責任において行なった
(3) 索引について、日本版ではこれまで「人名索引」しか付けていなかったが、この際、原書の索引項目すべてを翻訳して付した

とりわけ索引については、一度読まれた読者の方も、何がどこに書いてあったか振り返る意味で、便利かと思う。この本が今後とも長く読まれ続けることを願っての出版社の判断である。

二〇〇六年三月一四日　日髙敏隆

40周年記念版への訳者あとがき

本書は*The Selfish Gene 40th Anniversary Edition*（Oxford University Press, 2016）の全訳である。初版刊行の一九七六年以来、幾度かの改訂や増補を経て息長く読み継がれている、現代自然科学の古典的名著である。

この40周年記念版の原書が前の版（30周年記念版、日本では増補新装版）と異なるところは、ドーキンスの書き下ろした長い「40周年記念版へのあとがき」（四四九〜四六二頁）が追加されたという一点のみで、それ以外には本文の修正などもいっさい施されていない。

新版の邦訳刊行にあたっては、装幀と本文レイアウトを刷新し、初版以来変わっていなかった古い表現などをこの機に見直した。また、二〇一七年秋、日本遺伝学会が「優性遺伝子」「劣性遺伝子」を「顕性遺伝子」「潜性遺伝子」と変更する等の用語改訂を発表したことを受け、専門用語の訳語にも一部改訂を加えた。ドーキンスの新たなあとがきの翻訳は岸が担当した。

以下に、この名著の来歴について説明する。

ドーキンスが『利己的な遺伝子』の初版を世に送り出す前年の一九七五年に、E・O・ウィルソンの『社会生物学』が刊行された。生態学や動物行動学の分野において集団遺伝学に依拠する〈遺伝子の視点〉を適用する新潮流が台頭し、科学としての可能性や社会的影響をめぐる激しい論争が広がり出したまさにそのタイミングに登場し、論議の的となったのが本書だった。

論争はさまざまな領域でなお継続中であり、遺伝子に意思を読む素朴な誤読もいっこうになくならない。しかし、誤読を回避して適切に読まれるなら、四〇年を生き抜いた本書は、現代の進化論的生態学の視野をみごとに紹介する学術書、当該分野の研究・批評を志す者の必読の入門書として、評価も確定したと言ってよいだろう。本書に展開される〈利己的遺伝子の視点〉は、その分野における〈仮説-検証型〉の研究を促す〈仮説発想装置〉であることが、広く理解されるようになったのである。

では、日本ではどうだったか。この機会に、初版の邦訳刊行時の一九八〇年から一一年間の長きにわたって、『生物=生存機械論』という不思議な邦題で刊行された経緯にもひと言触れておく。

原書初版の出版された一九七〇年代の半ば、世界の生態学の大勢はなお古典的な進化理解のなかにあり、集団遺伝学のロジックを〈遺伝子の視点〉で仮説形成に活用する方法を理解する研究者は少数だった。我が国の状況はさらに混沌としていた。生態学関係者の多くは、遺伝子の視点を無視する頑迷古風な（旧ソ連型の！）進化論にとどまっており、京都大学の生態学者・今西錦司による、科学を超越したかのような「今西進化論」というジャンルが国民的な人気を博していた。

そんな状況のもとに〈利己的な遺伝子〉などという挑発的なタイトルの書物が世界的流行の権威を笠に着て登場すれば、門外漢が押し寄せ、誤用・悪用・混乱が跋扈《ばっこ》することは必定《ひつじょう》と思われたのである。そこで、科学社会学の徒でもあった岸が思いついたのが、「まずは研究者にしか魅力的に見えないようなタイトルで出版する」という提案だった。新しい方法を批判的に理解し、研究に活用できる若手が育つまで、誘惑的な原題（＝利己的な遺伝子）で出版するのはしばし諦めてほしいと懇願し、編集部の理解を得た。この作戦は、科学社会学の応用としてそこそこの成功を収めたはずだ。版元への感謝は限りないものがある。

のちに一九八九年に原書の改訂版が出たのを機に、日本でも改訂版を一九九一年に『利己的な遺伝子』と改題して刊行したところ、売り上げが爆発的に伸びたのは言うまでもない。やはり一部で誤用・悪用・混乱は見られたが、それまでには社会生物学の起こした波紋はある程度整理されていたので、大きな問題にはならなかった。

私が原書の初版を読んだのは一九七六年秋。本書で紹介されている方法をすでに研究に活用していた私にとって、原書は明快なテキストであり、直ちに某版元に翻訳を提案したが、「機械論の駄本」と言下に却下された。その後、邦訳は紀伊國屋書店が引き受けることになり、訳者の一人として私を受け入れてくださったのが動物行動学者の日高敏隆先生だった。その日高先生も共訳者の羽田節子さんも故人となり、生残する共訳者としてこの記念出版に立ち会う私と垂水雄二さんも古稀を過ぎた。生態学激動の四〇年。その記念碑ともいうべき本書の邦訳出版に携われたことを、いま、心から感謝している。

二〇一七年一二月　岸由二

したがって、ワーカー（X）に対する弟（Y）の近縁度は、
$P_{xy}=\frac{1}{2}\times\frac{1}{2}+\frac{1}{2}\times 0=\frac{1}{4}$ となる。
ただしこの場合、$P_{xy}\neq P_{yx}$ で、P_{yx} は $\frac{1}{2}$ の値を取る。

ところで、ワーカーが弟妹を 1：1 の比で育ててしまうと、彼女に対する弟妹の平均近縁度は、$\frac{1}{2}\times\frac{3}{4}+\frac{1}{2}\times\frac{1}{4}=\frac{1}{2}$ となり、これでは同数の子どもを育てるのと同じ結果になる。

この場合、弟妹の養育が G の伝達にとって有利となるためには、弟より妹を多く育てなければならない。もし妹だけを育てることができれば、$P_{xy}=\frac{3}{4}$ となるのだが、妹だけを育てる戦略は ESS ではない。

トリヴァースとヘアは、この場合、妹：弟 = 3：1 の比が、G にとっての ESS になると予想したのである。

times）と表現している。利他主義についても、同様に感受期間の条件を決めることができる（詳しくは、トリヴァースによる文献 172 を参照）。

【補注 3】 膜翅目の社会進化についてのメモ

ここでは、ワーカーと弟妹のあいだの近縁度の計算法と性比について記す（単婚で近親交配はないと仮定する）。膜翅目の場合、受精卵からは雌（二倍体）が育ち、未受精卵からは雄（単数体）が育つ。この特殊な条件のため、膜翅目における近縁度の計算は少し複雑である。そこで、曖昧さを避けるため、個体 X が低頻度の遺伝子 G を持っているとき、その近縁者 Y が G を共有する条件確率 P_{xy} を、「Y の X に対する近縁度」と考えておくことにする（ドーキンスの表現は、この点でやや曖昧である）。

まず X が雌（ワーカー）、Y がその妹の場合の P_{xy} を考える。
G が母と父それぞれに由来する確率はいずれも $\frac{1}{2}$ である。

さらに、G が母に由来する場合、G が妹に伝わる確率は、母が二倍体のため $\frac{1}{2}$ となる。一方、G が父に由来する場合、G が妹に伝わっている確率は、父が単数体のため 1 となる。

したがって、ワーカー（X）に対する妹（Y）の近縁度は、これら二つの場合を平均して、$P_{xy}=\frac{1}{2}\times\frac{1}{2}+\frac{1}{2}\times 1=\frac{3}{4}$ となる。ちなみにこの場合、$P_{xy}=P_{yx}=\frac{3}{4}$ である。

次に Y が弟の場合を考える。上記の例と異なる点は、父ゆずりの G が Y に伝わる確率が 0 となることである（雄は父親を持たない！）。

これによって X は ΔC_x の損失、Y は ΔB_y の利得を得たとすれば、この利他主義によって A' が増加する条件は、(i) にならって、

$$-\Delta C_x \cdot 1 + \Delta B_y \cdot \frac{1}{2} > 0$$

$$\text{ゆえに、} \Delta B_y > 2\Delta C_x \qquad (5)$$

つまり、X の被る損失の 2 倍より大きい利得を Y が手に入れるなら、X の Y に対する利他主義が進化しうる。

(iii) 親子の対立

親の体のなかにある遺伝子 G は、どの子どもにも $\frac{1}{2}$ の確率で伝えられる。したがって、同胞間の利己主義が、親の体内の遺伝子 G に与える効果は、

$$\Delta B_x \cdot \frac{1}{2} - \Delta C_y \cdot \frac{1}{2} \qquad (6)$$

となる。もし (6) が 0 より小さくなれば、すなわち、$\Delta B_x < \Delta C_y$ になれば、X の Y に対する利己主義は、親の立場（G の立場）から見て不利である。

ところが (4) から、たとえ $\Delta B_x < \Delta C_y$ であっても、$\Delta B_x > \frac{1}{2}\Delta C_y$ であれば X にとっては利己主義が有利である。つまり、

$$\Delta C_y > \Delta B_x > \frac{1}{2}\Delta C_y \qquad (7)$$

の条件下では、子ども X は、Y に対して利己的に振る舞おうとし、親は X の利己主義を抑えようとする傾向を示す。このように親子間の対立が生じる期間を、ドーキンスは本文 246 頁で、感受期間（sensitive

のとき、p は安定する。このとき、ハト派とタカ派の比率はそれぞれ、$\frac{5}{12}$と$\frac{7}{12}$である（本文 142 頁）。

【補注 2】 同胞（両親を共有する兄弟）間の利己主義と利他主義の進化の条件（ただし通常の二倍体生物を考える）

(i) 同胞間の利己主義をうながす遺伝子 A が広がりうる条件

個体 X が遺伝子 A を持っているとき、その同胞 Y が A を持つ確率（＝近縁度）は $\frac{1}{2}$ である。いま X が、ある量の資源を Y から利己的に奪ってしまうことによって、自らは ΔB_x の利得を手に入れ、Y には ΔC_y の損失を与えたとする（利得、損失はいずれも生存率、あるいはドーキンスは好まないようだが、適応度で測るべきものである）。この時、X の行為によって遺伝子 A が増える程度は、

$$\Delta B_x \cdot 1 - \Delta C_y \cdot \frac{1}{2} \qquad (3)$$

となる。これが 0 より大きければ、A は広がると見られるから、A の広がる条件は次のように示すことができる。

$$\Delta B_x > \frac{1}{2}\Delta C_y \qquad (4)$$

つまり、X の受ける利得が、Y の被る損失の $\frac{1}{2}$ より大きければ、同胞に対する X の利己主義は、進化上有利となりうる。

ドーキンスは、この値を当初 2 としていたが、これは $\frac{1}{2}$ の誤りであり、第 2 版以降では訂正された。

(ii) 同胞間の利他主義をうながす遺伝子 A' が広がりうる条件

遺伝子 A' を持つ個体 X が、一定量の資源を同胞 Y に与えるとする。

訳者補注

ドーキンスは、数学をほとんど使わずに説明する方針を貫いたが、話題によっては、数学的な説明を多少加えておいたほうが要点を把握しやすいと思われるので、参考のために、訳者の責任においていくつか補注を付す。

【補注1】 ハト派型戦略とタカ派型戦略の混合ESSについて

集団内のハト派の割合を p、タカ派の割合を（$1-p$）とすると、ハト派個体が他のハト派、タカ派に出会う確率は、それぞれ p、（$1-p$）と予想できる（同様にタカ派個体が他のハト派、タカ派に出会う確率も、それぞれ p、（$1-p$）と予想できる）。

ハト派に出会ったハト派、タカ派に出会ったハト派、ハト派に出会ったタカ派、タカ派に出会ったタカ派の利得をそれぞれ、+15、0、+50、−25、とすると、ハト派個体の平均利得 E_D、タカ派個体の平均利得 E_H は、次のように示すことができる。

$$E_D = 15 \times p + 0 \times (1-p) = 15p \qquad (1)$$

$$E_H = 50 \times p - 25 \times (1-p) = 75p - 25 \qquad (2)$$

ここで $E_D = E_H$ とすると、$p = \frac{5}{12}$ が得られる。
ところで区間 $0 < p < \frac{5}{12}$ では、(1) と (2) から明らかに $E_D > E_H$ であり、したがってこの区間ではハト派の比率 p が増加する。

逆に、$\frac{5}{12} < p < 1$ では、$E_D < E_H$ であり、ここではタカ派の比率（$1-p$）が増加する（すなわち $\frac{5}{12} < p$ では p が減少する）。つまり、$p = \frac{5}{12}$

187. Wright, S. (1980) Genic and organismic selection. *Evolution* 34, 825-43.
188. Wynne-Edwards, V. C. (1962) *Animal Dispersion in Relation to Social Behaviour*. Edinburgh: Oliver and Boyd.
189. Wynne-Edwards, V. C. (1978) Intrinsic population control: an introduction. In *Population Control by Social Behaviour* (eds. F. J. Ebling and D. M. Stoddart). London: Institute of Biology. pp. 1-22.
190. Wynne-Edwards, V. C. (1986) *Evolution through Group Selection*. Oxford: Blackwell Scientific Publications.
191. Yom-Tov, Y. (1980) Intraspecific nest parasitism in birds. *Biological Reviews* 55, 93-108.
192. Young, J. Z. (1975) *The Life of Mammals*, 2nd edition. Oxford: Clarendon Press.
193. Zahavi, A. (1975) Mate selection—a selection for a handicap. *Journal of Theoretical Biology* 53, 205-14.
194. Zahavi, A. (1977) Reliability in communication systems and the evolution of altruism. In *Evolutionary Ecology* (eds. B. Stonehouse and C. M. Perrins). London: Macmillan. pp. 253-9.
195. Zahavi, A. (1978) Decorative patterns and the evolution of art. *New Scientist* 80 (1125), 182-4.
196. Zahavi, A. (1987) The theory of signal selection and some of its implications. In *International Symposium on Biological Evolution, Bari, 9-14 April 1985* (ed. V. P. Delfino). Bari: Adriatici Editrici. pp. 305-27.
197. Zahavi, A. Personal communication, quoted by permission.

169. Treisman, M. and Dawkins, R. (1976) The cost of meiosis—is there any? *Journal of Theoretical Biology* 63, 479-84.
170. Trivers, R. L. (1971) The evolution of reciprocal altruism. *Quarterly Review of Biology* 46, 35-57.
171. Trivers, R. L. (1972) Parental investment and sexual selection. In *Sexual Selection and the Descent of Man* (ed. B. Campbell). Chicago: Aldine. pp. 136-79.
172. Trivers, R. L. (1974) Parent-offspring conflict. *American Zoologist* 14, 249-64.
173. Trivers, R. L. (1985) *Social Evolution*. Menlo Park: Benjamin/Cummings. [『生物の社会進化』中嶋康裕・福井康雄・原田泰志訳、産業図書、1991]
174. Trivers, R. L. and Hare, H. (1976) Haplodiploidy and the evolution of the social insects. *Science* 191, 249-63.
175. Turnbull, C. (1972) *The Mountain People*. London: Jonathan Cape. [『ブリンジ・ヌガグ――食うものをくれ』幾野宏訳、筑摩書房、1974]
176. Washburn, S. L. (1978) Human behavior and the behavior of other animals. *American Psychologist* 33, 405-18.
177. Wells, P. A. (1987) Kin recognition in humans. In *Kin Recognition in Animals* (eds. D. J. C. Fletcher and C. D. Michener). New York: Wiley. pp. 395-415.
178. Wickler, W. (1968) *Mimicry*. London: World University Library. [『擬態――自然も嘘をつく』羽田節子訳、平凡社、1993]
179. Wilkinson, G. S. (1984) Reciprocal food-sharing in the vampire bat. *Nature* 308, 181-4.
180. Williams, G. C. (1957) Pleiotropy, natural selection, and the evolution of senescence. *Evolution* II, 398-411.
181. Williams, G. C. (1966) *Adaptation and Natural Selection*. Princeton: Princeton University Press.
182. Williams, G. C. (1975) *Sex and Evolution*. Princeton: Princeton University Press.
183. Williams, G. C. (1985) A defense of reductionism in evolutionary biology. In *Oxford Surveys in Evolutionary Biology* (eds. R. Dawkins and M. Ridley), 2, pp. 1-27. Oxford: Oxford University Press.
184. Wilson, E. O. (1971) *The Insect Societies*. Cambridge, Massachusetts: Harvard University Press.
185. Wilson, E. O. (1975) *Sociobiology: The New Synthesis*. Cambridge, Massachusetts: Harvard University Press. [『社会生物学 〈合本版〉』伊藤嘉昭監修、坂上昭一・粕谷英一・宮井俊一・伊藤嘉昭・前川幸恵・郷采人・北村省一・巖佐庸・松本忠夫・羽田節子・松沢哲郎訳、新思索社、1999]
186. Wilson, E. O. (1978) *On Human Nature*. Cambridge, Massachusetts: Harvard University Press. [『人間の本性について』岸由二訳、ちくま学芸文庫、1997]

evolution of gametic dimorphism and the male-female phenomenon. *Journal of Theoretical Biology* 36, 529-53.
149. Payne, R. S. and McVay, S. (1971) Songs of humpback whales. *Science* 173, 583-97.
150. Popper, K. (1974) The rationality of scientific revolutions. In *Problems of Scientific Revolution* (ed. R. Harré). Oxford: Clarendon Press. pp. 72-101.
151. Popper, K. (1978) Natural selection and the emergence of mind. *Dialectica* 32, 339-55.
152. Ridley, M. (1978) Paternal care. *Animal Behaviour* 26, 904-32.
153. Ridley, M. (1985) *The Problems of Evolution*. Oxford: Oxford University Press.
154. Rose, S., Kamin, L. J., and Lewontin, R. C. (1984) *Not In Our Genes*. London: Penguin.
155. Rothenbuhler, W. C. (1964) Behavior genetics of nest cleaning in honey bees. IV. Responses of F_1 and backcross generations to disease-killed blood. *American Zoologist* 4, 111-23.
156. Ryder, R. (1975) *Victims of Science*. London: Davis-Poynter.
157. Sagan, L. (1967) On the origin of mitosing cells. *Journal of Theoretical Biology* 14, 225-74.
158. Sahlins, M. (1977) *The Use and Abuse of Biology*. Ann Arbor: University of Michigan Press.
159. Schuster, P. and Sigmund, K. (1981) Coyness, philandering and stable strategies. *Animal Behaviour* 29, 186-92.
160. Seger, J. and Hamilton, W. D. (1988) Parasites and sex. In *The Evolution of Sex* (eds. R. E. Michod and B. R. Levin). Sunderland, Massachusetts: Sinauer. pp. 176-93.
161. Seger, J. and Harvey, P. (1980) The evolution of the genetical theory of social behaviour. *New Scientist* 87 (1208), 50-1.
162. Sheppard, P. M. (1958) *Natural Selection and Heredity*. London: Hutchinson.
163. Simpson, G. G. (1966) The biological nature of man. *Science* 152, 472-8.
164. Singer, P. (1976) *Animal Liberation*. London: Jonathan Cape. [『動物の解放』改訂版、戸田清訳、人文書院、2011]
165. Smythe, N. (1970) On the existence of 'pursuit invitation' signals in mammals. *American Naturalist* 104, 491-4.
166. Sterelny, K. and Kitcher, P. (1988) The return of the gene. *Journal of Philosophy* 85, 339-61.
167. Symons, D. (1979) *The Evolution of Human Sexuality*. New York: Oxford University Press.
168. Tinbergen, N. (1953) *Social Behaviour in Animals*. London: Methuen. [『動物のことば――動物の社会的行動』渡辺宗孝・日高敏隆・宇野弘之訳、みすず書房、1957]

129. Maynard Smith, J. (1989) *Evolutionary Genetics*. Oxford: Oxford University Press. [『進化遺伝学』巌佐庸・原田祐子訳、産業図書、1995]
130. Maynard Smith, J. and Parker, G. A. (1976) The logic of asymmetric contests. *Animal Behaviour* 24, 159-75.
131. Maynard Smith, J. and Price, G. R. (1973) The logic of animal conflicts. *Nature* 246, 15-18.
132. McFarland, D. J. (1971) *Feedback Mechanisms in Animal Behaviour*. London: Academic Press.
133. Mead, M. (1950) *Male and Female*. London: Gollancz. [『男性と女性──移りゆく世界における両性の研究』上下巻、田中寿美子・加藤秀俊訳、東京創元社、1961]
134. Medawar, P. B. (1952) *An Unsolved Problem in Biology*. London: H. K. Lewis.
135. Medawar, P. B. (1957) *The Uniqueness of the Individual*. London: Methuen.
136. Medawar, P. B. (1961) Review of P. Teilhard de Chardin, *The Phenomenon of Man*. Reprinted in P. B. Medawar (1982) *Pluto's Republic*. Oxford: Oxford University Press.
137. Michod, R. E. and Levin, B. R. (1988) *The Evolution of Sex*. Sunderland, Massachusetts: Sinauer.
138. Midgley, M. (1979) Gene-juggling. *Philosophy* 54, 439-58.
139. Monod, J. L. (1974) On the molecular theory of evolution. In *Problems of Scientific Revolution* (ed. R. Harré). Oxford: Clarendon Press. pp. 11-24.
140. Montagu, A. (1976) *The Nature of Human Aggression*. New York: Oxford University Press. [『暴力の起源──人はどこまで攻撃的か』尾本恵市・福井伸子訳、どうぶつ社、1986]
141. Moravec, H. (1988) *Mind Children*. Cambridge, Massachusetts: Harvard University Press.
142. Morris, D. (1957) 'Typical Intensity' and its relation to the problem of ritualization. *Behaviour* II, 1-21.
143. *Nuffield Biology Teachers Guide IV* (1966) London: Longmans. p. 96.
144. Orgel, L. E. (1973) *The Origins of Life*. London: Chapman and Hall. [『生命の起源と発展』長野敬・石神正浩・川村越訳、共立出版、1974]
145. Orgel, L. E. and Crick, F. H. C. (1980) Selfish DNA: the ultimate parasite. *Nature* 284, 604-7.
146. Packer, C. and Pusey, A. E. (1982) Cooperation and competition within coalitions of male lions: kin-selection or game theory? *Nature* 296, 740-2.
147. Parker, G. A. (1984) Evolutionarily stable strategies. In *Behavioural Ecology: An Evolutionary Approach* (eds. J. R. Krebs and N. B. Davies), 2nd edition. Oxford: Blackwell Scientific Publications. pp. 62-84. [前掲『進化からみた行動生態学』]
148. Parker, G. A., Baker, R. R., and Smith, V. G. F. (1972) The origin and

Tit for Tat model of reciprocity. *Science* 227, 1363-5.
113. Lorenz, K. Z. (1966) *Evolution and Modification of Behavior*. London: Methuen. [『行動は進化するか』日高敏隆・羽田節子訳、講談社現代新書、1976]
114. Lorenz, K. Z. (1966) *On Aggression*. London: Methuen. [『攻撃――悪の自然誌』日高敏隆・久保和彦訳、みすず書房、1985]
115. Luria, S. E. (1973) *Life—The Unfinished Experiment*. London: Souvenir Press. [『分子から人間へ――生命：この限りなき前進』渡辺格・鈴木堅之訳、法政大学出版局、1988]
116. MacArthur, R. H. (1965) Ecological consequences of natural selection. In *Theoretical and Mathematical Biology* (eds. T. H. Waterman and H. J. Morowitz). New York: Blaisdell. pp. 388-97.
117. Mackie, J. L. (1978) The law of the jungle: moral alternatives and principles of evolution. *Philosophy* 53, 455-64. Reprinted in *Persons and Values* (eds. J. Mackie and P. Mackie, 1985). Oxford: Oxford University Press. pp. 120-31.
118. Margulis, L. (1981) *Symbiosis in Cell Evolution*. San Francisco: W. H. Freeman. [『細胞の共生進化――初期の地球上における生命とその環境』上下巻、永井進監訳、学会出版センター、1985]
119. Marler, P. R. (1959) Developments in the study of animal communication. In *Darwin's Biological Work* (ed. P. R. Bell). Cambridge: Cambridge University Press. pp. 150-206.
120. Maynard Smith, J. (1972) Game theory and the evolution of fighting. In J. Maynard Smith, *On Evolution*. Edinburgh: Edinburgh University Press. pp. 8-28.
121. Maynard Smith, J. (1974) The theory of games and the evolution of animal conflict. *Journal of Theoretical Biology* 47, 209-21.
122. Maynard Smith, J. (1976) Group selection. *Quarterly Review of Biology* 51, 277-83.
123. Maynard Smith, J. (1976) Evolution and the theory of games. *American Scientist* 64, 41-5.
124. Maynard Smith, J. (1976) Sexual selection and the handicap principle. *Journal of Theoretical Biology* 57, 239-42.
125. Maynard Smith, J. (1977) Parental investment: a prospective analysis. *Animal Behaviour* 25, 1-9.
126. Maynard Smith, J. (1978) *The Evolution of Sex*. Cambridge: Cambridge University Press.
127. Maynard Smith, J. (1982) *Evolution and the Theory of Games*. Cambridge: Cambridge University Press. [『進化とゲーム理論――闘争の論理』寺本英・梯正之訳、産業図書、1985]
128. Maynard Smith, J. (1988) *Games, Sex and Evolution*. New York: Harvester Wheatsheaf.

Bass. pp. 183-94.
94. Henson, H. K. (1985) Memes, L_5 and the religion of the space colonies. *L_5 News*, September 1985, pp. 5-8.
95. Hinde, R. A. (1974) *Biological Bases of Human Social Behaviour*. New York: McGraw-Hill. [『行動生物学——ヒトの社会行動の基礎』上下巻、桑原万寿太郎・平井久監訳、講談社、1977]
96. Hoyle, F. and Elliot, J. (1962) *A for Andromeda*. London: Souvenir Press. [『アンドロメダのA』伊藤哲訳、ハヤカワ文庫SF、1981]
97. Hull, D. L. (1980) Individuality and selection. *Annual Review of Ecology and Systematics* II, 311-32.
98. Hull, D. L. (1981) Units of evolution: a metaphysical essay. In *The Philosophy of Evolution* (eds. U. L. Jensen and R. Harré). Brighton: Harvester. pp. 23-44.
99. Humphrey, N. (1986) *The Inner Eye*. London: Faber and Faber. [『内なる目——意識の進化論』垂水雄二訳、紀伊國屋書店、1993]
100. Jarvis, J. U. M. (1981) Eusociality in a mammal: cooperative breeding in naked mole-rat colonies. *Science* 212, 571-3.
101. Jenkins, P. F. (1978) Cultural transmission of song patterns and dialect development in a free-living bird population. *Animal Behaviour* 26, 50-78.
102. Kalmus, H. (1969) Animal behaviour and theories of games and of language. *Animal Behaviour* 17, 607-17.
103. Krebs, J. R. (1977) The significance of song repertoires—the Beau Geste hypothesis. *Animal Behaviour* 25, 475-8.
104. Krebs, J. R. and Dawkins, R. (1984) Animal signals: mind-reading and manipulation. In *Behavioural Ecology: An Evolutionary Approach* (eds. J. R. Krebs and N. B. Davies), 2nd edition. Oxford: Blackwell Scientific Publications. pp. 380-402. [前掲『進化からみた行動生態学』]
105. Kruuk, H. (1972) *The Spotted Hyena: A Study of Predation and Social Behavior*. Chicago: Chicago University Press. [『ブチハイエナ』上下巻、平田久訳、思索社、1977]
106. Lack, D. (1954) *The Natural Regulation of Animal Numbers*. Oxford: Clarendon Press.
107. Lack, D. (1966) *Population Studies of Birds*. Oxford: Clarendon Press.
108. Le Boeuf, B. J. (1974) Male-male competition and reproductive success in elephant seals. *American Zoologist* 14, 163-76.
109. Lewin, B. (1974) *Gene Expression*, volume 2. London: Wiley.
110. Lewontin, R. C. (1983) The organism as the subject and object of evolution. *Scientia* 118, 65-82.
111. Lidicker, W. Z. (1965) Comparative study of density regulation in confined populations of four species of rodents. *Researches on Population Ecology* 7 (27), 57-72.
112. Lombardo, M. P. (1985) Mutual restraint in tree swallows: a test of the

an infant chimpanzee. In *Behavior of Non-human Primates* 4 (eds. A. M. Schrier and F. Stollnitz). New York: Academic Press. pp. 117-84.
75. Ghiselin, M. T. (1974) *The Economy of Nature and the Evolution of Sex*. Berkeley: University of California Press.
76. Gould, S. J. (1980) *The Panda's Thumb*. New York: W. W. Norton. [『パンダの親指——進化論再考』上下巻、櫻町翠軒訳、ハヤカワ文庫 NF、1996]
77. Gould, S. J. (1983) *Hen's Teeth and Horse's Toes*. New York: W. W. Norton. [『ニワトリの歯——進化論の新地平』上下巻、渡辺政隆・三中信宏訳、ハヤカワ文庫 NF、1997]
78. Grafen, A. (1984) Natural selection, kin selection and group selection. In *Behavioural Ecology: An Evolutionary Approach* (eds. J. R. Krebs and N. B. Davies). Oxford: Blackwell Scientific Publications. pp. 62-84.
79. Grafen, A. (1985) A geometric view of relatedness. In *Oxford Surveys in Evolutionary Biology* (eds. R. Dawkins and M. Ridley), 2, pp. 28-89. Oxford: Oxford University Press.
80. Grafen, A. (1990) Sexual selection unhandicapped by the Fisher process. *Journal of Theoretical Biology* 144, 473-516.
81. Grafen, A. and Sibly, R. M. (1978) A model of mate desertion. *Animal Behaviour* 26, 645-52.
82. Haldane, J. B. S. (1955) Population genetics. *New Biology* 18, 34-51.
83. Hamilton, W. D. (1964) The genetical evolution of social behaviour (I and II). *Journal of Theoretical Biology* 7, 1-16; 17-52.
84. Hamilton, W. D. (1966) The moulding of senescence by natural selection. *Journal of Theoretical Biology* 12, 12-45.
85. Hamilton, W. D. (1967) Extraordinary sex ratios. *Science* 156, 477-88.
86. Hamilton, W. D. (1971) Geometry for the selfish herd. *Journal of Theoretical Biology* 31, 295-311.
87. Hamilton, W. D. (1972) Altruism and related phenomena, mainly in social insects. *Annual Review of Ecology and Systematics* 3, 193-232.
88. Hamilton, W. D. (1975) Gamblers since life began: barnacles, aphids, elms. *Quarterly Review of Biology* 50, 175-80.
89. Hamilton, W. D. (1980) Sex versus non-sex versus parasite. *Oikos* 35, 282-90.
90. Hamilton, W. D. and Zuk, M. (1982) Heritable true fitness and bright birds: a role for parasites? *Science* 218, 384-7.
91. Hampe, M. and Morgan, S. R. (1987) Two consequences of Richard Dawkins' view of genes and organisms. *Studies in the History and Philosophy of Science* 19, 119-38.
92. Hansell, M. H. (1984) *Animal Architecture and Building Behaviour*. Harlow: Longman.
93. Hardin, G. (1978) Nice guys finish last. In *Sociobiology and Human Nature* (eds. M. S. Gregory, A. Silvers, and D. Sutch). San Francisco: Jossey

1994]
56. Dawkins, R. and Krebs, J. R. (1979) Arms races between and within species. *Proceedings of the Royal Society of London B* 205, 489-511.
57. de Vries, P. J. (1988) The larval ant-organs of *Thisbe irenea* (Lepidoptera: Riodinidae) and their effects upon attending ants. *Zoological Journal of the Linnean Society* 94, 379-93.
58. Delius, J. D. (1991) The nature of culture. In *The Tinbergen Legacy* (eds. M. S. Dawkins, T. R. Halliday, and R. Dawkins). London: Chapman and Hall.
59. Dennett, D. C. (1989) The evolution of consciousness. In *Reality Club* 3 (ed. J. Brockman). New York: Lynx Publications.
60. Dewsbury, D. A. (1982) Ejaculate cost and male choice. *American Naturalist* 119, 601-10.
61. Dixson, A. F. (1987) Baculum length and copulatory behavior in primates. *American Journal of Primatology* 13, 51-60.
62. Dobzhansky, T. (1962) *Mankind Evolving*. New Haven: Yale University Press.
63. Doolittle, W. F. and Sapienza, C. (1980) Selfish genes, the phenotype paradigm and genome evolution. *Nature* 284, 601-3.
64. Ehrlich, P. R., Ehrlich, A. H., and Holdren, J. P. (1973) *Human Ecology*. San Francisco: Freeman.
65. Eibl-Eibesfeldt, I. (1971) *Love and Hate*. London: Methuen. [『愛と憎しみ――人間の基本的行動様式とその自然誌』新装版、日高敏隆・久保和彦訳、みすず書房、1986]
66. Eigen, M., Gardiner, W., Schuster, P., and Winkler-Oswatitsch, R. (1981) The origin of genetic information. *Scientific American* 244 (4), 88-118.
67. Eldredge, N. and Gould, S. J. (1972) Punctuated equilibrium: an alternative to phyletic gradualism. In *Models in Paleobiology* (ed. J. M. Schopf). San Francisco: Freeman Cooper. pp. 82-115.
68. Fischer, E. A. (1980) The relationship between mating system and simultaneous hermaphroditism in the coral reef fish, *Hypoplectrus nigricans* (Serranidae). *Animal Behaviour* 28, 620-33.
69. Fisher, R. A. (1930) *The Genetical Theory of Natural Selection*. Oxford: Clarendon Press.
70. Fletcher, D. J. C. and Michener, C. D. (1987) *Kin Recognition in Humans*. New York: Wiley.
71. Fox, R. (1980) *The Red Lamp of Incest*. London: Hutchinson.
72. Gale, J. S. and Eaves, L. J. (1975) Logic of animal conflict. *Nature* 254, 463-4.
73. Gamlin, L. (1987) Rodents join the commune. *New Scientist* 115 (1571), 40-7.
74. Gardner, B. T. and Gardner, R. A. (1971) Two-way communication with

verbal Communication (ed. R. A. Hinde). Cambridge: Cambridge University Press. pp. 101-22.

40. Daly, M. and Wilson, M. (1982) *Sex, Evolution and Behavior*, 2nd edition. Boston: Willard Grant.
41. Darwin, C. R. (1859) *The Origin of Species*. London: John Murray. [『種の起原』改版、上下巻、八杉龍一訳、岩波文庫、1990]
42. Davies, N. B. (1978) Territorial defence in the speckled wood butterfly (*Pararge aegeria*): the resident always wins. *Animal Behaviour* 26, 138-47.
43. Dawkins, M. S. (1986) *Unravelling Animal Behaviour*. Harlow: Longman. [『動物行動学・再考』山下恵子・新妻昭夫訳、平凡社、1989]
44. Dawkins, R. (1979) In defence of selfish genes. *Philosophy* 56, 556-73.
45. Dawkins, R. (1979) Twelve misunderstandings of kin selection. *Zeitschrift für Tierpsychologie* 51, 184-200. [この論文は文献 47 の邦訳『延長された表現型』に収録されている]
46. Dawkins, R. (1980) Good strategy or evolutionarily stable strategy? In *Sociobiology: Beyond Nature/Nurture* (eds. G. W. Barlow and J. Silverberg). Boulder, Colorado: Westview Press. pp. 331-67.
47. Dawkins, R. (1982) *The Extended Phenotype*. Oxford: W. H. Freeman. [『延長された表現型――自然淘汰の単位としての遺伝子』日髙敏隆・遠藤彰・遠藤知二訳、紀伊國屋書店、1987]
48. Dawkins, R. (1982) Replicators and vehicles. In *Current Problems in Sociobiology* (eds. King's College Sociobiology Group). Cambridge: Cambridge University Press. pp. 45-64.
49. Dawkins, R. (1983) Universal Darwinism. In *Evolution from Molecules to Men* (ed. D. S. Bendall). Cambridge: Cambridge University Press. pp. 403-25.
50. Dawkins, R. (1986) *The Blind Watchmaker*. Harlow: Longman. [『盲目の時計職人――自然淘汰は偶然か？』日髙敏隆監修、中嶋康裕・遠藤彰・遠藤知二・疋田努訳、早川書房、2004]
51. Dawkins, R. (1986) Sociobiology: the new storm in a teacup. In *Science and Beyond* (eds. S. Rose and L. Appignanesi). Oxford: Basil Blackwell. pp. 61-78.
52. Dawkins, R. (1989) The evolution of evolvability. In *Artificial Life* (ed. C. Langton). Santa Fe: Addison-Wesley. pp. 201-20.
53. Dawkins, R. (1993) Worlds in microcosm. In *Humanity, Environment and God* (ed. N. Spurway). Oxford: Basil Blackwell.
54. Dawkins, R. and Carlisle, T. R. (1976) Parental investment, mate desertion and a fallacy. *Nature* 262, 131-2.
55. Dawkins, R. and Krebs, J. R. (1978) Animal signals: information or manipulation? In *Behavioural Ecology: An Evolutionary Approach* (eds. J. R. Krebs and N. B. Davies). Oxford: Blackwell Scientific Publications. pp. 282-309. [『進化からみた行動生態学』山岸哲・巌左庸監訳、蒼樹書房、

1982]
21. Boyd, R. and Lorberbaum, J. P. (1987) No pure strategy is evolutionarily stable in the repeated Prisoner's Dilemma game. *Nature* 327, 58-9.
22. Brett, R. A. (1986) The ecology and behaviour of the naked mole rat (*Heterocephalus glaber*). Ph. D. thesis, University of London.
23. Broadbent, D. E. (1961) *Behaviour*. London: Eyre and Spottiswoode.
24. Brockmann, H. J. and Dawkins, R. (1979) Joint nesting in a digger wasp as an evolutionarily stable preadaptation to social life. *Behaviour* 71, 203-45.
25. Brockmann, H. J., Grafen, A., and Dawkins, R. (1979) Evolutionarily stable nesting strategy in a digger wasp. *Journal of Theoretical Biology* 77, 473-96.
26. Brooke, M. de L. and Davies, N. B. (1988) Egg mimicry by cuckoos *Cuculus canorus* in relation to discrimination by hosts. *Nature* 335, 630-2.
27. Burgess, J. W. (1976) Social spiders. *Scientific American* 234 (3), 101-6.
28. Burk, T. E. (1980) An analysis of social behaviour in crickets. D. Phil. thesis, University of Oxford.
29. Cairns-Smith, A. G. (1971) *The Life Puzzle*. Edinburgh: Oliver and Boyd.
30. Cairns-Smith, A. G. (1982) *Genetic Takeover*. Cambridge: Cambridge University Press. [『遺伝的乗っ取り――生命の鉱物起源説』野田春彦・川口啓明訳、紀伊國屋書店、1988]
31. Cairns-Smith, A. G. (1985) *Seven Clues to the Origin of Life*. Cambridge: Cambridge University Press. [『生命の起源を解く七つの鍵』石川統訳、岩波書店、1987]
32. Cavalli-Sforza, L. L. (1971) Similarities and dissimilarities of sociocultural and biological evolution. In *Mathematics in the Archaeological and Historical Sciences* (eds. F. R. Hodson, D. G. Kendall, and P. Tautu). Edinburgh: Edinburgh University Press. pp. 535-41.
33. Cavalli-Sforza, L. L. and Feldman, M. W. (1981) *Cultural Transmission and Evolution: A Quantitative Approach*. Princeton: Princeton University Press.
34. Charnov, E. L. (1978) Evolution of eusocial behavior: offspring choice or parental parasitism? *Journal of Theoretical Biology* 75, 451-65.
35. Charnov, E. L. and Krebs, J. R. (1975) The evolution of alarm calls: altruism or manipulation? *American Naturalist* 109, 107-12.
36. Cherfas, J. and Gribbin, J. (1985) *The Redundant Male*. London: Bodley Head.
37. Cloak, F. T. (1975) Is a cultural ethology possible? *Human Ecology* 3, 161-82.
38. Crow, J. F. (1979) Genes that violate Mendel's rules. *Scientific American* 240 (2), 104-13.
39. Cullen, J. M. (1972) Some principles of animal communication. In *Non-*

参考文献

1. Alexander, R. D. (1961) Aggressiveness, territoriality, and sexual behavior in field crickets. *Behaviour* 17, 130-223.
2. Alexander, R. D. (1974) The evolution of social behavior. *Annual Review of Ecology and Systematics* 5, 325-83.
3. Alexander, R. D. (1980) *Darwinism and Human Affairs*. London: Pitman. [『ダーウィニズムと人間の諸問題』山根正気・牧野俊一訳、思索社、1988]
4. Alexander, R. D. (1987) *The Biology of Moral Systems*. New York: Aldine de Gruyter.
5. Alexander, R. D. and Sherman, P. W. (1977) Local mate competition and parental investment in social insects. *Science* 96, 494-500.
6. Allee, W. C. (1938) *The Social Life of Animals*. London: Heinemann.
7. Altmann, S. A. (1979) Altruistic behaviour: the fallacy of kin deployment. *Animal Behaviour* 27, 958-9.
8. Alvarez, F., de Reyna, A., and Segura, H. (1976) Experimental brood-parasitism of the magpie (*Pica pica*). *Animal Behaviour* 24, 907-16.
9. Anon. (1989) Hormones and brain structure explain behaviour. *New Scientist* 121 (1649), 35.
10. Aoki, S. (1987) Evolution of sterile soldiers in aphids. In *Animal Societies: Theories and facts* (eds. Y. Ito, J. L. Brown, and J. Kikkawa). Tokyo: Japan Scientific Societies Press. pp. 53-65.
11. Ardrey, R. (1970) *The Social Contract*. London: Collins.
12. Axelrod, R. (1984) *The Evolution of Cooperation*. New York: Basic Books. [『つきあい方の科学――バクテリアから国際関係まで』松田裕之訳、ミネルヴァ書房、1998]
13. Axelrod, R. and Hamilton, W. D. (1981) The evolution of cooperation. *Science* 211, 1390-6.
14. Baldwin, B. A. and Meese, G. B. (1979) Social behaviour in pigs studied by means of operant conditioning. *Animal Behaviour* 27, 947-57.
15. Bartz, S. H. (1979) Evolution of eusociality in termites. *Proceedings of the National Academy of Sciences, USA* 76 (11), 5764-8.
16. Bastock, M. (1967) *Courtship: A Zoological Study*. London: Heinemann.
17. Bateson, P. (1983) Optimal outbreeding. In *Mate Choice* (ed. P. Bateson). Cambridge: Cambridge University Press. pp. 257-77.
18. Bell, G. (1982) *The Masterpiece of Nature*. London: Croom Helm.
19. Bertram, B. C. R. (1976) Kin selection in lions and in evolution. In *Growing Points in Ethology* (eds. P. P. G. Bateson and R. A. Hinde). Cambridge: Cambridge University Press. pp. 281-301.
20. Bonner, J. T. (1980) *The Evolution of Culture in Animals*. Princeton: Princeton University Press. [『動物は文化をもつか』八杉貞雄訳、岩波書店、

[や行]

[ら行]

[わ行]

[ま行]

[た行]

[な行]

[は行]

［さ行］

［か行］

索引および参考文献への鍵

私は文献の引用でこの本の論旨の流れを断ち切らないようにした。そこで、この索引によって、特定のトピックについては読者が出典元を辿れるよう便宜を図った。括弧のなかに入っている数字は、参考文献に付された番号を示す。その前にある数字は、通常の索引にあるように、本書におけるページ番号を示す。頻出する語については、すべての出現箇所を拾ったわけではなく、その用語が定義されているところなど、特定の箇所のみ拾い上げげた。

[AからZ]

[あ行]

訳者

日高敏隆（ひだか・としたか）

1930年生まれ。東京大学理学部動物学科卒業。京都大学名誉教授。動物行動学者。1975年の著書『チョウはなぜ飛ぶか』（岩波書店）で毎日出版文化賞受賞。2001年に『春の数えかた』（新潮文庫）で日本エッセイスト・クラブ賞を受賞。その他の著書に、『動物と人間の世界認識』（ちくま学芸文庫）、『人間はどこまで動物か』（新潮文庫）など多数。翻訳者としても、モリス『裸のサル』（角川書店）、ローレンツ『攻撃』、ホール『かくれた次元』（以上、みすず書房）、ローレンツ『ソロモンの指環』（ハヤカワ文庫NF）、ユクスキュル『生物から見た世界』（共訳、岩波文庫）など、数々の名著を手掛ける。2008年瑞宝重光章受章。2009年歿。

岸 由二（きし・ゆうじ）

1947年生まれ。東京都立大学理学研究科博士課程退学（理学博士）。慶應義塾大学名誉教授。専門は進化生態学。流域アプローチによる都市再生論を研究、実践。NPO法人小網代野外活動調整会議代表理事。NPO法人鶴見川流域ネットワーキング代表理事。著書に『自然へのまなざし』（紀伊國屋書店）、『「流域地図」の作り方』、共著『「奇跡の自然」の守りかた』（以上、ちくまプリマー新書）など。翻訳書に、ウィルソン『創造』（紀伊國屋書店）、『人間の本性について』（ちくま学芸文庫）、フツイマ『進化生物学 改訂版』（蒼樹書房）、ソベル『足もとの自然から始めよう』（日経BP）などがある。

羽田節子（はねだ・せつこ）

1944年生まれ。東京農工大学卒業。訳書に、エンジェル『動物たちの自然健康法』（紀伊國屋書店）、ヴィックラー『擬態』、モンゴメリー『彼女たちの類人猿』（以上、平凡社）、コーエン『人間行動の生物学』（筑摩書房）など。以下共訳で、モリス『セックスウォッチング』（小学館）、ブラックマン『ダーウィンに消された男』（朝日新聞社）、アレン『ダーウィンの花園』（工作舎）、フォッシー『霧の中のゴリラ』（早川書房）などがある。2013年歿。

垂水雄二（たるみ・ゆうじ）

1942年生まれ。京都大学大学院理学研究科博士課程修了。出版社勤務を経て翻訳家、科学ジャーナリスト。著書に『科学はなぜ誤解されるのか』（平凡社新書）、『悩ましい翻訳語』（八坂書房）などがある。訳書に、ドーキンスの一連の著作『ドーキンス自伝Ⅰ、Ⅱ』『進化の存在証明』『神は妄想である』（以上、早川書房）、『祖先の物語』（小学館）のほか、ハンフリー『喪失と獲得』（紀伊國屋書店）、セーゲルストローレ『社会生物学論争史』、ハーマン『親切な進化生物学者』（以上、みすず書房）、ラザフォード『ゲノムが語る人類全史』（文藝春秋）など多数。

著者

リチャード・ドーキンス(Richard Dawkins)

1941年ナイロビ生まれ。オックスフォード大学時代は、ノーベル賞を受賞した動物行動学者ニコ・ティンバーゲンに師事。その後、カリフォルニア大学バークレー校を経て、オックスフォード大学で講師を務めた。

1976年刊行の処女作『利己的な遺伝子』は世界的ベストセラーとなり、世界にその名を轟かせた。この本は、それ以前の30年間に進行していた、いわば「集団遺伝学と動物行動学の結婚」による学問成果を、数式を使わずにドーキンス流に提示したもので、それまでの生命観を180度転換した。

その後の社会生物学論争や進化論争においては、常に中心的な位置から刺激的かつ先導的な発言をしており、欧米で最も人気の高い生物学者の一人となる。積極的な無神論者としても知られており、2006年に刊行した『神は妄想である』(早川書房)も全世界に衝撃を与え、大ベストセラーとなった。著作のほとんどが邦訳されており、『延長された表現型』(紀伊國屋書店)、『ドーキンス自伝I、II』『進化の存在証明』(以上、早川書房)、『祖先の物語』(小学館)、『遺伝子の川』(草思社)などがある。

1987年英国学士院文学賞とロサンゼルスタイムズ文学賞、1990年マイケル・ファラデー賞、1994年中山賞、1997年国際コスモス科学賞、2001年キスラー賞、2005年シェイクスピア賞など受賞多数。英国王立協会、王立文学協会フェロー。王立協会は2017年に、一般投票による「英国史上最も影響力のある科学書」の第1位として『利己的な遺伝子』が選ばれたことを発表した。

利己的な遺伝子 40周年記念版
2018年 2月26日 第1刷発行
2024年 12月25日 第13刷発行

発行所 株式会社紀伊國屋書店
東京都新宿区新宿3-17-7

出版部(編集) 電話 03 (6910) 0508
ホールセール部(営業) 電話 03 (6910) 0519
〒153-8504 東京都目黒区下目黒3-7-10

装幀 芦澤泰偉
本文組版 五十嵐 徹(芦澤泰偉事務所)
校正・索引 株式会社鷗来堂
印刷・製本 中央精版印刷

ISBN 978-4-314-01153-2 C0040
Printed in Japan
定価は外装に表示してあります

紀伊國屋書店

創造
生物多様性を守るためのアピール
エドワード・O・ウィルソン
岸　由二訳
生物の多様性は何故必要で、それを守るためにできることは何か？　大絶滅の危機を救うため、生物学の大家ウィルソンが説く。
四六判／256頁・定価2090円

ソウルダスト
〈意識〉という魅惑の幻想
ニコラス・ハンフリー
柴田裕之訳
解決不可能とされる難問に挑み、意識研究の最先端を切り拓く大胆な仮説を提唱する、碩学の理論心理学者ハンフリーの集大成。
四六判／304頁・定価2640円

共感の時代へ
動物行動学が教えてくれること
フランス・ドゥ・ヴァール
柴田裕之訳
西田利貞解説
動物行動学の世界的第一人者が、動物たちにも見られる「共感」を基礎とした信頼と「生きる価値」を重視する新しい時代を提唱する。
四六判／368頁・定価2420円

意識と脳
思考はいかにコード化されるか
スタニスラス・ドゥアンヌ
高橋　洋訳
意識の解明は夢物語ではない——認知神経科学の世界的研究者が、膨大な実験をもとに究極の謎に挑んだ野心的論考。
四六判／472頁・定価2970円

暴力の解剖学
神経犯罪学への招待
エイドリアン・レイン
高橋　洋訳
暴力的な性格と、脳や遺伝、環境との関係を徹底的に分析する画期的研究の全貌を、実際の凶悪事件を例にとりながら、第一人者が平易に解説。
四六判／640頁・定価3850円

社会はなぜ左と右にわかれるのか
対立を超えるための道徳心理学
ジョナサン・ハイト
高橋　洋訳
政治的分断状況の根にある人間の道徳心を、自身の構築した新たな道徳心理学で多角的に検証し、わかりやすく解説した全米ベストセラー。
四六判／616頁・定価3080円

表示価は10％税込みです